软件开发视频大讲堂

Linux C从入门到精通

（第2版）

明日科技　编著

清华大学出版社

北　京

内 容 简 介

《Linux C 从入门到精通（第 2 版）》从初学者的角度出发，通过通俗易懂的语言，丰富多彩的实例，详细介绍了在 Linux 系统下使用 C 语言进行应用程序开发应该掌握的各方面技术。全书共 20 章，包括 Linux 系统概述、C 语言基础、内存管理、基本编辑器 VIM 和 Emacs、GCC 编译器、GDB 调试工具、进程控制、进程间通信、文件操作、文件的输入/输出操作、信号及信号处理、网络编程、make 编译基础、Linux 系统下的 C 语言与数据库、集成开发环境、界面开发基础、界面布局、界面构件开发、Glade 设计程序界面、MP3 音乐播放器。所有知识都结合具体实例进行介绍，涉及的程序代码给出了详细的注释，可以使读者轻松领会 Linux 系统下的 C 语言应用程序开发的精髓，快速提高开发技能。另外，本书除了纸质内容之外，配书资源包中还给出了海量开发资源库，主要内容如下：

- ☑ 视频讲解：总时长 11 小时，共 83 段
- ☑ 实例资源库　881 个经典范例
- ☑ 模块资源库：15 个常用模块
- ☑ 项目案例资源库：15 个实用项目
- ☑ 测试题库系统：616 道能力测试题目
- ☑ 面试资源库：371 道企业面试真题
- ☑ PPT 电子教案

本书适合作为软件开发入门者的自学用书，也适合作为高等院校相关专业的教学参考书，也可供开发人员查阅、参考。

图书在版编目（CIP）数据

Linux C 从入门到精通/明日科技编著. — 2 版. —北京：清华大学出版社，2018（2025.1重印）
（软件开发视频大讲堂）
ISBN 978-7-302-49880-3

Ⅰ. ①L… Ⅱ. ①明… Ⅲ. ①Linux 操作系统-程序设计 ②C 语言-程序设计 Ⅳ. ①TP316.89 ②TP312.8

中国版本图书馆 CIP 数据核字(2018)第 052542 号

责任编辑： 贾小红
封面设计： 刘　超
版式设计： 雷鹏飞
责任校对： 马军令
责任印制： 刘海龙

出版发行： 清华大学出版社
网　　址： https://www.tup.com.cn, https://www.wqxuetang.com
地　　址： 北京清华大学学研大厦 A 座　　**邮　　编：** 100084
社 总 机： 010-83470000　　**邮　　购：** 010-62786544
投稿与读者服务： 010-62776969，c-service@tup.tsinghua.edu.cn
质量反馈： 010-62772015，zhiliang@tup.tsinghua.edu.cn
印 装 者： 三河市君旺印务有限公司
经　　销： 全国新华书店
开　　本： 203mm×260mm　　**印　　张：** 30.25　　**字　　数：** 747 千字
版　　次： 2012 年 11 月第 1 版　2018 年 10 月第 2 版　　**印　　次：** 2025年 1月第 5 次印刷
定　　价： 89.80元

产品编号：078938-01

如何使用本书开发资源库

在学习《Linux C 从入门到精通（第 2 版）》一书时，配合随书资源包提供了“Visual C++开发资源库”系统，可以帮助读者快速提升编程水平和解决实际问题的能力。《Linux C 从入门到精通（第 2 版）》和 Visual C++开发资源库配合学习流程如图 1 所示。

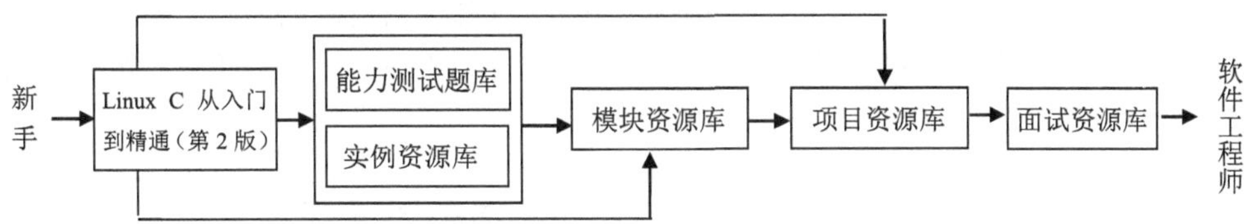

图 1　图书与开发资源库配合学习流程图

打开资源包的“Visual C++开发资源库”文件夹，运行 Visual C++开发资源库.exe 程序，即可进入“Visual C++开发资源库”系统，主界面如图 2 所示。

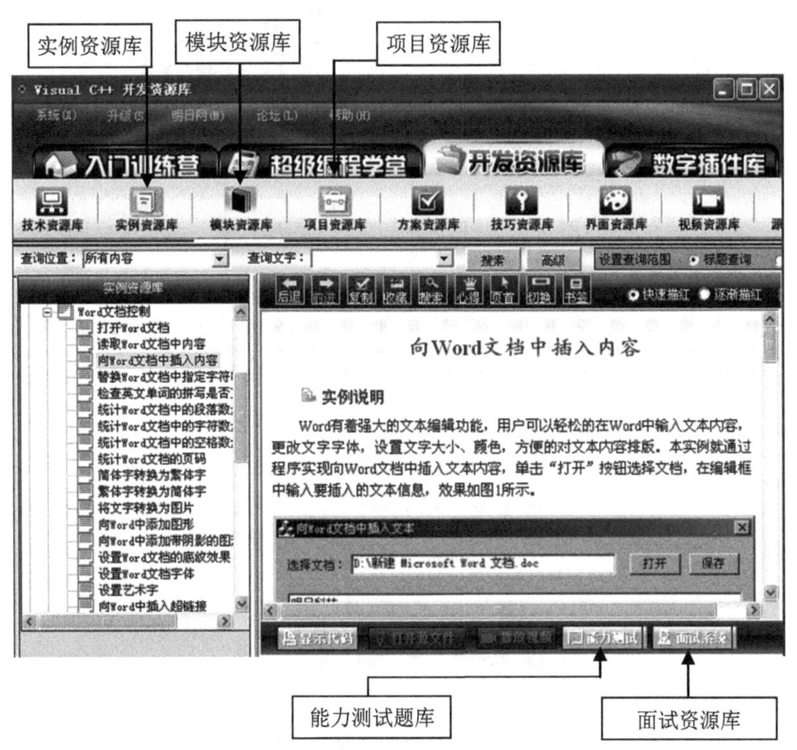

图 2　Visual C++开发资源库主界面

对于数学逻辑能力和英语基础较为薄弱的读者，或者想了解个人数学逻辑思维能力和编程英语基础的用户，本书提供了数学及逻辑思维能力测试和编程英语能力测试供练习和测试，如图 3 所示。

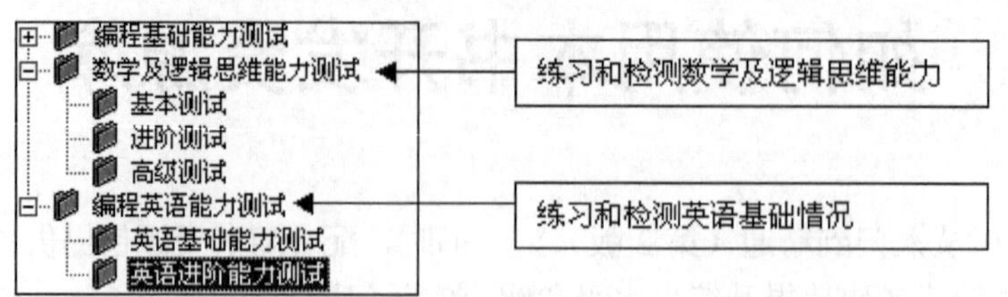

图 3　数学及逻辑思维能力测试和编程英语能力测试目录

当《Linux C 从入门到精通（第 2 版）》学习完成时，可以配合模块资源库和项目资源库的 30 个模块和项目，全面提升个人综合编程技能和解决实际开发问题的能力，为成为软件开发工程师打下坚实的基础。具体模块和项目目录如图 4 所示。

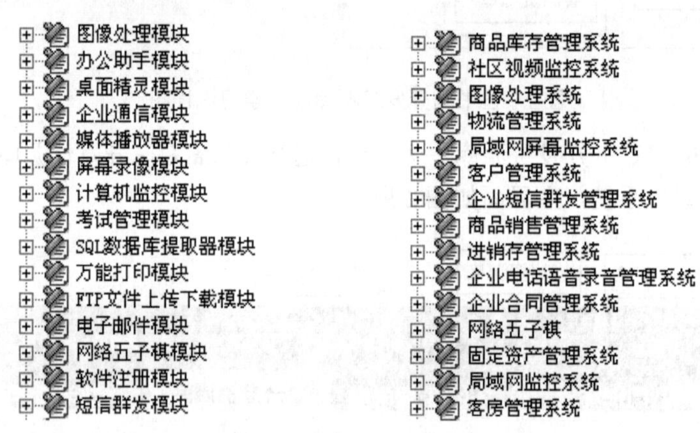

图 4　模块资源库和项目资源库目录

万事俱备，该到软件开发的主战场上接受洗礼了。面试资源库提供了大量国内外软件企业的常见面试真题，同时还提供了程序员职业规划、程序员面试技巧、企业面试真题汇编和虚拟面试系统等精彩内容，是程序员求职面试的绝佳指南。面试资源库的具体内容如图 5 所示。

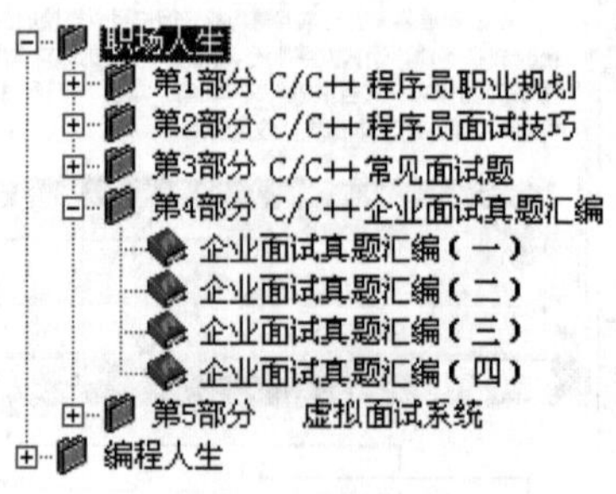

图 5　面试资源库具体内容

如果您在使用本书开发资源库时遇到问题，可加我们的企业 QQ：4006751066（可容纳 10 万人），我们将竭诚为您服务。

前　言

Preface

丛书说明：“软件开发视频大讲堂”丛书（第1版）于2008年8月出版，因其编写细腻，易学实用，配备全程视频等特色，在软件开发类图书市场上产生了很大反响，绝大部分品种在全国软件开发零售图书排行榜中名列前茅，2009年多个品种被评为“全国优秀畅销书”。

“软件开发视频大讲堂”丛书（第2版）于2010年8月出版，出版后，绝大部分品种在全国软件开发类零售图书排行榜中依然名列前茅。丛书中多个品种被百余所高校计算机相关专业、软件学院选为教学参考书，在众多的软件开发类图书中成为最耀眼的品牌之一。丛书累计销售40多万册。

“软件开发视频大讲堂”丛书（第3版）于2012年8月出版，根据读者需要，增删了品种，重新录制了视频，提供了从“入门学习→实例应用→模块开发→项目开发→能力测试→面试”等各个阶段的海量开发资源库。因丛书编写结构合理、实例选择经典实用，丛书迄今累计销售90多万册。

“软件开发视频大讲堂”丛书（第4版）在继承前3版所有优点的基础上，修正了前3版图书中发现的疏漏之处，并结合目前市场需要，进一步对丛书品种进行了完善，对相关内容进行了更新优化，使之更适合读者学习，为了方便教学，还提供了教学课件PPT。

Linux系统是一种类UNIX完整的操作系统。它不仅功能强大、运行稳定，而且用户可免费使用、分析其源代码。而C语言是一种计算机程序设计语言，它既有高级语言的特性，又具有汇编语言的特性，可以编写系统应用程序。而整个Linux系统就是由C语言编写的，因此在Linux系统下学习C语言，更接近C语言的本质，体会更为深刻。

本书内容

本书提供了从入门到编程高手所必备的各类知识，共分4篇，大体结构如下图所示。

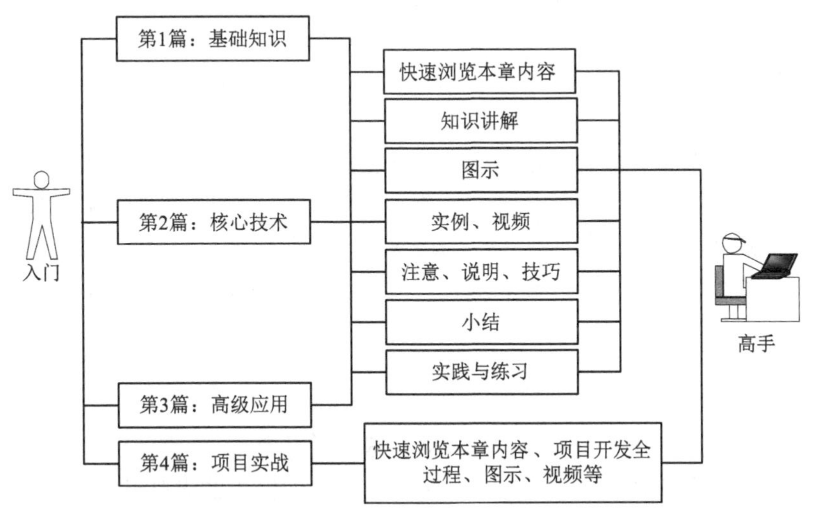

第 1 篇：基础知识。本篇通过介绍 Linux 系统概述、C 语言基础、内存管理、基本编辑器 VIM 和 Emacs、GCC 编译器、GDB 调试工具等内容，并结合书中丰富的图示、实例、经典的范例、录像等帮助读者快速掌握 C 语言，并为学习以后的知识奠定坚实的基础。

第 2 篇：核心技术。本篇主要介绍了进程控制、进程间通信、文件操作、文件的输入/输出操作、信号及信号处理、网络编程、make 编译基础、Linux 系统下的 C 语言与数据库、集成开发环境等内容，通过这一部分的学习，可以帮助读者在 Linux 系统下学习 C 语言得到进一步的提升，体会到 C 语言编程的本质所在。书中结合丰富的图示、实例、经典的范例和录像等，帮助读者更轻松地掌握 Linux 系统下 C 语言编程的核心技术。

第 3 篇：高级应用。本篇主要介绍了界面开发基础、界面布局、界面构件开发、Glade 设计程序界面等 Linux 系统下的图像界面编程的高级应用，通过这一部分的学习，读者能够进一步了解 Linux 系统中图形界面的丰富应用。

第 4 篇：项目实战。本篇通过开发一个大型、完整的 MP3 音乐播放器，运用软件工程的设计思想，让读者学习如何进行软件项目的实践开发。书中按照编写背景→需求分析→主窗口设计→建立子构件→各功能函数的实现过程进行介绍，带领读者一步一步亲身体验开发项目的全过程。

本书特点

- **由浅入深，循序渐进**：本书以初、中级程序员为对象，先从 C 语言基础学起，再学习 C 语言的核心技术，然后学习 C 语言的高级应用，最后学习开发一个完整项目。结合 Linux 原理讲解 C 语言开发，为 Linux 环境下的 C 语言开发提供从入门到精通的捷径。本书讲解过程中步骤详尽、版式新颖，在操作的内容图片上以“❶❷❸……”编号+内容的方式进行标注，让读者在阅读中一目了然，从而快速把握书中内容。
- **语音视频，讲解详尽**：对于初学者来说，视频讲解是最好的导师，它能够引导初学者快速入门，使初学者感受到编程的快乐和成就感，进一步增强学习的信心。鉴于此，本书为大部分章节都配备了视频讲解，使用手机扫描正文小节标题一侧的二维码，即可在线学习程序开发的全过程。
- **实例典型，轻松易学**：通过例子学习是最好的学习方式，本书通过一个知识点、一个例子、一个结果、一段评析、一个综合应用的模式，透彻详尽地讲述了实际开发中所需的各类知识。书中还增加了很多接近生活、易于理解的经典范例，使读者能够从枯燥的编程中找到在生活中的趣味应用。
- **精彩栏目，贴心提醒**：本书根据需要在各章使用了很多“注意”“说明”等小栏目，让读者可以在学习过程中更轻松地理解相关知识点及概念，并轻松地掌握个别技术的应用技巧。
- **应用实践，随时练习**：书中几乎每章都提供了“实践与练习”，让读者能够通过对问题的解答重新回顾、熟悉所学的知识，举一反三，为进一步学习做好充分的准备。

读者对象

- ☑ 初学编程的自学者
- ☑ 编程爱好者
- ☑ 大中专院校的老师和学生
- ☑ 相关培训机构的老师和学员

- ☑ 做毕业设计的学生
- ☑ 初、中级程序开发人员
- ☑ 程序测试及维护人员
- ☑ 参加实习的“菜鸟”程序员

读者服务

学习本书时，请先扫描封底的权限二维码（需要刮开涂层）获取学习权限，然后即可免费学习书中的所有线上线下资源。本书所附赠的各类学习资源，读者可登录清华大学出版社网站（www.tup.com.cn），在对应图书页面下获取其下载方式。也可扫描图书封底的“文泉云盘”二维码，获取其下载方式。

为了方便解决本书疑难问题，读者朋友可加我们的企业 **QQ：4006751066（可容纳 10 万人）**，也可以登录 www.mingrisoft.com 留言，我们将竭诚为您服务。

致读者

本书由明日科技 C 程序开发团队组织编写，主要编写人员有李菁菁、王小科、王国辉、赛奎春、张鑫、杨丽、高春艳、辛洪郁、周佳星、申小琦、冯春龙、白宏健、何平、张宝华、张云凯、庞凤、申野、宋万勇、贾景波、赵宁、李磊、王赫男、葛忠月、刘杰、张渤洋、乔宇、卞昉、汪倩、谭畅、刘媛媛、梁英、隋妍妍、李雪、李颖、钟成浩、朱艳红、孙勃、潘建羽、岳彩龙、李春林、林驰、白兆松、依莹莹、王欢、胡冬、宋禹蒙等。在编写本书的过程中，我们以科学、严谨的态度，力求精益求精，但错误、疏漏之处在所难免，敬请广大读者批评指正。

感谢您购买本书，希望本书能成为您编程路上的领航者。

“零门槛”编程，一切皆有可能。祝读书快乐！

编　者

目 录

Contents

第1篇 基础知识

第 2 篇 核 心 技 术

第 3 篇　高 级 应 用

第4篇　项目实战

资源包“开发资源库”目录

第 1 大部分　实例资源库

（881 个完整实例分析，资源包路径：开发资源库/实例资源库）

第 2 大部分　模块资源库

（15 个经典模块，资源包路径：开发资源库/模块资源库）

第 3 大部分　项目资源库

（15 个企业开发项目，资源包路径：开发资源库/项目资源库）

第 4 大部分　能力测试资源库

（616 道能力测试题目，资源包路径：开发资源库/能力测试）

第 5 大部分　面试系统资源库

（371 道面试真题，资源包路径：开发资源库/面试系统）

基础知识

- 第1章　Linux 系统概述
- 第2章　C 语言基础
- 第3章　内存管理
- 第4章　基本编辑器 VIM 与 Emacs
- 第5章　GCC 编译器
- 第6章　GDB 调试工具

本篇通过介绍 Linux 系统概述、C 语言基础、内存管理、基本编辑器 VIM 与 Emacs、GCC 编译器、GDB 调试工具等内容，并结合书中丰富的图示、实例、经典的范例和录像等帮助读者快速掌握 C 语言，并为学习以后的知识奠定坚实的基础。

第 1 章

Linux 系统概述

（视频讲解：12 分钟）

Linux 系统是一种类 UNIX 完整的操作系统。它不仅功能强大、运行稳定，而且用户可免费使用、分析其源代码。Linux 系统支持 x86、ARM 等大多数常见硬件架构和 TCP/IP 等主流网络协议，有良好的跨平台性能，应用面极其广阔。本章将介绍 Linux 系统的基本概念，并演示如何安装一套带有 X-window 图形操作界面的 Linux 系统发布版。

通过阅读本章，您可以：

- 了解 GNU 项目的概念和由来
- 了解 Linux 的起源
- 了解 Linux 的发展现状
- 理解 Linux 的内核和版本状况
- 了解 Linux 对硬件平台的支持
- 了解常见 Linux 的版本
- 掌握 Linux 系统的图形化安装
- 掌握 Linux 系统的初始化配置

1.1　Linux 的起源与发展

计算机系统由硬件系统和软件系统所组成，软件系统中基础的就是操作系统。现在比较主流的三大类操作系统包括微软的 Windows 系统、苹果的 Mac 系统以及本章接下来要介绍的 Linux 系统。Linux 和其他操作系统一样，是计算机的灵魂，管理着计算机内所有的硬件资源和软件资源。Linux 系统基于 GPL 协议发布，该协议是 GNU 项目所创立开放源代码的公共许可证。要理解 Linux 系统并以一种全新的方式开发和发布软件，首先需要了解 GNU 项目和 Linux 系统的渊源。

1.1.1　GNU 项目的前前后后

说到 GNU 项目就要说到它的创始人理查德·斯托曼（Richard Stallman），理查德·斯托曼于 1983 年创立了 GNU 项目，所以说 GNU 项目算是“80 后”。其最初的目标是通过使用必要的工具从源代码开始创建一个自由的类 UNIX 操作系统。此前的软件均以源代码的形式发布，用户可以根据自己的需要修改源代码，但从那时起，各家软件厂商为了保护自己的商业利益，开始使用编译所得的二进制文件发布软件并对一些软件提出了版权的问题，从而使软件的源代码变为“商业秘密”，一些以前可以自由使用的源代码不再自由。

在 Linux 诞生之前，GNU 项目就已经开发出了像 GCC 编译器、Emacs 编辑器等工具，这些工具都是以源代码的格式进行发布，使用时无须支付任何费用，但是这些工具的改进版和衍生产品必须要遵循同样的模式进行发布，这样就形成了 GPL 协议，但是此时整个项目却缺少一个最关键的组件，那就是一个操作系统，正好此时 Linux 系统诞生了，弥补了这一切。GNU 项目的组织架构如图 1.1 所示。

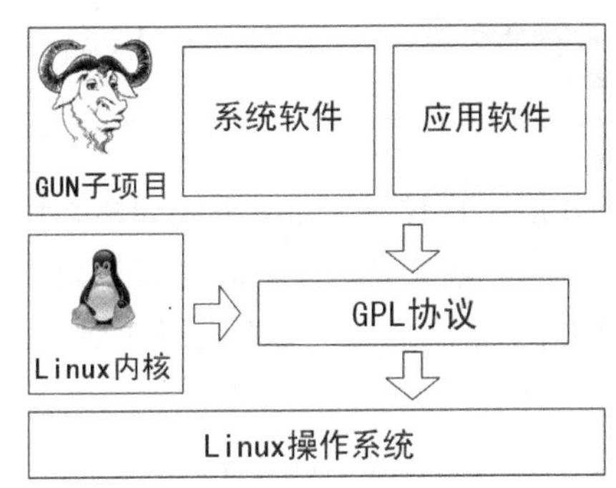

图 1.1　GNU 项目组织架构

1.1.2　Linux 的诞生

Linux 的诞生很是偶然，说到 Linux 的诞生就必须要先说一下另一个系统，那就是 Minix，Minix 是由荷兰教授 Andrew S. Tanenbaum 开发的一种模型性的操作系统，这个操作系统的初衷就是为了研究用的。

1991 年，一个芬兰的研究生买了自己的第一台 PC，并决定开发自己的操作系统，但这个想法是很偶然的，因为最初就是为了满足自己读写新闻和收发邮件的需求。他选择了 Minix 系统作为自己研究的对象。根据 Minix，他很快写出了属于自己的磁盘驱动程序和文件系统。这名研究生的名字就是 Linus Torvalds。之后他把源代码慷慨地发布到了互联网上，并且命名为 Linux，意思是 Linus 的 Minix。

让 Linus 没有想到的是，Linux 迅速引起了世界的注意。在社区开发的巨大推动力下，1994 年，

Linux 的 1.0 版本正式发布了，而走到今天，Linux 的内核已经进入了 4.x 的时代。

Linux 现在得到了大部分 IT 巨头的支持，成为一个与微软 Windows 和苹果 Mac 并驾齐驱的计算机操作系统。

1.1.3 Linux 的现状

如今，Linux 系统内核版本已发布到 4.x 版，并依然保持着高速的版本更新。更多的开发者加入到 Linux 系统和基于其的软件开发的行列中，这样不仅 Linux 系统越来越完善，而且基于 Linux 系统的软件也越来越丰富和完善，更重要的是这些资源同样能免费使用。

现在绝大多数的硬件产品都提供了对 Linux 系统的支持，无论是将 Linux 作为桌面系统还是作为工作站和服务器系统，都是非常稳定和安全易用的。而且现在的 Linux 系统的安装、操作和升级都非常方便和简单，尤其是一些提供商业技术支持的发行版本，他们将一些重要的应用程序打包和 Linux 系统一起发行，并且提供良好的安装界面和后续的商业技术支持。

Linux 系统进入我国的时间较早，我国的软件开发者和技术人员对 Linux 系统的发展也做出了巨大贡献，所以 Linux 系统在我国拥有一定数量的用户基础和大量中文资源，并且这些都在迅速地增长着。

1.2 Linux 的内核与版本

Linux 内核是 Linux 系统的核心程序文件，是与硬件最直接的结合部分，通过与其他程序文件的结合，Linux 就可以实现不同的实际操作应用。例如，应用于微设备的嵌入式的 Linux 系统版本，再例如，计算机中常用的 Linux 桌面版和架设在服务器等大型设备上的 Linux 企业版。

1.2.1 Linux 内核的介绍

内核是操作系统的核心部分，系统其他部分必须依靠内核部分软件提供的服务。内核由中断服务程序、调度程序、内存管理程序、网络和进程间通信等系统程序共同组成。Linux 内核是独立于普通应用程序的，拥有着受保护的内存空间和对硬件的所有访问权限，而这些被称为内核空间。

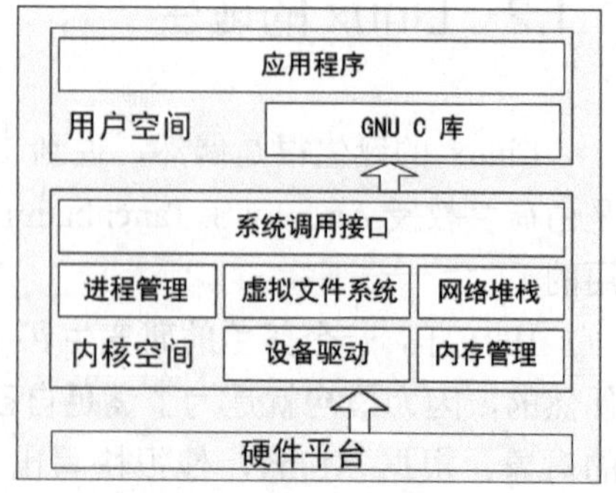

图 1.2 Linux 系统基本架构

内核的主要功能就是提供对计算机系统的硬件设备的管理，对硬件设备进行驱动，它为更上层的应用程序提供了与硬件交互的纽带。直白地说，就是应用程序通过内核实现对硬件设备的访问，这样就大大简化了应用程序开发的难度，也更好地保护了硬件。Linux 系统对几乎所有的计算机系统架构都提供了支持。Linux 系统的基本架构如图 1.2 所示。

Linux 是一个类 UNIX 操作系统，它基本继承了 UNIX 的大多数特点，而且保留了相同的应用程序接口，其主要特点如下：

☑ 支持动态加载内核模块。
☑ 支持对称多处理机制。
☑ 充分体现自由开发。
☑ 对一些 UNIX 中的拙劣功能进行了优化和删除。
☑ 不区分线程和其他一般进程。

1.2.2 Linux 对硬件平台的支持

Linux 系统支持当前所有主流硬件平台，能运行于各种架构的服务器，如 Intel 的 IA64、Compaq 的 Alpha、Sun 的 Sparc/Sparc64、SGI 的 Mips、IBM 的 S396；也能运行于几乎全部的工作站，如 Intel 的 x86、Apple 的 PowerPC；更吸引人的是支持嵌入式系统和移动设备，如 ARM。Linux 内核短小精湛且功能全面，可根据特定硬件环境裁剪出具备适当功能的操作系统。另外，无论是 32 位指令集系统还是 64 位指令集系统，都能高效稳定地运行。

1.2.3 常见 Linux 的发行版本

Linux 系统拥有多个发行版本，它可能是由一个组织、公司或者个人发行。通常一个发行版本包括 Linux 内核、将整个软件安装到计算机的安装工具、适用特定用户群的一系列 GNU 软件。常用的 Linux 发行版本如下：

☑ Red Hat 赞助的 Fedora 桌面版。
☑ Ubuntu 桌面版。
☑ Red Hat 服务器版。
☑ Novell 负责的 OpenSUSE。
☑ 规范的 Debian。
☑ Centos 桌面版。

本书使用的就是 Fedora 桌面版。

1.3 Linux 系统的安装

安装 Linux 系统前，首先可根据用途和硬件平台选择一个 Linux 发行版本，若读者具备丰富的 Linux 知识亦可从内核开始编译一个全新的 Linux 版本。获得 Linux 发行版本可在互联网上直接下载，也可通过其他途径获得 Linux 发行版本的备份，这是 GPL 协议中的合法行为。安装前需详细了解该版本对

系统的需求，以及安装设备的硬件环境。Linux 系统可自动识别大多数硬件设备，并为其找到合适的驱动程序，但难免有些不常见的设备需要额外准备驱动程序。

1.3.1 Linux 系统安装的硬件要求

各种 Linux 版本有不同的系统需求，具体需求可在其官方网站的安装说明内看到。得到系统需求列表后，可与安装设备的硬件列表进行对比，通常设备供应商会提供设备上的具体硬件型号列表。下面是当前流行的 Linux 桌面版本最低系统需求。

☑ CPU：Intel Pentium 兼容 CPU，主时钟频率在 400MHz 以上。
☑ 内存：256MB 以上。
☑ 硬盘：至少 3GB 空余空间。
☑ 显卡：VGA 兼容或更高分辨率显卡。
☑ 其他：有鼠标、键盘、光驱等设备。

1.3.2 图形化安装 Linux

图形化 Linux 安装程序为用户提供了多种安装语言的选择和更简单易懂的安装信息。本节将介绍以 Fedora Live CD 为媒介安装 Linux 系统的过程。Live CD 是 Linux 系统最新的发布形式，它不但能直接以 CD 启动计算机进入到 Linux 系统，还提供了图形化安装程序。下面进行详细介绍。

说明：本书讲解的是 Fedora 系统的安装，由于系统版本不断更新变化，读者在具体安装时，请以官网最新版本为主，另外，也可以使用其他的 Linux 系统，如 Centos、Ubuntu 等。

（1）通过 CD 光盘镜像进行引导，会出现 Fedora 的安装界面，如图 1.3 所示。

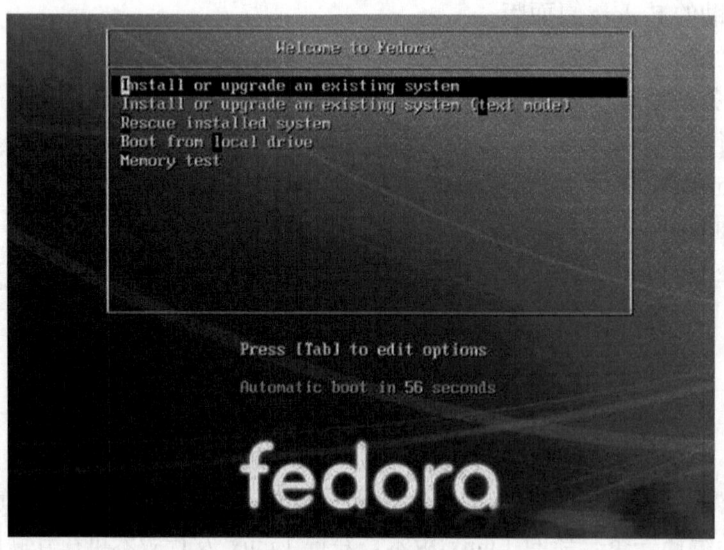

图 1.3　Fedora 的安装界面

（2）选择第一行，按回车键，进入系统光盘检测界面，此处可以单击 Skip 按钮跳过，然后单击 Next 按钮，进入系统基础语言选择界面，如图 1.4 所示。

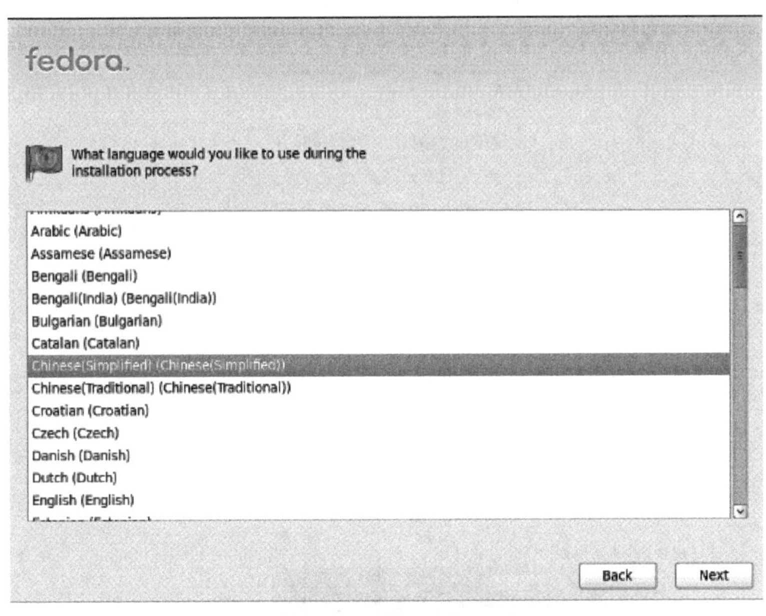

图 1.4　系统基础语言选择界面

（3）选择 Chinese(Simplified)，单击 Next 按钮，进入键盘选择界面，如图 1.5 所示。

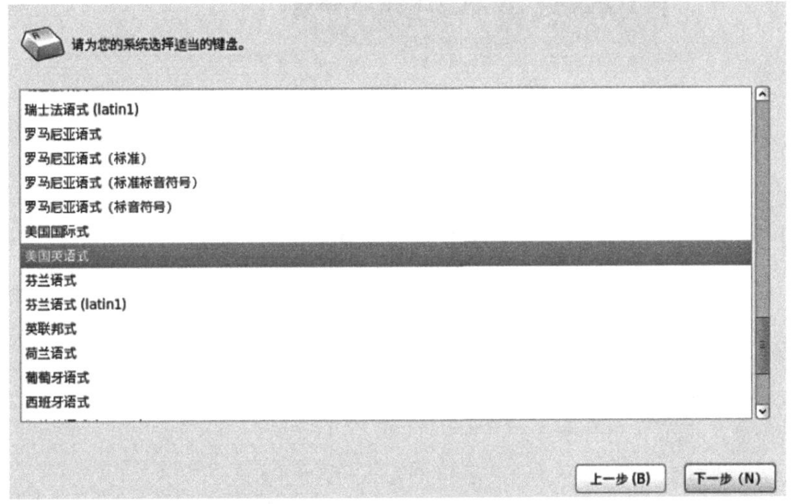

图 1.5　键盘选择界面

（4）选择“美国英语式”选项，单击“下一步”按钮，进入存储设备选择界面，选择基本存储设备，然后选择“全部重新初始化”选项，单击“下一步”按钮进入为主机命名界面，如图 1.6 所示。

（5）进入时区选择界面，如图 1.7 所示。

（6）选择完时区，单击“下一步”按钮，进入根用户密码设置界面，注意在设置密码时一定要足够安全，否则会提示设置失败，如图 1.8 所示。

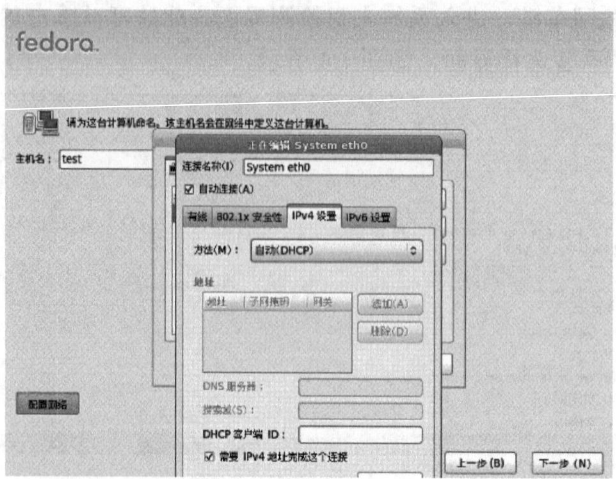

图 1.6　为主机命名界面

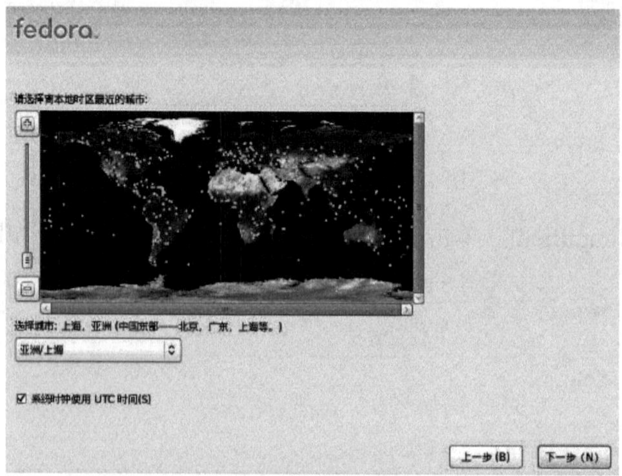

图 1.7　时区选择界面

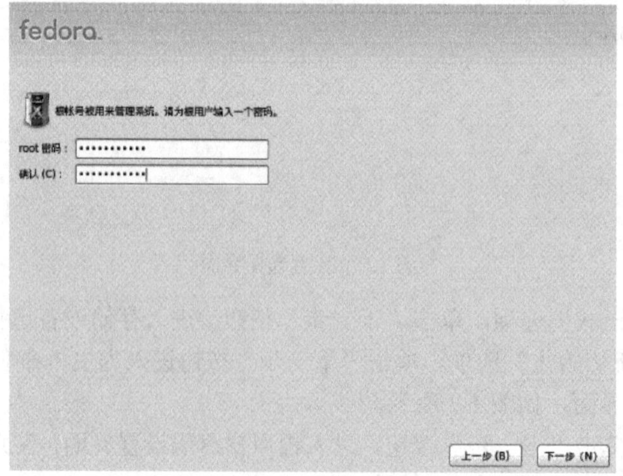

图 1.8　根用户密码设置界面

（7）设置完根用户密码后，进入分区建立界面，选择结果如图 1.9 所示，最终的分区结果如图 1.10 所示。

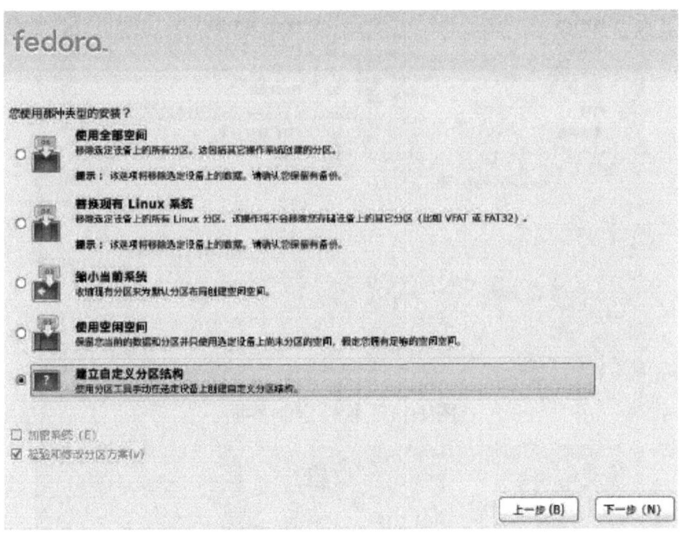

图 1.9　分区建立界面

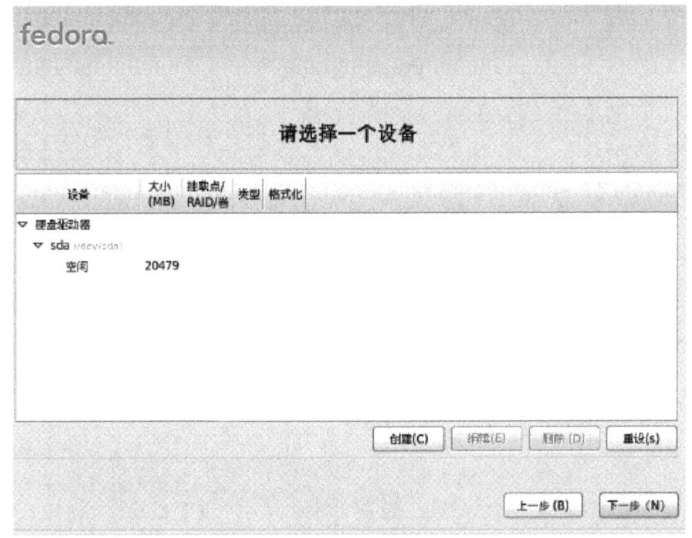

图 1.10　分区结果界面

（8）单击“下一步”按钮，系统将提示是否将修改写入磁盘，选择“将修改写入磁盘”，这样整个分区结构就会被建立，然后继续单击“下一步”按钮，进行软件的定制，选择“现在定制”，进入软件定制界面，如图 1.11 所示。

（9）可以根据自己的需要选择自己所需的软件，然后单击“下一步”按钮，系统会检测各软件包的相互依赖性，单击“下一步”按钮，系统启动安装过程，如图 1.12 所示，然后系统进行安装，如图 1.13 所示。

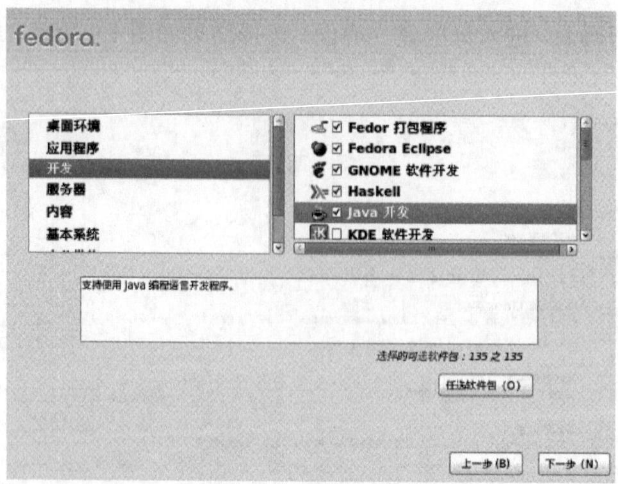

图 1.11　软件定制界面

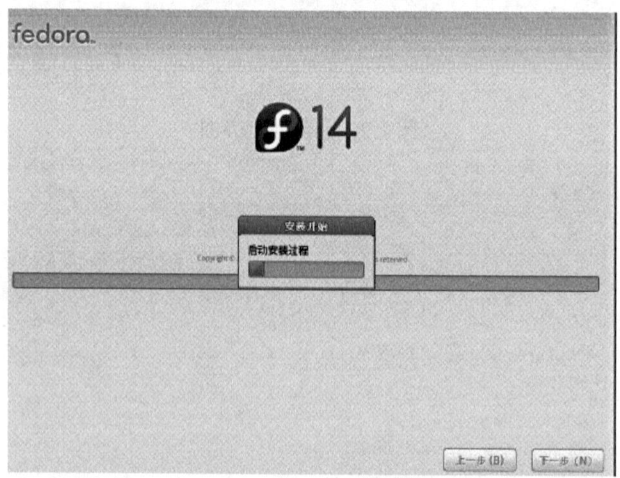

图 1.12　启动安装过程界面

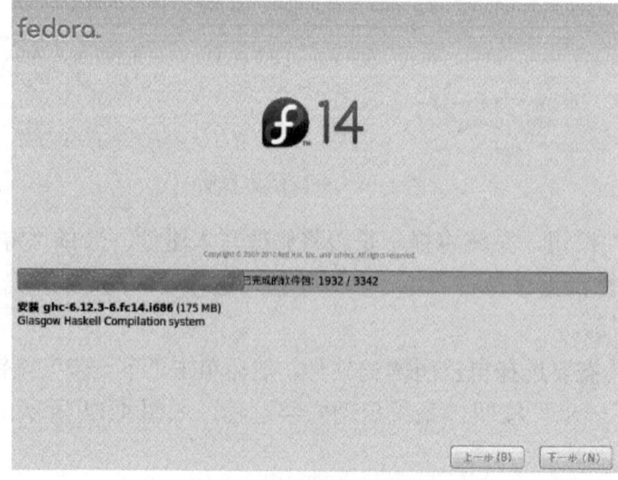

图 1.13　系统安装界面

（10）进入最后的安装成功提示界面，这里系统会提示重启，这时要取出安装光盘，如图 1.14 所示。

图 1.14　安装成功提示界面

1.3.3　第一次启动 Linux 系统

系统在安装完毕以后，将进行第一次启动，并进行一些配置，用户可以根据提示进行相应的配置，具体操作如下：

（1）配置之初的界面就是显示许可证信息，如图 1.15 所示。

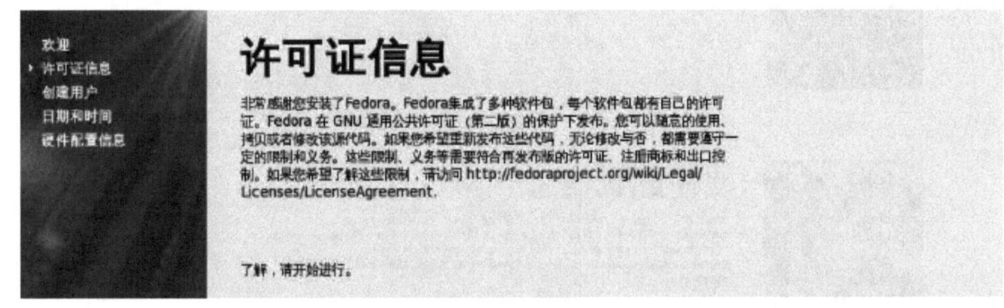

图 1.15　许可证信息

（2）单击“前进”按钮，进入创建普通用户界面。这个普通用户用于日常系统操作，因为根用户的权限太大，用户一个误操作，就可能杀掉自己的系统。在输入用户名和密码后，如果密码设置过短或过于简单，系统会给出提示，但是可以强制通过，如图 1.16 所示。

（3）在设置完用户后，单击“前进”按钮进入日期和时间的设置界面，如图 1.17 所示。如果系统提示的时间与当前的时间是一致的且无误，就可以直接单击“前进”按钮，进入下一个界面。如果有问题，可以根据当前的准确时间进行设定，然后单击“前进”按钮，进入下一个界面。

（4）最后系统将询问是否将硬件配置信息发给社区，如图 1.18 所示。此时可以单击“完成”按钮，来完成系统的安装，然后屏幕上会出现登录界面，这时就可以使用先前创建的用户进行登录。

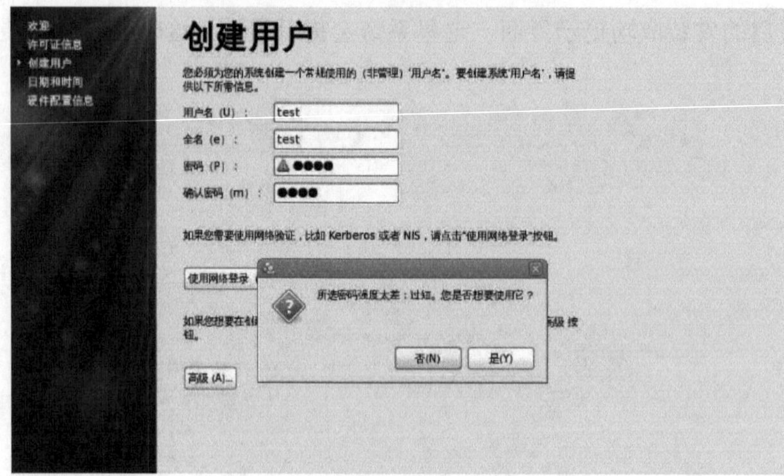

图 1.16　创建普通用户界面

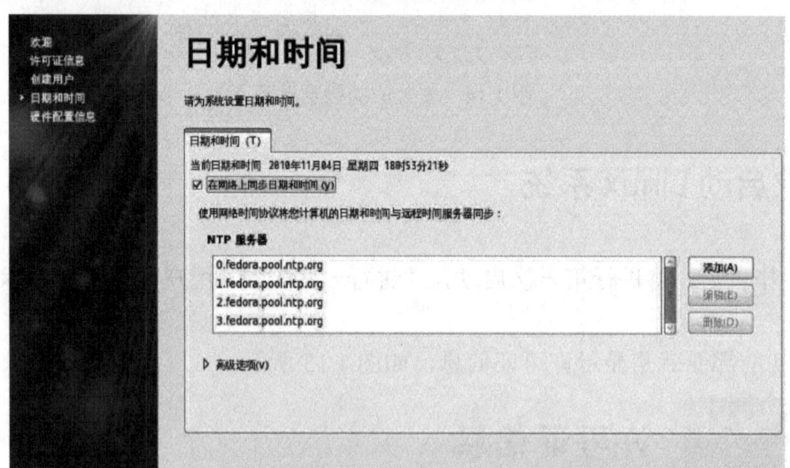

图 1.17　日期和时间设置界面

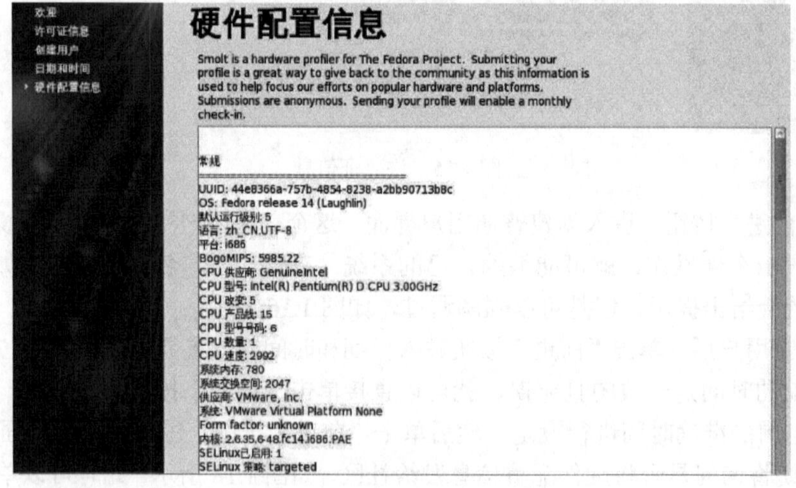

图 1.18　硬件配置信息界面

1.4　小　　结

本章介绍了 Linux 系统的一些基本概念和安装过程。首先介绍了与 Linux 有着无限渊源的 GNU 项目，然后介绍了 Linux 的起源与发展、Linux 的内核和发展，接着介绍了 Linux 的发行版本，最后介绍了如何在图形化界面下安装 Linux 系统和安装后第一次启动的基本配置。通过本章的学习，读者可以根据自己的需要安装一套自己的 Linux 操作系统，方便以后的学习和使用。

第2章

C语言基础

（视频讲解：35分钟）

C语言是一种面向底层的编程语言，它可以直接访问计算机底层资源，与汇编语言类似，同时它又具有高级语言的高效、灵活、有较高的移植性等优点。要想在Linux系统下学习C语言，必须掌握一定的C语言基础知识。

本章致力于使掌握了C语言的读者们重新温习一下C语言的基础知识，在脑海中建立一个C语言的知识体系。

通过阅读本章，您可以：

- 了解C语言的数据类型
- 了解C语言的运算符和表达式
- 了解C语言中的函数
- 了解C语言的程序语句
- 了解C语言的预处理命令

2.1　C 语言概述

C 语言是一种结构化语言，它层次清晰，便于按模块化方式组织程序，易于调试和维护。同时，它还是一种面向底层的编程语言，可以直接访问内存的物理地址。要写好一个 C 程序，必须清楚操作系统的工作原理，原因就在于操作系统也是用 C 语言编写的。由于 Linux 系统是一种开源的操作系统，就更可以通过学习该系统的内核原理来加深对 C 语言的理解，从而能够在此系统中更好地使用 C 语言编程。

C 语言是一种通用的程序设计语言，广泛地应用于系统与应用软件的开发，其具有如下特点。

- ☑ 高效性。一个 C 语言源代码编译的过程是：首先，经由预处理器，处理源代码中的预处理部分，将代码补充完整；然后，将补充完整的代码送到编译器，将其翻译成汇编语言；最后，生成二进制的目标代码。所谓的高效性，是指 C 语言生成目标代码的质量高，程序执行效率高，并且具有友好的可读性和编写性。一般情况下，C 语言生成的目标代码执行效率只比汇编程序低 10%～20%。
- ☑ 灵活性。C 语言一共有 32 个关键字，9 种控制语句，其书写形式自由，语法不拘一格，可在原有语法基础上进行再创造、复合，从而给程序员更多的想象和发挥的空间，以此可以充分展现出 C 语言的灵活性。
- ☑ 功能丰富。C 语言中不仅具有多种数据类型，还可以使用丰富的运算符和自定义的结构类型来表达多种复杂的数据结构，完成所需要的丰富的功能。
- ☑ 表达力强。此特点主要体现在 C 语言的语法形式与人们所使用的语言形式相似、书写形式自由、结构规范，并且只需简单的控制语句就可以轻松控制程序流程，满足烦琐的程序要求。
- ☑ 移植性好。由于 C 语言具有良好的移植性，从而使得 C 程序可以运行在不同的操作系统下，只需简单地修改一下即可，使用 C 语言可以进行跨平台的程序开发操作。

2.2　数 据 类 型

著名的计算机科学家沃思曾提出一个公式：程序=算法+数据结构，而在 C 语言中，数据结构是以数据类型的形式出现的。C 语言的数据类型可以分为基本类型、构造类型、指针类型和空类型。算法操作的对象是数据，这些数据就是以数据类型的形式存在，数据有常量和变量之分，无论常量还是变量都是由这些数据类型作为修饰。数据类型的分类如图 2.1 所示。

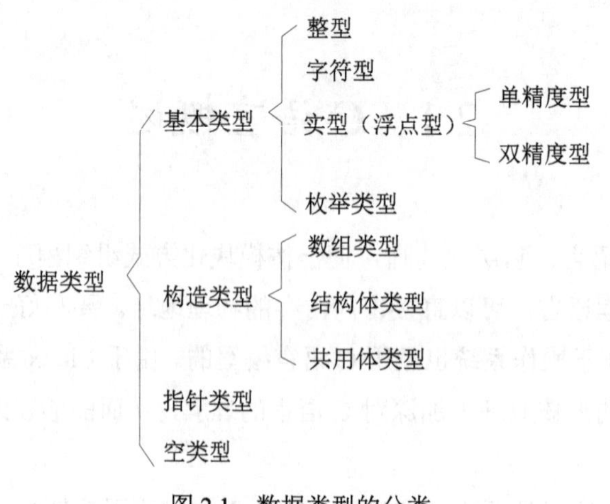

图 2.1　数据类型的分类

2.2.1　基本类型

基本类型是指其值不可以再分解为其他类型。基本类型包括整型、实型（浮点型）、字符型和枚举类型。下面分别介绍这几种基本类型。

1．整型数据

整型数据，顾名思义就是没有小数位或指数的数据类型。对整型数据的使用方法，可以分为整型常量和整型变量。

整型常量是在运算中数据类型为整型、不可改变数值的数据，可以应用八进制、十进制、十六进制描述一个整型常量。下面分别介绍八进制、十进制和十六进制整型常量的描述。

- ☑ 所谓的八进制常数必须以 0 开头，0 作为八进制整常数的前缀，其数码取值范围为 0～7。八进制数通常没有负数。例如，八进制数可以写成如下形式：015，表示成十进制数为 13。
- ☑ 所谓的十进制常数，就是我们在生活中经常用到的常数，没有固定的前缀，数码取值范围为 0～9，有正数也有负数，例如，可以写成如下形式：94，-160。
- ☑ 所谓的十六进制常数也存在前缀，为 0x 或 0X，数码的取值范围为从 0～9 表示正常的 10 个数字，而 a～f（或 A～F）表示从 10～15。例如，十六进制常数可以表示成如下形式：0xa1，表示成十进制数是 161。
- ☑ 整型变量可以分为基本整型、短整型、长整型。下面是对这几种整型变量的描述。
- ☑ 基本整型的类型说明符为 int，在内存中占有两个字节。
- ☑ 短整型的类型说明符为 short int，此时的 int 可以省略，以 short 表示短整型，在内存中也占有两个字节。
- ☑ 长整型的类型说明符为 long int，同样可以省略 int，以 long 来表示长整型，在内存中占有 4 个字节。

以上 3 种整型数据，又包括有符号和无符号两类。有符号的整型在类型说明符前可以加上 signed，无符号的整型在类型说明符前可以加上 unsigned。若一个类型说明符前没有 signed 或 unsigned 作为修饰，则默认为是 signed，即有符号的。

2．实型数据

实型数据又可以称为浮点型数据，实型常量有以下两种表示形式。

（1）十进制小数形式

十进制小数形式是由数字和小数点组成的，可以写成如下形式：12.9。

（2）指数形式

指数形式以 e 或者 E 为标志，一个实数可以有多种指数形式，但是在字母 e（或 E）之前的小数部分中，小数点左边应至少有一位非零的数字，而字母 e（或 E）的后面必须是整数形式。例如，指数形式的实数可以写成如下形式：314.0697e2。

实型变量可以分为单精度型（float）、双精度型（double）和长双精度型（long double）3 种，其中单精度型数据占有 4 个字节，双精度型数据占有 8 个字节，长双精度型数据占有 16 个字节。

3．字符型数据

C 语言中的字符型常量都是用单撇号括起来的一个字符，如'a'、'3'、'?'。除了这种形式的字符型常量外，还有一种特殊形式的字符常量，是以一个“\”开头的字符序列，如'\n'、'\ddd'、'\xhh'等。以反斜杠（\）开头的特殊字符又被称为转义字符，是将反斜杠后面的字符转换成另外的意义。

字符型变量是用来存放字符常量的，但是每一个字符型变量都只能存放一个字符，不可以存放一个字符串。

4．枚举类型

通常一个变量仅有几种可能的值，那么可以将其定义为枚举类型。例如，一周只有 7 天，星期一到星期日，可以将这 7 天定义为枚举类型。所谓的枚举是指将变量的值一一列举出来，定义的枚举类型的变量的取值范围，只限于列举出来的值。

关于枚举类型的使用有以下几点说明。

（1）声明枚举类型用关键字 enum 开头，例如：

```
enum week{Monday,Tuesday,Wednesday,Thursday,Friday,Saturday,Sunday};
```

可以使用这个枚举类型定义变量，例如：

```
enum week a,b;
```

这两个枚举变量 a 和 b 的取值只能是在 Monday 到 Sunday 之间的这几个值之一，例如：

```
a=Wednesday;
b=Friday;
```

（2）枚举类型中的 Monday、Tuesday 等，称之为枚举元素或枚举常量。它们只是一个用户用来定义的标识符。它们既然是常量，就不可以对它们进行赋值操作，例如，Monday=2 是错误的。

（3）C 语言编译过程中按定义时的顺序已经为枚举常量定义了值，它们的值为 0,1,2,…例如，上面的定义中 Monday 的值其实为 0，Tuesday 的值为 1，Wednesday 的值为 2……Sunday 的值为 6。也可以在定义枚举类型时，自己指定标识符的值，例如：

```
enum week{Monday=1,Tuesday,Wednesday,Thursday,Friday,Saturday,Sunday};
```

定义了 Monday 的值为 1，那么后续的值会自动递增 1，即 Tuesday 的值为 2，Wednesday 的值为 3……Sunday 的值为 7。

（4）枚举常量的值可以用来作比较。

（5）一个整数不能直接赋给一个枚举变量，例如：

```
enum week a,b;
a=2;
```

上述赋值操作是错误的，因为变量 a 与整型 2 不属于同种类型，需要进行强制类型转换后，才可以赋值。

2.2.2 构造类型

一个构造类型可以分解成若干个“成员”和“元素”。每个“成员”都是一个基本数据类型或者一个构造类型。构造类型可以有以下 3 种。

1. 数组类型

数组类型是由若干个相同的数据类型的元素组成的，例如：

```
int array[100];
char a[20];
```

数组前面的数据类型表示数组元素的类型，array 和 a 是数组变量的名称，中括号（[]）里面的数字是数组的长度。其中数组的长度不可以是动态的，即数组的大小不在程序的运行过程中改变。

2. 结构体类型

结构体类型是将不同类型的数据组合成一个有机的整体，以便于引用。这些组合在一个整体中的数据是存在着某种联系的。

结构体类型以关键字 struct 开头，如下所示为定义了一个学生信息的结构体类型：

```
struct student
{
int age;
int number;
char name[20];
double Chinese;
double English;
};
```

使用定义的结构体类型声明一个结构体类型的变量，例如：

```
struct student stu1,stu2;
```

为结构体类型的变量赋初值，例如：

```
stu1={21,101,"Lily",98.5,99};
```

在声明了这样一个包含各种成员的结构体变量后，可以对这些变量的成员进行引用，例如：

```
stu2.age=19;
```

说明

一个结构体类型变量的大小是结构体所有成员大小之和。

3．共用体类型

共用体类型与结构体类型的表示形式基本相同，但共用体类型是以 union 关键字开头，下面定义一个共用体类型，并声明一个共用体类型的变量：

```
union number
{
int i;
float f;
char ch;
}num1,num2;
```

所谓的共用体类型，就是几个不同的变量共同占用同一段内存的结构类型。例如，上述所定义的共用体类型中有 int 型成员、float 型成员和 char 型成员，3 个成员的起始地址是相同的，由于 3 个成员所占内存大小各不相同，因此几个变量互相覆盖，那么共用体类型的变量所占的内存长度等于最长的成员的长度，如上述定义的共用体类型的变量所占的内存大小为 4 个字节。

由于共用体类型中的成员是相互覆盖的，因此在使用共用体类型的数据时有以下几点需要注意：

（1）在共用体类型变量所在的内存段中，可以用来存放几种不同类型的成员，但由于每一个成员的起始地址都是相同的，所以一次只能存放其中一种类型的成员，也就是指每一次只有一个成员起作用，其他成员不能同时存在和起作用。

（2）当使用共用体类型的变量引用其成员并为该成员赋值时，最后一次赋值的成员是有效的，在存入一个新的成员信息后，原有的成员信息就被覆盖，失去了作用。

（3）整个共用体类型的起始地址与各个成员的起始地址是同一地址。

（4）关于共用体类型的变量，不能为其赋值，不能在定义共用体变量时对其初始化，也不能引用共用体变量名得到一个值。

（5）共用体类型的变量不可以作为函数的参数传递，也不可以使函数带回共用体变量，但可以使用指向共用体变量的指针。

（6）共用体类型可以出现在结构体类型定义中，也可以定义共用体类型的数组。反之也成立。

2.2.3 指针类型

在计算机中，所有的数据都是存放在内存中的，为了能够正确地访问到这些内存单元，在 C 语言中为每个内存单元编上号。通过这些唯一的编号，就可以找到所需的内存单元，那么这个内存单元的编号就称为这个内存单元的地址，这个地址就是所谓的指针。

在 C 语言中，指针类型是最重要的数据类型，也是 C 语言最主要的风格之一。利用指针变量可以访问各种数据结构，可以很方便地使用数组和字符串；并能像汇编语言一样处理内存地址，从而编出精练而高效的程序。

指针变量是包含内存地址的变量。通常的变量是包含一个值，而指针变量包含的是某一数据类型的内存地址。

注意

指针变量在使用之前需要声明和初始化。

（1）定义指针变量

声明一个指针变量的形式为：

```
数据类型 *变量名;
```

声明中的“*”运算符表明被声明的变量是指针变量，例如：

```
int *pint;                    //声明一个整型指针变量
double *pd;                   //声明一个双精度型指针变量
char *pch;                    //声明一个字符型指针变量
```

声明的上述 3 个指针，都只能指向某一特定的数据类型的变量或数组元素。如整型指针变量只能指向一个整型的变量或整型变量的数组元素。只有在声明完指针变量后，才可以为该变量赋初值，例如：

```
int i=8;
double d=19.6;
char c='a';
pint=&i;
pd=&d;
pch=&c;
```

上述赋值代码中，“&”运算符称为取地址运算符，用于获取变量所在的内存地址。

（2）指针变量的引用

指针这种数据类型可以访问系统的底层资源，因此也就可以通过指针变量来改变某一内存单元的值。例如，使用间接运算符访问指针变量所指向的内存单元的值，并改变此值：

```
int *pint,n=61;
pint=&n;
*pint--;
printf("%d",n);
```

该程序输出的结果为 60。

在上述代码中，*pint 间接引用变量 n，将 n 值所在的内存地址赋给 pint 指针变量，然后通过“*”间接运算法访问指针变量 pint 所指向的内存单元的值，即 n 的值。因此，改变*pint 的值实质上就是改变了 n 的值，即*pint--相当于 n--，故结果为 60。

在程序中经常用到的 scanf()函数，需要取得变量的地址用以修改变量的值，例如：

```
scnaf("%d",&i);
```

此代码通过“&”取地址运算符获取变量 i 的地址，然后使用终端输入设备改变变量 i 的值。

2.2.4　空类型

所谓空类型就是指没有数据类型，空类型的关键字是 void。一般情况下，不会有程序员定义一个空类型的数据。这个数据类型起到对函数返回值的限定，对函数参数限定的作用。

通常一个函数都具有一个返回值，将值返回调用者。这个返回值一般情况下是具有特定的数据类型的，如整型 int、字符型 char 等。但是也有的函数不需要返回任何值，这时就应用空类型 void 来设定函数的返回值类型。

2.3　运算符和表达式

视频讲解

通过上面的章节，我们了解到在 C 语言中的数据类型的种类和各自的作用。在掌握了数据的数据类型后，还要掌握对这些数据进行的各种操作，如几个数据之间的加、减、乘、除等基本的算术运算操作。那些对数据进行数值操作的操作符就称为运算符，而操作符和操作的数据就组成了表达式。

2.3.1　运算符

C 语言的运算符可以分为算术运算符、关系运算符、逻辑运算符和位操作运算符等。下面简单介绍这几种运算符。

1. 算术运算符

算术运算符主要用于完成基本的数值运算，如加（+）、减（-）、乘（*）、除（/）四则运算，算术运算符还包括取模运算符（%）、自增（++）和自减（--）运算符以及赋值运算符（=）。

【例 2.1】　在 Linux 系统中，使用 VIM 编辑器编写如下代码，掌握加、减、乘、除等算术运算符的基本应用。（**实例位置：资源包\TM\sl\2\1**）

程序的代码如下：

```
#include<stdio.h>
int main(void)
```

```
{
    int a=2,b=3,c=6;
    printf("%d+%d=%d\n",a,b,a+b);
    printf("%d-%d=%d\n",c,b,++c-b);          /*先将 c 自加*/
    printf("%d*%d=%d\n",a,b,a*b);
    printf("%d %% %d=%d\n",b,a,b%a);
    printf("a=%d\n",a++);                    /*输出 a 的值，然后自加 1*/
    printf("a=%d\n",a);                      /*输出此时 a 的值*/
}
```

此实例在 VIM 编辑器中的编辑效果如图 2.2 所示。

本实例实现了输出使用部分算术运算符构成的表达式的值。其在 Linux 系统中的运行效果如图 2.3 所示。

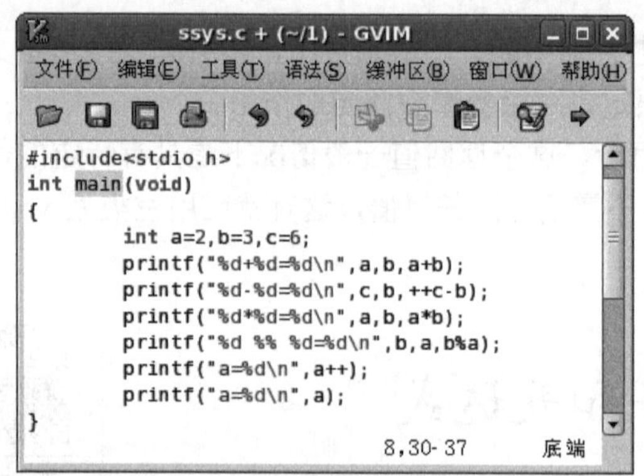

图 2.2　在 VIM 编辑器中的编辑效果

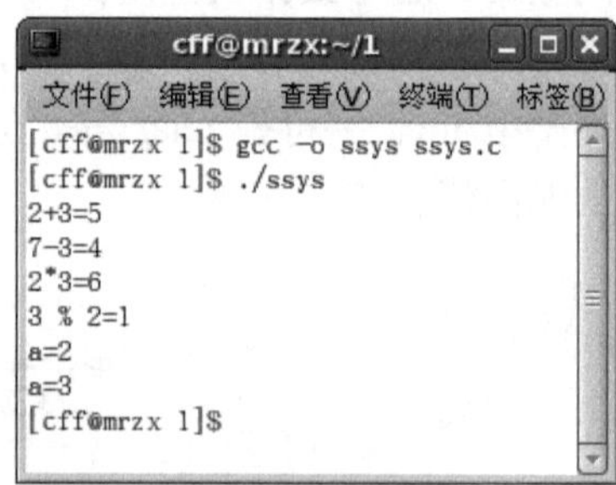

图 2.3　算术运算符的运行效果

2. 关系运算符

所谓的关系运算符，是用于比较两个数据间的关系，如大于、小于或等于。在 C 语言中，关系运算符包括大于（>）、小于（<）、大于等于（>=）、小于等于（<=）、等于（==）以及不等于（!=）。

【例 2.2】　通过此实例，掌握关系运算符的基本应用。（**实例位置：资源包\TM\sl\2\2**）

程序的代码如下：

```
main()
{
    int a=5,b=4,c=3,d=2;
    if(a>b>c)                    /*判断条件是否满足*/
        printf("%d\n",d);
    else if((c-1>=d)==1)
        printf("%d\n",d+1);
    else
        printf("%d\n",d+2);
}
```

本实例主要通过关系运算符进行数据的比较，并且通过输出的结果，可以提醒读者两个数进行比较之后，若成立，则此时变成真值，即 1；若比较不成立，则此时变成非真值，即 0。例如，第一个 if

语句中 5>4 是正确的，所以此时这个关系表达式变成了 1，而 1>3 是不成立的，所以 if 语句中的最终值是非真的，即 0，所以不执行此条件下的 printf 输出语句。继续判断 else if((c-1>=d)==1)中的关系表达式，c-1 为 2 与 d 相等，故关系表达式为真，即值为 1，那么 1==1，所以该条件判断语句成立，所以执行此处的 printf 语句，最终的输出结果为 3。其在 Linux 系统中的运行效果如图 2.4 所示。

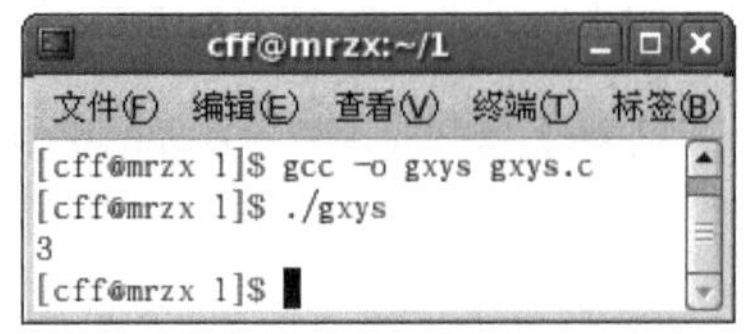

图 2.4　关系运算符的运行效果

3. 逻辑运算符

逻辑运算符主要用于实现数值间的逻辑运算，包括与（&&）、或（||）、非（!）。

说明

关系运算符和逻辑运算符用“真”和“假”表示运算的结果。非 0 的值在关系运算中被视为“真”，0 表示“假”。逻辑运算的结果用整型数据 1 表示“真”，用整型数据 0 表示“假”。

4. 位操作运算符

C 语言是一种面向底层的编程语言，位操作就是一种计算机底层的运算方式。位操作可以用于整型数据和字符型数据，不可以用于浮点型数据和其他复杂的数据类型。位操作符包括按位与（&）、按位或（|）、按位异或（^）、取反（~）、左移（<<）、右移（>>）。

按位与（&）是指两个操作数均为 1，运算结果才为真。

按位或（|）是指两个操作数有一个为 1，那么，运算结果就为真。

2.3.2　表达式

表达式是由运算符和用于运算的数据组成的，例如：

```
4+6
i-5
a+(b*c+7)/2
```

在程序中，表达式本身不起任何作用，只是用于返回表达式的结果。当表达式的结果在程序中没有用时，可以忽略表达式的结果。

每一个表达式返回的结果值都是有数据类型的，表达式隐含的数据类型取决于组成表达式的变量和常量的数据类型。

2.4　函　　数

函数是 C 语言的基本单元。每一个函数都有其特定的功能，函数是由程序的可执行代码构成的。如下所示为函数的定义形式：

```
函数返回值类型 函数名(参数列表)
{
函数体(函数实现特定功能的可执行代码);
}
```

例如，下面定义了一个实现求解斐波那契数列的功能函数：

```
int Fib(int n)
{
if(n<1)
      return -1;
if(n==1||n==2)
      return 1;
return Fib(n-1)+Fib(n-2);
}
```

上述代码在函数体部分通过递归算法实现了计算斐波那契数列的功能。

【例 2.3】 在 Linux 系统下实现求解斐波那契数列，并输出数列中任意第几个数据的值，如输入 3，会显示数列中第 3 个数的数值 2。（**实例位置：资源包\TM\sl\2\3**）

程序的代码如下：

```
#include<stdio.h>
int Fib(int n)
{
      if(n<1)
            return -1;
      if(n==1||n==2)
            return 1;
      return Fib(n-1)+Fib(n-2);
}
int main()
{
      int count;
      int f;
      printf("please input the count:");
      scanf("%d",&count);
      f=Fib(count);
      printf("f=%d\n",f);
      return 0;
}
```

（1）在 Emacs 编辑器中编写此程序，并将此程序命名为 Fib.c，然后按 Ctrl+X 快捷键和 Ctrl+S 快捷键保存该文件，效果如图 2.5 所示。

（2）文件保存后，关闭文件，回到文件所在位置的终端中，使用 GCC 编译程序，此时当前目录下会创建一个可执行文件 fib，然后通过此标识符“./”执行当前目录下的可执行文件，显示运行结果。如图 2.6 所示为在终端中编译并运行程序后的效果图。

```
#include<stdio.h>
int Fib(int n)
{
  if(n<1)
    return -1;
  if(n==1||n==2)
    return 1;
  return Fib(n-1)+Fib(n-2);
}
int main()
{
  int count;
  int f;
  printf("please input the count:");
  scanf("%d",&count);
  f=Fib(count);
  printf("f=%d\n",f);
  return 0;
}
```

图 2.5　Emacs 编辑器中的斐波那契数列程序

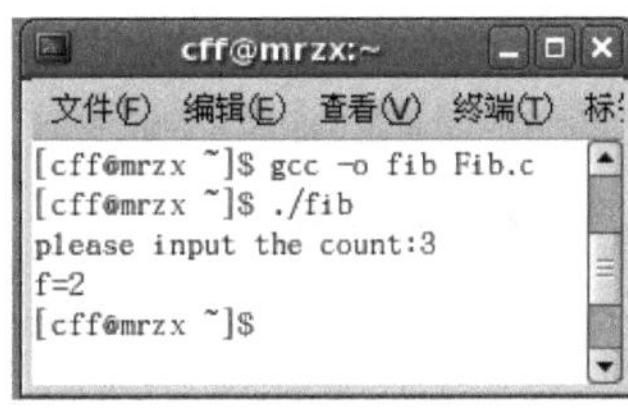

图 2.6　在终端中的运行效果

说明

在学习了后面章节中关于 Linux 系统编写程序的基本操作后，会更容易理解此程序在 Linux 系统下的编写与运行过程，在此只是为了介绍 C 语言中关于函数部分的概念。

在 C 语言中，主函数 main()是必不可少的函数，任意一个 C 程序的入口与出口都位于 main()函数中。其他的功能函数都是在主函数中调用实现的，并不都写在 main()函数中。

定义的功能函数就如同一个变量，需要先声明后定义，函数的声明是让编译器知道函数的名称、参数、返回值类型等基本信息；函数的定义是让编译器知道函数的功能。

上述功能函数的声明可以写成如下形式：

```
int Fib(int n);
```

注意

若将函数的定义放在调用函数之前，就可以省略函数的声明，此时函数的定义就包含了函数的声明。

2.5　程 序 语 句

视频讲解

程序语句是用来向计算机系统发出操作指令的，由于 C 语言具有灵活性，并且有表达力强的特点，通常在编译时，一个 C 程序语句可以被翻译成若干条机器指令。

在 C 语言中，程序语句包括控制语句、函数调用语句、表达式语句、空语句和复合语句。下面分别对这几种程序语句进行介绍。

2.5.1 控制语句

控制语句是指具有一定控制功能的程序语句，如条件控制语句、循环控制语句和选择控制语句等。在 C 语言中，总共有如下 9 种控制语句：

（1）条件控制语句。

```
if(表达式)
语句;
else
语句;
```

（2）for 循环控制语句。

```
for(循环变量初值;循环条件;修改循环变量)
语句;
```

（3）while 循环控制语句。

```
while(循环控制条件)
语句;
```

（4）do…while 循环控制语句。

```
do
语句;
while(循环条件)
```

（5）switch 多分支选择语句。

```
switch(表达式)
{
case  常量表达式 1:语句 1;
case  常量表达式 2:语句 2;
…
case  常量表达式 n:语句 n;
default:语句 n+1;
}
```

（6）continue 语句。用于实现结束本次循环语句，继续下一次循环语句的功能。

（7）break 语句。用于实现彻底中止执行循环语句或 switch 语句的功能。

（8）goto 语句。用于实现强制跳转的功能。

（9）return 语句。用于实现从函数返回某一数据的功能。

上述 9 种程序语句就是在程序中经常用到的程序控制语句。

2.5.2 函数调用语句

所谓函数调用语句，是指在程序中调用已经定义好的函数加一个分号构成的语句，例如：

```
scanf("%d",&i);           //格式输入语句
putchar(ch);              //向终端输出一个字符 ch
```

2.5.3　表达式语句

表达式语句是由一个表达式所构成的语句。在 2.3 节的运算符和表达式中已经简单介绍了关于表达式的概念。

在程序语句中，最典型的表达式语句是赋值语句，例如：

```
i=46;
```

表达式语句是由表达式加上分号所构成的。在 C 语言中，一个程序语句必须以分号结尾。

2.5.4　空语句

空语句是指只有一个分号的语句，例如：

```
;
```

一个空语句表示什么操作都无须做。通常使用空语句时是用它来做被转向点或者在循环语句中会出现这样一条空语句，代表循环体不进行任何操作。

2.5.5　复合语句

复合语句是用“{}”（大括号）括起来的一些语句。在复合语句中，含有多条语句，例如：

```
{
int sum,a=2;
sum=a+8;
printf("sum=%d\n",sum);
}
```

注意

在 C 程序中语句都是以分号作为结尾，但是复合语句的大括号结尾不用再加分号。

2.6　预处理命令

预处理命令是 C 语言特有的命令，预处理命令与其他 C 语句的区别在于这些命令都是以符号“#”开头。下面对 C 语言中的预处理命令进行讲解。

2.6.1 宏定义

所谓宏定义，是指以一个指定的标识符来代表一个字符串，在程序中用这个指定的标识符替换所有的字符串。宏定义又分为无参宏定义和带参宏定义。

☑ 无参宏定义

无参宏定义的一般形式为：

```
#define 标识符 字符串
```

如下代码是使用无参宏定义定义的一个符号常量。

```
#define MAX 200
```

使用宏定义命令可以减少程序中重复书写某些复杂字符串的工作量，同时还提高了程序的通用性。

☑ 带参宏定义

带参宏定义的一般形式为：

```
#define 宏名(参数表) 字符串
```

在使用带参宏定义时，需要注意字符串中包括了参数表中所指定的参数，例如：

```
#define MAX(A,B) A<B?B:A
```

【例 2.4】 在 Linux 系统下，实现比较两个数的大小，并输出较大值。（**实例位置：资源包\TM\sl\2\4**）

程序的代码如下：

```
#include<stdio.h>
#define MAX(A,B) (A>B)?A:B
int main()
{
    int max,a=2,b=6;
    max=MAX(a,b);
    printf("max=%d\n",max);
    return 0;
}
```

（1）同例 2.3 操作方法相同，输入相应代码保存即可，效果如图 2.7 所示。

（2）在终端使用 GCC 编译程序，生成 max 文件为可执行文件。在终端中执行该可执行文件，即可得到程序的运行结果，如图 2.8 所示。

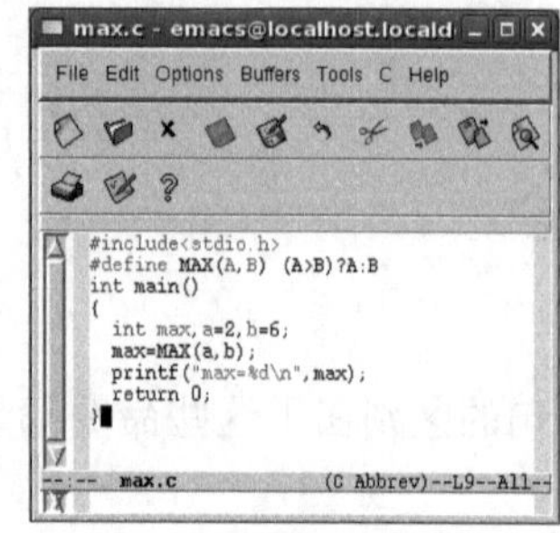

图 2.7 Emacs 编辑器中的 max.c 程序

图 2.8 在终端中 max.c 文件的运行效果

2.6.2　文件包含

所谓文件包含命令，是指一个源文件可以将另外一个源文件的全部内容包含进来，其一般形式为：

```
#include "头文件名"
#include<头文件名>
```

例如：

```
#include "person.h"
#include<stdio.h>
```

文件包含有上述两种形式，即双引号和尖括号。两者的区别在于搜索这个头文件的顺序。使用双引号时，系统会在程序当前所在目录中寻找要包含的头文件，当找不到时，再进入 C 库函数头文件所在的目录中寻找此头文件。而使用尖括号时，系统直接到存放 C 库函数头文件所在的目录中寻找要包含的文件，这种搜索方式称为标准方式。

2.7　小　　结

本章主要系统地介绍了 C 语言编程的一些基础语法知识，从 C 语言的概述到数据类型，再到程序语句与预处理命令，以这样一个有序的思路线条帮助读者回顾 C 语言的知识体系，使读者在新的系统下学习 C 语言编程时不至于太吃力，并且能够使读者在已经了解了 C 语言编程的基础上更轻松地学习 Linux 系统下的编程，可以为读者在后续章节的学习中打好基础。

2.8　实践与练习

1．在 Linux 系统下，实现累加求和：1+2+3+…+n。（**答案位置：资源包\TM\sl\2\5**）

2．在 Linux 系统下，使用宏定义实现求解圆面积（PI=3.142）。（**答案位置：资源包\TM\sl\2\6**）

第 3 章

内存管理

（视频讲解：15分钟）

内存管理是计算机编程最为基本的知识领域之一。如今，很多的脚本语言中，根本不必考虑内存如何管理，但是这并不能说明内存管理已经不再重要。在实际的编程中，理解自己的内存管理器的能力与局限性至关重要。在C语言中，仍需进行内存管理，这种内存管理增强并提高了C程序的功能和灵活性。

通过阅读本章，您可以：

- 了解内存的分类
- 掌握内存管理的基本操作
- 学会使用链表

3.1 内 存 分 类

一个程序中使用到的数据都是存放在内存空间中的，那么执行一个程序，考虑其高效性和灵活性等就要合理地分配内存。根据内存空间分配方式的不同，可以将内存分为动态内存和静态内存。下面分别对动态内存和静态内存进行讲解。

3.1.1 动态内存

通常当用户无法确定空间大小，或者空间太大、栈上无法分配时，会采用动态内存方式分配内存。在使用动态内存时，程序员可以自行控制内存的分配和释放。关于分配多少，何时分配与释放等信息，都由程序员根据需要随时实现。

关于动态内存的使用，很多程序员采取能不使用就不使用的原则，原因在于动态内存资源的敏感性。若能够正确地使用并且利用好动态内存，自然会为程序的实现带来效率；但是一旦用不好，就有可能导致整个项目的崩溃。因此，关于动态内存的使用，不同程度的人应遵循不同的使用原则，目的是为了能够使程序安全、正确并且快速地实现其功能。

事物都是有利便有弊，动态内存也不例外。当动态内存为程序带来了巨大的效率的同时，也为程序带来了巨大的风险。使用动态内存会使内存管理变得很复杂。当程序员根据自己的需要动态地分配完内存，就可以得心应手地使用。但是，当不再使用时，切记释放所占的内存空间。所谓的内存泄露就是将内存分配后没有释放，而导致的内存空间减少的现象。计算机的内存空间是有限的，当分配了过多的内存而没有及时释放时，很有可能导致内存不够用，也就是通常所说的内存耗尽。内存分配与释放是配对的，分配的内存在哪里，使用完毕就要释放哪里的内存。在一个大型的项目中，如若多次分配内存，那么释放这些内存的顺序就成为难题。

3.1.2 静态内存

所谓静态内存是指在程序开始运行时由编译器分配的内存，它的分配是在程序开始编译时完成的，不占用 CPU 资源。程序中的各种变量，在编译源程序时系统就已经为其分配了所需的内存空间，当该变量在作用域内使用完毕时，系统会自动释放所占用的内存空间。变量的分配与释放，都无须程序员自行考虑。不必像动态内存那样，要掌握分配内存的大小、何时分配与释放等细节，因此使用静态内存对程序员来说很方便。

使用静态内存减少了很多内存资源的风险，如内存泄露、内存耗尽等问题，但减少了风险的同时也带来了弊端。在使用一个数组时，静态内存会预先定义数组的大小，定义数组前并不确定数组中会存放多少数据，若在使用时，存放在数组中的数据大于数组的容量，那么，就会出现溢出问题；然而存放在数组中的数据小于数组的容量很多时，就会造成内存空间的浪费。

静态内存是由编译器来分配的，释放是由变量的作用域所决定的，即当一个变量定义在一个自定义的功能函数中时，如果这个函数结束，该变量也会随之释放。这样，使用指针由子函数向主函数传递数据类的问题就无法实现了。因为子函数中的变量在子函数结束时，就会被释放，所以无法将值带回到主函数。但是事情总会有解决的办法，那就是可以在主函数中定义变量，在子函数中使用主函数中定义的变量传递值。

3.1.3 动态内存与静态内存的区别

动态内存与静态内存是两种不同的分配内存的方式，那么它们在分配方式上存在什么样的区别呢？

（1）静态内存的分配是在程序开始编译时完成的，不占用 CPU 资源；而动态内存的分配是在程序运行时完成的，动态内存的分配与释放都是占用 CPU 资源的。

（2）静态内存是在栈上分配的；而动态内存是在堆上分配的。

（3）动态内存分配需要指针和引用数据类型的支持，而静态内存不需要。

（4）静态内存分配是在编译前就已经确定了内存块的大小，属于按计划分配内存；而动态内存的分配是在程序运行过程中，根据需要随时分配的，属于按需分配。

（5）静态内存的控制权是交给编译器的，而动态内存的控制权是由程序员决定的。

视频讲解

3.2 内存管理的基本操作

通过前面的学习，读者已经了解到静态内存主要针对程序中的各种变量，当在程序中定义变量时，编译器就为其分配了内存，当变量的作用域结束时，会自动释放该变量所在的内存。由此看来，静态内存的分配与释放都不需要程序员规定，因此也就无须考虑内存的管理问题；而动态内存的分配与释放完全由程序员自行决定，因此有很多需要考虑的内存管理方面的操作。下面就简单地介绍关于动态内存管理的基本操作。

3.2.1 分配内存

计算机的内存空间都是通过指针进行访问的，而指针对于正确地分配动态内存空间来说又是十分重要的。关于动态内存的分配所使用的操作函数，在这里主要介绍 malloc()、calloc()、realloc()和 memset()函数的基本用法。

1. malloc()函数

函数原型为：

```
void *malloc(unsigned int size);
```

该函数的功能是分配长度为 size 字节的内存块。

如果分配成功，则返回指向被分配内存的指针；否则返回空指针 NULL。需要注意的是，当内存不再使用时，要使用 free()函数释放内存块。例如，使用 malloc()函数获得一块内存空间，内存空间的大小与返回的指针类型由程序员根据需要自行规定，代码如下：

```
void main()
{
	long* buffer;
	buffer = (long *)malloc(400);			//获得一块长整型数组空间
	free(buffer);						//释放内存空间
}
```

2．calloc()函数

函数原型为：

```
void *calloc(unsigned n,unsigned size);
```

该函数的功能是在内存的动态区存储中分配 n 个长度为 size 的内存块。

如果分配成功，则返回指向被分配内存的指针；否则返回空指针 NULL。同样，在内存不再使用时要用 free()函数释放内存块。

同时，用 calloc()函数可以为一维数组开辟动态存储空间，n 为数组元素的个数，每个元素长度为 size。

例如，使用 calloc()函数获得一块长整型数组空间，代码如下：

```
void main()
{
	long* buffer;
	buffer = (long *)calloc(20,sizeof(long));		//获得一块长整型数组空间
	free(buffer);							//释放内存空间
}
```

3．realloc()函数

函数原型为：

```
void *realloc(void *mem_address,unsigned int newsize);
```

该函数的功能是调整 mem_address 所指内存区域的大小为 newsize 长度。

如果重新分配内存成功，则返回指向被分配内存的指针；否则返回空指针 NULL。同样，当内存不再使用时，应用 free()函数将内存空间释放。

当参数 mem_address 指向 NULL 时，即调整空指针所指向的内存区域的大小为 newsize 长度，此时 realloc()函数的功能与 malloc()函数相同。若参数 newsize 为 0，即要调整成的长度为 0 时，realloc()函数所实现的功能就相当于 free()函数，释放掉该内存区块。

【例 3.1】　在 VIM 编辑器中编写一个简单的 C 语言程序，利用 realloc()函数重新分配一块内存空间。（**实例位置：资源包\TM\sl\3\1**）

程序的代码如下：

```
#include<stdlib.h>
#include<stdio.h>
main()
{
    char *p;
    p=(char *)malloc(100);                  /*为指针 p 开辟一个内存空间*/
    if(p)                                   /*判断内存分配成功与否*/
        printf("Memory Allocated at: %x",p);
    else
        printf("Not Enough Memory!\n");
    getchar();
    p=(char *)realloc(p,256);               /*调整 p 内存空间从 100 字节到 256 字节*/
    if(p)
        printf("Memory Reallocated at: %x",p);
    else
        printf("Not Enough Memory!\n");
    free(p);                                /*释放 p 所指向的内存空间*/
    getchar();
    return 0;
}
```

程序的运行效果如图 3.1 所示。

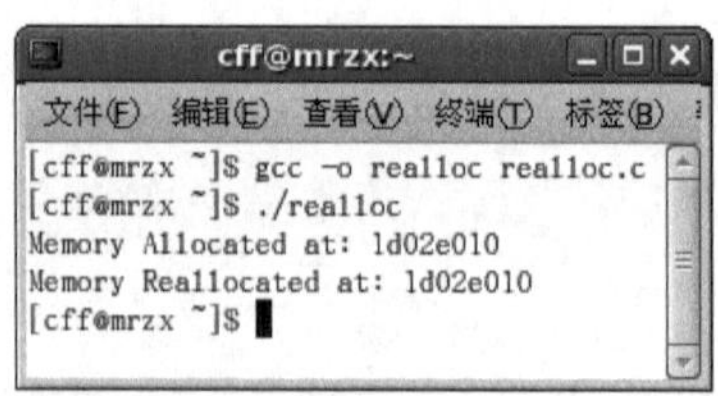

图 3.1　利用 realloc()函数重新分配一块内存空间

4．memset()函数

函数原型为：

```
void *memset(void *s,char ch,unsigned n);
```

该函数的功能是设置 s 中的所有字节为 ch，s 数组的大小为 n。

【例 3.2】　在 VIM 编辑器中编写一个简单的 C 语言程序，利用 memset()函数的功能，用字符“*”替换数组 s 中的字符串。（**实例位置：资源包\TM\sl\3\2**）

程序的代码如下：

```
#include<string.h>
#include<stdio.h>
int main(void)
{
char s[] = "welcome to mrsoft\n";                /*定义一个字符数组 s*/
printf("s before memset: %s\n", s);              /*输出字符数组中的内容*/
memset(s, '*', strlen(s) - 1);                   /*设置 s 数组中的字符串内容为“*” */
printf("s after memset: %s\n", s);               /*输出此时的字符数组内容*/
```

```
return 0;
}
```

程序在 Linux 系统中的运行效果如图 3.2 所示。

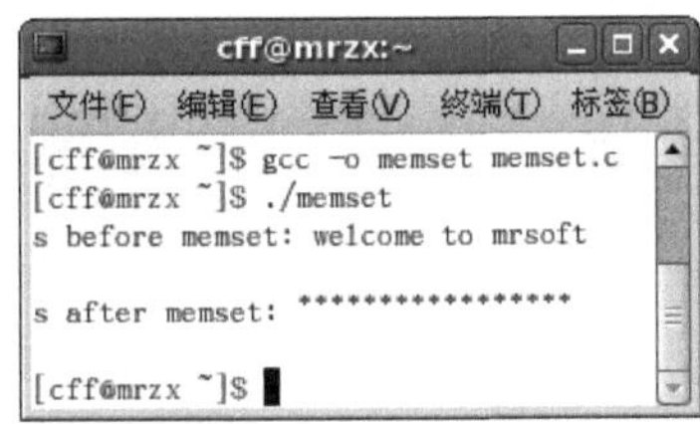

图 3.2　利用 memset()函数用字符“*”替换数组 s 中的字符串

3.2.2　释放内存

通过 malloc()、calloc()和 realloc()函数分配完动态内存后，在程序中可以使用这些内存空间，在使用完动态内存后，一定要使用 free()函数释放掉该块内存空间，以免造成内存泄露等问题。当释放掉内存后，原来指向内存空间的指针就会变成悬空的指针，这时再使用该指针时就会发生错误。

free()函数的原型为：

```
void free( void *memblock );
```

参数 memblock 表示要被释放的内存区块。

3.3　链　　表

使用链表或者队列等数据结构时，通常会使用动态内存存储数据。链表是一种动态地进行存储分配的结构，是根据需要开辟内存单元。

创建动态链表就是指在程序执行过程中，从无到有，按照需求开辟节点和输入各节点数据，并建立起前后相连的关系。通常链表中的节点会使用结构体变量这个数据类型的变量。这样，一个节点就可以表示多个不同数据类型的相关联的信息。在动态链表中，必须利用指针变量才能实现节点与节点之间相连接，因此在一个节点中应包含一个指针变量，用它存放下一个节点的地址。例如，可以设计这样一个结构体类型：

```
struct student
{
	int num;
	int age;
	float score;
	struct student *next;				/*指向链表的下一个节点*/
};
```

【例 3.3】 在 VIM 编辑器中编写一个简单的 C 语言程序，实现创建一个学生信息链表，学会如何动态地分配所需的内存空间，以及如何通过链表，将存储在内存空间中的数据输出到控制台。（**实例位置：资源包\TM\sl\3\3**）

程序的代码如下：

```
#include<malloc.h>
#include<stdio.h>
#define LEN sizeof(struct student)
typedef struct student
{
	int num;
	int age;
	float score;
	struct student *next;		/*指向链表的下一个节点*/
}stu;					/*声明结构体类型 struct student，并取别名为 stu*/
int n;
stu *creat(void)			/*创建动态链表函数*/
{
	stu *head,*p1,*p2;		/*定义结构体类型的指针*/
	n=0;
	p1=p2=(stu *)malloc(LEN);/*开辟一个内存空间*/
	scanf("%d,%d,%f",&p1->num,&p1->age,&p1->score);/*输入结构体类型的数据*/
	head=NULL;			/*头指针置空*/
	while(p1->num!=0)		/*判断学号输入是否为 0，若是 0 则跳出循环*/
	{
		n=n+1;
		if(n==1)head=p1;	/*判断输入的是否是第一个数据信息，若是第一个数据信息，则将头指针指向 p1*/
		else
			p2->next=p1;	/*将 p2 指向的下一个地址指向 p1*/
		p2=p1;			/*p2 指向 p1*/
		p1=(stu *)malloc(LEN);/*再次为 p1 开辟一个内存空间，存储下一个数据*/
	scanf("%d,%d,%f",&p1->num,&p1->age,&p1->score);
	}
	p2->next=NULL;			/*p2 指向下一个地址指向的是空指针*/
	return(head);			/*返回数据信息的头指针，以便从头输出*/
}
main()
{
	stu *p,*head;
	head=creat();
	p=head;				/*p 指向头指针*/
	if(head!=NULL)			/*判断头指针是否为空，不为空则执行循环体输出信息*/
		do
		{
			printf("%d,%d,%f\n",p->num,p->age,p->score);
			p=p->next;
		}while(p!=NULL);
}
```

将该程序存储在 dynamiclink.c 文件中，其运行效果如图 3.3 所示。

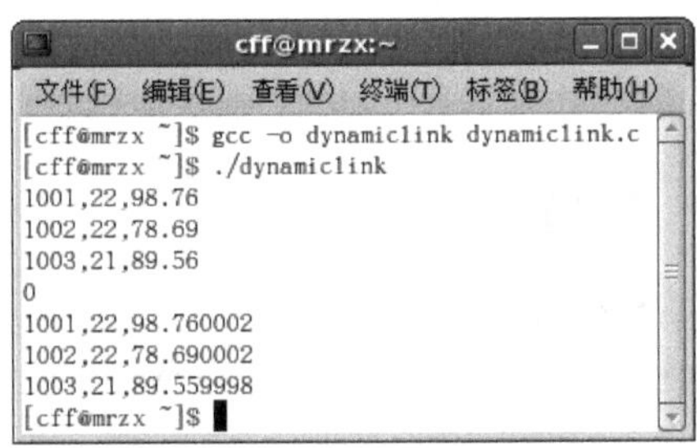

图 3.3 创建学生信息链表

这个程序实现了将学生的学号、年龄和成绩 3 项信息动态地存储在链表中，根据需要可以输入任意多名学生的信息，直到输入 0 时，结束输入。此时，程序会在终端显示出存储的学生信息。

3.4 小 结

本章主要针对内存的分配方式进行了详细讲解，根据内存的分配方式将内存分为静态内存和动态内存，在分别对两类内存进行了详细讲解后，得知在使用动态内存时会有很大的风险，很容易引起内存的泄露等问题，也很可能导致程序瘫痪，因此，要了解内存管理的基本操作。进而对动态内存的分配操作和释放操作进行了介绍，熟悉了这些内存操作会使程序员在编写程序时更加得心应手。而链表作为一种数据结构，会经常使用到动态内存的存储方式，故在本章中对创建动态链表也作了详细介绍。

本章主要围绕内存的分类，以及内存在编程中的使用进行了讲解，希望读者在理解了内存管理后，能够在编程过程中更加安全有效地实现所需的功能。

3.5 实践与练习

1. 在 Linux 系统下，在例 3.3 中创建的学生链表的基础上，实现插入一组数据的功能。（**答案位置：资源包\TM\sl\3\4**）

2. 在 Linux 系统下，使用 calloc()函数分配 150 个 char 类型大小的整型数组空间，然后使用 realloc()函数调整其内存空间大小为 100。（**答案位置：资源包\TM\sl\3\5**）

第 4 章

基本编辑器 VIM 和 Emacs

（视频讲解：12 分钟）

Linux 系统是一种类 UNIX 完整的操作系统。它继承了 UNIX 下传统编辑器 VI 的特点并加入了新的特性，形成了 VIM 这款强大的编辑器。VIM 的彩色和高亮为文本的编辑提供了巨大方便。而与 VIM 一样强大的 Emacs 编辑器更是将编辑功能进行了扩展，同时提供了程序的编辑、编译运行和调试等功能。本章将对这两大编辑器进行基本的介绍。

通过阅读本章，您可以：

- 了解 VIM 的由来
- 了解 VIM 的 3 种模式
- 掌握 VIM 的基本操作
- 了解 Emacs 的由来
- 掌握 Emacs 的启动
- 掌握 Emacs 的基本操作

4.1　初识 VIM

VIM 是 Linux 下功能最为强大的编辑器，它是由 UNIX 下传统的文本编辑器 VI 发展而来的。但是，VIM 是 VI 的一个增强版，有彩色和高亮等特性，这对于文本编辑有很大的帮助。

4.1.1　VIM 的进入与退出

作为 Linux 下最基本的编辑工具，VIM 的功能很多，也很强大。在使用这些功能之前，要先学会如何进入和退出 VIM。

X-window 下，在终端中输入命令“vim”，按回车键，就会出现如图 4.1 所示的初始界面。

如果在 Linux 的命令符下输入“vim”，将出现如图 4.2 所示的界面。

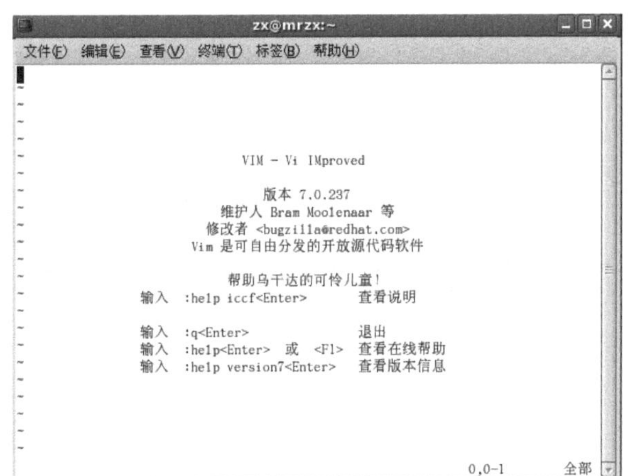

图 4.1　VIM 的初始界面

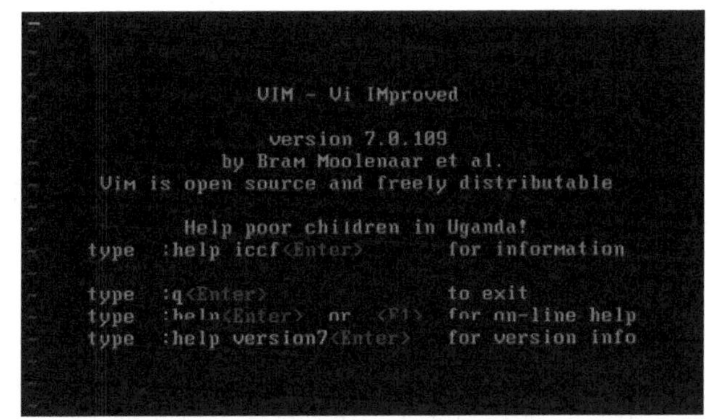

图 4.2　命令符下 VIM 的初始界面

只要一个命令，就可以很容易地进入 VIM 的操作界面，然而，退出 VIM 就要相对麻烦一些。首先按 Esc 键，回车后进入命令行模式，然后输入“:”，此时光标会停留在最下面的一行，再输入“q”，最后回车就可以退出。但这仅是基本的退出，其他情况会在后面的内容中具体介绍。

4.1.2　VIM 基本模式

一般情况下，VIM 可以分为 3 种模式，即一般模式、编辑模式和底行模式。

1．一般模式

一进入 VIM 就是处于一般模式（命令模式），该模式下只能输入指令，不能输入文字。这些指令可能是让光标移动的指令，也可能是删除指令或取代指令。

2．编辑模式

输入"i"就会进入编辑模式（插入模式），此时在状态列会有 INSERT 字样。在该模式下才可以输入文字，按 Esc 键又会回到命令模式。

3．底行模式

输入":"就会进入底行模式，此时左下角会有一个冒号，等待输入命令。按 Esc 键可以返回命令模式。

3 种模式的相互转换如图 4.3 所示。

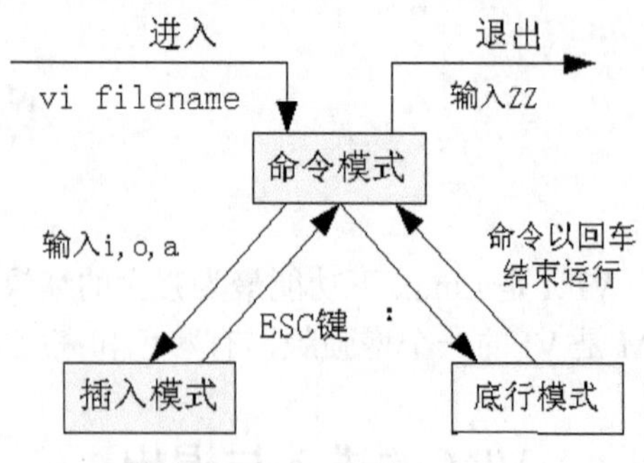

图 4.3　3 种模式的相互转换示意图

4.2　VIM 的基本操作

4.1 节介绍了 VIM 编辑器的相关知识和它的 3 种基本操作模式，下面就来具体地看一下这 3 种基本操作模式下的具体内容。

4.2.1　VIM 的命令行模式操作

在启动 VIM 之初，就会进入 VIM 的命令行模式，如图 4.4 所示。

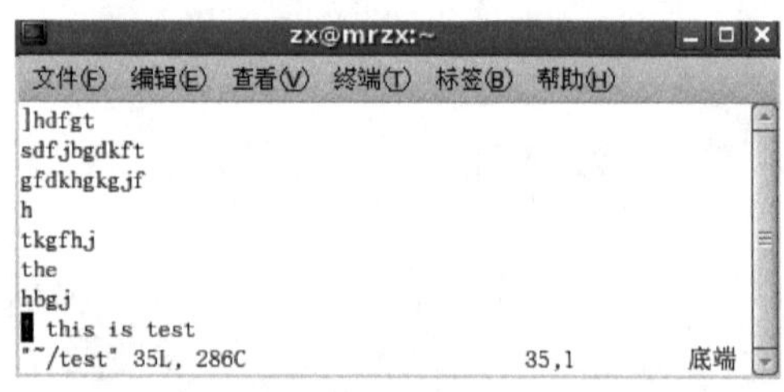

图 4.4　VIM 的命令行模式

在命令行模式下可以进行如下操作。

1．进入插入模式

☑ i：光标前插入，在光标左侧输入正文。
☑ I：在光标所在行的开头输入正文。
☑ a：光标后插入，在光标右侧输入正文。
☑ A：在光标所在行的末尾输入正文。
☑ o：在光标所在行的下一行增添新行。
☑ O：在光标所在行的上一行增添新行。

2．移动光标

☑ hjkl：左、下、上、右。
☑ Ctrl+B：在文件中向上移动一页（相当于 PageUp 键）。
☑ Ctrl+F：在文件中向下移动一页（相当于 PageDown 键）。
☑ G：移到文件最后。
☑ H：将光标移到屏幕的最上行（Highest）。
☑ nH：将光标移到屏幕的第 n 行。

- ☑ M：将光标移到屏幕的中间（Middle）。
- ☑ L：将光标移到屏幕的最下行（Lowest）。
- ☑ nL：将光标移到屏幕的倒数第 n 行。
- ☑ w：在指定行内右移光标，到下一个字的开头。
- ☑ e：在指定行内右移光标，到下一个字的末尾。
- ☑ b：在指定行内左移光标，到前一个字的开头。
- ☑ 0：数字 0，左移光标，到本行的开头。
- ☑ $：右移光标，到本行的末尾。
- ☑ ^：移动光标，到本行的第一个非空字符。

3. 删除

- ☑ x：删除光标所指向的当前字符。
- ☑ nx：删除光标所指向的前 n 个字符。
- ☑ :1,#d：删除行 1 至行#的文字。
- ☑ X：删除光标前面一个字符。
- ☑ D：删除至行尾。
- ☑ dw：删除光标右侧的字。
- ☑ ndw：删除光标右侧的 n 个字。
- ☑ db：删除光标左侧的字。
- ☑ ndb：删除光标左侧的 n 个字。
- ☑ dd：删除光标所在行。
- ☑ ndd：删除 n 行内容。

4. 更改

- ☑ cw：更改光标处之字到此单词字尾处。
- ☑ c#w：如 c3w 表示更改 3 个单词。
- ☑ cc：修改行。

5. 取代

- ☑ r：取代光标处字符。
- ☑ R：取代字符直到按 Esc 键为止。

6. 复制和粘贴

- ☑ yw：复制光标处之字到字尾至缓冲区。
- ☑ yy：复制光标所在行至缓冲区。
- ☑ #yy：如 5yy，复制光标所在之处以下 5 行至缓冲区。
- ☑ P：把缓冲区的资料粘贴在所在行之后。
- ☑ p：把缓冲区的资料粘贴在所在行之前。

7．撤销

☑ u：undo，复原至上一动作。

8．重复上一个命令

☑ .：重复上一个命令。

4.2.2 VIM 的编辑模式操作

在命令行模式中讲到了如何从命令行进入编辑模式的操作，而且要进入 VIM 的编辑模式就必须通过命令行进入。在进入了 VIM 的编辑模式后，用户就可以对打开的文件进行编辑操作，尤其现在的 VIM 已经支持鼠标操作，使用起来就更加方便，如图 4.5 所示。

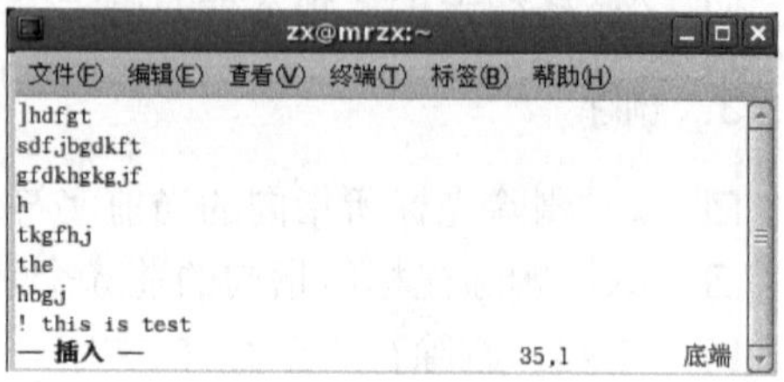

图 4.5 VIM 的编辑模式

4.2.3 VIM 的底行模式操作

VIM 的底行模式也叫末行模式，就是在界面最底部进行命令的输入，如图 4.6 所示。底行模式一般用来执行保存和退出等任务。只要在命令行模式下输入冒号，就可以进入底行模式。比起命令行的那么多命令，底行模式的命令就明显少得多。

图 4.6 VIM 的底行模式

VIM 底行模式的基本操作介绍如下。

1．退出命令

☑ :wq 或:x：先保存再退出 VIM。
☑ :w 或:w filename：保存/保存为 filename 名的文件。
☑ :q：退出（如果文件被修改会有提示）。
☑ :q!或:quit：不保存退出 VIM。
☑ :wq!：强制保存，并退出。

2．显示和取消行号

☑ :set nu：显示行号。
☑ :set nonu：不显示行号。

3．字符串搜索

☑ :/str：正向搜索，将光标移到下一个包含字符串 str 的行，按 n 可往下继续找。
☑ :?str：反向搜索，将光标移到上一个包含字符串 str 的行，按 n 可往上继续找。

- ☑ :/str/ w file：正向搜索，并将第一个包含字符串 str 的行写入 file 文件。
- ☑ :/str1/,/str2/w file：正向搜索，并将包含字符串 str1 的行至包含字符串 str2 的行写入 file 文件。

4．删除正文

- ☑ :d：删除光标所在行。
- ☑ :3　d：删除 3 行。
- ☑ :.,$　d：删除当前行至正文的末尾。
- ☑ :/str1/,/str2/d：删除从字符串 str1 到 str2 的所有行。

5．恢复文件

- ☑ :recover：恢复文件。

4.3　初识 Emacs

视频讲解

Emacs 是一种强大的文本编辑器，在程序员和其他以技术为主的计算机用户中广受欢迎。Emacs，即 Editor Macros（编辑器宏）的缩写，最初由 Richard Stallman（理查德・马修・斯托曼）于 1975 年在 MIT 协同 Guy Steele 共同完成。这一创意的灵感来源于 TECMAC 和 TMACS，它们是由 Guy Steele、Dave Moon、Richard Greenblatt、Charles Frankston 等人编写的宏文本编辑器。自诞生以来，Emacs 演化出了众多分支，其中使用最广泛的两种分别是：1984 年由 Richard Stallman 发起并由他维护至今的 GNU Emacs，以及 1991 年发起的 XEmacs。XEmacs 是 GNU Emacs 的分支，至今仍保持着相当的兼容性。它们都使用了 Emacs Lisp 这种有着极强扩展性的编程语言，从而实现了包括编程、编译乃至网络浏览等功能的扩展。

在 UNIX 文化中，Emacs 是黑客们关于编辑器优劣之争的两大主角之一，它的对手是 VIM。

4.4　Emacs 的基本操作

视频讲解

Emacs 的基本操作可以参考 Emacs 自带的 Tutorial，有中文版，非常全面，在学习时可以很方便地进行查阅。

4.4.1　启动 Emacs

启动 Emacs 只需在命令行输入“emacs　[文件名]”（若文件名默认，可以在 Emacs 编辑文件后另存时指定），也可以从“编程”→emacs 打开，图 4.7 中所示的就是从“编程”→emacs 打开的 Emacs 的启动界面。

接着可以按任意键进入 Emacs 的工作窗口。由图 4.7 可见，Emacs 的工作窗口分为上下两个部分，上部为编辑窗口，下部为命令显示窗口。用户执行功能键的功能都会在底部有相应的显示，有时也需要用户在底部窗口输入相应的命令，如查找字符串等。

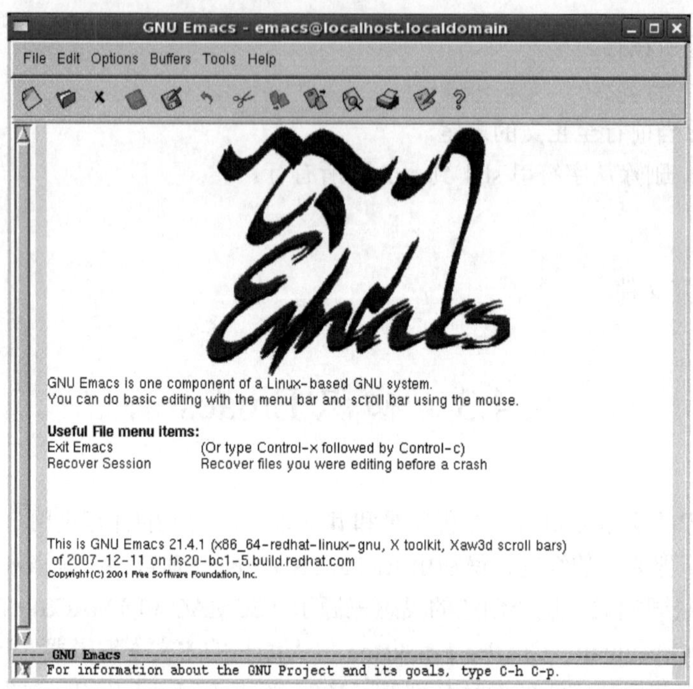

图 4.7　Emacs 的启动界面

4.4.2　基本操作

在进入 Emacs 后，即可进行文件的编辑。由于 Emacs 只有一种编辑模式，因此用户无须进行模式间的切换。下面介绍 Emacs 中基本的编辑功能键。下文操作中的 C 表示 Ctrl 键，M 表示 Alt 键。

1. 移动光标

虽然在 Emacs 中可以使用“上”“下”“左”“右”方向键来移动单个字符，但笔者还是建议读者学习其对应的功能键，因为它们不仅能在所有类型的终端上工作，而且读者将会发现在熟练使用之后，使用这些组合键会比按方向键快很多。

Emacs 光标移动的功能键如下。

- ☑ C+f：向前移动一个字符。
- ☑ M+b：向后移动一个单词。
- ☑ C+b：向后移动一个字符。
- ☑ C+a：移动到行首。
- ☑ C+p：移动到上一行。

☑ C+e：移动到行尾。

☑ M+<（M 加“小于号”）：移动光标到整个文本的开头。

☑ M+>（M 加“大于号”）：移动光标到整个文本的末尾。

☑ C+n：移动到下一行。

☑ M+f：向前移动一个单词。

2．剪切和粘贴

在 Emacs 中可以使用 Delete 键和 Backspace 键删除光标前后的字符，这和用户之前的习惯一致，在此就不再赘述。以词和行为单位的剪切和粘贴功能键如下。

☑ M+Delete：剪切光标前面的单词。

☑ M+K：剪切从光标位置到句尾的内容。

☑ C+Y：将缓冲区中的内容粘贴到光标所在的位置。

☑ M+D：剪切光标前面的单词。

☑ C+K：剪切从光标位置到行尾的内容。

☑ C+X　U：撤销操作（先操作 C+X，接着再单击 U）。

注意

在 Emacs 中对单个字符的操作是“删除”，而对词和句的操作是“剪切”，即保存在缓冲区中，以备后面的“粘贴”所用。

3．复制文本

在 Emacs 中，复制文本包括两步：选择复制区域和粘贴文本。

选择复制区域的方法是：在复制起始点按 C+Space 键或 C+@(C+Shift+2)键使它成为一个表示点，然后将光标移至复制结束点，再按 M+W 键，即可将 A 与 B 之间的文本复制到系统的缓冲区中。最后，使用功能键 C+Y 将其粘贴到指定位置。

4．查找文本

查找文本的功能键如下。

☑ C+S：查找光标以后的内容，在对话框的“I-search:”后输入查找字符串。

☑ C+R：查找光标以前的内容，在对话框的“I-search　backward:”后输入查找字符串。

5．保存文档

在 Emacs 中保存文档的功能键为“C+X 和 C+S”（即先操作 C+X，接着再操作 C+S）。另外，Emacs 在编辑时会为每个文件提供“自动保存（auto save）”的机制，而且自动保存的文件的文件名前后都有一个#。例如，编辑名为 hello.c 的文件，其自动保存的文件的文件名就叫#hello.c#。当用户正常地保存文件后，Emacs 就会删除这个自动保存的文件。这个机制在系统发生异常时非常有用。

6．退出文档

在 Emacs 中退出文档的功能键为 C+X 和 C+C。

4.5 小　　结

本章介绍了 Linux 系统下两大基本的编辑器，一个是 VIM，另一个是 Emacs。它们两个作为 Linux 最强大的编辑器，都提供了良好的编辑特性，用户在使用时一定要注意灵活地使用它们提供的一些快捷方式，这样就给编辑工作提供了巨大的便利。

第 5 章

GCC 编译器

（视频讲解：27 分钟）

GCC 是 GNU 公社的一个项目，是一个用于编程开发的自由编译器。最初，GCC 只是一个 C 语言编译器，它是 GNU C Compiler 的英文缩写。随着众多自由开发者的加入和 GCC 自身的发展，如今的 GCC 已经是一个包含众多语言的编译器，其中包括 C、C++、Ada、Object C 和 Java 等。所以，GCC 也由原来的 GNU C Compiler 变为 GNU Compiler Collection，也就是 GNU 编译器家族的意思。当然，如今的 GCC 借助于它的特性，具有了交叉编译器的功能，即可以在一个平台下编译另一个平台的代码。

直到现在，GCC 的历史仍然在继续，它的传奇仍然被人们所传颂。

通过阅读本章，您可以：

- 了解 GCC 编译器
- 掌握基本程序的编译
- 掌握 GCC 的基本属性选项
- 了解 GCC 的相关功能
- 了解 GCC 的编译处理过程
- 了解除 GCC 以外的编译器

视频讲解

5.1 初识 GCC 编译器

在为 Linux 开发应用程序时，绝大多数情况下使用的都是 C 语言，因此几乎每一位 Linux 程序员面临的首要问题都是如何灵活运用 C 语言编译器。目前 Linux 下最常用的 C 语言编译器是 GCC（GNU Compiler Collection），它是 GNU 项目中符合 ANSI C 标准的编译系统，能够编译用 C、C++和 Object C 等语言编写的程序。GCC 不仅功能非常强大，结构也异常灵活。最值得称道的一点就是它可以通过不同的前端模块来支持各种语言，如 Java、Fortran、Pascal、Modula-3 和 Ada 等。

Linux 系统下的 GCC 是 GNU 推出的功能强大、性能优越的多平台编译器，是 GNU 的代表作品之一。GCC 是可以在多种硬件平台上编译出可执行程序的超级编译器，其执行效率与一般的编译器相比平均效率要高 20%～30%。

5.1.1 第一次编译

在学习使用 GCC 之前，下面的这个例子能够帮助用户迅速理解 GCC 的工作原理，并将其立即运用到实际的项目开发中去。首先，用熟悉的编辑器输入如下代码：

```
#include<stdio.h>
int main(){
        printf("hello word!Linux c!\n ");
        return 0;
}
```

然后，将上面的代码保存为 hello.c，此时用户就可以在终端中对上面的 C 语言代码进行编译。最后，我们给编译出的新文件命名为 hello 并执行编译好的文件，如图 5.1 所示。

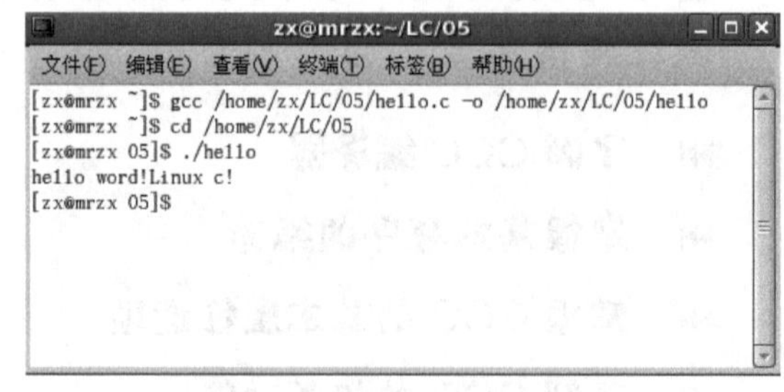

图 5.1 GCC 的基本操作

上面在编译时，在 GCC 的后面加入了选项-o 进行新文件的重命名。如果不加入该选项，那么新文件就会默认为 a.out；如果再次编译其他的文件同样不进行重命名，那么这里的 a.out 将会被覆盖掉。

5.1.2 GCC 选项概述

在使用 GCC 编译器时，必须给出一系列必要的调用参数和文件名称。GCC 编译器的调用参数有 100 多个，其中多数参数用户可能根本就用不到，这里只介绍其中最基本、最常用的参数。

GCC 最基本的用法是：

```
gcc [options] [filenames]
```

其中 options 就是编译器所需要的参数，filenames 给出相关的文件名称。

- ☑ -c，只编译，不链接成为可执行文件，编译器只是由输入的.c 等源代码文件生成.o 为后缀的目标文件，通常用于编译不包含主程序的子程序文件。
- ☑ -o output_filename，确定输出文件的名称为 output_filename，同时这个名称不能和源文件同名。如果不给出这个选项，GCC 就给出预设的可执行文件 a.out。
- ☑ -g，产生符号调试工具（GNU 的 GDB）所必要的符号资讯，要想对源代码进行调试，就必须加入该选项。
- ☑ -O，对程序进行优化编译、链接，采用这个选项，整个源代码会在编译、链接过程中进行优化处理，这样产生的可执行文件的执行效率可以提高，但是编译、链接的速度就相应地要慢一些。
- ☑ -O2，比-O 更好的优化编译、链接，但是整个编译、链接过程会更慢。

5.1.3 警告

GCC 包含完整的出错检查和警告提示功能，它们可以帮助 Linux 程序员写出更加专业和优美的代码。先来看看下面所示的程序，这段代码写得很有问题，仔细检查一下不难挑出很多毛病。

```
#include<stdio.h>
void main(void)
{
long long int var = 1;
printf("It is not standard C code!\n");
}
```

- ☑ main()函数的返回值被声明为 void，但实际上应该是 int。
- ☑ 使用了 GNU 语法扩展，即使用 long long 来声明 64 位整数，不符合 ANSI/ISO C 语言标准。
- ☑ main()函数在终止前没有调用 return 语句。

下面来看看 GCC 是如何发现这些错误的。当 GCC 在编译不符合 ANSI/ISO C 语言标准的源代码时，如果加上-pedantic 选项，那么使用了扩展语法的地方将产生相应的警告信息：

```
# gcc -pedantic illcode.c -o illcode illcode.c: In function 'main': illcode.c:9: ISO C89 does not support 'long long'
illcode.c:8: return type of 'main' is not 'int'
```

值得注意的是，-pedantic 编译选项并不能保证被编译程序与 ANSI/ISO C 标准的完全兼容，它仅用来帮助 Linux 程序员离这个目标越来越近。换句话说，-pedantic 选项能够帮助程序员发现一些不符合 ANSI/ISO C 标准的代码，但不是全部。事实上只有 ANSI/ISO C 语言标准中要求进行编译器诊断的那些情况，才有可能被 GCC 发现并提出警告。

除了-pedantic 之外，GCC 还有一些其他编译选项也能够产生有用的警告信息。这些选项大多以-W 开头，其中最有价值的当数-Wall，使用它能够使 GCC 产生尽可能多的警告信息：

```
# gcc -Wall illcode.c -o illcode illcode.c:8: warning: return type of 'main' is not 'int' illcode.c: In function 'main': illcode.c:9: warning: unused variable 'var'
```

GCC 给出的警告信息虽然从严格意义上说不能算作是错误，但很可能成为错误的栖身之所。作为一个优秀的 Linux 程序员应该尽量避免产生警告信息，使自己的代码始终保持简洁、优美和健壮的特性。

在处理警告方面，另一个常用的编译选项是-Werror，它要求 GCC 将所有的警告当成错误进行处理，这在使用自动编译工具（如 make 等）时非常有用。如果编译时带上-Werror 选项，那么 GCC 会在所有产生警告的地方停止编译，迫使程序员对自己的代码进行修改。只有当相应的警告信息消除时，才可能将编译过程继续朝前推进。执行情况如下：

```
# gcc -Wall -Werror illcode.c -o illcode cc1: warnings being treated as errors illcode.c:8: warning: return type of 'main' is not 'int' illcode.c: In function 'main': illcode.c:9: warning: unused variable 'var'
```

对 Linux 程序员来讲，GCC 给出的警告信息是很有价值的，它们不仅可以帮助程序员写出更加健壮的程序，而且还是跟踪和调试程序的有力工具。建议在用 GCC 编译源代码时始终带上-Werror 选项，并把它逐渐培养成为一种习惯，这对找出常见的隐式编程错误很有帮助。

5.1.4 GCC 调试

一个功能强大的调试器不仅为程序员提供了跟踪程序执行的手段，而且还可以帮助程序员找到解决问题的方法。对于 Linux 程序员来讲，GDB（GNU Debugger）通过与 GCC 的配合使用，为基于 Linux 的软件开发提供了一个完善的调试环境。

默认情况下，GCC 在编译时不会将调试符号插入到生成的二进制代码中，因为这样会增加可执行文件的大小。如果需要在编译时生成调试符号信息，可以使用 GCC 的-g 或者-ggdb 选项。GCC 在产生调试符号时，同样采用了分级的思路，开发人员可以通过在-g 选项后附加数字 1、2 或 3 来指定在代码中加入调试信息的多少。默认的级别是 2（-g2），此时产生的调试信息包括扩展的符号表、行号、局部或外部变量信息。级别 3（-g3）包含级别 2 中的所有调试信息，以及源代码中定义的宏。级别 1（-g1）不包含局部变量和与行号有关的调试信息，因此只能够用于回溯跟踪和堆栈转储。回溯跟踪指的是监视程序在运行过程中的函数调用历史，堆栈转储则是一种以原始的十六进制格式保存程序执行环境的方法，两者都是经常用到的调试手段。

GCC 产生的调试符号具有普遍的适应性，可以被许多调试器加以利用，但如果使用的是 GDB，那么还可以通过-ggdb 选项在生成的二进制代码中包含 GDB 专用的调试信息。这种做法的优点是可以方便 GDB 的调试工作，但缺点是可能导致其他调试器（如 DBX）无法进行正常的调试。选项-ggdb 能够接受的调试级别和-g 是完全一样的，它们对输出的调试符号有着相同的影响。

值得注意的是，使用任何一个调试选项都会使最终生成的二进制文件的大小急剧增加，同时增加程序在执行时的开销，因此调试选项通常仅在软件的开发和调试阶段使用。调试选项对生成代码大小的影响从下面的对比过程中可以看出来：

```
# gcc optimize.c -o optimize # ls optimize -l -rwxrwxr-x 1 xiaowp xiaowp 11649 Nov 20 08:53 optimize (未加调试选项) # gcc -g optimize.c -o optimize # ls optimize -l -rwxrwxr-x 1 xiaowp xiaowp 15889 Nov 20 08:54 optimize (加入调试选项)
```

虽然调试选项会增加文件的大小，但事实上 Linux 中的许多软件在测试版本甚至最终发行版本中仍然使用了调试选项来进行编译，这样做的目的是鼓励用户在发现问题时自己动手解决，这是 Linux 的一个显著特色。

下面还是通过一个具体的实例说明如何利用调试符号来分析错误，所用程序如下所示（代码名称为 crash.c）。

```
#include<stdio.h>
int main(void)
{
int input =0;
printf("Input an integer:");
scanf("%d", input);
printf("The integer you input is %d\n", input);
return 0;
}
```

编译并运行上述代码，会产生如下一个严重的段错误（Segmentation fault）：

```
# gcc -g crash.c -o crash # ./crash Input an integer:10 Segmentation fault
```

为了更快速地发现错误所在，可以使用 GDB 进行跟踪调试，方法如下：

```
# gdb crash GNU gdb Red Hat Linux (5.3post-0.20021129.18rh) …… (gdb)
```

当 GDB 提示符出现时，表明 GDB 已经做好准备进行调试了，现在可以通过 run 命令让程序开始在 GDB 的监控下运行：

```
(gdb) run Starting program: /home/xiaowp/thesis/gcc/code/crash Input an integer:10 Program received signal SIGSEGV, Segmentation fault. 0x4008576b in _IO_vfscanf_internal () from /lib/libc.so.6
```

仔细分析 GDB 给出的输出结果不难看出，程序是由于段错误而导致异常中止的，说明内存操作出了问题，具体发生问题的地方是在调用_IO_vfscanf_internal()时。为了得到更加有价值的信息，可以使用 GDB 提供的回溯跟踪命令 backtrace，执行结果如下：

```
(gdb) backtrace #0 0x4008576b in _IO_vfscanf_internal() from /lib/libc.so.6 #1 0xbffff0c0 in ?? () #2 0x4008e0ba in scanf() from /lib/libc.so.6 #3 0x08048393 in main() at crash.c:11 #4 0x40042917 in __libc_start_main() from /lib/libc.so.6
```

跳过输出结果中的前面 3 行，从输出结果的第 4 行(#3)中不难看出，GDB 已经将错误定位到 crash.c 中的第 11 行。现在仔细检查一下：

```
(gdb) frame 3 #3 0x08048393 in main() at crash.c:11 11 scanf("%d", input);
```

使用 GDB 提供的 frame 命令可以定位到发生错误的代码段，该命令后面跟着的数值可以在 backtrace 命令输出结果中的行首找到。现在已经发现错误所在，应该将“scanf("%d", input);”改为“scanf("%d", &input);”。

完成后就可以退出 GDB，命令如下：

```
(gdb) quit
```

GDB 的功能远远不止这些，它还可以单步跟踪程序、检查内存变量和设置断点等。

调试时可能会需要用到编译器产生的中间结果，这时可以使用-save-temps 选项，让 GCC 将预处理代码、汇编代码和目标代码都作为文件保存起来。如果想检查生成的代码是否能够通过手工调整的办法来提高执行性能，在编译过程中生成的中间文件将会很有帮助，执行情况如下：

```
# gcc -save-temps foo.c -o foo # ls foo* foo foo.c foo.i foo.s
```

GCC 支持的其他调试选项还包括-p 和-pg，它们会将剖析（Profiling）信息加入到最终生成的二进制代码中。剖析信息对于找出程序的性能瓶颈很有帮助，是协助 Linux 程序员开发出高性能程序的有力工具。在编译时加入-p 选项，会在生成的代码中加入通用剖析工具（Prof）能够识别的统计信息，而- pg 选项则生成只有 GNU 剖析工具（Gprof）才能识别的统计信息。

最后提醒一点，虽然 GCC 允许在优化的同时加入调试符号信息，但优化后的代码对于调试本身而言将是一个很大的挑战。代码在经过优化之后，在源程序中声明和使用的变量很可能不再使用，控制流也可能会突然跳转到意外的地方，循环语句有可能因为循环展开而变得到处都有，所有这些对调试来讲都将是一场噩梦。建议在调试时最好不使用任何优化选项，只有当程序在最终发行时才考虑对其进行优化。

5.1.5 代码优化

代码优化指的是编译器通过分析源代码，找出其中尚未达到最优的部分，然后对其重新进行组合，目的是改善程序的执行性能。GCC 提供的代码优化功能非常强大，它通过编译选项-On 来控制优化代码的生成，其中 n 是一个代表优化级别的整数。对于不同版本的 GCC 来讲，n 的取值范围及其对应的优化效果可能并不完全相同，比较典型的范围是从 0 变化到 2 或 3。

编译时使用选项-O 可以告诉 GCC 同时减小代码的长度和执行时间，其效果等价于-O1。在这一级别上能够进行的优化类型虽然取决于目标处理器，但一般都会包括线程跳转（Thread Jump）和延迟退栈（Deferred Stack Pops）两种优化。选项-O2 告诉 GCC 除了完成所有-O1 级别的优化之外，同时还要进行一些额外的调整工作，如处理器指令调度等。选项-O3 则除了完成所有-O2 级别的优化之外，还包括循环展开和其他一些与处理器特性相关的优化工作。通常来说，数字越大优化的等级越高，同时也就意味着程序的运行速度越快。许多 Linux 程序员都喜欢使用-O2 选项，因为它在优化长度、编译时间和代码大小之间，取得了一个比较理想的平衡点。

下面通过具体实例来感受一下 GCC 的代码优化功能，所用程序如下所示（代码名称为 optimize.c）：

```
#include<stdio.h>
int main(void)
{
double counter;
double result;
double temp;

for(counter = 0; counter < 2000.0 * 2000.0 * 2000.0 / 20.0 + 2020; counter += (5 - 1) / 4)
{
temp = counter / 1979; result = counter;
```

```
}
printf("Result is %lf\n", result); return 0;
}
```

首先不加任何优化选项进行编译：

```
# gcc -Wall optimize.c -o optimize
```

借助 Linux 提供的 time 命令，可以大致统计出该程序在运行时所需要的时间：

```
# time ./optimize Result is 400002019.000000 real 0m14.942s user 0m14.940s sys 0m0.000s
```

然后使用优化选项来对代码进行优化处理：

```
# gcc -Wall -O optimize.c -o optimize
```

在同样的条件下再次测试一下运行时间：

```
# time ./optimize Result is 400002019.000000 real 0m3.256s user 0m3.240s sys 0m0.000s
```

对比两次执行的输出结果不难看出，程序的性能的确得到了很大幅度的改善，由原来的 14 秒缩短到了 3 秒。这个例子是专门针对 GCC 的优化功能而设计的，因此优化前后程序的执行速度发生了很大的改变。尽管 GCC 的代码优化功能非常强大，但作为一名优秀的 Linux 程序员，首先还是要力求能够手工编写出高质量的代码。如果编写的代码简短，并且逻辑性强，编译器就不会做更多的工作，甚至根本用不着优化。

优化虽然能够给程序带来更好的执行性能，但在如下一些场合中应该避免优化代码。

- ☑ 程序开发时：优化等级越高，消耗在编译上的时间就越长，因此在开发时最好不要使用优化选项，只有到软件发行或开发结束时，才考虑对最终生成的代码进行优化。
- ☑ 资源受限时：一些优化选项会增加可执行代码的体积，如果程序在运行时能够申请到的内存资源非常紧张（如一些实时嵌入式设备），那就不要对代码进行优化，因为由此带来的负面影响可能会产生非常严重的后果。
- ☑ 跟踪调试时：在对代码进行优化时，某些代码可能会被删除或改写，或者为了取得更佳的性能而进行重组，从而使跟踪和调试变得异常困难。

5.2　GCC 编译的基本流程

视频讲解

在使用 GCC 编译程序时，编译过程可以细分为 4 个阶段：

- ☑ 预处理（Pre-Processing）。
- ☑ 编译（Compiling）。
- ☑ 汇编（Assembling）。
- ☑ 链接（Linking）。

5.2.1　C 预处理

C 预处理器 CPP 是用来完成对于程序中的宏定义等相关内容进行先期的处理。一般是指那些前面含有#号的语句，这些语句一般会在 CPP 中处理，例如：

```
#define MR(25*4)
printf("%d",MR*5);
```

经过 CPP 的处理后，就会变成如下格式传递到代码中：

```
printf("%d",(25*4)*5)
```

其实不难看出，CPP 的作用就是解释宏定义和处理包含文件。在 GCC 中使用时，GCC 会自动调用 CPP 预处理器。

5.2.2　编译

编译的过程就是将输入的源代码和预处理相关文件编译为.o 格式的目标文件。

5.2.3　汇编

在使用 GCC 编译程序时，会产生一些汇编代码，而处理这些汇编代码就需要使用汇编器 as。as 可以处理这些汇编代码，从而使其成为目标文件，最终目标文件转换成.o文件或其他可执行文件，而且 as 汇编器和 CPP 一样，可以被 GCC 自动调用。

5.2.4　链接

在处理一个较大的 C 语言项目时，通常会将程序分割成很多模块，那么这时就需要使用链接器将这些模块组合起来，并结合相应的 C 语言函数库和初始代码，产生最后的可执行文件。链接器一般用在一些大的程序和项目中，对最后生成可执行文件起着重要的作用。

虽然 GCC 可以自动调用链接器，但是为了更好地控制链接过程，建议最好手动调用链接器。

5.3　其他编译工具简介

GCC 是 Linux 下 C 程序的编译器之一，除了 GCC 之外还有其他的编译器。下面来看其中 3 种常见的编译器。

5.3.1　C++编译器 G++

GCC 编译器虽然可以对 C++的源代码进行编译，但是需要手动设置一些选项，在使用时很不方便，而且容易产生一些错误。

而 G++编译器使用的选项和 GCC 一样，但是在使用扩展名时一般使用.cxx，这样就可以很好地与 C 代码进行区别。G++命令格式如下：

```
g++ [-options] [filename]
```

5.3.2　EGCS

EGCS 可以说是 GCC 的未来模样，它集成了 Fortran 等编译器，不仅如此，它还集成了对 GCC 的各种改进和优化，建议读者不妨多了解一下。

5.3.3　F2C 和 P2C

其实 F2C 和 P2C 这两种编译器可以说成是代码转换器，F2C 将 Fortran 代码转换成 C 代码，而 P2C 将 Pascal 代码转换成 C 代码，尤其对于一些小的代码程序，可以直接转换而不需要使用命令行选项。

5.4　小　　结

本章介绍了 Linux 系统下的 C 语言编译器 GCC。从一个简单的程序开始，然后具体地介绍了 GCC 的相关基本属性选项，以及它的警告优化等功能。最后简单地阐述了 GCC 的处理过程和 3 种其他的编译器。

第 6 章

GDB 调试工具

（视频讲解：31 分钟）

本章主要介绍程序调试的重要工具之一——GDB。程序调试是软件开发过程中必不可少的一个工作环节。在编写完一个软件程序后，通常会由于手误或者思考的不周全等因素引起程序报错，或者得出并非想要的结果，因此，就需要花费大量的时间来调试程序，进行查错与排错。GDB 调试工具功能非常强大。本章将主要讲解 Linux 系统下的 GDB 调试工具。

通过阅读本章，您可以：

- 了解 GDB 调试器的功能
- 掌握 GDB 调试器的调试过程
- 掌握 GDB 调试器的常见命令
- 了解多线程程序的调试
- 了解其他的调试工具

6.1　初识 GDB 调试器

无论是刚刚接触编程的初学者，还是已经在编程工作上有着丰富经验的工程师，在编写一个程序时，难免会出现意想不到的错误。实现同一功能的程序算法可能是一样的，但是出现错误的原因却可能是千奇百怪的。因此在完成一个项目后，必不可缺的是对该项目进行程序的调试与多次测试。GDB 调试器就是在 Linux 平台上最常用的调试工具。通过设置断点、单步跟踪、显示数据等功能可以快速查找到故障点，从而对程序进行改正完善。

6.1.1　GDB 调试器概述

在 Linux 平台下，GNU 发布了一款功能强大的调试工具，称为 GDB（GNU Debugger），该软件最早是由 Richard Stallman 编写的。GDB 是专门用来调试 C 和 C++程序的。通过此调试工具可以在程序运行时观察程序的内部结构和内存的使用情况。

GDB 调试器是在终端通过输入命令进入调试界面的。在调试的过程中，也是通过命令来进行调试的。在终端中输入“gdb”命令，就可以进入 GDB 调试界面，如图 6.1 所示。

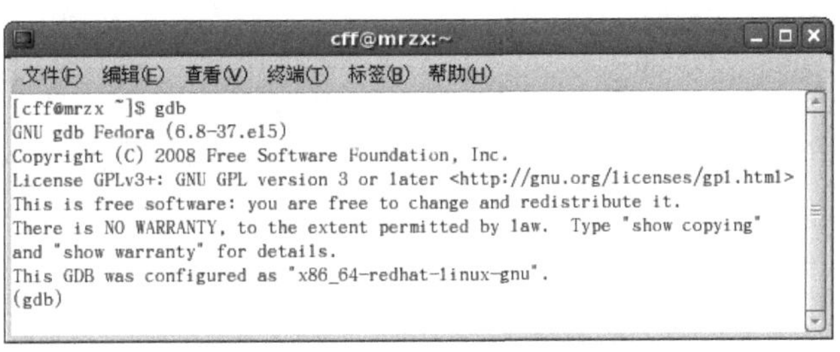

图 6.1　GDB 调试界面

GDB 调试器主要实现 3 方面的功能，分别如下：

（1）启动被调试的程序。

（2）使被调试的程序在指定位置停住。

（3）当程序被停住时，可以检查程序此时的状态，如变量的值等。

为了使调试器实现上述 3 方面的功能，可以使用如下 5 条命令进行操作：

（1）启动程序。启动程序时，可以设置程序的运行环境，使程序运行在 GDB 调试环境下。

（2）设置断点。在运行程序时，程序会在断点处停住，方便用户查看程序此时的运行情况。断点可以是函数，也可以是函数名称或者条件表达式。

（3）查看信息。可以查看与可执行程序相关的各种信息。

（4）分布运行。可以使代码一句一句地执行，方便及时查看程序的信息。

（5）改变环境。可以在程序运行时改变程序的运行环境和程序变量。

6.1.2 用 GDB 调试简单程序

使用 GDB 调试工具是通过在 bash 命令行中输入命令进行调试的，虽然使用命令进行调试比较烦琐，没有使用类似 Visual C++ 6.0 的可视化图形模式调试程序方便、易懂，但是一旦熟悉了这些调试的命令，可以体会到 GDB 调试工具所具有的独特而强大的功能。在学习 GDB 调试工具的基本功能与常用命令之前，先初步了解一下如何使用 GDB 调试工具进行调试。

【例 6.1】 在 VIM 编辑器中编写一个简单的 C 语言程序，使用冒泡排序算法实现一个数组的排序，使用 GDB 调试工具对此程序进行调试。（**实例位置：资源包\TM\sl\6\1**）

（1）将此排序算法保存在文件 test.c 中，具体代码如下：

```
#include<stdio.h>
void BubbleSort(int *pData,int count)
{
	int temp,i,j;
	for(i=0;i<count;i++)
		for(j=count-1;j>i;j--)
		{
			if(pData[j]<pData[j-1])
			{
				temp=pData[j];
				pData[j]=pData[j-1];
				pData[j-1]=temp;
			}
		}
}
int main()
{
	int i;
	int Data[]={10,9,8,7,6,5};
	BubbleSort(Data,6);
	for(i=0;i<6;i++)
		printf("%d ",Data[i]);
	printf("\n");
	return 0;
}
```

此代码实现了从小到大排列数组中的 6 个数字，如 Data[]={10,9,8,7,6,5}排列成 Data[]={5,6,7,8,9,10}。

（2）编写完代码后，使用 GCC 编译代码生成可执行文件，若想要正常地使用 GDB 调试工具调试程序，需要使写好的程序在编译时包含调试的信息，即在编译的过程中加入选项“-g”。

在 bash 命令行中编译程序，输出编译过程与程序的运行结果在命令行中的效果如图 6.2 所示。

（3）使用 GDB 调试工具，需要调用 GDB 装载子程序。进入 GDB 调试环境后，会出现一些 GDB 的版本信息和进入调试程序的提示符，也就是 GDB 的主要接口。在这个提示符下，可以输入 GDB 的调试命令。

在调试此程序时，使用 break 命令将断点设置在第 18 行；接着通过 run 命令运行程序，程序运行到断点处停止，然后使用 next 命令单步执行程序语句，如图 6.3 所示。

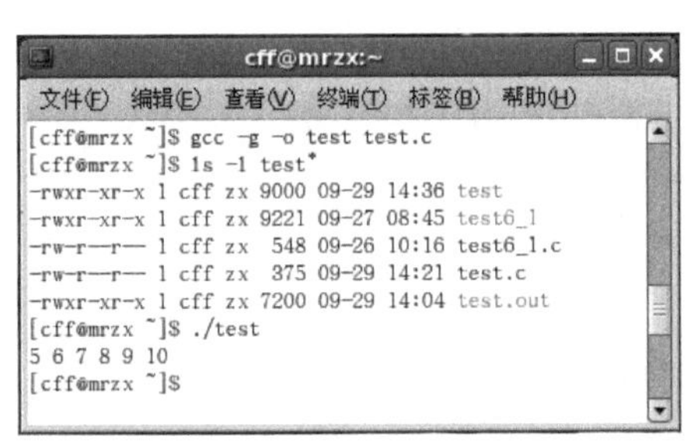

图 6.2　编译执行效果

```
[cff@mrzx ~]$ gdb test
GNU gdb Fedora (6.8-37.el5)
Copyright (C) 2008 Free Software Foundation, Inc.
License GPLv3+: GNU GPL version 3 or later <http://gnu.org/licenses/gpl.html>
This is free software: you are free to change and redistribute it.
There is NO WARRANTY, to the extent permitted by law.  Type "show copying"
and "show warranty" for details.
This GDB was configured as "x86_64-redhat-linux-gnu"...
(gdb) break 18
Breakpoint 1 at 0x4005b5: file test.c, line 18.
(gdb) run
Starting program: /home/cff/test

Breakpoint 1, main () at test.c:19
19              int Data[]={10,9,8,7,6,5 };
(gdb) next
20              BubbleSort(Data,6);
```

图 6.3　调试过程（一）

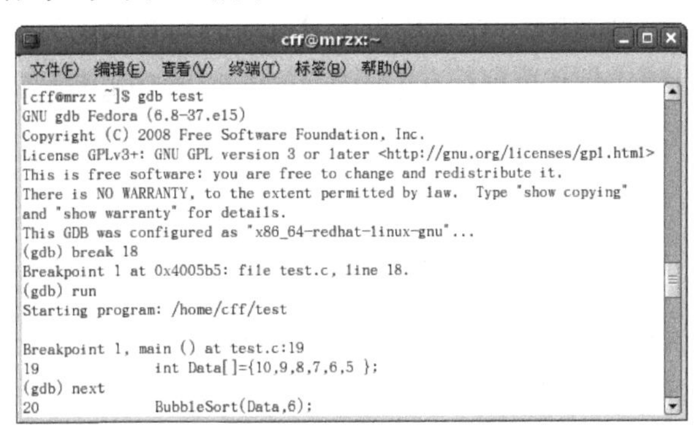

当使用 next 命令单步调试到程序第 20 行的 BubbleSort 子函数处时，为了了解子程序冒泡排序的过程，要进入子函数中观察逐句代码的信息。使用 step 命令进入子函数，单步执行每一条语句，step 命令可以用快捷键 s 代替。通过 print 命令显示 i 与 j 以及数组 pData[4]和 pData[5]的数值，了解变量的变化，如图 6.4 所示。

观察了冒泡排序的功能函数后，接下来通过 continue 命令继续执行程序，得到程序的运行结果。调试结束后，就可以输入 quit 命令，退出调试环境，如图 6.5 所示。

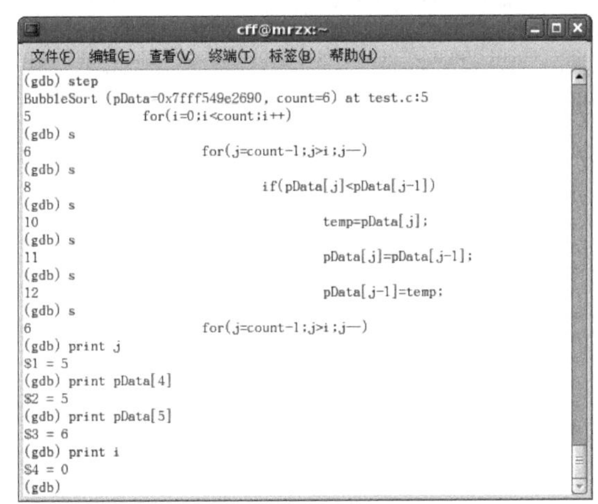

图 6.4　调试过程（二）

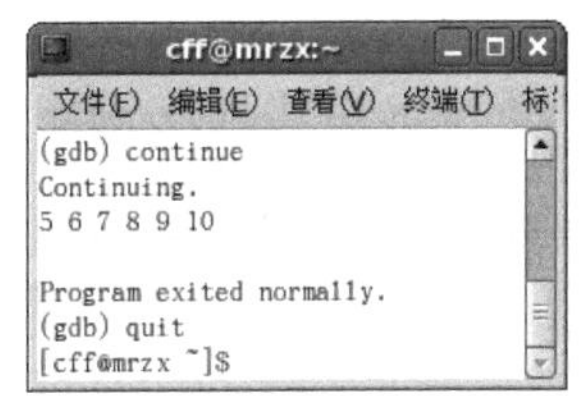

图 6.5　调试过程（三）

至此一个冒泡排序程序的简单调试就完成了。

6.2　GDB 调试器的基本功能与常用命令

通过 6.1.2 节介绍的简单的调试过程，已经了解了 GDB 调试工具的主要功能和几个简单的常用命

令。接下来介绍 GDB 调试工具的基本功能和相应的命令。以如下实例代码作为调试的一个程序，从应用中了解实现这些功能的命令是如何操作的。

【例 6.2】 实现输入年月日后，判断这一天是一年中的第几天。（**实例位置：资源包\TM\sl\6\2**）

该实例代码保存在 year.c 文件中，程序的代码如下：

```
#include<stdio.h>
main()
{
int day,month,year,sum,leap;
printf("\nplease input year,month,day\n");
scanf("%d,%d,%d",&year,&month,&day);
switch(month)                                         /*判断输入的月份*/
{
case 1:sum=0;break;
case 2:sum=31;break;
case 3:sum=59;break;
case 4:sum=90;break;
case 5:sum=120;break;
case 6:sum=151;break;
case 7:sum=181;break;
case 8:sum=212;break;
case 9:sum=243;break;
case 10:sum=273;break;
case 11:sum=304;break;
case 12:sum=334;break;
default:printf("data error");break;
}
sum=sum+day;
if(year%400==0||(year%4==0&&year%100!=0))             /*判断闰年*/
leap=1;
else
leap=0;
if(leap==1&&month>2)
sum++;
printf("It is the %dth day.",sum);
}
```

6.2.1 启动调试程序功能及其命令

使用 GDB 调试程序时必须要让 GDB 可以获得程序的信息，因此需要在编译程序时加入参数-g，编译命令如下：

```
gcc –g –o 可执行文件名 源程序文件名
```

生成一个带有调试信息的可执行文件，由此，可以使用如下命令语句加载可执行文件程序进入到 GDB 调试工具中。

```
gdb 可执行文件名
```

进入 GDB 调试工具的另一种方法是，先输入 GDB 命令（在命令行中输入“gdb”，回车），然后通过文件命令操作加载可执行文件，例如：

```
file 可执行文件名
```

进入 GDB 调试工具后，可以使用 GDB 命令 run 运行程序（在命令行中输入“run”，回车就可以运行程序）。当调试结束后，可以输入命令 quit，回车退出 GDB 调试工具，也可以按 Ctrl+D 快捷键退出 GDB 调试工具。上述启动程序命令采用了在 GDB 命令中加载可执行文件的方式进入 GDB 调试工具中，如图 6.6 所示。

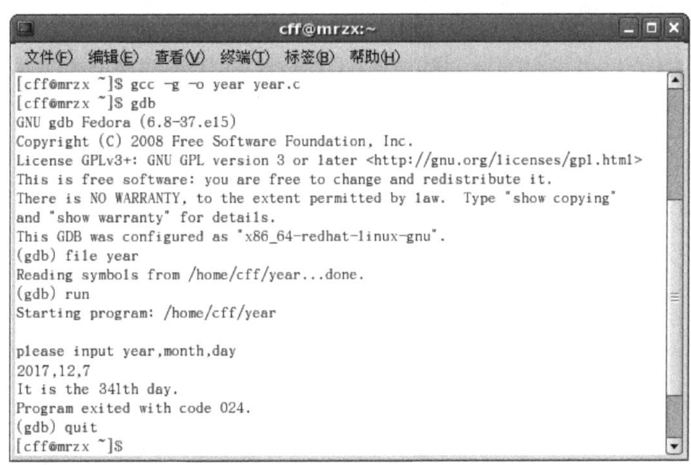

图 6.6　启动程序

6.2.2　使用断点功能及其命令

设置断点是为了在该点处中断程序的运行，方便观察程序状态，并且可以单步跟踪后续代码。

（1）在 GDB 调试工具中使用 break 命令可以设置断点，例如：

```
//运行到某行停止运行
break 行号
//程序进入指定功能函数时停止运行
break 函数名称
//符合 if 语句条件时，运行到指定位置停止运行
break 行号/函数名称 if 条件
```

使用 break 命令在程序的第 5 行和第 23 行分别设置断点，如图 6.7 所示。

（2）设置完断点即可使用 run 命令运行程序，运行到第一个断点处，程序会停止，如图 6.8 所示。

（3）运行停止到第一个断点处，可以对接下来的代码进行单步跟踪或者查看此时的变量值。完成需要的调试后，可以使用 continue 命令继续执行程序，不必一条一条地执行下去。由于此程序设置了两个断点，因此 continue 命令会运行到第二个断点处停住，接着根据需求进行各种调试。当完成需求时，输入 continue 命令就会直接运行到程序的结尾并输出程序的结果，如图 6.9 所示。

（4）在使用断点时，enable 命令可以恢复暂时不起作用的断点，例如，程序已经运行完了第二个断点，反过来还想运行第一个断点处，此时可以使用 enable 命令，如图 6.10 所示。

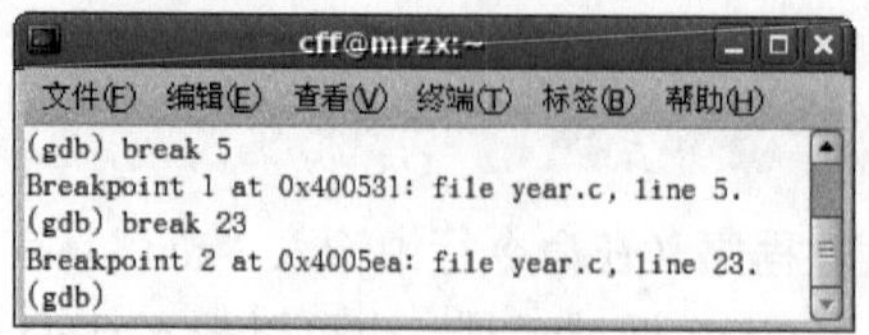

图 6.7　设置断点

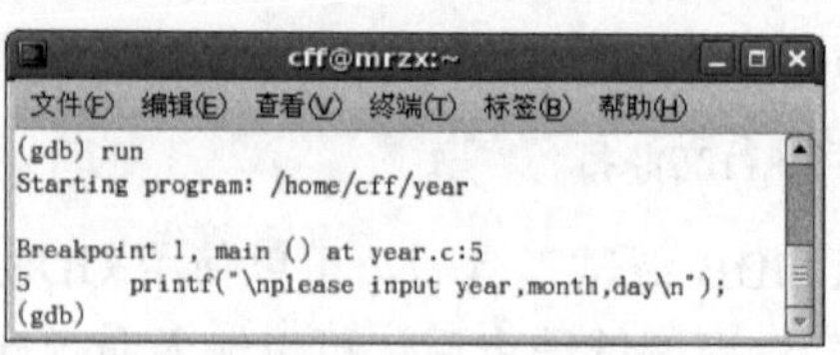

图 6.8　运行程序到第一个断点

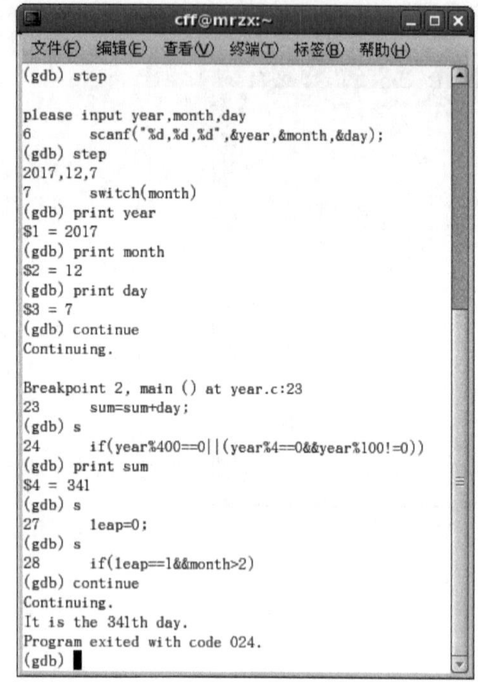

图 6.9　continue 命令

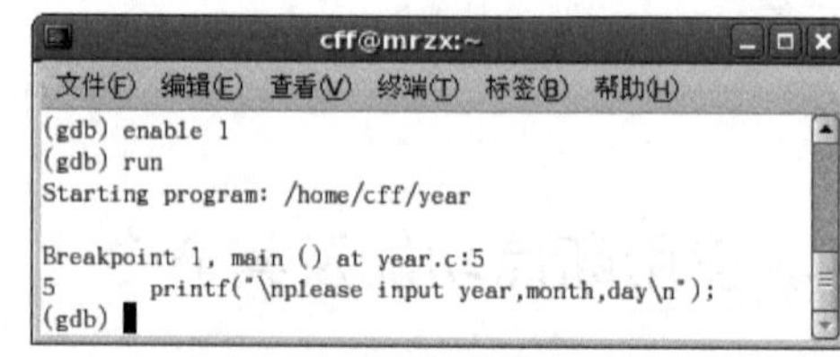

图 6.10　enable 命令

技巧

关于 enable 命令，还可以使用其恢复多个失效的断点，断点号用空格隔开即可，如 enable 1 3。

（5）与恢复失效的断点命令相对应的有设置断点失效的命令，如 disable 命令，使用此命令设置断点失效后，可以使程序继续执行，不在此断点处停住。例如，在上述 enable 命令演示后，程序运行到第一个断点处停住，接下来使用 disable 命令使第二个断点失效，然后使用 continue 命令继续执行程序，直接输出结果，如图 6.11 所示。

（6）当在程序设置的断点处不再需要暂停运行时，可以使用 delete 命令和 clear 命令清除断点。这两个命令的功能都是清除断点，区别在于清除断点的命令书写方法不同，clear 清除断点需要标明断点所在的行号，而 delete 命令则需要标明断点的编号，如图 6.12 所示。

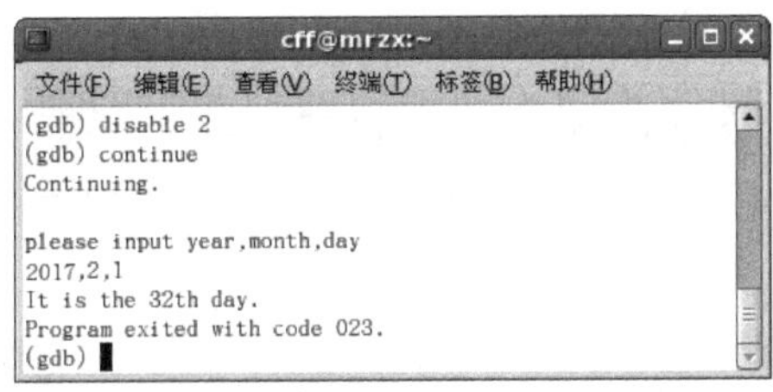

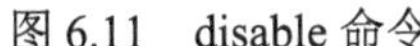
图 6.11　disable 命令

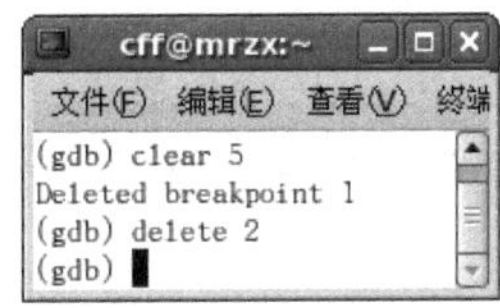

图 6.12　清除断点

由图 6.12 可知，使用 clear 命令清除断点时，GDB 调试工具会给出提示信息；使用 delete 命令删除断点时，则不会给出提示信息。

6.2.3　检查数据的功能及其命令

在程序中，一个变量的值会随着条件的不同而发生变化，并且当程序比较多时，某一个变量的属性也很难记忆。因此，在 GDB 调试过程中，可以通过一些命令实现查看变量的值或者数据类型的功能（在查看数据这一功能的调试中以例 6.1 中的程序 test.c 为例）。

在前面的断点调试过程中，已经接触到了检查数据功能的命令，如 print 命令用于显示此变量或表达式当前的值。下面介绍几个常用的检查数据信息的命令。

（1）显示变量或表达式的值

常见的显示变量或表达式的值的命令有 print 和 display。

☑　print 命令：用于打印变量或表达式的值，表达形式如下。

```
print 变量名/表达式
```

执行完此命令，会通过“$”显示出这是在调试过程中第几次使用 print 命令，也就是显示当前的序列号。“$”作为 print 命令的参数，表示给定序号的前一个序号，“$$”表示给定序号的向前第二个序号。表达形式如下：

```
//表示给定序号的前一个序号
print $
//表示给定序号的向前第二个序号
print $$
```

例如，当前给定序号是 9，那么 print $表示序号为 8 时显示的数据，print $$表示序号为 7 时显示的数据。

print 命令还可以用于对变量赋值，并且还可以打印内存中从某一部分开始的一块连续空间的内容，表达形式如下：

```
//对变量赋初值
print vari=7
//打印连续空间数据
print 开始表达式@要打印的连续空间大小
```

该命令的具体应用如图 6.13 所示（以 test.c 程序中的数组 Data 为例）。

☑ display 命令：该命令用于显示表达式的值。与 print 命令不同的是，使用了该命令后，每当程序运行到断点处，都会显示表达式的值，如图 6.14 所示。在程序的第 9 行设置了断点，并且使用 display 命令显示了变量 j、数组 pData[j]和 pData[j-1]的值，每当运行到断点处时，都可以观察到这 3 个变量的值的变化。

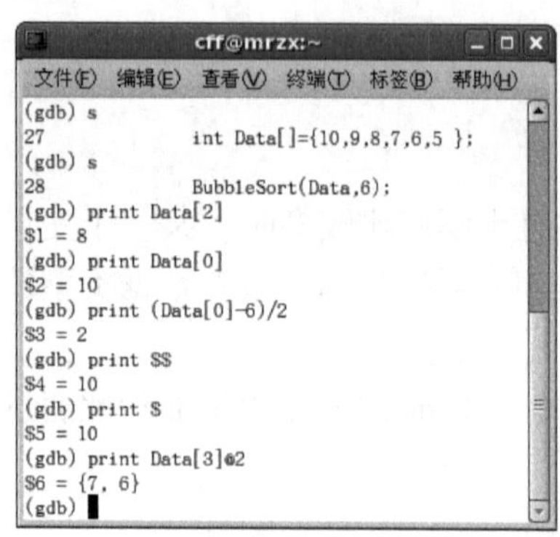

图 6.13 print 命令

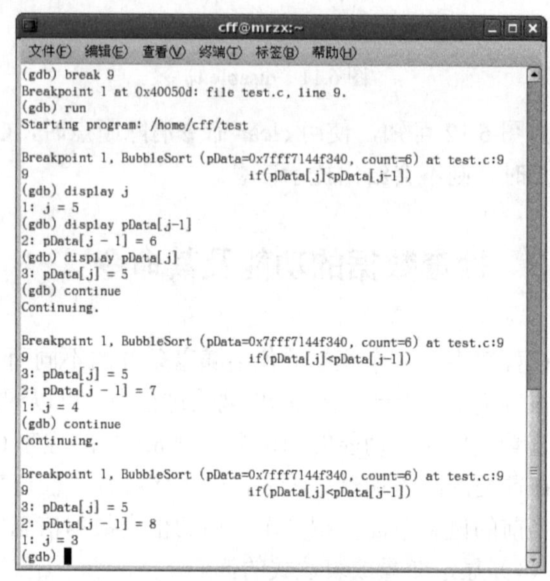

图 6.14 display 命令

关于 display 命令显示表达式的值，还可以使用 disable display 命令设置要显示的表达式暂时无效，即在下一次运行到断点时，不显示此表达式的变量值。有暂时失效必然就会有重新使之有效的命令，恢复失效的命令为 enable display，如图 6.15 所示。

使用 display 命令显示数据，方便观察每次经过断点时此变量的变化过程，更容易理解程序。然而，当经过了几次显示后，理解了变量的变化规律，就没有必要在经过断点时每次都显示这些变量的值。因此，可以使用 delete display 命令删除指定的显示数据的序号，图 6.14 中设置了 3 个 display 命令显示的数据，每次显示时都列有序号。undisplay 命令也可以起到结束某个变量值显示的作用，与 delete display 命令作用相同，如图 6.16 所示。

```
cff@mrzx:~
文件(F) 编辑(E) 查看(V) 终端(T) 标签(B) 帮助(H)
(gdb) disable display 3
(gdb) continue
Continuing.

Breakpoint 1, BubbleSort (pData=0x7fff7144f340, count=6) at test.c:9
9                               if(pData[j]<pData[j-1])
2: pData[j - 1] = 9
1: j = 2
(gdb) enable display 3
(gdb) continue
Continuing.

Breakpoint 1, BubbleSort (pData=0x7fff7144f340, count=6) at test.c:9
9                               if(pData[j]<pData[j-1])
3: pData[j] = 5
2: pData[j - 1] = 10
1: j = 1
(gdb)
```

图 6.15 使显示失效与显示恢复的命令

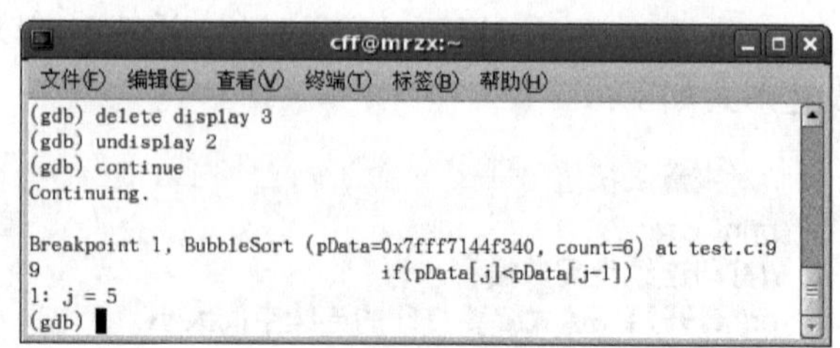

图 6.16 删除显示数据命令

（2）查看变量或函数的类型

检查表达式的信息，包括表达式的值和表达式的数据类型，可以使用 whatis 命令和 ptype 命令实现，两者的区别在于 whatis 命令只可以显示数据类型，而 ptype 命令可以给出类型的定义（如类和结构体变量），如图 6.17 所示。

（3）修改变量的值

当程序中存在一个循环体，循环次数很大，而在调试的过程中需要观测循环变量等于某一较大值时的状态时，如果逐次循环，会浪费很多时间，而且也没有必要。此时，可以使用 set 命令修改这个循环变量为需要的值。这是 set 命令除显示数据之外的另一功能，如图 6.18 所示。

（4）查看内存

在 GDB 中提供了查看内存的命令 x，可以查看此内存地址中的值。命令 x 的使用形式如下：

```
x/<n/f/u> <addr>
```

n、f 和 u 为查看内存命令的可选参数，addr 为起始地址。

n 代表一个正整数，表示显示内容的个数，也就是说从当前地址向后显示几个地址的内容。

f 代表输出的格式，在默认情况下，输出格式依赖于它的数据类型，但是可以依据情况改变输出格式。f 表示的输出格式有如下几种。

☑ x：十六进制整数格式。
☑ d：有符号十进制整数格式。
☑ u：无符号十进制整数格式。
☑ o：八进制整数格式。
☑ t：二进制整数格式。
☑ c：字符格式。
☑ f：浮点数格式。

u 代表从当前地址开始向后请求的字节数。通常 GDB 会默认为 4 个字节。当指定了字节长度后，GDB 会从指定内存地址开始读写指定字节，并把它当作一个值取出来。u 表示的字节数有以下几种形式。

☑ b：字节（byte）。
☑ h：双字节数值。
☑ w：4 字节数值。
☑ g：8 字节数值。

n、f、u 和 addr 这几个参数可以理解成从 addr 地址开始以 f 格式显示 n 个 u 数值。检查内存的命令的具体应用如图 6.19 所示。

图 6.17　显示数据类型命令

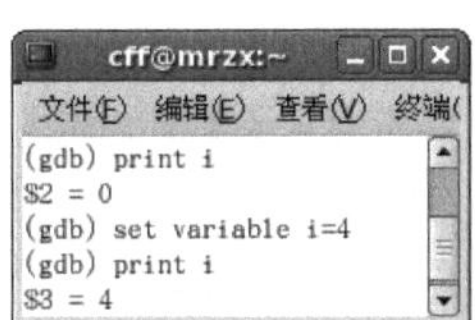

图 6.18　set 命令

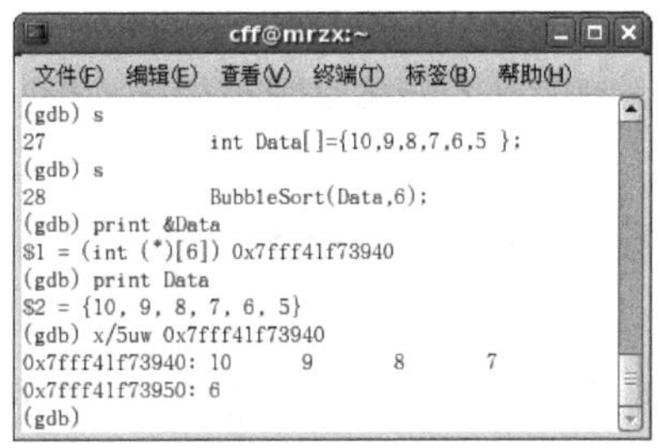

图 6.19　检查内存命令

在演示过程中，首先运行程序，执行完数组 Data 声明就已经为数组分配了内存空间，接着使用显示数据的命令 print 显示数组的起始地址。了解了数组所在的起始地址后，使用检查内存的命令 x 输出从数组起始地址开始的 5 个以无符号十进制显示的 4 字节数值。

6.2.4 使用观察窗口功能及其命令

在使用观察窗口时，需要设置监视点，用于监视某个表达式或变量，当表达式或变量的值被读或被写时让程序停住。在 GDB 调试工具中，关于设置监视点有如下几种命令。

- ☑ watch 命令：为表达式（或变量）设置一个监视点，用于监视被写的内容，一旦表达式值（或变量值）有变化，就立即停住程序。
- ☑ rwatch 命令：用于监视某个表达式（或变量）被读，当表达式值（或变量值）被读取时，就停住程序。
- ☑ awatch 命令：用于当表达式（或变量）的值被读或被写时，停住程序。
- ☑ info watchpoints 命令：用于列出当前所设置的所有监视点的相关信息。

通过上述介绍，可以了解到使用 watch 命令观察一个变量或者表达式值，当值改变且不满足 watch 命令中写入的条件时，会停住程序，方便程序员观察此时的程序动态，调试的效果如图 6.20 所示（此调试示例使用的是例 6.1 中的程序 test.c）。

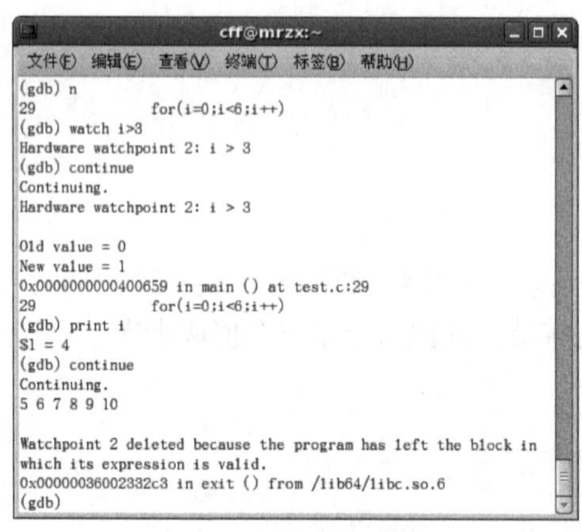

图 6.20　使用观察窗口

上述调试过程实现了当 i>3 时，会停住程序；然后，使用 print 命令查看 i 值是多少，通过调试可以查到 i 值为 4；接着输入“continue”命令，继续执行程序，得到程序的最终从小到大的排序结果，此时观测的写入信息已经不存在了。

6.2.5 检查栈信息功能及其命令

栈是一种有限定性的线性表，在内存中有特定的一段连续空间。当程序调用了一个函数时，函数的地址、函数参数、函数内的局部变量都被压入并保存在栈中。栈上的内容只在函数的范围内存在，

在函数运行结束时，这些内容也会被销毁。可以通过 GDB 调试命令查看栈信息。所谓的栈层信息，是指栈的层编号、当前的函数名、函数参数值、函数所在文件及行号、函数执行到的语句（演示程序使用的是例 6.1 中的 test.c 程序）。

在 GDB 调试工具中，可以查看栈信息的命令有如下几种。

- ☑ backtrace 命令：简写形式为 bt，用于显示当前的函数调用栈的所有信息。
- ☑ backtrace n 命令：简写形式为 bt n。其中 n 若为正整数，代表只显示栈顶上 n 层的栈信息；若 n 为负整数时，表示只显示栈底下 n 层的栈信息。
- ☑ frame n 命令：简写形式为 f n。其中 n 为从 0 开始的整数，表示栈中的层编号。该命令用于显示第 n 层栈的信息，若没有 n 值，此命令可用于显示当前栈层的信息。
- ☑ up n 命令：实现的功能是向栈底方向移动 n 层，若没有 n，则表示向栈底方向移动一层。由于在栈中，栈底位于内存的高地址区域，栈顶位于低地址区域，因此用 up 命令名表示，反之使用 down 命令名，表示向栈顶方向移动 n 层。

上述查看栈信息的命令应用效果如图 6.21 所示。

- ☑ info frame 命令：简写形式为 info f。在查看栈信息时，可以通过此命令实现显示更为详细的栈层信息，例如，调用函数与被调用函数的地址、当前函数使用的编程语言、函数参数地址及值、局部变量的地址等。
- ☑ info args 命令：用于显示当前函数的参数名及值。
- ☑ info locals 命令：用于显示当前函数局部变量及其值。
- ☑ info catch 命令：用于显示当前函数中的异常处理信息。

如图 6.22 所示，演示了 info f 命令、info args 命令、info locals 命令和 info catch 命令的输出情况。

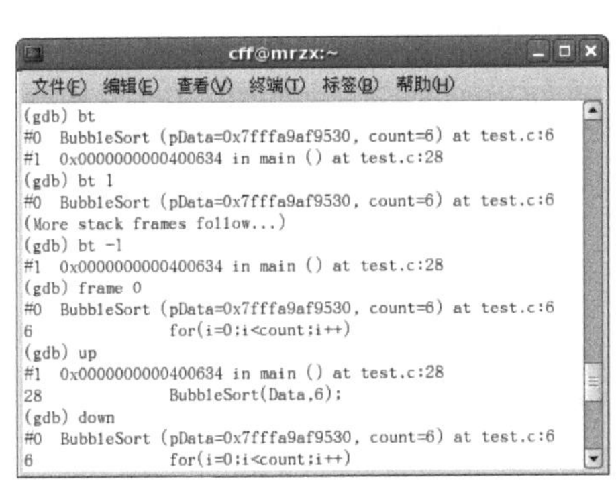

图 6.21　查看栈信息

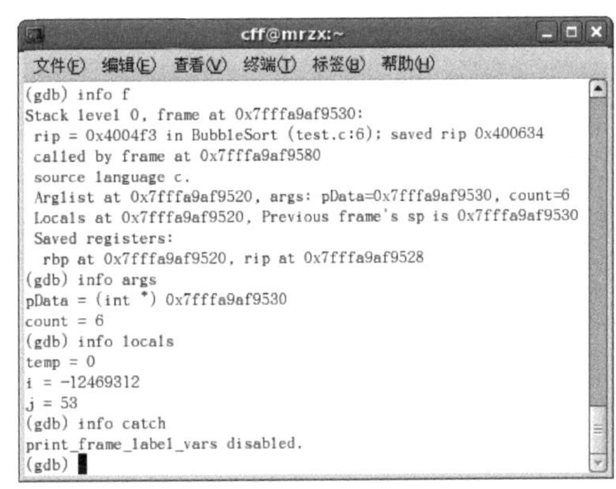

图 6.22　查看栈的详细信息

6.2.6　检查源代码功能及其命令

在使用 GDB 调试工具时，通常需要在编译程序时加上-g 参数，将源程序的信息编译到执行文件中。这样，在调试的过程中，就可以使用 GDB 命令查看到源程序的相关内容。查看源代码的功能有如下几种：显示源代码、搜索源代码、查看源代码的所在路径以及查看源代码的内存等。下面简单介绍查看源代码与源代码的内存信息的功能及其相应的命令（演示程序使用的是例 6.2 的 year.c 程序）。

（1）显示源代码

在显示源代码的功能中，可以实现查看某一行周围的源程序以及指定行号的代码内容等。list 命令就是用于显示源代码的，当在 list 命令后面加上不同的参数时，会有不同的含义，例如：

☑ list，不加任何参数表示显示当前行后面的代码。

☑ <+>，显示当前行号后面的代码。

☑ <->，显示当前行号前面的代码。

☑ <n>，显示程序第 n 行周围的代码。

☑ <function>，显示函数名为 function 的功能函数代码。

☑ <first,last>，显示从第 first 行到第 last 行之间的代码。

☑ <,last>，显示从当前行到 last 行之间的代码。

☑ <filename:n>，显示文件名为 filename 的文件的第 n 行的代码。

☑ <filename:function>，显示文件名为 filename 的文件中的函数名为 function 的函数的代码。

在默认情况下，list 命令一次会显示 10 行。当查看代码时，有时会觉得一次显示 10 行没有必要，因此可以通过下面两个命令设置显示的行数，例如：

☑ set listsize <count>，count 为显示的行数，使用此命令可以设置每一次显示源代码的行数。

☑ show listsize，此命令可以查看当前显示源代码的行数的设置。

上述命令的应用效果如图 6.23 所示。

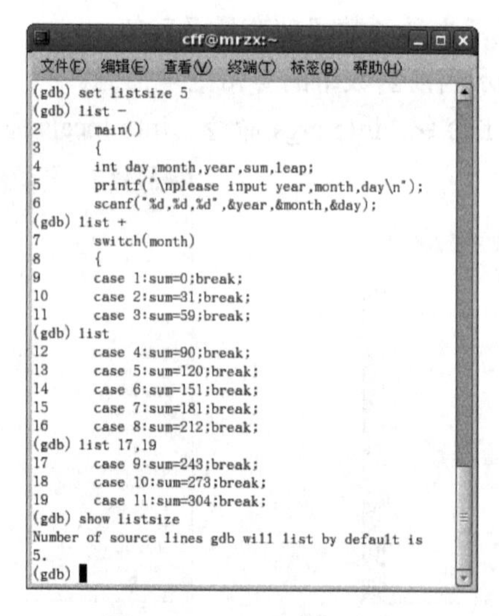

```
cff@mrzx:~
文件(F) 编辑(E) 查看(V) 终端(T) 标签(B) 帮助(H)
(gdb) set listsize 5
(gdb) list -
2       main()
3       {
4       int day,month,year,sum,leap;
5       printf("\nplease input year,month,day\n");
6       scanf("%d,%d,%d",&year,&month,&day);
(gdb) list +
7       switch(month)
8       {
9       case 1:sum=0;break;
10      case 2:sum=31;break;
11      case 3:sum=59;break;
(gdb) list
12      case 4:sum=90;break;
13      case 5:sum=120;break;
14      case 6:sum=151;break;
15      case 7:sum=181;break;
16      case 8:sum=212;break;
(gdb) list 17,19
17      case 9:sum=243;break;
18      case 10:sum=273;break;
19      case 11:sum=304;break;
(gdb) show listsize
Number of source lines gdb will list by default is
5.
(gdb)
```

图 6.23　显示源代码命令

（2）查看源代码的内存

使用 GDB 调试程序时，难免会遇到需要查看某一行代码所在的内存地址等信息的情况，因此 GDB 提供了 info line 命令，用于查看程序在运行时所指定的源代码的内存地址，info line 命令后面跟的参数可以是行号，也可以是函数名等，如图 6.24 所示。

当使用图形模式的调试工具进行调试时，会进入到最底层的汇编代码进行查看、调试，使用 GDB 调试必然也可以查看最底层的汇编代码，例如，使用 disassemble 命令可以查看源程序当前执行时的机器码，即汇编语言的代码，如图 6.25 所示。

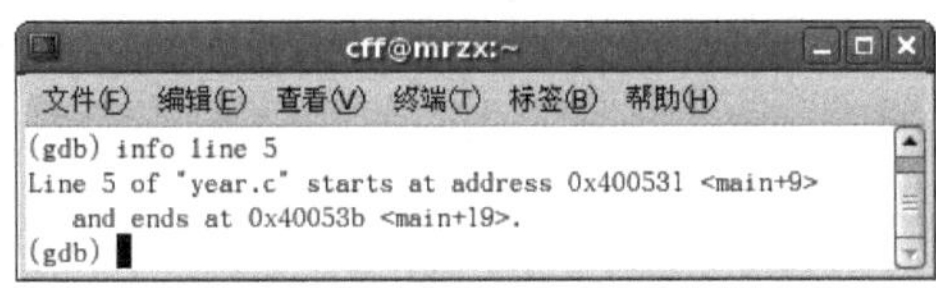

图 6.24　查看源代码内存

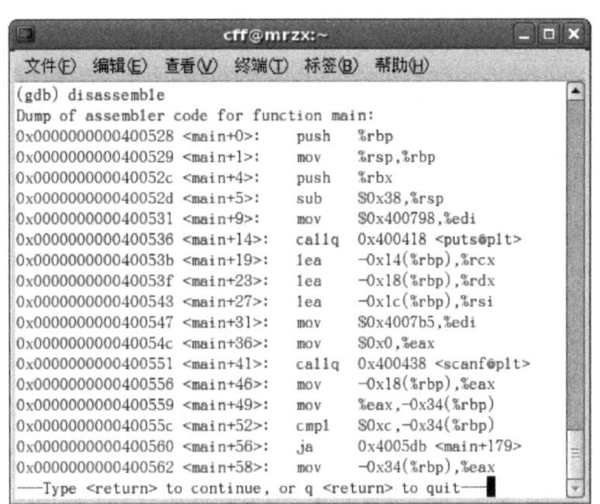

图 6.25　查看机器码

6.2.7　改变程序的运行功能及其命令

在调试程序时，往往并不是每一条语句、每一种可能都要逐条执行，只需在需要观察变化的语句或者是程序块中进行调试。因此，在运行的过程中，可以根据需要在 GDB 中动态地改变程序正常的运行顺序，可以通过跳转语句或者修改变量的值等方式，改变程序的运行方向。这个调试功能使得调试过程更加简单、快速（此功能下的演示程序使用的是例 6.1 的 test.c）。关于改变程序的运行功能有如下命令。

1. set 命令

在介绍查看数据的功能时，介绍了使用 print 命令和 set 命令改变变量的值，减少执行的次数，直接运行到变量值为某值时的语句。

注意

在使用 set 命令改变变量值时，若在程序中有一个变量为 width，恰巧使用 set 命令改变 width 变量的值时，则会出现错误提示，那是因为 set width 命令是 GDB 调试工具中的一个命令。为了避免此种情况，在使用 set 改变变量值时，尽量使用 set var 命令后面加上为 width 赋值的表达式。

改变变量值可以改变程序的运行顺序，通常应用在循环语句中，提前走出循环或者查看循环中变量为某值时的状态。然而，在想要从一个分支跳到另一个分支时，就无法使用 set 改变变量值的方法，但是可以使用 set 的如下命令更改跳转执行的地址，例如：

```
set $pc = 0x400531
```

在这里更改了执行的地址，可以跳转到指定地址的代码处。同样，在 GDB 中还提供了一个可以任意跳转的命令：jump 命令。

2．jump 命令

jump 命令可以任意跳转、打乱执行的顺序，其原理也是改变当前寄存器中的值。jump 命令的使用方法如下：

```
jump <file:line>        //line 为文件 file 的行号，代表跳转到此行开始运行
jump <addr>             //addr 为代码所在行的地址，代表跳转到地址为 addr 处的语句开始执行
```

在使用 jump 命令进行随意跳转时，会忽略正常运行顺序上的语句，用这种跳转方式进行调试、运行出来的结果可能会出现错误或不是正确的输出结果，因此在使用 jump 命令调试时要谨慎。如图 6.26 所示为使用 jump 命令进行跳转后正常执行的程序。

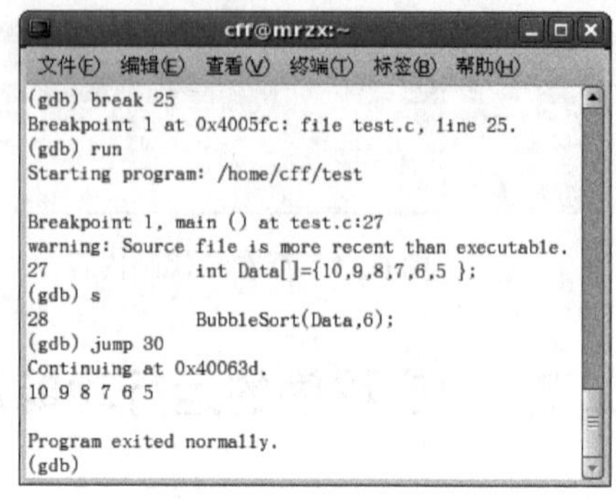

图 6.26　使用 jump 命令进行跳转

3．return 命令

return 命令用于快速返回一个函数的返回值，当调试进入一个功能函数中时，若没有必要将函数中的所有语句都执行，可以使用 return 命令，快速跳出这个函数，并带回函数的返回值，忽略函数中还没有执行到的语句。

使用 return 命令，还可以使函数返回一个指定表达式的值，应用方法如下：

```
return <exp>      //将表达式的值作为函数返回值
```

4．call 命令

call 命令用于显示表达式的值，若表达式中是函数名，那么起到的作用就是强制跳转到该函数，并显示函数的返回值。若函数无返回值（void），那么就不显示。该命令的使用方法如下：

```
call <exp>        //显示表达式的值，或显示函数的返回值
```

在查看数据的功能中，介绍了一个 print 命令，可以实现显示表达式的值的功能。同样，若表达式为函数名，则显示函数的返回值；若函数无返回值，则显示 void。

6.3　多线程程序调试

如今，多线程已经被许多操作系统所支持，包括 Windows 和 Linux 系统。在 Linux 平台上的多线程设计包括多任务程序设计、并发程序设计、网络程序设计和数据共享等。Linux 平台上的多线程遵循 POSIX 线程接口，称为 pthread。

多线程程序在 Linux 平台上应用广泛，可以使用 GDB 命令直接调试运行一个多线程程序。多线程程序通常存在很多潜在的错误，因此使用 GDB 调试多线程程序变得很复杂。本书并没有涉及多线程的程序，所以在此不对多线程的复杂调试进行过多介绍，详细内容请查阅相关的资料。

6.4　Linux 平台上的其他调试工具

在 Linux 系统中，可以用于调试 C 语言的工具有很多，GDB 只是其中一种功能非常强大的命令行模式的调试工具，GDB 命令繁多，很多初学者在习惯使用 TC 和 VC 6.0 这种图形模式的工具后，会觉得 GDB 应用起来很困难，因此，在 Linux 系统中还提供了 xxgdb 调试工具。此调试工具是 X-window 系统中的调试工具，其包括了命令行模式的 GDB 上的所有特性，xxgdb 主要可以通过按钮来执行常用的命令，在设置了断点的地方，会用图形来显示，可以在一个 Xterm 窗口中输入“xxgdb”命令来运行此调试工具，就如同在命令行中输入“gdb”命令，可以进入 GDB 的命令行调试环境中一样。

6.5　小　　结

本章主要讲述了在 Linux 系统下如何使用 GDB 命令调试程序。从对一个简单的程序进行调试走进 GDB 环境，学习常用的命令。接着根据 GDB 调试工具的各种基本功能展开详细讲解，在讲解基本功能的过程中，结合实例理解这些功能下的特殊命令。通过在 GDB 调试工具中对实例的调试演示，加深对基本功能与常用命令的理解，并且熟练掌握调试命令。在掌握了这些基本的功能与相应的命令后，对多线程程序的调试进行简单的概述，并且概述了在 Linux 平台上的其他的调试工具。

通过本章的学习，掌握了应用 GDB 调试程序，在以后的编程中，可以很熟练地使用 GDB 命令调试程序，更快速地解决编程中出现的错误。

第2篇

核心技术

- 第7章　进程控制
- 第8章　进程间通信
- 第9章　文件操作
- 第10章　文件的输入/输出操作
- 第11章　信号及信号处理
- 第12章　网络编程
- 第13章　make 编译基础
- 第14章　Linux 系统下的 C 语言与数据库
- 第15章　集成开发环境

本篇主要介绍了进程控制、进程间通信、文件操作、文件的输入/输出操作、信号及信号处理、网络编程、make 编译基础、Linux 系统下的 C 语言与数据库、集成开发环境等内容，通过这一部分的学习，可以帮助读者在 Linux 系统下学习 C 语言得到进一步的提升，体会到 C 语言编程的本质所在。书中结合丰富的图示、实例、经典的范例和录像等，帮助读者更轻松地掌握 Linux 系统下 C 语言编程的核心技术。

第 7 章

进程控制

（视频讲解：57 分钟）

在学习 Linux 系统下的 C 语言编程时，了解进程的本质有利于设计更复杂的程序。进程是操作系统和并发程序设计的一个重要概念，它是操作系统中正在运行的任务。Linux 系统是一个多用户、多任务的操作系统，它可以多个任务同时进行，即可以多个进程同时存在。可想而知，多个进程同时在一个固定的空间中完成，那么各个进程间的管理就成为重中之重。

通过阅读本章，您可以：

- **了解进程的概念**
- **掌握进程的创建、等待与结束操作**
- **理解多个进程工作时需要注意的问题**
- **了解线程的概念**
- **掌握线程的属性**

7.1 进 程 概 述

进程的概念是在 20 世纪 60 年代初由麻省理工学院的 MULTICS 系统和 IBM 公司的 CTSS/360 系统引入的。对于进程这个词，很多在不同领域的人都有自己独到的理解，因此就出现了很多关于进程的定义，本节将对进程进行介绍。

7.1.1 进程的定义

在讲解进程的定义之前，首先了解一下为什么计算机操作系统要引入进程这个概念。

1. 进程的引入

当在计算机系统中只有一个程序运行时，称之为单道程序，此时这个程序独占系统中的所有资源，在执行过程中不受外界的影响；而多道程序在执行时，就是所谓的程序并发执行，即若干个程序同时在系统中执行，这时，这些程序就不可能独占所有系统资源，而需要多个程序共享系统的资源，从而导致各个程序在执行时出现相互制约的关系。为了刻画系统内部出现的这种动态情况，描述程序的并发执行的活动规律，在操作系统中引入了进程（Process）这个概念，进程的出现是为了使多个程序并发执行，用以改善资源利用率，并且提高系统的吞吐量。

2. 进程的定义

关于进程的解释有很多种，下面简单介绍以下 3 种：

☑ 进程是一个具有独立功能的程序关于某个数据集合的一次运行活动。

☑ 进程是一个程序与其数据一道通过处理机的执行所发生的活动。

☑ 进程是一个“执行中的程序”，即程序在处理机上执行时所发生的活动，而程序只是行为的一种规则。

由上述进程的定义可以发现，进程与程序有着密不可分的关系，运行中的程序在内存中的映像就是进程。在 Linux 系统中的应用程序有两种类型的文件，分别是脚本文件和可执行文件。在 Windows 系统下的 C/C++应用程序的可执行文件表示为扩展名为“.exe”的文件，而在 Linux 系统中，可执行文件不需要使用特定的扩展名，没有扩展名也可以，判定文件是否能被执行是由文件的系统属性所决定的。

3. 查看进程信息

在 Windows 操作系统中，可以通过 Windows 任务管理器查看系统中的进程信息，如图 7.1 所示。

在 Linux 系统中，可以通过命令查看操作系统的进程信息，例如，在终端中输入“ps -aux”命令，即可查看系统中正在运行的进程信息，如图 7.2 所示。

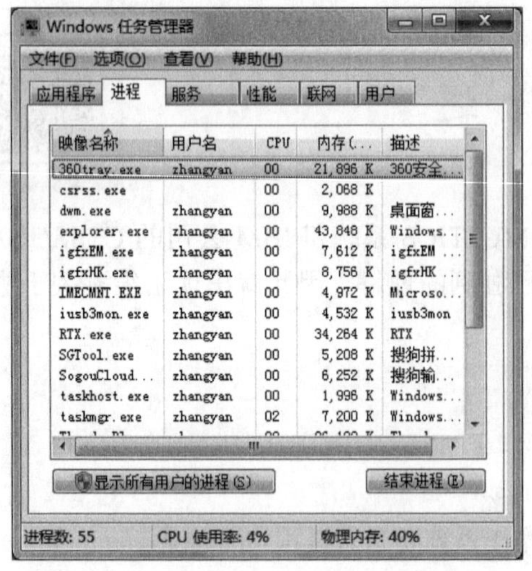

图 7.1　在 Windows 系统中查看进程信息

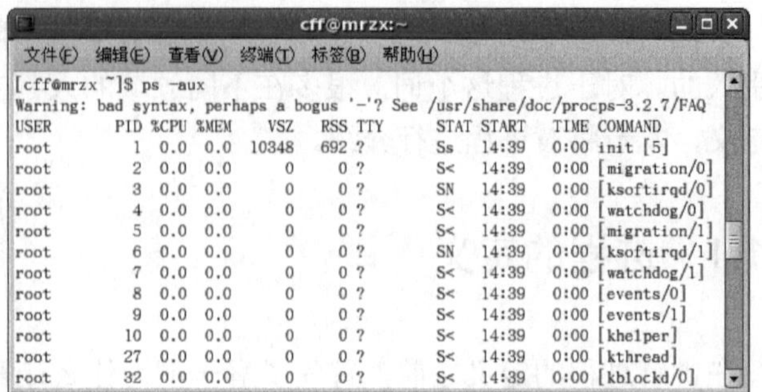

图 7.2　在 Linux 系统中查看进程信息

4．进程的特性

在 Linux 系统中，每一个进程都运行在各自的虚拟内存空间中。因此，进程之间是相互独立的，一个进程崩溃了，并不会影响其他进程的运行。根据进程的概念与其独有的特点，可以总结出进程具有以下 5 种特性。

☑ 动态性：进程是程序的执行，是程序在处理机上执行时的一个活动，因此可以得出进程具有动态性。

☑ 并发性：多个程序可以同一时间运行在一个内存空间中，由此证明，运行中的程序（即进程）具有并发性。

☑ 独立性：虽然在一个内存空间中有多个进程在运行，但其实每个进程都运行在各自的虚拟内存空间中，互不干扰，是一个独立运行的基本单位，并且是独立获得资源和调度的基本单位。

☑ 异步性：各个进程都按照自己的速度在运行，每一个进程的运行速度都是不可预知的。因此，多个进程间又具有异步这个特性。

☑ 结构特性：每个进程都有自己的私有空间，在这个私有空间中，都会涉及 3 个不同的段落，进程在内存中的结构由代码段、数据段和堆栈段构成。

7.1.2　进程的相关信息

在 Linux 系统中，每一个进程都有其本身的一些信息，如同每个人都有自己的一些信息一样，如姓名、年龄、性别、学历和爱好等。本节将介绍与进程相关的一些信息。

☑ 进程 ID：在 Linux 系统中，每一个进程都有其唯一的 ID，就如同人的身份证号，都是唯一的。在 Linux 系统下编写关于进程的 C 程序时，经常用到这样一个数据类型——pid_t，该数据类型专门用来定义进程的 ID，其实可以将这个数据类型理解为一个非负的整数。

☑ 进程的状态：进程有 3 种基本状态，分别是运行状态、等待状态和结束状态。除了这 3 种基本状态外，进程还有就绪、挂起和僵尸等状态。

☑ 进程切换：关于进程间的切换，就是从正在运行的进程中收回处理器的使用权，等待运行进程进来时占用此处理器。如同多个人分时使用同一个厨房，到了规定的时间，要收回正在使用厨房的人的使用权，也就是将属于这个人的东西都拿走，把这个厨房的使用权交给下一个人，使其获得这个厨房的使用权，即把现在这个人自己的东西拿到厨房来。

☑ 虚拟内存：在 Linux 系统中，每个进程都运行在各自的虚拟内存空间中。在 Linux 系统中的虚拟内存具有以下几点功能，如拥有巨大的寻址空间、可以共享虚拟内存及对进程进行保护等。

与进程有关的信息还有很多，如文件描述符表、用户 ID 和组 ID 以及和信号相关的一些信息等。由于在接下来对进程的学习中会再次接触到这些信息，因此在这里就不对这些进程信息作详细介绍。

7.2　进程的基本操作

视频讲解

关于进程的基本操作，主要包括对进程的几种状态的操作，在 7.1.2 节中，已经涉及了进程的状态，如运行状态、等待状态和结束状态等，这是进程的 3 大基本状态，那么与这 3 大状态相对应的基本操作就是进程创建、进程等待和进程结束。进程的基本操作有与其相对应的系统的调用函数，这些相关的函数都定义在系统调用库 unistd.h 中，本节就对这些基本操作进行详细讲解。

7.2.1　进程创建

进入进程的运行状态时，需要首先创建一个新进程。在 Linux 系统中，提供了几个关于创建新进程的操作函数，如 fork()函数、vfork()函数和 exec()函数族等。下面分别对其进行讲解。

1. fork()函数

fork()函数的功能是创建一个新的进程，新进程为当前进程的子进程，那么当前的进程就被称为父进程。在一个函数中，可以通过 fork()函数的返回值判断进程是在子进程中还是在父进程中。fork()函数的调用形式为：

```
pid_t fork(void);
```

使用 fork()函数需要引用<sys/types.h>和<unistd.h>头文件，该函数的返回值类型为 pid_t，表示一个非负整数。若程序运行在父进程中，函数返回的 PID 为子进程的进程号；若运行在子进程中，返回的 PID 为 0。

如若调用 fork()函数创建子进程失败，那么就会返回-1，并且提示错误信息。错误信息有以下两种形式。

☑ EAGAIN：表示 fork()函数没有足够的内存用于复制父进程的分页表和进程结构数据。

☑ ENOMEM：表示 fork()函数分配必要的内核数据结构时，内存不足。

下面通过一个实例讲解如何使用 fork()函数，并通过该实例演示进程的创建过程。

【例 7.1】 在 Linux 系统中，使用 VIM 编辑器编写代码，以便使用 fork()函数创建子进程。（**实例位置：资源包\TM\sl\7\1**）

程序的代码如下：

```
#include<sys/types.h>
#include<stdio.h>
#include<stdlib.h>
#include<unistd.h>
int main(void)
{
	pid_t pid;
	if((pid=fork())<0)				/*创建新进程*/
	{
		printf("fork error!\n");
		exit(1);
	}
	else if(pid==0)				/*新创建的子进程*/
	{
		printf("in the child process!\n");
	}
	else
	{
		printf("in the parent process!\n");
	}
	exit(0);
}
```

在实例中，通过 fork()函数的返回值确定程序是运行在父进程还是子进程中。在 shell 中，程序的运行效果如图 7.3 所示。

由程序的结果可以发现 fork()函数的一个特点，那就是“调用一次，返回两次”，这样的特点是如何出现的呢？下面通过图 7.4 来分析一下原因。

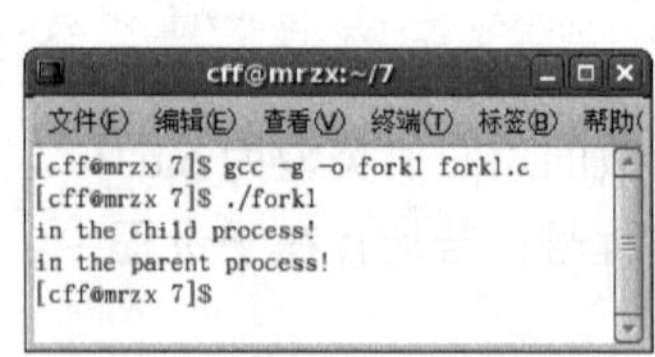

图 7.3 调用 fork()函数

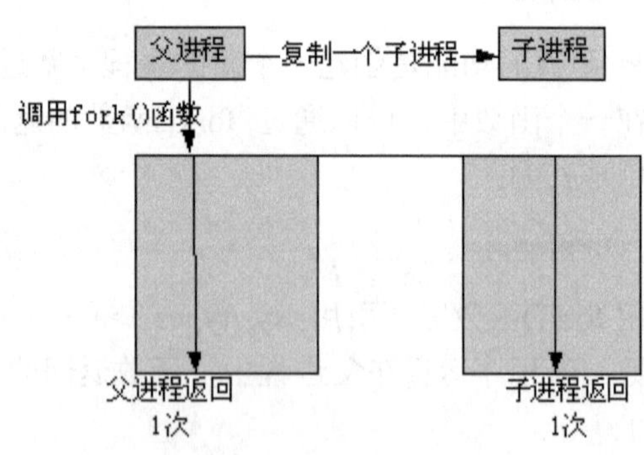

图 7.4 fork()函数的特点

从图 7.4 可以看出，在一个程序中，调用到 fork()函数后，就出现了分叉。在子进程中，fork()函数返回 0；在父进程中，fork()函数返回子进程的 ID。因此，fork()函数返回值后，开发人员可以根据返回值的不同，对父进程和子进程执行不同的代码，这样就使得 fork()函数具有“调用一次，返回两次”的特点。

但是，父进程与子进程的返回顺序并不是固定的，由于 fork()函数是系统调用函数，因此取决于系统中其他进程的运行情况和内核的调度算法。

2．vfork()函数

vfork()函数与 fork()函数相同，都是系统调用函数，两者的区别是在创建子进程时 fork()函数会复制所有的父进程的资源，包括进程环境、内存资源等，而 vfork()函数在创建子进程时不会复制父进程的所有资源，父子进程共享地址空间。这样，在子进程中对虚拟内存空间中变量的修改，实际上是在修改父进程虚拟内存空间中的值。

注意

在使用 vfork()函数时，父进程会被阻塞，需要在子进程中调用_exit()函数退出子进程，不能使用 exit()退出函数。

下面通过一个实例，演示 vfork()函数与 fork()函数的区别。

【例 7.2】　在 Linux 系统中，使用 VIM 编辑器编写代码，调用 vfork()函数创建子进程，观察它与例 7.1 的区别。（**实例位置：资源包\TM\sl\7\2**）

程序的代码如下：

```
#include<stdio.h>
#include<unistd.h>
#include<sys/types.h>
int gvar=2;
int main(void)
{
	pid_t pid;
	int var=5;
	printf("process id:%ld\n",(long)getpid());
	printf("gvar=%d var=%d\n",gvar,var);
	if((pid=vfork())<0)					/*创建一个新进程*/
	{
		perror("error!");
		return 1;
	}
	else if(pid==0)
	{								/*子进程*/
		gvar--;
		var++;
		printf("the child process id:%ld\ngvar=%d var=%d\n",(long)getpid(),gvar,var);
		_exit(0);
	}
	else
	{								/*父进程*/
		printf("the parent process id:%ld\ngvar=%d var=%d\n",(long)getpid(),gvar,var);
		return 0;
```

```
    }
}
```

本实例中，首先定义了一个全局变量和一个局部变量，在子进程中改变了全局变量与局部变量的值，并将其输出，在父进程中也输出了这两个变量的值。由图 7.5 所示运行结果可以看出，父进程中输出的变量值也是在子进程中变化后的值。由此可知，调用 vfork()函数改变子进程中的值，其实就是改变了父进程中的值。

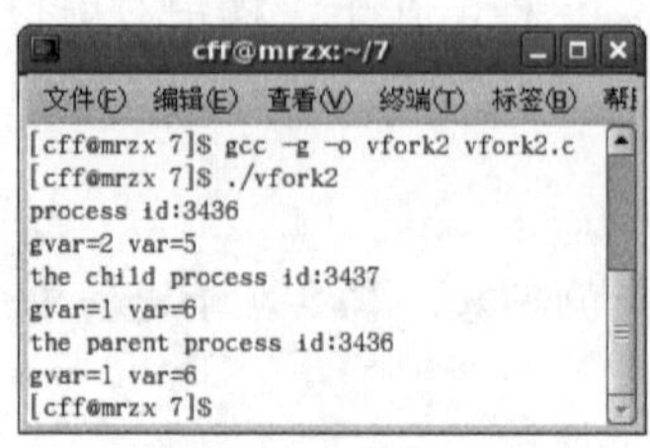

图 7.5 调用 vfork()函数

说明

读者可以将程序中的 vfork()函数改为调用 fork()函数，观察变量值的变化，可以更加清晰地了解两个函数在使用上的区别。

3．exec()函数族

通过调用 fork()函数和 vfork()函数创建子进程，子进程和父进程执行的代码是相同的。但是，通常创建了一个新进程也就是子进程后，目的是要执行与父进程不同的操作，实现不同的功能。因此，Linux 系统提供了一个 exec()函数族，用于创建和修改子进程。调用 exec()函数时，子进程中的代码段、数据段和堆栈段都将被替换。由于调用 exec()函数并没有创建新进程，因此修改后的子进程的 ID 并没有改变。

exec()函数族由 6 种以 exec 开头的函数组成，定义形式分别如下：

```
int execl(const char *path,const char *arg,…);
int execlp(const char *file,const char *arg,…);
int execle(const char *path,const char *arg,…,char* const envp[]);
int execv(const char *path,const char *argv[]);
int execve(const char *path,const char *argv[],char *const envp[]);
int execvp(const char *file,const char *argv[]);
```

这些函数都定义在系统函数库中，在使用前需要引用头文件<sys/types.h>和<unistd.h>，并且必须在预定义时定义一个外部的全局变量，例如：

```
extern char **environ;
```

上面定义的变量是一个指向 Linux 系统全局变量的指针。定义了这个变量后，就可以在当前工作目录中执行系统程序，如同在 shell 中不输入路径直接运行 VIM 和 Emacs 等程序一样。

exec()函数族中的函数都实现了对子进程中的数据段、代码段和堆栈段进行替换的功能，如果调用成功，则加载新的程序，没有返回值。如果调用出错，则返回值为-1。

这几个 exec()函数的书写方式很相似，很容易记混，但是这几个函数又都各有区别。通过对 exec()

函数名称的拼写规律可以轻松帮助读者牢记这几个函数实现替换功能的不同方法。

（1）函数名中带有字符 p

字符 p 是 path 的首字母，代表文件的绝对路径（或称相对路径）。当函数名中带有字符 p 时，函数的参数就可以不用写出文件的相对路径，只写出文件名即可，因为函数会自动搜索系统的 path 路径。

（2）函数名中带有字符 l

字符 l 是 list 的首字母，表示需要将新程序的每个命令行参数都当作一个参数传给它，参数个数是可变的，并且最后要输入一个 NULL 参数，表示参数输入结束。

（3）函数名中带有字符 v

字符 v 是 vector 的首字母，表示该类函数支持使用参数数组，数组中的最后一个指针也要输入 NULL 参数，作为结束标志，这个参数数组就类似于 main()函数的形参 argv[]。

（4）函数名以 e 结尾

字符 e 是 environment 的首字母，该类函数表示可以将一份新的环境变量表传给它。

在 exec()函数族中，execve()函数是其余 5 个 exec()函数的基础，因为只有 execve()函数是经过系统调用的，其余 5 个函数在执行时，都要在最后调用一次 execve()函数。

下面通过几个 exec()函数族的实例，了解一下这些函数是如何实现的。

【例 7.3】 在 Linux 系统中，使用 VIM 编辑器编写两个程序，分别存放在 execve.c 文件和 new2.c 文件中，用来演示如何使用 execve()函数。（**实例位置：资源包\TM\sl\7\3**）

程序的代码如下：

```
/****execve.c 文件******/
#include<stdio.h>
#include<unistd.h>
#include<sys/types.h>
extern char **environ;
int main(int argc,char* argv[])
{
	execve("new",argv,environ);
	puts("正常情况下无法输出此信息！");
}
/*******new2.c 文件*******/
#include<sys/types.h>
#include<unistd.h>
#include<stdio.h>
int main(void)
{
	puts("welcome to mrsoft!");
	return 0;
}
```

说明

execve()函数所实现的功能就是创建一个子进程，在子进程中执行另一个文件。

技巧

在演示这个 execve.c 程序时，首先要编译这两个文件，得到两个可执行文件 execve 和 new，然后在 shell 中运行“./execve”，这样这个实例就演示完成了。

本实例的运行效果如图 7.6 所示。

在这个运行结果中，只输出了“welcome to mrsoft!”，说明在 execve.c 这个程序中执行了 new2.c 这个程序中的代码，那么 execve.c 程序中的“正常情况下无法输出此信息！”这句话为什么没有正常输出呢？原因就是调用了 execve()函数，调用了这个函数后，将进程中的代码段、数据段和堆栈段都进行了修改，使得这个新创建的子进程只执行了新加载的这个程序的代码，此时父进程与子进程的代码不再有任何关系。执行了 execve()函数后，原来存在的代码都被释放了，即 execve.c 这个文件中的“puts("正常情况下无法输出此信息！")”代码已经执行不到，因此无法输出此信息。

如果在使用了 execve()函数后，后面的代码还想继续运行，不想因为这一个函数失去了整个函数的功能，那么可以采用 if-else 条件选择语句，选择 execve()函数调用在子进程中，其余代码在父进程中执行。修改 execve.c 程序的代码如下：

```
/******修改 execve.c 文件*******/
#include<stdio.h>
#include<unistd.h>
#include<sys/types.h>
extern char **environ;
int main(int argc,char* argv[])
{
    pid_t pid;
    if((pid=fork())<0)
        puts("create child process failed!");
    if(pid==0)
            execve("new",argv,environ);         /*在子进程中调用 execve()函数*/
    else
        puts("此信息正常输出！");              /*父进程中输出此消息*/
}
```

注意

由于调用 fork()函数输出父子进程中的信息时，没有输出的先后顺序，而是由系统的调度决定的，因此输出信息无法控制先后顺序。

修改后的程序的运行效果如图 7.7 所示。

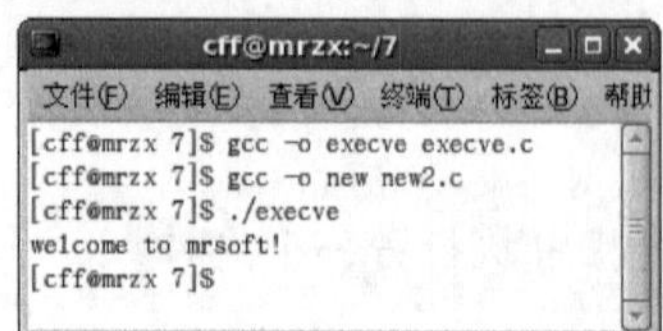

图 7.6　调用 execve()函数

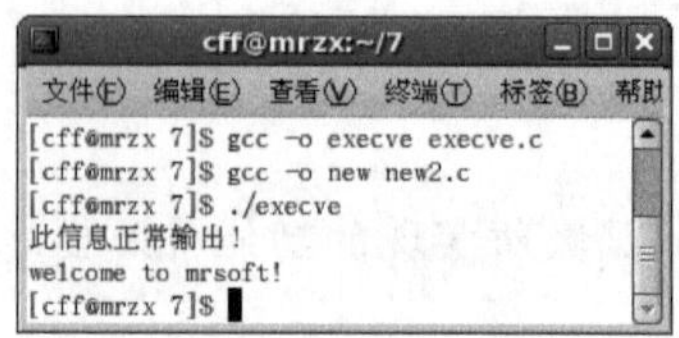

图 7.7　修改 execve()函数后的运行效果

【例 7.4】　在 Linux 系统中，演示 execlp()函数的使用方法。程序实现令程序中传递的第一个参数代表 VIM 这个命令，打开一个文件。（**实例位置：资源包\TM\sl\7\4**）

程序的代码如下：

```
#include<sys/types.h>
#include<unistd.h>
#include<stdio.h>
int main(int argc,char* argv[])
{
    if(argc<2)
    {
        printf("vi 的等效用法： %s filename\n",argv[0]);
        return 1;
    }
    execlp("/bin/vi","vi",argv[1],(char*)NULL);
    return 0;
}
```

在运行程序时，传入的第一个参数是可执行文件“./execlp”，传入的第二个参数为想要打开的文件的名称，如图 7.8 所示。然后按回车键，就会进入 mrsoft.c 这个文件中，如图 7.9 所示。

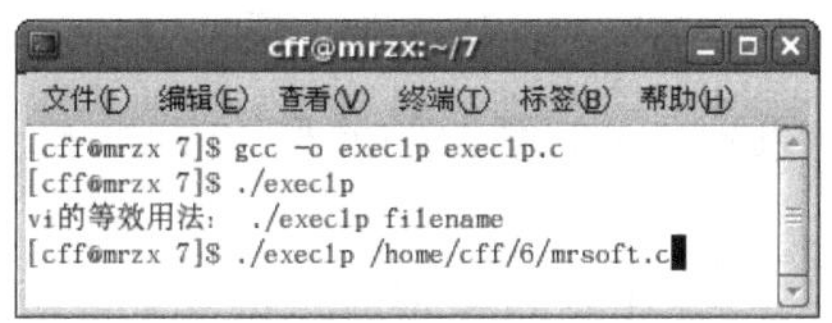

图 7.8　在 shell 中的运行过程

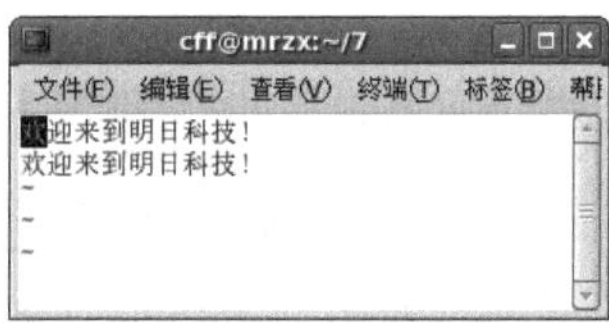

图 7.9　mrsoft.c 文件的内容

exec()函数族的使用方法都大体相似，只是函数的参数各有不同，在此不一一进行介绍。

7.2.2　进程等待

进程等待就是为了同步父进程和子进程，通常需要通过调用 wait()等待函数使父进程等待子进程结束。如果父进程没有调用等待函数，子进程就会进入僵尸（Zombie）状态。

了解了等待函数的工作过程，就可以知道为什么没有调用等待函数时子进程会进入僵尸状态。关于进入进程的等待状态，Linux 系统提供的等待函数原型如下：

```
#include<sys/types.h>
#include<sys/wait.h>
pid_t wait(int *status);
pid_t waitpid(pid_t pid,int *status,int options);
int waitid(idtype_t idtype,id_t id,siginfo_t *infop,int options);
```

在 Linux 系统的终端输入“man 2 wait”命令，可以查看关于 wait()函数的定义以及具体使用说明，如图 7.10 和图 7.11 所示。

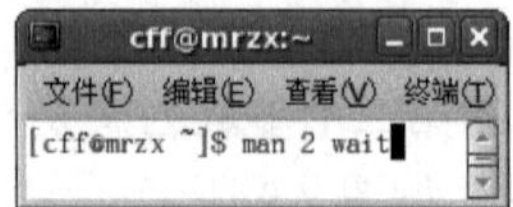

图 7.10　终端中输入的命令

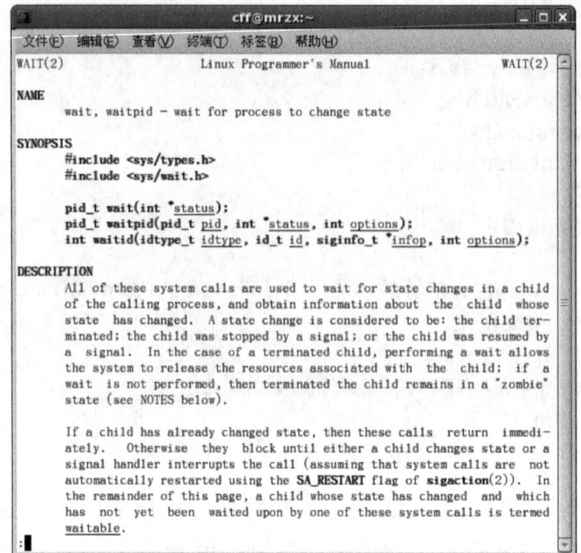

图 7.11　终端中 wait()函数的详情

在终端输出的详情中，介绍了 wait()函数的作用、一系列 wait()函数的原型以及对 wait()函数工作过程的详细描述和各个函数的使用方法等。

wait()函数系统调用的工作过程是：首先判断子进程是否存在，即是否成功创建了一个子进程。如果创建失败，子进程不存在，则会直接退出进程，并且提示相关错误信息；如果创建成功，那么 wait()函数会将父进程挂起，直到子进程结束，并且返回结束时的状态和最后结束的子进程的 PID。

如果不存在子进程，提示的错误信息为 ECHILD，表示 wait()系统调用的进程没有可以等待的子进程。

如果存在子进程，退出进程时的结束状态（status）有如下两种可能：

☑　子进程正常结束

当调用 wait()函数，子进程正常运行结束后，函数会返回子进程 PID 和 status 状态，此时的参数 status 所指向的状态变量就存放在子进程的退出码中。退出码是所谓的从子进程的 main()函数中返回的值或者子进程中 exit()函数的参数。

☑　信号引起子进程结束

wait()函数系统调用中发送信号给子进程，可能会导致子进程结束运行。若发送的信号被子进程捕获，就会起到终止子进程的作用；若信号没有被子进程捕获，则会使子进程非正常结束。此时参数 status 返回的状态值为接收到的信号值，存放在最后一个字节中。

下面通过一个实例演示 wait()系统调用的作用。

【例 7.5】　在 Linux 系统中演示 wait()函数的使用方法，实现输出在进程中调用 wait()函数时正常退出的返回信息，以及接收到各种信号时返回的信息。（**实例位置：资源包\TM\sl\7\5**）

程序的代码如下：

```
#include<sys/types.h>
#include<sys/wait.h>
#include<unistd.h>
#include<stdio.h>
#include<stdlib.h>
/*定义一个功能函数，通过返回的状态，判断进程是正常退出还是信号导致退出*/
void exit_s(int status)
{
    if(WIFEXITED(status))
        printf("normal exit,status=%d\n",WEXITSTATUS(status));
    else if(WIFSIGNALED(status))
        printf("signal exit!status=%d\n",WTERMSIG(status));
}
int main(void)
{
    pid_t pid,pid1;
    int status;
    if((pid=fork())<0)                          /*创建一个子进程*/
    {
        printf("child process error!\n");
        exit(0);
    }
    else if(pid==0)                             /*子进程*/
    {
        printf("the child process!\n");
        exit(2);                                /*调用 exit()退出函数正常退出*/
    }
    if(wait(&status)!=pid)                      /*在父进程中，调用 wait()函数等待子进程结束*/
    {
        printf("this is a parent process!\nwait error!\n");
        exit(0);
    }
    exit_s(status);                             /*wait()函数调用成功，调用自定义的功能函数，判断退出类型*/
   /*又一次创建子进程，在子进程中，使用 kill()函数发送信号，导致退出*/
    if((pid=fork())<0)
    {
        printf("child process error!\n");
        exit(0);
    }
    else if(pid==0)
    {
        printf("the child process!\n");
        pid1=getpid();
         /*使用 kill()函数发送信号*/
    //  kill(pid1,9);                           /*结束进程*/
    //  kill(pid1,17);                          /*进入父进程*/
        kill(pid1,19);                          /*暂时停止进程*/
    }
    if(wait(&status)!=pid)
```

```
		{
			printf("this is a parent process!\nwait error!\n");
			exit(0);
		}
		exit_s(status);
exit(0);
}
```

注意

在上述代码中，加粗部分代码为 3 种不同的情况，分别表示信号类型为 9、17 和 19 时的 3 种情况，会产生 3 种不同的退出效果。

技巧

在 Linux 系统的终端中输入“kill _l”命令，可以列出这些信号的具体情况、信号类型和其所对应的数字。

说明

程序中的 9、17、19 是 kill 命令固定的数字。

程序在 3 种不同情况下的运行效果如图 7.12 所示。

在 Linux 系统中提供了一些用于检测退出状态的宏，例如，在上面的实例中，定义的功能函数 exit_s()中用到的宏定义。下面介绍这些宏定义的作用。

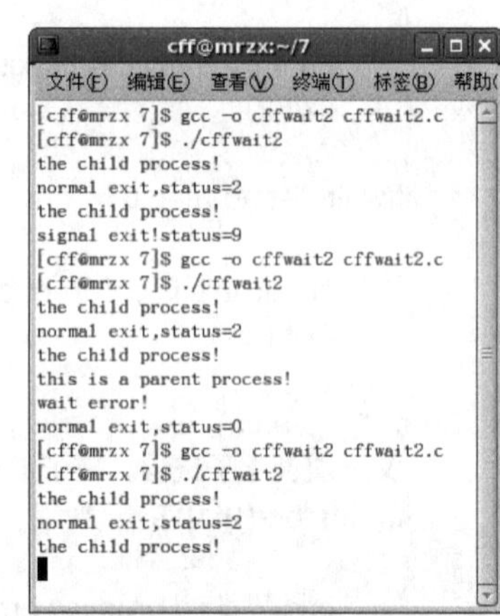

图 7.12　wait()函数的 3 种运行效果

- ☑ WIFEXITED(status)：该宏的作用是当子进程正常退出时，返回真值。正常退出是指系统通过调用 exit()和_exit()在 main()函数中返回。
- ☑ WIFSIGNALED(status)：表示当子进程被没有捕获的信号终止时，返回真值。
- ☑ WIFSTOPPED(status)：当子进程接收到停止信号时，返回真值。这种情况仅出现在调用 waitpid()函数时使用了 WUNTRACED 选项。
- ☑ WIFCONTINUED(status)：该宏表示当子进程接收到信号 SIGCONT 时，继续运行。
- ☑ WEXITSTATUS(status)：返回子进程正常退出时的状态，该宏只适用于当 WIFEXITED 为真值时。
- ☑ WTERMSIG(status)：用于子进程被信号终止的情况，返回此信号类型，该宏用于 WIFSIGNALED 为真值时。
- ☑ WSTOPSIG(status)：返回使子进程停止的信号类型，该宏用于 WIFSTOPPED 为真值时。

关于进程等待函数，通过例 7.4 了解到了 wait()函数的使用方法，还有一个常用的等待函数 waitpid()，该函数实现的功能与 wait()函数相同，它们的区别在于：wait()函数用于等待所有子进程的结束，而 waitpid()函数仅用于等待某个特定进程的结束，这个特定的进程是指其 pid 与函数中的参数 pid

相关时。所谓的相关，有如下几种可能。

☑ pid<-1：等待进程组 ID 等于 pid 绝对值的任一子进程时退出。

☑ pid=-1：等待任意一个子进程退出。

☑ pid=0：等待进程组 ID 等于调用进程的组 ID 的任一子进程时退出。

☑ pid>0：等待进程 ID 等于 pid 的子进程退出。

在 waitpid()函数中，参数 option 的取值及其意义如下。

☑ WNOHANG：该参数表示没有子进程退出就立即返回。

☑ WUNTRACED：该参数表示若发现子进程处于僵尸状态但未报告状态，则立即返回。

7.2.3　进程结束

当想要终止或者结束一个进程时，会使用系统调用 exit()函数正常退出进程。该系统调用包括 exit()和_exit()两个函数，下面分别进行介绍。

1．exit()函数

在终端中输入“man 3 exit”命令，可以显示 exit()函数的原型及其功能等信息，如图 7.13 所示。

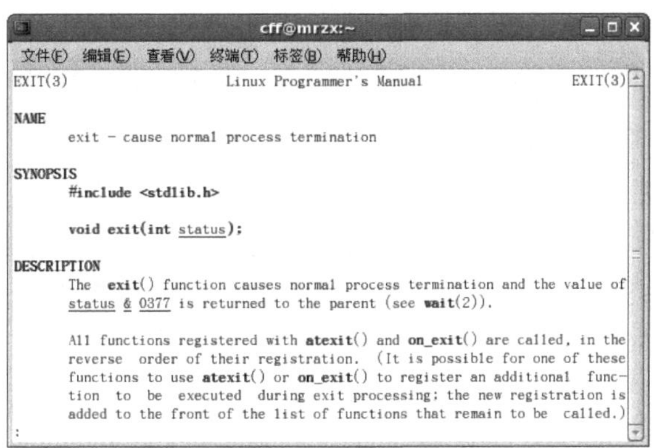

图 7.13　终端中 exit()函数的相关信息

通过终端中 exit()函数的信息可以知道 exit()函数的原型为：

```
#include<stdlib.h>
void exit(int status);
```

注意

该函数调用成功与失败都没有返回值，并且没有出错信息的提示。

exit()函数的作用是终止进程，并将运算 status&0377 表达式后的值返回给父进程，在父进程中可以通过 wait()函数获得该值。

2. _exit()函数

在终端中输入“man 2 exit”命令，会显示出_exit()函数的相关信息，如图 7.14 所示。

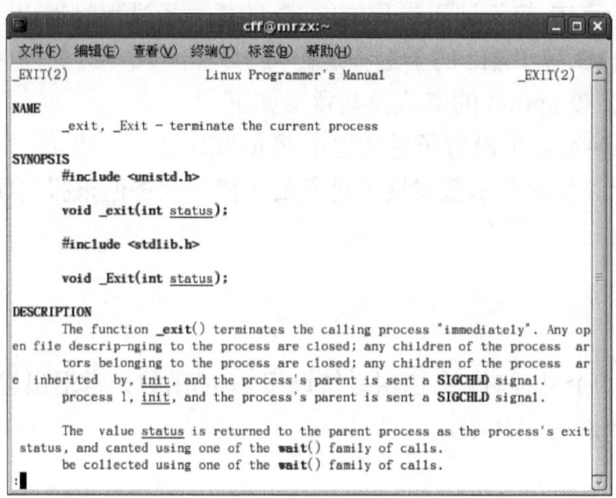

图 7.14 终端中_exit()函数的相关信息

_exit()函数实现的功能与 exit()函数类似，都可以终止进程，该函数的原型为：

```
#include<unistd.h>
void _exit(int status);
```

_exit()函数与前面讲过的 exit()函数相同，无论调用成功与否，都没有返回信息。

在前面讲述进程创建时，强调了使用 vfork()函数创建的子进程在退出时只能使用_exit()函数退出进程，而不能使用 exit()函数退出进程，这就是两个函数的区别所造成的。在调用 exit()函数时，会对输入/输出流进行刷新，释放所占用的资源以及清空缓冲区等；而_exit()函数则不具备刷新缓冲区等操作的功能。

技巧

在 exit 系统调用中，函数 exit()在终止进程时会关闭所有文件，清空缓冲区。因此，如果在 fork()函数和 vfork()函数中使用 exit()函数终止子进程，会清空标准输入/输出流，可能造成临时文件丢失，并且 vfork()函数是父子进程共享虚拟内存，如果在子进程中使用 exit()函数会严重影响到父进程，所以在使用这两个创建进程的函数时，尽量都不要使用 exit()函数终止子进程。

说明

在上述关于进程创建、进程等待中均使用了 exit()和_exit()函数退出进程，故在此对其不做举例说明。

7.3　多个进程间的关系

如今，随着硬件设备的不断发展，很多系统都拥有多个处理器。Linux 系统是一个支持多进程同时运行的系统，多个进程分配到多个处理器上运行，对于一个多进程系统而言，可以快速方便地运行多个程序。然而，多个进程要在同一个系统中协调运行，并不是一件简单的事情。就像是一台共用电脑，多个人使用这台电脑，那么要合理地分配好使用的时间、先后顺序等，否则会引起很多纠纷，不但不会为工作带来效率，反而影响工作的质量以及效率。本节将对进程间的关系进行介绍。

7.3.1　进程组

所谓进程组，就是一个或者多个进程的集合。作为一个进程组，里面的每一个进程都有统一的进程标识，就如同每一个学生，被分在一个一个的班级里，每一个班的学生都有一个共同的标识，如高三 4 班的学生。

在 Linux 系统中，可以通过调用 getpgrp()函数获取进程组 ID，该函数的原型为：

```
#include<sys/types.h>
#include<unistd.h>
pid_t getpgrp(void);
```

调用该函数可以返回调用该函数的进程所在的进程组 ID。在进程组中有一个特殊的进程，该进程的 ID 与进程组的 ID 相同。

每一个进程都有其生命期，从创建进程到进程终止，这是一个进程的生命期，而进程组的生命期是从该进程组的创建到最后一个进程终止。在 Linux 系统中，可以使用 setpgid()函数创建一个新的进程组或者将一个进程加入到一个进程组中，该函数的原型为：

```
#include<sys/types.h>
#include<unistd.h>
Int setpgid(pid_t pid,pid_t pgid);
```

当函数 setpgid()调用成功时，返回值为 0；当调用失败时，返回值为-1。

下面通过调用上述两个函数，掌握关于多个进程间组成的进程组的应用。

【例 7.6】　在 Linux 系统中，通过获取进程 ID 和获取进程组 ID，创建一个新的进程组。（**实例位置：资源包\TM\sl\7\6**）

程序的代码如下：

```
#include<sys/types.h>
#include<unistd.h>
#include<stdio.h>
int main(void)
```

```
{
    int a;
    pid_t pgid,pid;
    pid=(long)getpid();
    pgid=(long)getpgrp();
    a=setpgid(pid,pgid);
    printf("a=%d,pid=%ld,pgid=%ld\n",a,pid,pgid);
    return 0;
}
```

在该程序中，通过 getpid()和 getpgrp()函数获取 pid 和 pgid 值，然后将两个 ID 值作为参数传递给 setpgid()函数，使用该函数创建一个新的进程组，如图 7.15 所示。

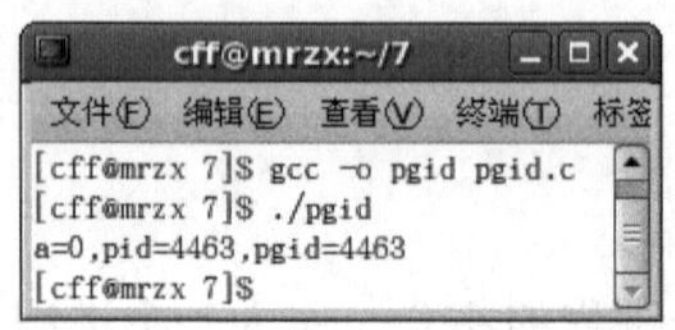

图 7.15　创建新进程组

技巧

在 setpgid()函数中，如果参数 pid 和参数 pgid 两者相等，则该函数的功能是创建一个新的进程组；如果两个值不同，并且 pgid 是一个已经存在的进程组，那么该函数的功能是将 pid 进程加入到 pgid 这个进程组中。

7.3.2　时间片的分配

在前面的介绍中，提到多个进程间是同时运行的。在同一个 CPU 上、同一个时间点上，真的可以同时运行多个进程吗？其实不然，在操作系统中，多个进程看似是同时运行的，实质上是多个进程之间不断地切换，每个进程运行一段时间，然后切换到下一个进程执行一段时间，这个所谓的“一段时间”就是一个时间片。在 Linux 系统中，时间片就是 CPU 分配给各个程序的时间。每一个进程都有其时间段，这个时间段被称作该进程的时间片。

在多个进程之间进行切换，需要有很好的调度策略，否则，进程间的运行就会乱成一团。就像是一个公交车公司，如果没有很好的调度员安排每个公交车的出车时间以及出车次数，就会导致两台或者多台车同时出发，或者几台车的出车时间间隔太长，都会导致公司经济损失，而且也可能导致更大的损失。因此，一个操作系统中的多个进程间必须有严格的调度策略，保证进程正常运行。

下面介绍一下关于多进程间时间片切换的调度策略。

（1）时间片轮转调度策略

时间片的轮转调度策略遵循先来先得的原则运行进程，将进程按先后顺序排成队，当调度开始时，

将 CPU 分配给首进程，当其执行完一个时间片后，系统会发出信号，调度就会根据接收到的信号停止该进程，并将该进程放到队列的末尾，然后将 CPU 分配给下一个进程，同样运行一个时间片，然后发出信号，调度会根据信号结束该进程，并将其送到队尾，继续重复上述步骤，这就是时间片的轮转调度策略，工作原理如图 7.16 所示。

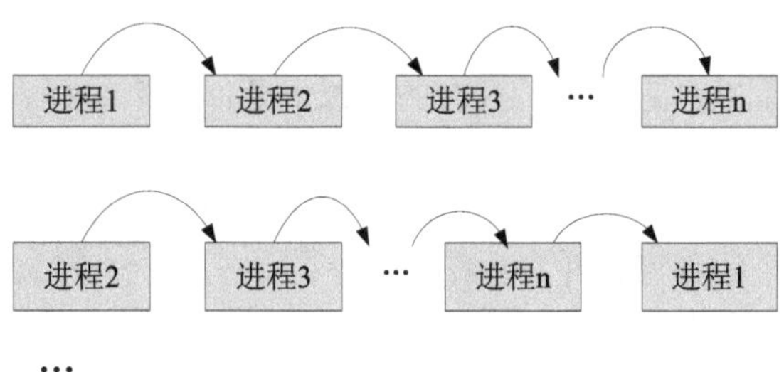

图 7.16　时间片轮转调度的工作原理

（2）优先权调度策略

有些进程在运行时很紧迫，需要优先处理，因此在调度策略中引入了优先权调度算法，每一个进程都有其自己的优先级。优先权调度策略有两种方式：一种是非抢占式优先权策略。这种调度策略是系统在将 CPU 分配给队列中优先权最高的进程后，会首先全速执行完该进程，或者在该进程放弃 CPU 时，再分配给另一个优先权高的进程。另一种是抢占式优先权调度策略。该策略的原理是首先将 CPU 分配给当前优先级别最高的进程，然后每当出现一个新进程时，都会与正在使用 CPU 的进程进行比较，若是新的进程优先级别高，则会触发进程调度，这个优先级别高的进程将会抢占 CPU。

在 Linux 系统中，提供了几个函数，用于设置和获取进程的调度策略等信息。

在设置进程的调度策略时，可以通过参数 pid 确定需要设置的进程，通过参数 policy 设置调度策略，然后通过参数 param 保存进程的调度参数，该函数的定义形式如下：

```
#include<sched.h>
int sched_setscheduler(pid_t pid,int policy,const struct sched_param *param);
int sched_getscheduler(pid_t pid);
```

说明

关于优先级调度策略，在 Linux 系统中也提供了一些关于优先级的操作函数，如 nice()函数用于改变进程的动态优先级；setpriority()和 getpriority()函数用于设置和获取进程的动态优先级。

7.4　线　　程

一个进程内部由若干个进程组成，进程的出现使得多个程序可以并发执行，节省了资源利用率；而线程的引入则帮助减少了程序并发执行时带来的时空开销。

7.4.1 线程概述

线程，又称轻量进程，代表一个进程中某个单一顺序的控制流。线程是进程中的一个实体，是被系统独立调度和分配的基本单位。

一个进程中的若干个线程共享进程中所拥有的全部资源，每个线程本身不拥有系统资源，只拥有少量的必备资源，如程序计数、寄存器、栈等。

在 Linux 多处理器系统中，不同线程可以同时运行在不同的 CPU 上，一个线程可以创建和终止另一个线程，一个进程中的多个线程可以并发执行。

7.4.2 线程的属性

每一个物品都有其自身的属性，用于区别与其他物品不同的标识。人与人之间的不同也是源于每个人都有自己独特的属性。在 Linux 系统中，每一个线程都拥有一个自身的属性，用于代表该线程的特性，而一个进程中的多个线程也有其共同的属性。下面通过理解 Linux 系统中提供的调用函数，对线程的属性进行操作，进而掌握线程的这些属性。

1．摧毁与初始化线程属性对象

当使用一个线程的属性对象前，需要首先初始化该对象，然后才可以对该线程的属性进行设置和修改。初始化线程属性的函数原型为：

```
#include<pthread.h>
int pthread_attr_init(pthread_attr_t *attr);
```

若该函数调用成功，返回值为 0；若调用失败，则返回非 0 值。

pthread_attr_init()函数必须在创建线程函数之前调用，可以使用函数中参数 attr 中的属性来初始化线程属性的对象。

pthread_attr_destroy()函数的功能是摧毁 attr 所指向的线程属性对象。销毁的 attr 属性对象可以使用上述初始化函数重新初始化，该摧毁属性对象的函数的原型为：

```
#include<pthread.h>
int pthread_attr_destroy(pthread_attr_t *attr);
```

参数 attr 是 pthread_attr_t 结构体类型的。该结构体类型中定义的 attr 参数的属性如下：

```
typedef struct
{
int__detachstate;                          /*线程的分离状态*/
int__schedpolicy;                          /*线程调度策略*/
struct sched_param__schedparam;            /*线程的调度参数*/
int__inheritsched;                         /*线程的继承性*/
int__scope;                                /*线程的作用域*/
size_t__guardsize;
```

```
int__stackaddr_set;
void *__stackaddr;                    /*线程堆栈位置*/
unsigned long int__stacksize;         /*线程堆栈大小*/
}pthread_attr_t;
```

在 pthread_attr_t 结构体类型中定义了上述线程属性，这些属性的意义如下。

☑ detachstate：若表示线程的可连接状态，可以取值为 PTHREAD_CREATE_JOINABLE；若表示线程的分离状态，可以取值为 PTHREAD_CREATE_DETACHED。

☑ schedpolicy：该变量表示线程的调度策略，当取值为 SCHED_OTHER 时，属性表示普通、非实时的调度策略；若取值为 SCHED_RR，属性表示实时、轮转的调度策略；当取值为 SCHED_FIFO 时，属性表示实时、先进先出的调度策略。

☑ schedparam：该变量代表线程的调度参数，该值由线程的调度策略决定。

☑ inheritsched：表示线程的继承性。当取值为 PTHREAD_EXPLICIT_SCHED 时，表明从父线程处继承调度属性；当取值为 PTHEAD_INHERIT_SCHED 时，表明从父进程继承。

☑ scope：该变量表示线程的作用域，当取值为 PTHREAD_SCOPE_SYSTEM 时，表明每个线程占用一个系统时间片。

2．设置与获取线程的分离状态

线程的分离状态属性决定了线程是如何结束的。在默认情况下，线程是属于可连接状态的，这样线程在进程没有退出之前是不会释放线程所占用的资源的。此状态下，可以通过调用 pthread_join()函数来等待其他线程的结束，这样线程在结束之后，不会等待进程退出，而是自动释放掉自己的资源。而处于分离状态的线程在终止后会自动释放掉自身所占资源。

pthread_attr_setdetachstate()和 pthread_attr_getdetachstate()函数是用来设置和获取线程的分离状态这个属性的，这两个函数的原型为：

```
#include<pthread.h>
int pthread_attr_setdetachstate(pthread_attr_t* attr,int detachstate);
int pthread_attr_getdetachstate(pthread_attr_t*attr,int detachstate);
```

☑ attr：作为设置线程属性的参数，attr 指向要设置的线程属性对象的指针；作为获取线程属性的参数，attr 作为从该参数中获取线程的分离状态的信息。

☑ detachstate：该参数取值为 PTHREAD_CREATE_DETACHED 和 PTHREAD_CREATE_JOINABLE。在设置属性的函数中，将属性设置为这两种属性。在获取属性的函数中，参数 detachstate 所指向的内存中存放着获取到的属性。

3．设置与获取线程属性对象的调度策略

在前面的介绍中，已经了解到了调度策略信息有 SCHED_OTHER、SCHED_RR 和 SCHED_FIFO 3 种形式。要对线程的这 3 种调度策略属性进行设置和修改，需要用到如下函数：

```
#include<pthread.h>
Int pthread_attr_setschedpolicy(pthread_attr_t* attr,int policy);
Int pthread_attr_getschedpolicy (pthread_attr_t*attr,int policy);
```

在 pthread_attr_setschedpolicy()设置属性函数中，参数 attr 指向要设置的线程属性对象的指针。参数 policy 为要设置的属性内容，即要设置的调度策略形式。

在 pthread_attr_getschedpolicy()获取属性函数中，从 attr 参数中获取线程调度策略信息，将结果赋给 policy 指针所指向的内存空间中。

说明

关于线程相关属性的设置和获取，都有相应的函数进行操作，这里不做详细介绍。

视频讲解

7.5 进程的特殊操作

在前面几节中介绍了关于进程的基本操作，如创建新进程、进程的等待和终止进程等。除了这些基本的操作外，还有很多关于进程的特殊操作。通过这些特殊操作，可以了解进程的各种 ID，并对这些进程标识进行操作。在 Linux 系统中通过进程的 ID 来表示进程，类似于每个人的身份证号，每一个 ID 值代表一个唯一的进程。进程 ID 包括子进程 ID、父进程 ID、用户 ID、有效用户 ID、组 ID 和有效组 ID 等。接下来介绍这些进程标识的获取及设置。

7.5.1 获取进程标识

进程 ID 和父进程 ID 用 PID 来标识。在 Linux 系统中，init 进程是所有进程的父进程，其 PID 值为 1。

1. 获得进程 ID 和父进程 ID

在 Linux 系统中，可以通过在终端输入命令“ps”获取当前系统正在运行的进程的 ID 值，如图 7.17 所示。

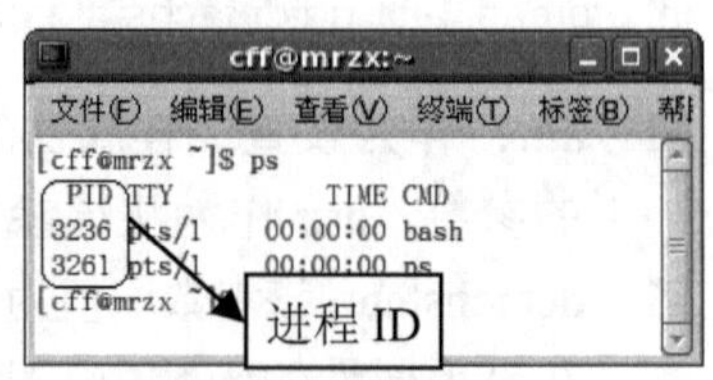

图 7.17 当前正在运行的进程 ID

如果在程序中想要获取进程 ID，可以调用 getpid()函数；如果要获取父进程 ID，则可以调用 getppid()函数。在终端中输入“man getpid”命令，就可以查看这两个函数的相关介绍。

技巧

有困难就找 man。在 Linux 系统中，当有函数或者命令不理解其功能与使用方法时，可以通过 man 命令名或者函数名查看相关介绍。

关于 getpid()和 getppid()函数在终端中的介绍如图 7.18 所示。

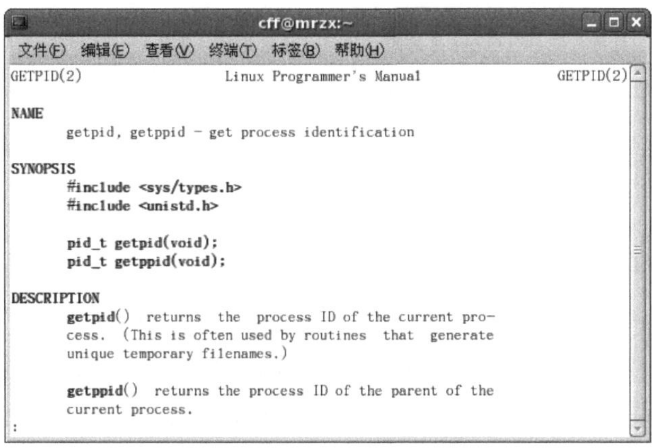

图 7.18　终端中 getpid()和 getppid()函数的相关信息

由图 7.18 可以得知，使用两个函数之前，需要引用两个头文件，例如：

```
#include<sys/types.h>
#include<unistd.h>
```

getpid()和 getppid()函数的原型分别为：

```
pid_t getpid(void);
pid_t getppid(void);
```

这两个函数调用成功时，会返回进程的 ID 值。

说明

pid_t 数据类型表示非负整数值。这两个函数没有调用失败的可能。

下面通过一个实例，讲解在程序中获取进程 ID 的方法。

【例 7.7】　在 Linux 系统中，演示 getpid()和 getppid()函数的使用方法。（**实例位置：资源包\TM\sl\7\7**）

程序的代码如下：

```
#include<stdio.h>
#include<sys/types.h>
#include<unistd.h>
int main(void)
{
    printf("进程 ID:%ld\n",(long)getpid());
    printf("父进程 ID:%ld\n",(long)getppid());
    return 0;
}
```

该程序的运行效果如图 7.19 所示。

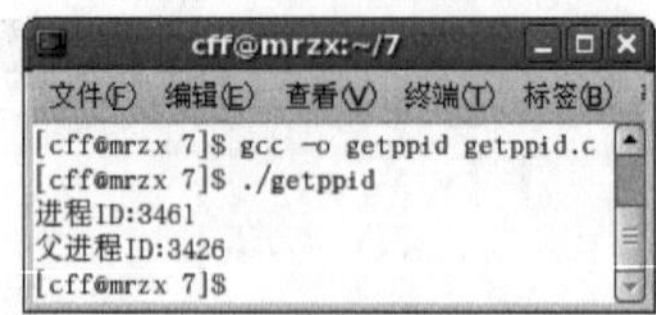

图 7.19　获取当前程序的进程 ID 和其父进程 ID

2. 获得用户 ID 和有效用户 ID

在 Linux 系统中，每一个用户都有其唯一的用户标识，即用户 ID（UID），在/etc/passwd 文件下可以获取到每一个用户 ID，如图 7.20 所示（下面用横线标记的值为用户的 ID）。

```
zx:x:500:500:lmxz,mr jilinchangchun,15844054794,15844054794:/home/zx:/bin/bash
oracle:x:501:501::/home/oracle:/bin/bash
cff:x:502:500:Unknown:/home/cff:/bin/bash
```

图 7.20　用户标识（UID）

用户 ID（UID）用于表示进程的创建者信息，有效用户 ID（EUID）用于表示创建进程的用户，在任意时刻对资源和文件都具有访问权限。通常情况下，UID 和 EUID 的值是相同的。

在程序中，可以调用 getuid()和 geteuid()函数获取用户标识，在使用这两个函数之前需要引用以下两个头文件：

```
#include<sys/types.h>
#include<unistd.h>
```

这两个函数的定义形式如下：

```
uid_t getuid(void);                /*获取当前进程的用户标识*/
uid_t geteuid(void);               /*获取当前进程的有效用户标识*/
```

在程序中调用这两个函数时，如果调用成功，就会返回标识值。

说明

这两个函数没有调用失败时，总是调用成功。

下面通过一个实例，掌握在程序中获取用户标识和有效用户标识的方法。

【例 7.8】　在 Linux 系统中，演示 getuid()函数和 geteuid()函数的使用方法。（**实例位置：资源包\TM\ sl\7\8**）

程序的代码如下：

```
#include<sys/types.h>
#include<stdio.h>
#include<unistd.h>
int main(void)
{
    printf("UID=%ld\n",(long)getuid());
    printf("EUID=%ld\n",(long)geteuid());
```

```
    return 0;
}
```

该程序的运行效果如图 7.21 所示。

说明

通过程序运行效果可以验证这两个函数此时获取的用户标识和有效用户标识是相同的，都为 502，与在/etc/passwd 文件中获取到的用户 ID 和有效用户 ID 是相同的。

3．获得组 ID 和有效组 ID

进程的组标识 GID 和有效组标识 EGID 代表创建进程的用户组的信息以及用户组对于进程的访问权限的信息。

在 Linux 系统中，可以使用 getgid()和 getegid()函数获取当前进程的组 ID 和有效组 ID，两个函数在终端中的描述如图 7.22 所示。

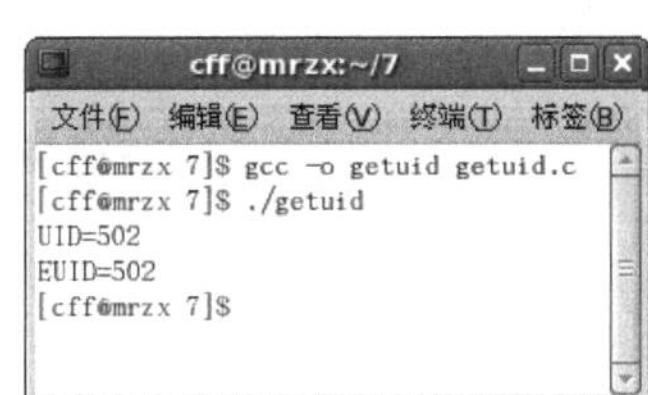

图 7.21　获取用户标识和有效用户标识

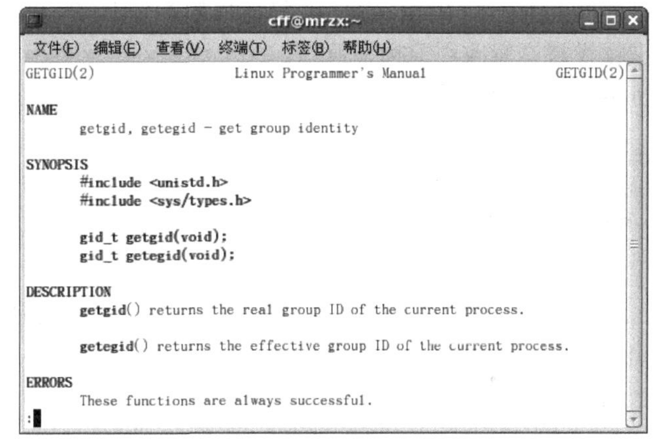

图 7.22　终端中 getgid()和 getegid()函数的描述

由图 7.22 可知，两个获取进程信息的函数的返回值为 gid_t 类型的数据，该类型与 pid_t 和 uid_t 类型相同，都代表一个非负整数。两个函数总是调用成功的，成功后返回当前进程的组信息和有效组信息。

下面通过一个实例，掌握 getgid()和 getegid()函数的使用方法。

【例 7.9】　在 Linux 系统中，使用 getgid()和 getegid()函数获取当前进程的组信息和有效组信息。（**实例位置：资源包\TM\sl\7\9**）

程序的代码如下：

```
#include<stdio.h>
#include<unistd.h>
#include<sys/types.h>
int main(void)
{
    printf("group ID=%d\n",(long)getgid());
```

```
    printf("effective group ID=%d\n",(long)getegid());
    return 0;
}
```

实例的运行效果如图 7.23 所示。

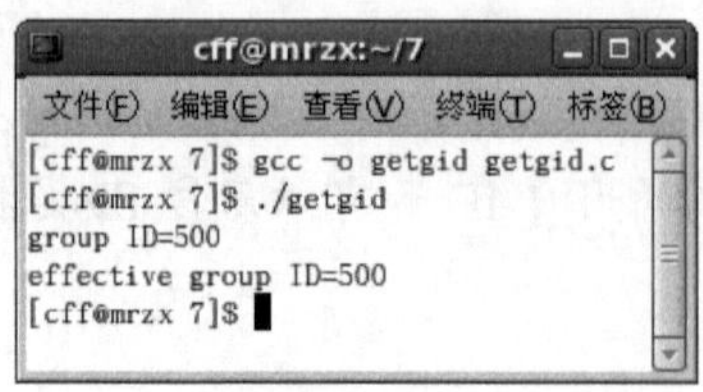

图 7.23　获取组信息和有效组信息

7.5.2　设置进程标识

通过前面的介绍，了解了获取当前进程的各种 ID 的方法。另外，对于用户 ID 和用户组 ID，还可以对其进行设置，修改用户标识值。

setuid()和 setgid()函数可以设置用户标识和设置用户组标识，这两个函数的原型为：

```
#include<sys/types.h>
#include<unistd.h>
int setuid(uid_t uid);
int setgid(gid_t gid);
```

setuid()函数用于修改当前进程用户标识，参数 uid 为设置的新的用户标识，setuid()函数若调用成功则返回值为 0，否则返回-1。

通常情况下，在 Linux 系统中会有两个使用权限，一个是普通用户，另一个是系统管理员（root，根用户）。如果传递的参数是普通用户的用户标识，会成功将参数 uid 的值赋给进程 UID；若是使用管理员的 UID 作为参数，为了确保系统的安全性，需要多加注意，该函数会检查调用的有效用户 ID，如果确认是管理员 UID，那么所有与用户进程有关的 ID 都会被设置为参数 uid 值。setuid()函数相关进程执行完后，就又会恢复管理员的权限。

setgid()函数用于设置当前进程的有效用户组标识。如果调用该函数的用户是系统管理员，那么真实用户组 ID 和已保存用户组 ID 也会同时被设置。但是，该函数在修改发出调用进程的 ID 时，并不会检查用户的真实身份。若函数调用成功，则返回 0；否则返回-1。

下面通过一个实例，了解这两个函数的使用方法。

【例 7.10】 在 Linux 系统中，使用 setuid()和 setgid()函数设置发出调用进程的用户标识和用户组标识。（**实例位置：资源包\TM\sl\7\10**）

程序的代码如下：

```
#include<stdio.h>
#include<sys/types.h>
#include<unistd.h>
int main(void)
```

```
{
int flag1,flag2;
flag1=setuid(0);
flag2=setgid(500);
printf("flag1=%d\n,flag2=%d\n",flag1,flag2);
return 0;
}
```

实例的运行效果如图 7.24 所示。

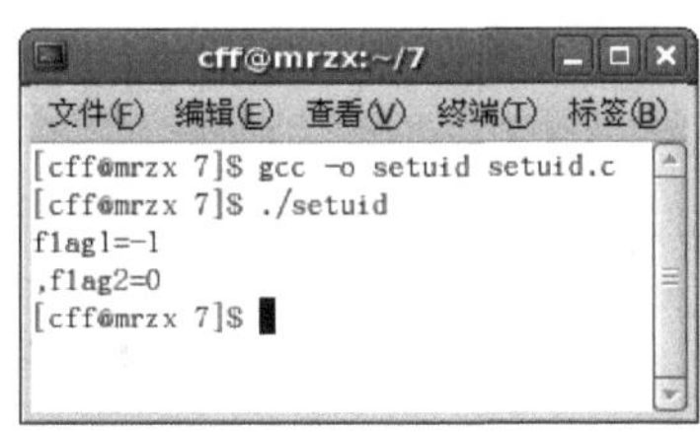

图 7.24　设置用户标识和用户组标识

在上述代码中设置用户 ID 时，将参数 uid 值设为 0，即根用户的标识，为了系统的安全起见，调用该函数设置用户标识为 0 失败，因此返回值为-1；而用户组标识设置为 500，函数调用成功返回 0。

7.6　小　　结

本章详细讲解了进程的概念和属性，并对进程的基本操作进行了举例说明，理论结合实际对进程的各种操作进行了演示，同时，还对多个进程间的相关概念进行了说明。线程作为进程内部的一个小单位，也对其进行了介绍。在前面几节中了解了进程的基本操作，为了拓展对进程的认识，在 7.5 节中又对进程的几个特殊操作进行了理论结合实例的讲解。

通过本章的学习，希望读者对进程控制有一个更加全面深刻的认识。同时，希望读者对于 Linux 系统的帮助命令 man 的使用能够更加灵活，使得学习 Linux C 编程不再困难。

7.7　实践与练习

1．在 Linux 系统下创建一个新进程，在子进程中实现输出“hello world”字符串，在父进程中实现输出“welcome to mrsoft！”字符串。（**答案位置：资源包\TM\sl\7\11**）

2．在 Linux 系统下使用 execl()函数代替一个 hello.c 文件，在 hello.c 文件中实现从 1 到 100 的累加计算。（**答案位置：资源包\TM\sl\7\12**）

第 8 章

进程间通信

（视频讲解：41 分钟）

Linux 系统是一个支持多个进程同时运行的操作系统。然而，每个进程都运行在各自的用户地址空间中，都是相互独立的。但是，进程又需要通过内核与其他进程间相互通信来协调实现它们的行为，如数据间的传送、通知事件或者进程控制等行为，都需要进程间的相互通信来协调。本章将详细讲解进程间通信的概念，以及如何实现进程间通信。

通过阅读本章，您可以：

- 了解进程间通信的含义
- 掌握管道通信的方式
- 掌握共享内存和信号量的通信方式
- 掌握消息队列的通信方式
- 掌握实现进程通信的几种通信方式

8.1　进程间通信概述

进程间通信（Inter-Process Communication，IPC）是指在两个或者多个不同的进程间传递或者交换信息，通过信息的传递建立几个进程间的联系，协调一个系统中的多个进程之间的行为。

8.1.1　进程间通信的工作原理

进程与进程之间是相互独立的，各自运行在自己的虚拟内存中。要想在进程与进程之间建立联系，需要通过内核，在内核中开辟一块缓冲区，两个进程的信息在缓冲区中进行交换或者传递。进程间通信的工作原理如图 8.1 所示。

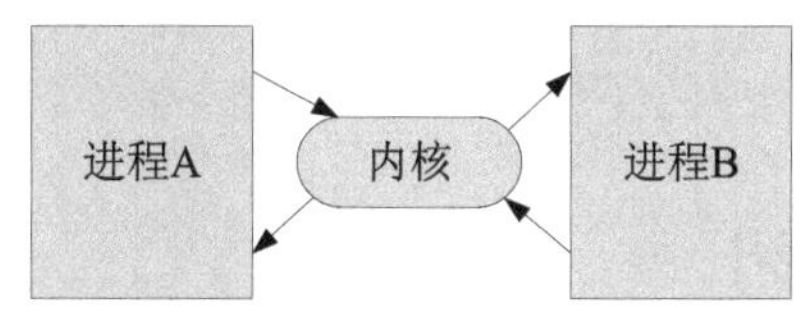

图 8.1　进程间通信的工作原理

进程间通信的工作原理是：进程 A 中的数据写入到内核中，进程 B 中的数据也写入到内核中，两者在内核中进行交换。交换过后，进程 A 读取内核中的数据，进程 B 也读取内核中的数据，这样两个进程间交换数据的通信就完成了。两个进程通过内核建立了联系，那么交换数据、传递数据、发送事件等行为就都可以实现了。

8.1.2　进程间通信的主要分类

在 Linux 系统中，常见的进程间通信主要包括管道通信、共享内存通信、信号量通信、消息队列通信、套接口（SOCKET）通信和全双工管道通信。

Linux 系统除了支持信号和管道外，还支持 SYSV（System V）子系统中的进程间通信机制。在 SYSV 的 IPC 机制中，包括共享内存、信号量和消息队列通信。

8.2　管道与命名管道

管道与命名管道是最基本的 IPC 机制之一，管道主要用于父子或者兄弟进程间的数据读写，命名管道则可以在无关联的进程间进行沟通传递数据。本节主要讲解管道通信和命名管道通信这两种通信方式的工作原理，以及两种通信方式的实际应用情况。

8.2.1 管道基本定义

所谓管道，就像生活中的煤气管道、下水管道等传输气体和液体的工具，在进程通信意义上的管道就是传输信息或数据的工具。以下水管道为例，当从管道一端输送水流到另一端时，只有一个传输方向，不可能同时出现两个传输方向。在 Linux 系统中的进程间通信，管道这个概念也是如此，某一时刻只能单一方向传递数据，不能双向传递数据，这种工作模式就叫作半双工模式。半双工工作模式的管道通信只能从一端写数据，从另一端读取数据。

说明

全双工的工作模式是指管道一端发送数据的同时还可以接收数据，而接收数据的一端也可以读取数据。在某些版本的 UNIX 系统中，管道是支持全双工工作模式的。但是本书介绍的 Linux 系统中，管道只支持半双工工作模式。

8.2.2 管道创建和管道关闭

管道由 Linux 系统提供的 pipe()函数创建，该函数的原型为：

```
#include<unistd.h>
int pipe(int filedes[2]);
```

pipe()函数用于在内核中创建一个管道，该管道一端用于读取管道中的数据，另一端用于将数据写入到管道中。在创建一个管道之后，会获得一对文件描述符，用于读取和写入，然后将参数数组 filedes 中的两个值传递给获取到的两个文件描述符，filedes[0]指向管道的读端，filedes[1]指向管道的写端。

pipe()函数调用成功，返回值为 0；否则返回-1，并且设置了适当的错误返回信息，返回信息如下。

☑ EFAULT：参数 filedes 非法。

☑ EMFILE：进程中使用了过多的文件描述。

☑ ENFILE：打开的文件达到了系统允许的最大值。

pipe()函数只是创建了管道，要想从管道中读取数据或者向管道中写入数据，需要使用 read()和 write()函数来完成。当管道通信结束后，需要使用 close()函数关闭管道的两端，即读端和写端。

说明

read()和 write()函数的相关讲解，请参照第 10 章中关于这两个函数的介绍。

8.2.3 pipe()函数实现管道通信

调用 pipe()函数实现创建两个进程间的管道通信，pipe()函数只允许两个有联系的进程进行通信，

如父子进程或者兄弟进程。因此，首先需要使用 fork()函数创建一个或者两个新的进程，然后进行父子或兄弟进程之间数据的传递。

在前面介绍管道时，已经提到在 Linux 系统中管道是半双工模式的通信，即使用管道通信只能进行单向传递。也就是管道总共有两端，一端只能用于写入数据，其文件描述符为 filedes[1]；另一端则只能用于读取数据，其文件描述符为 filedes[0]。

下面通过一个实例讲解管道的单向通信是如何实现的。

【例 8.1】　在 Linux 系统中，调用 pipe()函数创建一个管道，实现管道的单向通信。（**实例位置：资源包\TM\sl\8\1**）

（1）在父进程中调用 pipe()函数创建一个管道，产生一个文件描述符 filedes[0]指向管道的读端和另一个文件描述符 filedes[1]指向管道的写端。

（2）在父进程中调用一个 fork()函数创建一个一模一样的新进程，也就是所谓的子进程。父进程的文件描述符一个指向管道的读端，另一个指向管道的写端。同样，子进程也是如此。

（3）在父进程中关闭指向管道写端的文件描述符 filedes[1]，在子进程中关闭指向管道读端的文件描述符 filedes[0]。此时，就可以将父进程中的某个数据写入管道，然后在子进程中，将此数据读取出来。

这样一个简单的单向通信就实现了。

上述实现单向通信的过程如图 8.2 所示。

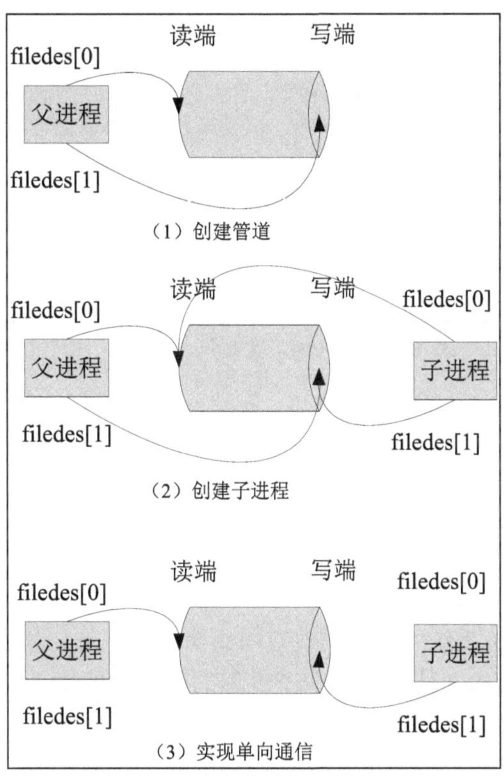

图 8.2　单向通信的实现过程

了解了单向通信的实现过程后，就可以轻松地使用代码实现此功能，程序的代码如下：

```
#include<unistd.h>
#include<stdio.h>
#include<string.h>
#define MAXSIZE 100
int main(void)
{
	int fd[2],pid,line;
	char message[MAXSIZE];
	/*创建管道*/
	if(pipe(fd)==-1)
	{
		perror("create pipe failed!");
		return 1;
	}
	/*创建新进程*/
	else if((pid=fork())<0)
	{
		perror("not create a new process!");
		return 1;
	}
	/*子进程*/
	else if(pid==0)
	{
		close(fd[0]);
		printf("child process send message!\n");
		write(fd[1],"Welcome to mrsoft!",19);		/*向文件中写入数据*/
	}
	else
	{
		close(fd[1]);
		printf("parent process receive message is:\n ");
		line=read(fd[0],message,MAXSIZE);		/*读取消息，返回消息长度*/
		write(STDOUT_FILENO,message,line);	/*将消息写入终端*/
		printf("\n");
		wait(NULL);
		_exit(0);
	}
	return 0;
}
```

该实例的运行效果如图 8.3 所示。

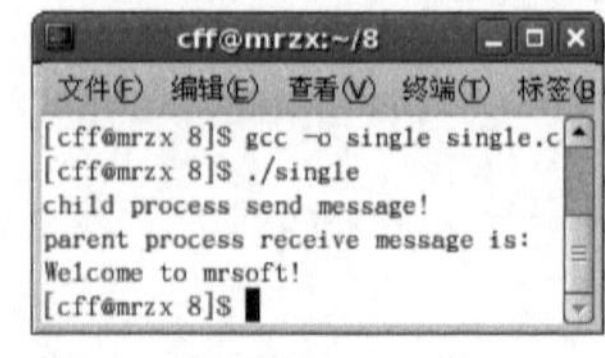

图 8.3　实现管道的单向通信

前面已经提到过，在 Linux 系统中无法实现双向通信。如果在上述实例中不关闭父进程的写入端的文件描述符和子进程的读取端的文件描述符，就有可能导致读取数据时无法获得结束位置。

要想在 Linux 中使用管道实现双向通信，可以调用 pipe()函数创建两个管道，一个管道用于从父进程写入，从子进程读取；另一个管道用于从子进程中写入，从父进程中读取数据。

8.2.4　命名管道基本定义

在前面介绍的使用管道进行进程间通信的方法受到很多限制。限制之一就是两个进程进行通信必须是两个相关联的进程，如父子进程或者兄弟进程等。那么，没有关系的进程之间也需要进行通信时该如何解决呢？

命名管道解决了这个问题。命名管道，通常被称之为 FIFO（first-in, first-out）。由 FIFO 可以知道，命名管道遵循先进先出的原则。它作为特殊的设备文件存在于文件系统中，因此，在进程中可以使用 open()和 close()函数打开和关闭命名管道。

命名管道与管道类似，两者的区别在于命名管道提供了一个路径名，该路径名以特殊的设备文件的形式存放在文件系统中。因此两个进程间可以通过访问该路径来建立联系，进行两个进程间的数据交换。但管道与命名管道都遵循先进先出的原则，也就是指最先写入的数据添加在结尾位置，读取数据时，从开始处返回数据。

创建一个命名管道有两种方法，一种是通过函数创建命名管道，另一种是在终端中输入命令创建命名管道。接下来对这两种方法的应用进行讲解。

8.2.5　在 Shell 中创建命名管道

在 Shell 中输入“mknod”和“mkfifo”命令可以创建一个命名管道。在终端中输入“mknod --help”，可以查看这个命令的用法等信息，如图 8.4 所示。

通过图 8.4 可知，使用 mknod 创建一个命名管道文件，可以使用命令“mknod 路径名称 p”，参数 p 是指创建一个命名管道文件，如图 8.5 所示。

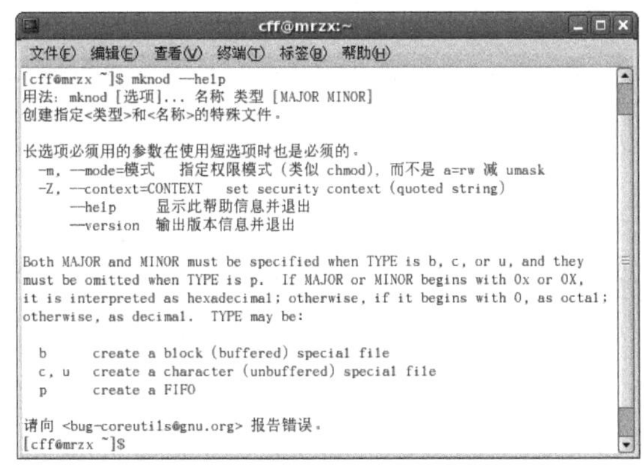

图 8.4　mknod 命令的详细信息

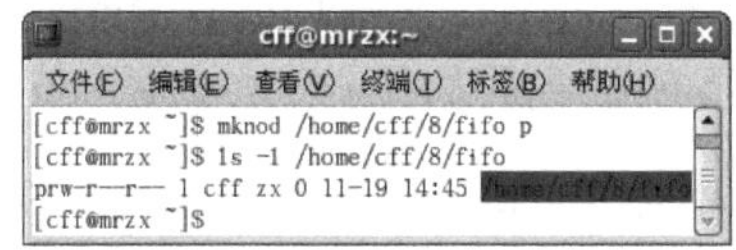

图 8.5　创建名为 fifo 的命名管道文件

在 Linux 系统中，还有一个 mkfifo 命令，也可以创建一个命名管道文件，该命令在终端中的详细介绍如图 8.6 所示。

图 8.6 中讲解了 mkfifo 命令的使用方法，可以发现这个命令比 mknod 命令更简单，直接写出创建命名管道文件的路径名即可，无须指定设置的设备文件类型。在终端中的使用方法如图 8.7 所示。

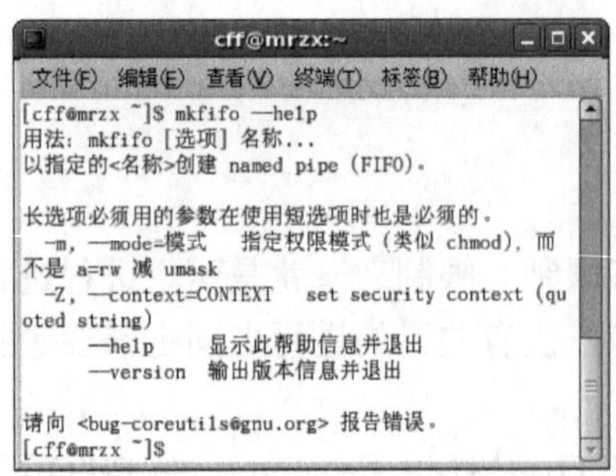

图 8.6　mkfifo 命令的详细介绍

图 8.7　创建名为 fifo1 的命名管道文件

8.2.6　mkfifo()函数创建命名管道

在程序中可以调用 mkfifo()函数创建一个命名管道文件，该函数的原型为：

```
#include<sys/types.h>
#include<sys/stat.h>
int mkfifo(const char* pathname,mode_t mode);
```

该函数的参数 pathname 是一个文件的路径名，是创建的一个命名管道的文件名；参数 mode 是指文件的权限，文件的权限值取决于（mode&~umask）值。

使用 mkfifo()函数创建的命名管道文件与前面介绍的管道通信相似，只是它们的创建方式不同。访问命名管道文件与访问文件系统中的其他文件一样，都是需要首先打开文件，然后对文件进行读写数据。如果在命名管道文件中读取数据时，并没有其他进程向命名管道文件中写入数据，则会出现进程阻塞状态；如果在写入数据的同时，没有进程从命名管道中读取数据，也会出现进程阻塞状态。

注意

在向命名管道文件中进行读写操作前，需要先使用 open()函数打开此文件。关于 open()函数的使用请通过查阅 man 命令进行了解。

下面通过一个实例，演示如何应用命名管道实现进程间的通信。

【例 8.2】　在 Linux 系统中，使用 mkfifo()函数创建命名管道，并最终实现在命名管道中传递数据。（**实例位置：资源包\TM\sl\8\2**）

程序的代码如下：

```
#include<stdio.h>
#include<sys/types.h>
#include<sys/stat.h>
#include<fcntl.h>
#include<stdlib.h>
#define FIFO "/home/cff/8/fifo4"                /*宏定义一个命名管道文件名称*/
int main(void)
{
```

```
int fd;
int pid;
char r_msg[BUFSIZ];
if((pid=mkfifo(FIFO,0777))==-1)              /*创建命名管道*/
{
perror("create fifo channel failed!");
return 1;
}
else
printf("create success!\n");
fd=open(FIFO,O_RDWR);                        /*打开命名管道*/
if(fd==-1)
{
perror("cannot open the FIFO");
return 1;
}
if(write(fd,"hello world",12)==-1)           /*写入消息*/
{
perror("write data error!");
return 1;
}
else
printf("write data success!\n");
if(read(fd,r_msg,BUFSIZ)==-1)                /*读取消息*/
{
perror("read error!");
return 1;
}
else
printf("the receive data is %s!\n",r_msg);
close(fd);                                   /*关闭文件*/
return 0;
}
```

通过以上代码，可以了解使用 mkfifo()函数创建命名管道并进行数据传递的过程，具体如下：

（1）使用 mkfifo()函数创建一个命名管道，命名管道文件的路径名称是“/home/cff/8/fifo4”。

（2）调用 open()函数打开该命名管道文件，以读写的方式打开。

（3）调用 write()函数向文件中写入信息“hello world”，同时调用 read()函数读取出该文件，输出到终端。

（4）调用 close()函数关闭打开的命名管道文件。

该实例的运行效果如图 8.8 所示。

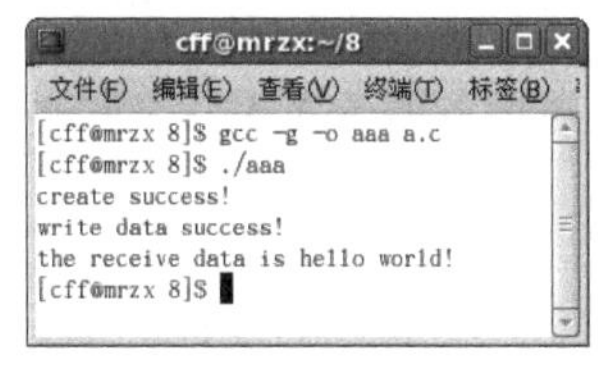

图 8.8　使用命名管道实现进程通信

注意

在使用 open()函数打开文件后，数据的读与写要同步，否则会出现进程阻塞，导致程序无法继续运行。

8.3 共享内存

共享内存，顾名思义就是多个进程共享一块内存区域，在这一块内存区域上进行进程间的通信。共享内存更加快速、更加方便，但效率提高的同时，也带来了不便。当多个进程使用共享内存进行通信时，由于同时读写了一块共享内存，内存中的数据就会产生混乱，所以同步这个问题就需要特别注意。

接下来要学习的共享内存、信号量和消息队列等 3 种 IPC 机制，同属于 SYSV 子系统中。因此，在讲解共享内存之前，首先需要了解 SYSV 子系统的相关知识。

8.3.1 SYSV 子系统的基本知识

在 Linux 系统中，除了支持管道和命名管道通信外，还支持 AT&T 发行的 SYSV 版本的 3 种新的 IPC 机制，即共享内存、消息队列和信号量。

前面讲过的管道和命名管道都是基于文件系统的通信方式，而 SYSV 子系统中的进程间通信是基于系统内核的。共享内存、信号量和消息队列通常被称为 IPC 对象。活动在内核中的 IPC 对象都有一个与之相对应的唯一标识，共享内存、信号量和消息队列都有自己的唯一标识符，通过此标识符可以引用和访问 IPC 对象。

1. IPC 标识符

在 Linux 系统中，标识符是一个整数，每一个 IPC 对象的标识符在系统内部都是唯一的。在系统内部，通过传递 IPC 对象的标识符可以访问该对象。

2. IPC 键

键是一个 IPC 对象的外部标识，由程序员自己拟定，它主要用于多个进程都访问一个特定的 IPC 对象的情况。

在创建一个 IPC 对象时，需要指定一个键值。如果该 IPC 键是公用的，那么系统中所有进程通过权限检查后都可以访问到相应的 IPC 对象；如果该键是私有的，那么键值通常定义为 0。该键值的类型为系统定义的 key_t 类型。

3. IPC 对象属性

创建一个 IPC 对象时，除了有标识该对象的唯一标识符和外部键（key）之外，还有这个对象的一些属性，如该对象的所有者或者访问权限等信息，这些属性都定义在 ipc_perm 结构体中。ipc_perm 结构体的定义如下：

```
struct ipc_perm
{
    uid_t uid;                    /*拥有者的有效用户 ID*/
```

```
    gid_t gid;                  /*拥有者的有效组 ID*/
    uid_t cuid;                 /*创建者的有效用户 ID*/
    gid_t cgid;                 /*创建者的有效组 ID*/
    mode_t mode;                /*访问权限*/
};
```

技巧

若想了解更多的 ipc_perm 结构体定义信息，请查看<sys/ipc.h>文件。在 shell 中输入命令“man ipc.h”，即可查看此头文件，在此头文件中定义了关于 ipc_perm 结构体的信息。

4. IPC 命令

由于 IPC 对象是基于系统内核的，因此可以在终端通过命令查看和删除一些 IPC 对象的信息。

☑ ipcs 命令

ipcs 命令用于查看 IPC 对象的信息，包括共享内存、消息队列和信号量 3 种信息。若不带任何参数输入该命令，则显示出上述 3 种信息；若带有参数 q，则显示消息队列信息；若带有参数 s，则显示信号量信息；若带有参数 m，则显示共享内存的信息。如图 8.9 所示显示了共享内存的信息。

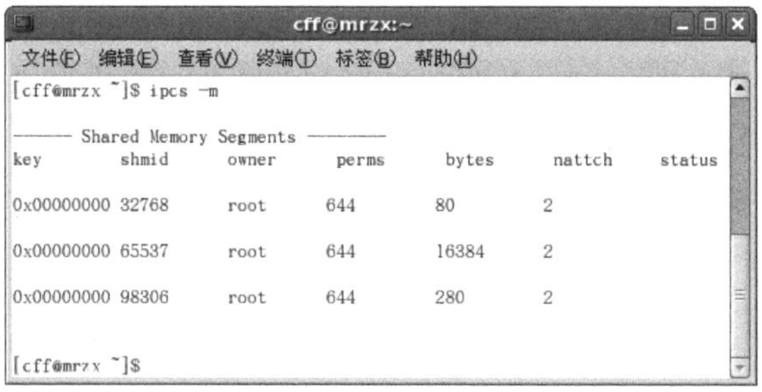

```
cff@mrzx:~
文件(F) 编辑(E) 查看(V) 终端(T) 标签(B) 帮助(H)
[cff@mrzx ~]$ ipcs -m

------ Shared Memory Segments --------
key        shmid      owner     perms     bytes     nattch    status

0x00000000 32768      root      644       80        2

0x00000000 65537      root      644       16384     2

0x00000000 98306      root      644       280       2

[cff@mrzx ~]$
```

图 8.9 查看共享内存信息

☑ ipcrm 命令

ipcrm 命令用于删除指定的 IPC 信息，该命令的使用方法如下：

```
ipcrm –m shmid          /*删除值为 shmid 的共享内存信息*/
ipcrm –q msqid          /*删除值为 msqid 的消息队列信息*/
ipcrm –s semid          /*删除值为 semid 的信号量信息*/
ipcrm –M shmkey         /*删除键值为 shmkey 的共享内存信息*/
ipcrm –Q mskey          /*删除键值为 mskey 的消息队列信息*/
ipcrm –S semkey         /*删除键值为 semkey 的信号量信息*/
```

根据 ipcs 命令中显示出的信息，使用该命令删除指定的信息。

8.3.2 共享内存相关操作

共享内存就是通过两个或者多个进程共享同一块内存区域来实现进程间的通信。存放在共享内存中的数据是任何进程都可以对其进行读取的。多个进程可以直接对共享内存中的数据进行操作，因此应用共享内存所实现的进程间通信是最快速的，但是多个进程同时读写某一块共享内存时，会造成共享内存中数据的混乱。

说明

在使用共享内存进行通信时，要注意进程间的同步，控制同步的问题需要使用信号量（在 8.4 节中将会介绍）。

每一个共享内存的对象都有其指定的定义类型，该结构体类型为 shmid-ds，定义形式如下：

```
struct shmid-ds
{
struct ipc_perm shm_perm;       /*共享内存的 ipc_perm 结构对象*/
int shm_segsz;                  /*共享内存区域字节大小*/
ushort shm_lkcnt;               /*共享内存区域被锁定的时间数*/
pid_t shm_cpid;                 /*创建该共享内存的进程 ID*/
pid_t shm_lpid;                 /*最近一次调用 shmop()函数的进程 ID*/
ulong shm_nattch;               /*使用该共享内存的进程数*/
time_t shm_atime;               /*最近一次附加操作的时间*/
time_t shm_dtime;               /*最近一次分离操作的时间*/
time_t shm_ctime;               /*最近一次改变的时间*/
};
```

该结构体类型中主要定义了共享内存的各个属性。

下面通过几个共享内存的操作函数，熟悉如何使用共享内存实现进程间的通信。

1．shmget()函数

在使用共享内存实现进程间通信时，需要首先调用 shmget()函数创建一块共享内存区域，如果已经存在一块共享内存区域，那么，该函数可以打开这个已经存在的共享内存。

该函数的定义形式如下：

```
#include<sys/ipc.h>
#include<sys/shm.h>
Int shmget(key_t key,size_t size,int shmflg);
```

☑ key：共享内存的键值。

☑ size：表示新创建的共享内存区域的大小，以字节表示。

☑ shmflg：用于设置共享内存的访问权限，也表示调用函数的操作类型。

shmget()函数的功能随着 3 个参数的不同搭配可起到不同的作用，例如：

☑ 当 key 取值为 IPC_PRIVATE 或不取值，并且系统内核中没有与参数 key 表示的键值相对应的共享内存区域存在，shmflg 会取 IPC_CREAT 值，创建一个新的共享内存区域，参数 size 设置该共享内存区域的大小。

☑ 如果 key 值不为 IPC_PRIVATE，shmflg 参数设置为 IPC_CREAT，并且已经存在一个与 key 值相对应的共享内存区域，那么该函数会打开这个 key 值指定的区域。

☑ 如果内核中存在与 key 值相关的内存区域，并且 shmflg 参数取值为 IPC_CREAT 或 IPC_EXCL，

那么该函数就会调用失败。

该函数如果调用成功，返回值是与参数 key 相关的共享内存区域的标识符；如果调用失败，则返回值为-1。

2．shmat()函数

shmat()函数的功能是将共享内存区域附加到指定进程的地址空间中，该函数的定义形式如下：

```
#include<sys/types.h>
#include<sys/shm.h>
void *shmat(int shmid,const void *shmaddr,int shmflg);
```

☑ shmid：共享内存的标识符。

☑ shmaddr：指定进程的内存地址。

☑ shmflg：表示该函数的操作方式。

如果 shmat()函数调用成功，则返回指向该共享内存区域的指针；如果调用失败，则返回值为-1。

shmat()函数的 3 个参数之间遵循如下约定：

☑ 参数 shmaddr 为 NULL，系统会自动选择一个合适的内存地址，将共享内存区域附加到此地址上。

☑ 参数 shmaddr 不为 NULL，并且 shmflg 参数指定了 SHM_RND 值时，函数会将共享内存区域附加到（shmaddr-（add mod SHMLBA））计算所得的地址中。

注意

SHM_RND 表示取整，SHMLBA 表示低边界地址的整数倍。

技巧

有关 shmat()函数的详细介绍请参照 Linux 系统中的程序员参考指南（在终端中输入命令“man shmat”即可）。

3．shmdt()函数

shmdt()函数的功能是当某一进程不再使用该内存区域时，将使用 shmat()函数附加的共享内存区域从该进程的地址空间中分离出来，该函数的定义形式如下：

```
#include<sys/types.h>
#include<sys/shm.h>
int shmdt(const void *shmaddr);
```

该函数调用成功时，返回值为 0；如果调用失败，则返回值为-1。

参数 shmaddr 为调用 shmat()函数附加成功时返回的地址指针。该函数主要实现从 shmaddr 指针所指的地址空间中分离出此共享内存区域，此共享内存区域仍然存在。

4．shmctl()函数

shmctl()函数主要实现了对共享内存区域的多种控制操作，该函数的定义形式如下：

```
#include<sys/ipc.h>
#include<sys/shm.h>
Int shmctl(int shmid,int cmd,struct shmid_ds *buf);
```

shmctl()函数主要通过 cmd 参数设置的控制信息对参数 shmid 提供的标识符指定的共享内存区域进行控制。

参数 buf 是一个指向 shmid_ds 结构体类型的指针。

在 Linux 系统中，参数 cmd 有如下 8 种控制信息。

☑ IPC_STAT：在内核中，将与标识符 shmid 相关的共享内存的数据复制到 buf 指向的共享内存区域中。

☑ IPC_SET：根据参数 buf 指向的 shmid_ds 结构中的值设置 shmid 标识符所指的共享内存的相关属性。

☑ IPC_RMID：删除 shmid 标识符所指的共享内存区域。

说明

该参数值要求必须确保共享内存被最终删除，否则共享内存所占用的空间将不能被释放。

☑ IPC_INFO：该值为 Linux 系统中特有的参数值，用于获取关于系统共享内存限制和 buf 指向的相关参数的信息。

☑ SHM_INFO：该值为 Linux 系统中特有的参数值，用于获取一个 shm_info 结构共享内存消耗的系统资源信息。

☑ SHM_STAT：该值为 Linux 系统中特有的参数值，功能与 IPC_STAT 相同，但是参数 shmid 在这里不代表共享内存的标识符，而是一个内核中维持所有共享内存区域信息的数组的索引值。

☑ SHM_LOCK：该值为 Linux 系统中特有的参数值，用于阻止共享内存区域的交换。

☑ SHM_UNLOCK：该值为 Linux 系统中特有的参数值，用于解锁共享内存区域。

8.3.3　共享内存实现进程间通信

掌握了上述共享内存相关函数后，下面通过对这些函数的应用来了解如何使用共享内存实现进程间的通信。

【例 8.3】　在 Linux 系统中，使用 shmget()函数创建一个共享内存区域，在这个共享内存区域中写入字符串“welcome to mrsoft!”，然后在父子进程中分别读取共享内存中的数据，进而实现进程间的数据交换操作。（**实例位置：资源包\TM\sl\8\3**）

程序的代码如下：

```
#include<stdio.h>
#include<string.h>
#include<unistd.h>
#include<sys/types.h>
#include<sys/ipc.h>
#include<sys/shm.h>
int main()
{
	int shmid;
	int proj_id;
	key_t key;
	int size;
	char *addr;
	pid_t pid;
	key=IPC_PRIVATE;
	shmid=shmget(key,1024,IPC_CREAT|0660);			/*创建共享内存*/
	if(shmid==-1)
	{
		perror("create share memory failed!");
		return 1;
	}
	addr=(char *)shmat(shmid,NULL,0);
	if(addr==(char *)(-1))
	{
		perror("cannot attach!");
		return 1;
	}
	printf("share memory segment's address:%x\n",addr);
	strcpy(addr,"welcome to mrsoft!");
	pid=fork();
	if(pid==-1)
	{
		perror("error!!!!");
		return 1;
	}
	else if(pid==0)
	{
		printf("child process string is' %s'\n",addr);
		_exit(0);
	}
	else
	{
		wait(NULL);
		printf("parent process string is '%s'\n",addr);
		if(shmdt(addr)==-1)
		{
			perror("release failed!");
			return 1;
		}
```

```
		if(shmctl(shmid,IPC_RMID,NULL)==-1)
		{
			perror("failed!");
			return 1;
		}
	}
	return 0;
}
```

本例的运行效果如图 8.10 所示。

图 8.10　共享内存实现进程间通信

8.4　信　号　量

在使用共享内存实现进程间通信时，多个进程在同一块共享内存区域中进行读写，会导致数据的取值无法预测。例如，同一时刻，多个进程同时修改了同一个数据。信号量的引入可以解决这一问题。信号量是一种可以对多个进程访问共享资源进行有效控制的机制，它相当于一个整数计数器，统计了可供访问的共享资源的单元个数。本节将对信号量进行详细讲解。

8.4.1　信号量的工作原理

信号量的工作原理是：当有一个进程要求使用某一共享内存中的资源时，系统会首先判断该资源的信号量，也就是统计可以访问该资源的单元个数。如果系统判断出该资源信号量值大于 0，进程就可以使用该资源，并且信号量要减 1，当不再使用该资源时，信号量再加 1，方便其他用户使用时，系统对其进行准确的判断。如果该资源的信号量等于 0，进程会进入休眠状态，等候该资源有人使用结束，信号量大于 0，这样进程就会被唤醒，对该资源进行访问。

在一个进程间通信机制中，信号量由多个信号组成，进程通过一个信号集实现同步，因此通常将信号量称为信号量集。一个信号量集有与其相对应的结构，用于定义信号量集的对象，这个结构存储了信号量集的各种属性，其定义形式如下：

```
struct semid_ds
{
struct ipc_perm *sem_perm;		/*ipc_perm 结构指针*/
struct sem *sem_base;			/*sem 结构指针*/
```

```
ushort sem_nsems;                    /*信号量个数*/
time_t sem_otime;                    /*最近一次调用 semop()函数的时间*/
time_t sem_ctime;                    /*最近一次改变该信号量*/
};
```

sem 结构体类型中定义了信号量的一些信息，其定义内容如下：

```
struct sem
{
ushort semval;                       /*信号量值*/
pid_t sempid;                        /*最近一次访问资源的进程 ID*/
ushort semncnt;                      /*等待可用资源出现的进程数*/
ushort semzcnt;                      /*等待全部资源可被独占的进程数*/
};
```

8.4.2　信号量的相关操作

由前面介绍的关于信号量的工作原理和信号量的一些属性信息可以知道，信号量并不能实现多个进程间的数据交换，只是起到了一个时间锁的功能。通过系统对信号量的检测，在通信过程中，了解该资源是否可以利用。下面就对信号量的相关调用函数进行简单介绍。

1．创建信号量函数 semget()

在使用信号量控制进程间同步时，需要首先创建一个信号量集，semget()函数实现了创建一个新的信号量集操作和打开一个已经存在的信号量集的操作，该函数的定义形式如下：

```
#include<sys/types.h>
#include<sys/ipc.h>
#include<sys/sem.h>
int semget(key_t key,int nsems,int semflg);
```

参数说明：

☑ key：表示所创建的信号量集的键值。

☑ nsems：表示信号量集中信号量的个数。当 semget()函数实现的作用是创建一个新的信号量集时，该参数才有效。

☑ semflg：用于设置信号量集的访问权限，也可以表示该函数的操作类型。

如果该函数调用成功，返回值为与参数 key 相关联的标识符；如果调用失败，则返回值为-1。

说明

创建信号量集的 semget()函数中参数所遵循的原则与创建共享内存的 shmget()函数类似。

2．信号量集操作函数 semop()

semop()函数实现的功能是对信号量集中的信号量进行操作。具体的操作内容与该函数的参数的设定有关，该函数的定义形式如下：

```
#include<sys/types.h>
```

```
#include<sys/ipc.h>
#include<sys/sem.h>
int semop(int semid,struct sembuf*sops,unsigned nsops);
```

参数说明：

☑ semid：表示要进行操作的信号量集的标识符。

☑ sops：为 sembuf 结构体指针变量，semop()函数通过此参数指定对单个信号量的操作行为。

☑ nsops：代表要操作的信号量。

参数 sops 的数据类型为 sembuf 结构体，此结构体中定义的主要元素包括如下几个：

```
unsigned short sem_num;                    /*信号量值*/
short sem_op;                              /*信号的操作*/
short sem_flg;                             /*操作标识*/
```

sem_op 变量值根据其取值的范围确定执行的操作行为，该值若大于 0，则需要释放掉资源；若小于 0，则要获取共享资源；若为 0，则表示资源都已经处于使用状态。

sem_flg 变量值作为操作的标识，与此函数相关的标识有 IPC_NOWAIT 和 SET_UNDO。

3．信号量集的控制函数 semctl()

对信号量集的控制主要通过 semctl()函数实现。例如，通常在使用信号量集时，都要对信号量集中的元素进行初始化，semctl()控制函数就可以实现此功能。该函数的原型为：

```
#include<sys/types.h>
#include<sys/ipc.h>
#include<sys/sem.h>
Int semctl(int semid,int semnum,int cmd,…);
```

semctl()函数的参数 semid 表示要修改的信号量集的标识；参数 semnum 表示需要修改的信号量集中的信号量个数；参数 cmd 表示该函数的控制类型。该函数在参数中使用了省略号，表示参数个数未固定，该函数可能有 3 个或者 4 个参数，参数的个数取决于参数 cmd 的控制类型取值，第 4 个参数为 arg，用于读取或存储函数返回的结果，该参数是 semun 的共用体类型，此共用体的定义形式如下：

```
union semun
{
int val;
struct semid_ds *buf;
unsigned short *array;
struct seminfo *__buf;
};
```

semctl()函数如果调用成功，返回值为 0；如果调用失败，则返回值为-1；如果参数 cmd 的取值为以下几种形式，则返回值为指定的信息。cmd 的取值形式如下。

☑ GETNCNT：返回值为 semncnt 的取值。

☑ GETPID：返回值为 sempid 的取值。

☑ GETVAL：返回值为 semval 的取值。

- ☑ GETZCNT：返回值为 semzcnt 的取值。
- ☑ IPC_INFO：返回值为内核中信号量集数组的最高索引值。
- ☑ SEM_INFO：与 IPC_INFO 相同。
- ☑ SEM_STAT：返回值为 semid 指定的标识符。

8.4.3 信号量实现进程间通信

在掌握了上述对信号量集的相关操作函数后，可以调用这些函数，使多个进程能够同步，实现进程间的通信。

【例 8.4】 在 Linux 系统中，使用信号量集实现对共享资源的互斥访问，即同一时刻只允许一个进程对共享资源访问。（**实例位置：资源包\TM\sl\8\4**）

在 sl1.c 文件中创建信号量集，模拟系统分配资源，假设系统中总共有 4 个资源可以使用，每隔 3 秒就有一个资源会被占用。程序的代码如下：

```
#include<sys/types.h>
#include<linux/sem.h>
#include<stdlib.h>
#include<stdio.h>
#define RESOURCE      4
int main(void)
{
key_t key;
int semid;
struct sembuf sbuf = {0,-1,IPC_NOWAIT};
union semun arg;
if((key = ftok("/home/cff",'c')) == -1)                  /*创建新进程*/
    {
      perror("ftok error!\n");
      exit(1);
    }
if((semid = semget(key,1,IPC_CREAT|0666)) == -1)
    {
      perror("semget error!\n");
      exit(1);
    }
arg.val = RESOURCE;
printf("可使用资源共有 %d 个！ \n",arg.val);
if(semctl(semid,0,SETVAL,arg) == -1)
    {
      perror("semctl error!\n");
      exit(1);
    }
while (1)
    {
      if(semop(semid,&sbuf,1) == -1)
```

```
    {
    perror("semop error!\n");
    exit(1);
    }
      sleep(3);
    }
semctl(semid,0,IPC_RMID,0);
exit(0);
}
```

在 sl2.c 文件中，根据 semop()函数检测是否有资源可以利用，并且返回可使用资源的个数。程序的代码如下：

```
#include<sys/types.h>
#include<linux/sem.h>
#include<stdlib.h>
#include<stdio.h>
int main(void)
{
key_t key;
int semid,semval;
union semun arg;
if((key = ftok("/home/cff",'c')) == -1)
    {
      perror("key error!\n");
      exit(1);
    }
/*open signal */
if((semid = semget(key,1,IPC_CREAT|0666)) == -1)
    {
      perror("semget error!\n");
      exit(1);
    }
while(1)
    {
      if((semval = semctl(semid,0,GETVAL,0)) == -1)
    {
    perror("semctl error!\n");
    exit(1);
    }
      if(semval > 0)
    {
    printf("还有 %d 个资源可以使用！ \n",semval);
    }
      else
    {
    printf("没有资源可以使用!\n");
    break;
    }
      sleep(3);
```

```
    }
exit(0);
}
```

运行这个信号量模拟系统分配资源的项目时，分别在两个终端中编译并执行 sl1.c 文件和 sl2.c 文件，由于每隔 3 秒就会判断一次，所以在运行两个可执行文件时时间间隔不要太长。

sl1.c 文件的运行效果如图 8.11 所示。

sl2.c 文件的运行效果如图 8.12 所示。

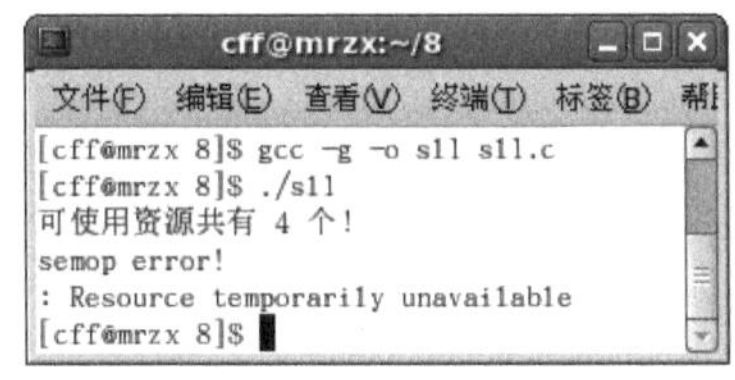

图 8.11　模拟系统分配资源

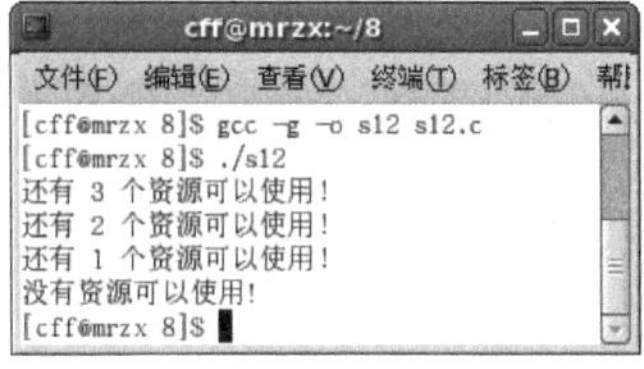

图 8.12　检测可使用资源数

8.5　消息队列

消息队列是一种通过链表结构组织的一组消息，消息是链表中具有一定格式及优先级的数据记录。消息队列与其他两种进程间通信对象（共享内存、信号量）相同，都存放在内核中，多个进程通过消息队列的标识符对消息数据进行传送，实现进程间的通信。

每一个消息队列都有一个与之相对应的结构，用于定义一个消息队列的对象，该结构体类型的定义形式如下：

```
struct msqid_ds
{
struct ipc_perm msg_perm;          /*消息队列的指向 ipc_perm 结构的指针*/
struct msg *msg_first;             /*指向消息队列中第一个消息的指针*/
struct msg *mst_last;              /*指向消息队列中最后一个消息的指针*/
uLONG msg_ctypes;                  /*当前消息队列的总字节数*/
ulong msg_qnum;                    /*总消息数量*/
ulong msg_qbytes;                  /*消息队列中字节数的上限*/
pid_t msg_lspid;                   /*最后一个调用 msgsnd()函数的进程 ID*/
pid_t msg_lrpid;                   /*最后一个调用 msgrcv()函数的进程 ID*/
time_t msg_stime;                  /*最后一次调用 msgsnd()函数的时间*/
time_t msg_rtime;                  /*最后一次调用 msgrcv()函数的时间*/
time_t msg_ctime;                  /*最后一次改变该消息队列的时间*/
};
```

说明

在不同的系统中，3 种 IPC 对象相对应的结构体类型都会有不同的新成员，本章介绍的结构体类型中的成员只是关键成员。

8.5.1 消息队列的相关操作

使用消息队列实现进程间通信，需要首先调用 msgget()函数创建一个消息队列，然后调用 msgsnd()函数向该消息队列中发送指定的消息，通过 msgrcv()函数接收该消息，最后调用 msgctl()函数对消息队列进行指定的控制操作，这样一个使用消息队列实现进程间的通信就实现了。下面对上述应用到的这些消息队列的操作函数进行介绍。

1．msgget()函数

msgget()函数用于创建一个新的消息队列或打开一个已经存在的消息队列，该函数的定义形式如下：

```
#include<sys/types.h>
#include<sys/ipc.h>
#include<sys/msg.h>
int msgget(key_t key,int msgflg);
```

参数说明：

☑ key：表示所创建的消息队列的键值。

☑ msgflg：用于设置消息队列的访问权限，也可以表示该函数的操作类型。

如果该函数调用成功，返回值为与参数 key 相关联的标识符；如果调用失败，则返回值为-1。

说明

创建消息队列的 msgget()函数中参数所遵循的原则与创建共享内存的 shmget()函数类似。

调用 msgget()函数创建一个消息队列时，与消息队列相对应的 msqid_ds 结构体中的成员会被初始化。

2．msgsnd()函数

msgsnd()函数用于向消息队列中发送消息，该函数的定义形式如下：

```
#include<sys/types.h>
#include<sys/ipc.h>
#include<sys/msg.h>
int msgsnd(int msqid,const void *msgp,size_t msgsz,int msgflg);
```

参数说明：

☑ msqid：将信息发送到的消息队列的标识符。

☑ msgp：指向要发送的消息数据。

☑ msgsz：以字节数表示的消息数据的长度。

☑ msgflg：消息队列满时的处理方法，该参数可以是 0 值或 IPC_NOWAIT。

该函数调用成功时，返回值为 0；如果调用失败，则返回值为-1。

要发送的消息存放在 msgbuf 结构体中，使用 msgp 指针指向该类型引用消息数据的内容和消息的类型。msgbuf 结构体的定义形式如下：

```
struct msgbuf
{
long mtype;                    /*消息类型，以大于 0 的整数表示*/
char mtext[1];                 /*消息内容*/
};
```

如果消息队列中有足够的空间，msgsnd()函数会立即返回，并实现发送消息到 msgp 指定的消息队列中。

如果消息队列已满，msgflg 参数没有设置 IPC_NOWAIT 值，则 msgsnd()函数将阻塞；如果设置了 IPC_NOWAIT 值，则 msgsnd()函数调用失败，并返回-1，直到消息队列中有空间时，函数才返回 0。

3．msgrcv()函数

msgrcv()函数用于接收消息队列中的消息数据，该函数的定义形式如下：

```
#include<sys/types.h>
#include<sys/ipc.h>
#include<sys/msg.h>
ssize_t msgrcv(int msqid,void *msgp,size_t msgsz,long msgtyp,int msgflg);
```

参数说明：

☑ msqid：从 msqid 标识符所代表的消息队列中接收消息。

☑ msgp：指向存放消息数据的内存空间。

☑ msgsz：以字节数表示的消息数据的长度。

☑ msgtyp：读取的消息数据的类型。

☑ msgflg：对读取的消息数据不满足要求时的处理。

该函数调用成功时，返回值为 0；如果调用失败，则返回值为-1。

说明

关于参数 msgflg 的取值情况，请参照相应系统手册的详细说明，也可以在 Linux 系统的终端中输入“man msgrcv”命令进行查看。

4．msgctl()函数

msgctl()函数主要实现对消息队列的控制操作，该函数的定义形式如下：

```
#include<sys/types.h>
#include<sys/ipc.h>
#include<sys/msg.h>
int msgctl(int msqid,int cmd,struct msqid_ds *buf);
```

msgctl()函数实现对参数 msqid 标识符所指定的消息队列进行控制，控制内容取决于参数 cmd 的取值。参数 buf 指针指向需要执行控制操作的消息队列。

参数 cmd 的部分取值如下。

- ☑ IPC_STAT：在内核中将与标识符 msqid 相关的消息队列的数据复制到 buf 指向的消息队列中，调用进程必须对消息队列有读取权限。
- ☑ IPC_SET：根据参数 buf 指向的 shmid_ds 结构中的值设置 msqid 标识符所指的消息队列中的相关属性。
- ☑ IPC_RMID：删除 msgqid 标识符所指的消息队列，唤醒所有等待的读和写的进程。

说明

使用该值时，该进程必须具备相应的访问权限，或者该进程的 EUID 与消息队列的创建者或所有者一样。

- ☑ IPC_INFO：此值为 Linux 系统特有的参数值，用于获取系统级别的消息队列限制，保存在 buf 指向的缓冲区中。

说明

buf 指针指向一个 msginfo 结构体类型，该结构体类型中定义了消息队列的详细信息。

8.5.2 消息队列实现进程间通信

掌握了关于消息队列的相关操作后，通过消息队列实现进程间通信就不再那么盲目。下面通过一个实例讲解消息队列是如何实现进程间通信的。

【例 8.5】 在 Linux 系统中，使用 msgget()函数创建一个消息队列，通过 msgsnd()函数发送两次消息，第一次发送的消息内容为"hello mrsoft!"，第二次发送的消息为"goodbye!"。接下来调用 msgrcv()函数接收消息，这样就实现了一个消息队列的进程间通信。（**实例位置：资源包\TM\sl\8\5**）

程序的代码如下：

```
#include<sys/types.h>
#include<sys/ipc.h>
#include<sys/msg.h>
#include<stdio.h>
#include<stdlib.h>
#include<string.h>
int main(void)
{
key_t key;
int proj_id=1;
int msqid;
char message1[]={"hello mrsoft!"};
char message2[]={"goodbye!"};
struct msgbuf
{
long msgtype;
char msgtext[1024];
```

```
}snd,rcv;
key=ftok("/home/cff/2",proj_id);                          /*创建新进程*/
if(key==-1)
{
perror("create key error!");
return 1;
}
if((msqid=msgget(key,IPC_CREAT|0666))==-1)                /*创建消息队列*/
{
printf("magget error!\n");
exit(1);
}
snd.msgtype=1;
sprintf(snd.msgtext,message1);
if(msgsnd(msqid,(struct msgbuf *)&snd,sizeof(message1)+1,0)==-1)
{
printf("msgsnd error!\n");
exit(1);
}
snd.msgtype=2;
sprintf(snd.msgtext,"%s",message2);
if(msgsnd(msqid,(struct msgbuf *)&snd,sizeof(message2)+1,0)==-1)
{
printf("msgrcv error!\n");
exit(1);
}
if(msgrcv(msqid,(struct msgbuf *)&rcv,80,1,IPC_NOWAIT)==-1)
{
printf("msgrcv error!\n");
exit(1);
}
printf("the received message:%s.\n",rcv.msgtext);
//msgctl(msgid,IPC_RMID,0);                               /*删除新创建的消息队列*/
system("ipcs -q");                                        /*在系统中显示新创建的消息队列的信息*/
exit(0);
}
```

在此函数中，调用接收函数 msgrcv()时，设置了接收的消息类型为“1”，因此接收到的信息为第一个“hello mrsoft!”，并且在程序中调用了 system()函数，执行显示系统中新创建的消息队列的信息。本例的运行效果如图 8.13 所示。

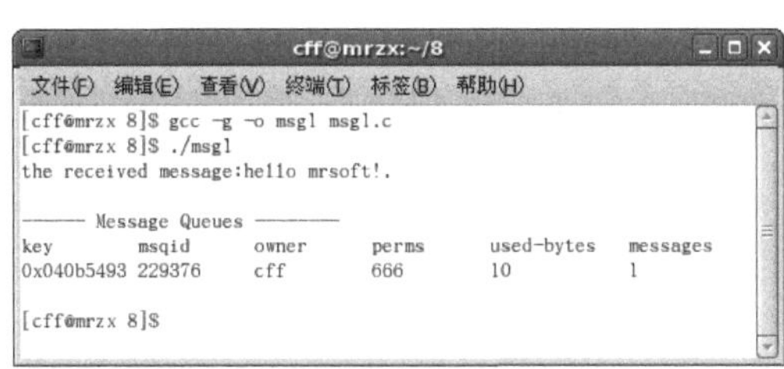

图 8.13　消息队列实现进程间通信

注意

程序中使用 ftok()函数产生 key 值，如果在运行过一次程序后，再次运行此程序会出现错误信息提示。因为与 key 值相关的消息队列标识符在运行过一次程序后就已经存在了，所以再次使用与 key 值相关的此标识符，会产生错误。因此在使用该程序时，可以使用 msgctl()函数删除新创建的消息队列，以便下次运行程序不再出错。

8.6 小　　结

本章对实现进程间通信的几种方法进行了详细介绍，主要包括管道和命名管道。另外，讲解了在 3 个 SYSV 子系统中实现 IPC 的方法，有共享内存、信号量和消息队列。掌握了上述几种实现进程间通信的方法，可以更加方便地实现系统内核中多个进程间的数据传输和交换。

通过本章的学习，可以实现通过信息的传递建立几个进程间的联系，更好地协调一个系统中的多个进程之间的行为。

8.7 实践与练习

1．在 Linux 系统下创建一块共享内存，并通过调用系统函数查看共享内存的详细信息。（**答案位置：资源包\TM\sl\8\6**）

2．在 Linux 系统下创建一个消息队列，然后删除新创建的消息队列。（**答案位置：资源包\TM\sl\8\7**）

第 9 章

文件操作

（视频讲解：37 分钟）

在 Linux 系统中，文件和文件系统是既重要又复杂的概念。文件系统主要是指文件数据结构及分区中管理文件的程序集合，以及 ext2、ext3 等分区格式和某个具体目录。对文件的操作主要有 I/O 操作、文件属性的修改操作、文件控制操作等。

通过阅读本章，您可以：

- **了解文件的概念**
- **了解文件系统的概念**
- **掌握文件的相关操作**
- **掌握特殊文件的相关操作**

视频讲解

9.1 文件初探

每一个操作系统都可以从时空两个方向考虑问题。从时间的角度考虑，操作系统可以抽象为进程；从空间的角度考虑，操作系统则可以抽象为文件。在本章中，主要从空间的角度，讲述文件的相关操作问题。

9.1.1 文件与文件系统的概念

所谓文件，是指一组相关数据的有序集合。在 Linux 系统中，文件中的数据与数据之间的关系是由使用文件的应用程序建立和解释的，它们仅在一个文件中有关系。

文件系统是指文件数据结构和管理文件的程序集合，除此之外，还包括 ext2、ext3 等分区格式和某个具体的目录。

9.1.2 文件的属性

在 Linux 系统中，文件是很重要也是很复杂的。每一个文件都存在其特有的属性，包括文件类型和文件权限两个方面。

1. 文件类型

☑ 文件可以根据其处理方法的不同，分为缓冲区文件和非缓冲区文件。

所谓缓冲区文件，是指系统自动地在内存区为每一个正在使用的文件开辟一个缓冲区。而非缓冲区文件是指不自动地开辟确定大小的缓冲区，由程序本身为每个文件设定缓冲区。

从内存向磁盘输出数据时，必须先送到内存中的缓冲区，待装满缓冲区后，再将数据一起送到磁盘。

☑ 文件还可以根据其数据的组织形式的不同，分为文本文件和二进制文件。

在 Linux 系统中，把文件看作是一个字符序列，即由一个个字符的数据顺序组成的文本文件和二进制文件。

- 文本文件：又称为 ASCII 文件，它的每一个字节存放一个 ASCII 代码，代表一个字符，都是一一对应的。因而，此文件便于对字符进行逐个处理，也便于输出字符，但是占用的存储空间比较多，而且要花费 ASCII 码与二进制形式间的转换时间。
- 二进制文件：是把内存中的数据按其所在内存中的存储形式原样输出到磁盘上存放，占用字节比较少，并且不需要转换，但是一个字节并不对应一个字符，不能直接输出字符形式。

☑ 文件可以根据其存放数据的作用的不同，将其分为普通文件、目录文件、链接文件、设备文件和管道文件。

- 普通文件：它是在 Linux 系统中比较常见的一类文件，如图形文件、数据文件、文档文件、声音文件等。在 Linux 系统中，所谓的普通文件就是不包含有文件系统的结构信息的文件。
- 目录文件：在 Linux 系统中，目录文件是较特殊的一种文件，用于存放文件名及其相关信息的文件，是内核中用于组织文件系统的基本结点。
- 链接文件：所谓的链接文件其实就是一个真实存在的文件的链接。当需要使用某个文件时，可以创建一个链接文件，指向需要调用的文件。
- 设备文件：它是 Linux 系统中最为特殊的一种文件。在 Linux 系统中，可以通过设备文件访问外部的硬件设备，这样用户就可以像访问普通文件一样去访问外部设备。在 Linux 系统中，设备文件通常都放在/dev 目录下。
- 管道文件：在前面的多进程通信中，已经提及到管道文件这个词，这种文件主要用于不同进程间的信息传递。管道的一端用于写入数据，另一端用于读取数据，管道采用的是先进先出的原则。

2. 文件权限

与 Linux 系统打交道这么久之后，印象最深的应该就是它的多用户特点。由于 Linux 系统是内核源码开放的一种系统，当用户不小心删除或者修改了系统的重要文件后，就会有引起系统瘫痪的危险。因此，Linux 系统采用了多用户的原则，对于不同的用户访问同一个文件设定了不同的权限，这样更有利于保护系统的安全。

对于 Linux 系统中的文件来说，权限分为 3 种：读的权限（r）、写的权限（w）和执行的权限（x）。

每个文件都有对其具有所有权的用户，通常称之为文件所有者。在 Linux 系统中，用户都是以组为单元的，每一个用户都存在于一个组或者同时属于多个组中，因此除了对文件拥有所有权的用户之外，还有文件所有者的同组用户和其他用户。以文件为中心的这 3 类用户对文件有着不同的访问权限。

在 Linux 系统中，有一个拥有最高权限的用户，即系统管理员“root”，相当于古代拥有最高权力的国王。root 用户对于系统中的每一个文件都有读写和执行的权限。

9.1.3　文件的相关信息

在 Linux 系统中，每一个文件都存放在一个目录下，通过一个与文件相关联的索引节点保存文件的一些属性信息。与文件相关的信息主要包括文件的目录结构、索引节点和文件中存放的数据。

1. 文件的目录结构

系统中的所有文件都存放在根目录 root（/）下，所谓的目录文件就像一棵大树，从根目录中又会分支出很多子目录，在子目录下又会分出很多下一级目录或者普通文件。系统中的每个目录都处于一定的目录结构中，在这个目录结构中含有所有的目录项的列表，每一个目录项都是由这个目录的名称和索引节点构成的，开发人员可以通过这个目录文件的名称访问该目录项下的内容，然后通过索引节点可以获取该文件自身的一些属性信息。

2. 索引节点

在前面多次提及通过文件的索引节点（inode）可以获取这个文件自身的一些信息，在 Linux 系统中，这些索引节点所包含的信息被封装在 stat 这个结构体中。

stat 结构体的定义形式如下：

```
struct stat
{
dev_t st_dev;              /*文件使用的设备号*/
ino_t st_ino;              /*索引节点号*/
mode_t st_mode;            /*文件的访问权限*/
nlink_t st_nlink;          /*硬连接数*/
uid_t st_uid;              /*所有者用户 ID*/
gid_t st_gid;              /*用户组 ID*/
dev_t st_rdev;             /*设备文件的设备号*/
off_t st_size;             /*以字节为单位的文件大小*/
blksize_t st_blksize;      /*文件系统的磁盘块大小*/
blkcnt_t st_blocks;        /*当前文件的磁盘块大小*/
time_t st_atime;           /*最后一次访问该文件的时间*/
time_t st_mtime;           /*最后一次修改该文件的时间*/
time_t st_ctime;           /*最后一次改变该文件状态的时间*/
};
```

在 Linux 系统的终端下，通过输入命令“man 2 stat”可以查看关于系统调用函数 stat()的相关信息，在这里定义了结构体 stat 中存放的信息，如图 9.1 所示。

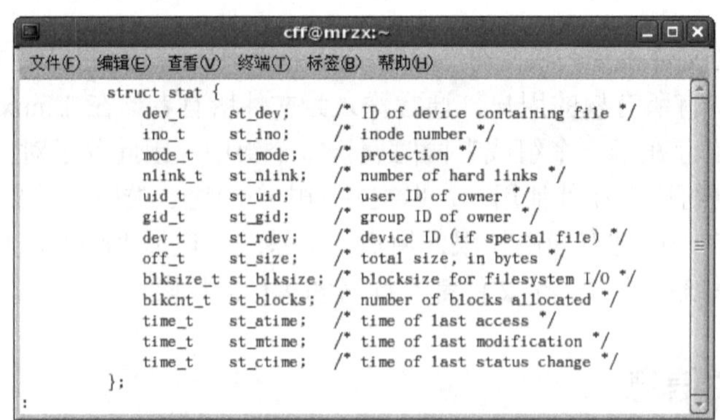

图 9.1　结构体 stat 的定义形式

3. 文件中存放的数据

文件是由一组相关数据有序集合而成的。文件中的这些相关数据都存储在由索引节点指定的位置中，但是也有个别特殊文件没有存储文件中数据的硬盘区域，如设备文件。

9.2　文件的相关操作

在 Linux 系统中，文件的操作有很多种，如文件的 I/O 操作、修改文件属性的操作、赋值文件描述符的操作，以及一些对文件进行控制的相关操作等。在 Linux 系统中，文件的 I/O 操作有两种操作模式，

一种是基于文件描述符的 I/O 操作，另一种是基于文件流的 I/O 操作。在本章中，不对文件的 I/O 操作进行介绍。

9.2.1　修改文件属性

文件的属性是很复杂的，不仅有前面介绍的文件的类型和文件的权限，还包括文件的长度、所处的位置等信息。在使用文件时，有时需要改变文件的某些属性，因此系统提供了系统调用函数来满足这一要求。

1. 改变文件的所有者

系统提供了 chown()和 fchown()函数修改指定文件的所有者识别号和用户组识别号，系统调用函数的定义形式如下：

```
#include<sys/types.h>
#include<unistd.h>
int chown(const char *pathname,uid_t owner,gid_t group);
int fchown(int fd,uid_t owner,gid_t group);
```

这两个系统调用函数都用于修改文件的所有者识别号和用户组识别号。其中，函数 chown()中参数 pathname 代表的是文件的绝对路径或相对路径；函数 fchown()中的参数 fd 表示文件的文件描述符。通过这两个参数就指定了需要操作的文件。参数 owner 代表的是该文件的新的所有者识别号；参数 group 代表的是指定文件的新的用户组识别号。

这两个函数调用成功时，返回值为 0；调用失败时，返回值为-1，并设置相应的 errno 值。

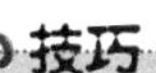

技巧

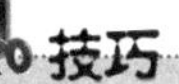

上述两个函数实现的功能是相同的，但是两个函数指定文件的方法不同，一个是通过指定的文件所在路径，另一个是指定文件的文件描述符。两者相比较而言，系统调用函数 fchown()更加安全一些。

在 Linux 系统中，每个文件对于其所有者和所在的用户组都有特定的文件访问权限，如只读的权限、只写的权限以及执行的权限。当将文件的所有者和所在的用户组进行修改后，其权限就会受到影响。因此，Linux 系统的普通用户只能对自己拥有所有权的文件的用户组识别号进行修改，并且只能在其所属的组之中进行选择。

说明

在 Linux 系统中，root 用户作为操作系统的最高级别的用户，可以调用这两个函数对任意的文件进行修改。

2. 改变文件的访问权限

在 Linux 系统中，可以通过调用 chmod()和 fchmod()函数改变文件的访问权限。文件的访问权限就是前面介绍过的读的权限、写的权限和执行的权限。

这两个函数实现的功能是相同的，它们的关系与前面介绍的 chown()和 fchown()函数的关系也是相同的。

chmod()和 fchmod()函数的定义形式如下：

```
#include<sys/types.h>
#include<sys/stat.h>
int chmod(const char *path,mode_t mode);
int fchmod(int fildes,mode_t mode);
```

参数 path 表示需要修改的文件的绝对路径或相对路径；参数 fildes 表示需要修改文件的文件描述符；参数 mode 表示文件将要修改成的权限的设置。

文件的权限设置可以通过表 9.1 所示的宏定义进行或运算（|）进行组合使用，每一个宏定义都由一个八进制数值表示，因此也可以使用八进制值对文件的权限进行设定。

表 9.1　文件权限的宏定义

宏 定 义	八 进 制 值	说　　明
S_ISUID	04000	设置文件所有者用户的权限
S_ISGID	02000	设置文件所在用户组的权限
S_ISVTX	01000	设置粘贴位
S_IRUSR	00400	设置文件所有者的读权限
S_IWUSR	00200	设置文件所有者的写权限
S_IXUSR	00100	设置文件所有者的执行权限
S_IRGRP	00040	设置用户组的读权限
S_IWGRP	00020	设置用户组的写权限
S_IXGRP	00010	设置用户组的执行权限
S_IROTH	00004	设置其他用户的读权限
S_IWOTH	00002	设置其他用户的写权限
S_IXOTH	00001	设置其他用户的执行权限

这两个函数调用成功时，返回值为 0；否则，返回值为-1，并且设置适当的 errno 值。

3．改变文件的名称

在 Linux 系统中，还提供了系统调用函数 rename()，用于修改文件的位置或者文件的名字，该函数的定义形式如下：

```
#include<stdio.h>
int rename(const char *oldpath,const char *newpath);
```

参数 oldpath 是一个字符型的指针，指向原来的文件名称；参数 newpath 也是一个字符型的指针，指向新的文件名称。如果 newpath 指向的文件名称或路径是存在的，那么 newpath 指向的文件中的内容

将被删除，并替换成 oldpath 指向的文件中的内容。

函数如果调用成功，返回值为 0；否则函数返回值为-1，并设置相应的 errno 值。

【例 9.1】　在 Linux 系统中，使用 rename()函数改变文件的名字。（**实例位置：资源包\TM\sl\9\1**）

程序的代码如下：

```
#include<stdio.h>
int main(int argc,char *argv[])
{
    if(argc<3)                                    /*从终端传递的参数小于 3 时，说明该程序的用法*/
    {
        printf("usages:%s oldpath newpath\n",argv[0]);
        return 1;
    }
    if(rename(argv[1],argv[2])<0)                 /*调用函数将 argv[1]的名字改为 argv[2]的名字*/
    {
        printf("failed!\n");
        return 1;
    }
    else
    {                                             /*函数调用成功*/
        printf("%s=>%s\nsuccessful!\n",argv[1],argv[2]);

    }
    return 0;
}
```

在某一个文件夹中存在这样两个文件 old.c 和 new.c，如图 9.2 所示。

文件名为 old.c 的文件中存放的内容为“welcome to mrsoft！”，在 new.c 文件中存放的内容为“bye bye！”。通过上述的代码，将 old.c 文件名改为 new.c 文件名，这样文件 new.c 中的数据将会被删除，如图 9.3 所示。

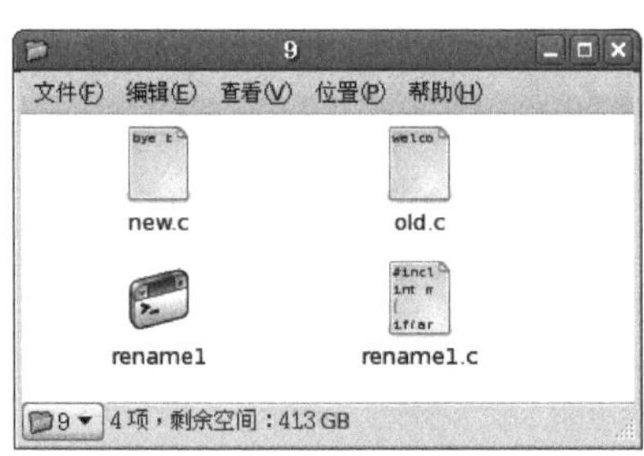

图 9.2　old.c 文件和 new.c 文件

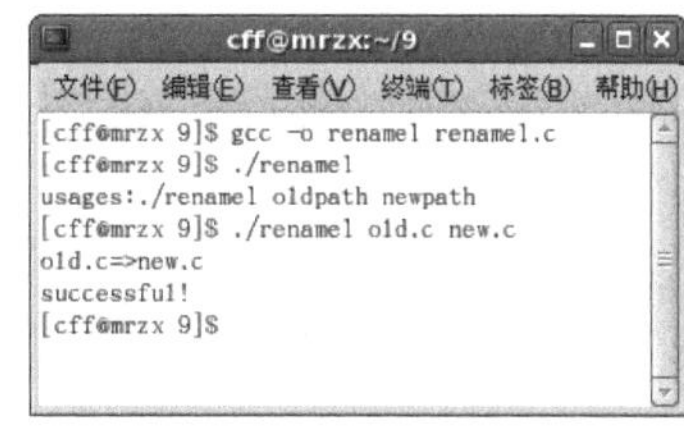

图 9.3　程序的运行效果

此时，文件名已经改变成功，那么在此文件夹下，原来的 old.c 就不复存在了，只存在一个 new.c 文件（如图 9.4 所示），且 new.c 文件中的内容存放的是原 old.c 文件中的内容，即“welcome to mrsoft！”，如图 9.5 所示。

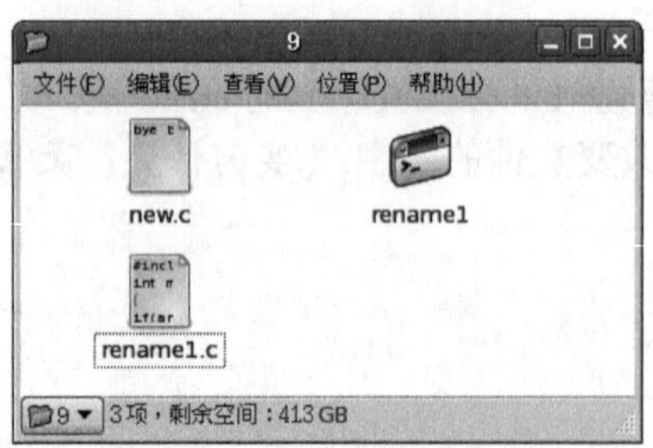

图 9.4 文件夹中的 new.c 文件

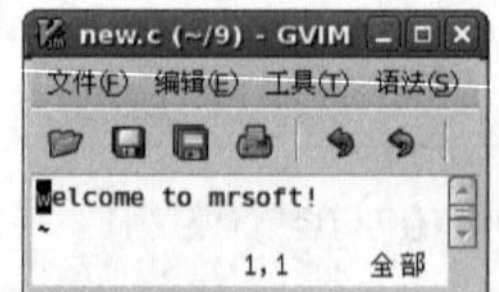

图 9.5 更名成功后的 new.c 文件中的内容

4．改变文件的长度

在 Linux 系统中存在这样两个系统调用函数，用于将某一个文件修改成指定的长度。这两个函数就是 truncate()和 ftruncate()，定义形式如下：

```
#include<unistd.h>
#include<sys/types.h>
int truncate(const char *path,off_t length);
int ftruncate(int fd,off_t length);
```

从这两个函数的书写形式上可以发现，这两个函数的关系与前面介绍的 chown()函数和 fchown()函数的关系是相同的。

参数 path 为指向某个文件路径的指针；参数 fd 为某个文件的文件描述符；参数 length 表示文件新的长度。

如果一个文件先前的字节数比修改后的字节数大，那么多出来的数据将被删除。如果一个文件先前的字节数比修改后的小，那么扩展出来的部分作为空字节（'\0'）被读取，并且补偿出来的文件不会发生改变。

注意

对于 ftruncate()函数，文件必须是以写的形式打开的；而对于 truncate()函数，文件必须是可写的。

该函数如果调用成功，返回值为 0；否则返回值为-1，并设置合适的 errno 值。

9.2.2 复制文件描述符

在 Linux 系统中，提供了 dup()和 dup2()两个函数，用于复制文件的描述符。这两个函数的定义形式如下：

```
#include<unistd.h>
int dup(int oldfd);
int dup2(int oldfd,int newfd);
```

这两个函数主要实现了复制一份参数 oldfd 表示的文件描述符，并将文件描述符返回。

复制出来的文件描述符与原来的文件描述符指的是同一个文件，共享所有的锁定、读写位置和各项权限或旗标。

如果函数调用成功，返回值为最小及尚未使用的文件描述符；否则返回值为-1，并设置适当的 errno 值。

dup 返回的新文件描述符是该进程未使用的最小文件描述符。dup2 可以用 newfd 参数指定新描述符的数值。如果 newfd 当前已经打开，则先将其关闭再做 dup2 操作，如果 oldfd 等于 newfd，则 dup2 直接返回 newfd，而不用先关闭 newfd 再复制。

9.2.3　获取文件信息

在 Linux 系统中，提供了 3 个系统调用函数，用于获取文件的信息。这 3 个函数的定义形式如下：

```
#include<sys/types.h>
#include<sys/stat.h>
#include<unistd.h>
int stat(const char *path,struct stat *buf);
int fstat(int fd,struct stat *buf);
int lstat(const char *path,struct stat *buf);
```

参数 path 表示指向需要获取信息的文件的路径名，参数 fd 表示该文件的文件描述符，参数 buf 表示指向一个 stat 结构体类型的指针。

上述 3 个函数主要是通过指针或者文件描述符所指定的文件进行相关信息的获取，然后将获取到的信息写入到参数 buf 中。

在通过系统调用函数获取文件信息时，即使对该文件没有读取的权限，也可以获取到该文件的信息。

注意

对于 stat()和 lstat()函数，如果需要获取处于某个目录下的文件信息，则要求对该文件所处的所有上级目录有执行的权限。

技巧

在 Linux 系统的终端下，可以通过输入“man 2 stat”命令得到关于获取文件信息的 3 个函数的详细讲解，并且还介绍了关于 buf 指针所指向的 stat 结构体的定义形式和成员变量的取值情况。

【例 9.2】　在 Linux 系统中，使用 stat()函数获取 new.c 文件的大小和该文件所有者的用户 ID 值。（**实例位置：资源包\TM\sl\9\2**）

程序的代码如下：

```
#include<sys/stat.h>
#include<unistd.h>
#include<stdio.h>
```

```
main()
{
struct stat buf;
stat("new.c",&buf);                                   /*获取 new.c 文件信息，存放在 buf 中*/
printf("new.c file size=%d\n",buf.st_size);           /*输出文件大小*/
printf("new.c file owner UID=%d\n",buf.st_uid);       /*输出文件 UID*/
}
```

上述代码的运行效果如图 9.6 所示。

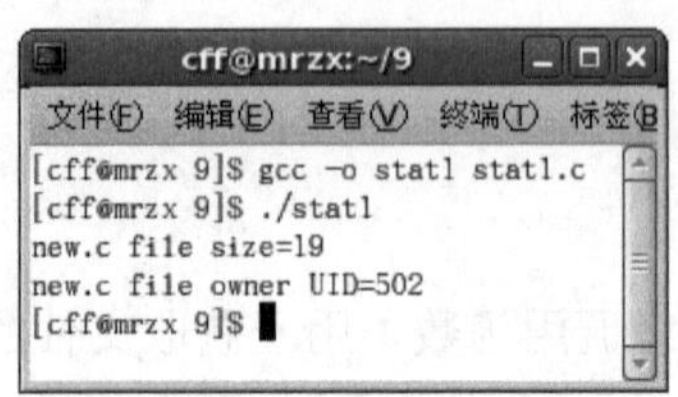

图 9.6　使用 stat()函数获取文件信息

9.2.4　文件的其他操作

在 Linux 系统中还提供了很多关于文件的系统调用函数，例如，执行将缓冲区数据写回磁盘、锁定文件或解除文件的锁定等操作的函数。

1．将缓冲区数据写回磁盘

系统调用函数 fsync()实现了将缓冲区数据写回磁盘，该函数的定义形式如下：

```
#include<unistd.h>
int fsync(int fd);
```

参数 fd 指的是文件的文件描述符。

fsync()函数主要将参数 fd 所指的文件中的数据由缓冲区写回磁盘，以确保数据同步。

该函数调用成功时，返回值为 0；否则，返回值为-1，并设置适当的 errno 错误代码。

2．锁定文件

系统调用函数 flock()主要实现了对文件做各种锁定或解除锁定的操作，该函数的定义形式如下：

```
#include<sys/file.h>
int flock(int fd,int operation);
```

参数 fd 表示用于操作的文件的文件描述符；参数 operation 表示对文件做的各种锁定或者解除锁定的操作方式。

参数 operation 有如下 4 种取值情况。

- ☑ LOCK_SH：建立共享锁定。多个进程可同时对同一个文件进行共享锁定。
- ☑ LOCK_EX：建立互斥锁定。一个文件同时只有一个互斥锁定。
- ☑ LOCK_UN：解除文件锁定状态。

☑ LOCK_NB：当无法建立锁定时，此操作可不被阻断，马上返回进程。其通常与 LOCK_SH 或 LOCK_EX 作或（|）运算。

技巧

单一的文件无法同时建立共享锁定和互斥锁定，当使用 dup()函数复制文件描述符，或者调用 fork()函数创建子进程时，文件描述符不会继承此种锁定。

该函数调用成功时，返回值为 0；否则返回值为-1，并设置适当的 errno 值。

视频讲解

9.3　特殊文件的操作

在 Linux 系统中有很多特殊的文件，如目录文件、链接文件、管道文件和设备文件等。Linux 系统不仅提供了对普通文件的各种操作，还对这些特殊的文件提供了很多相应的操作。

9.3.1　目录文件的操作

目录文件是比较特殊的一种文件，用于存放文件名及其相关信息，是内核中用于组织文件系统的基本节点。Linux 系统从空间上来看，都是由文件组成的，每一部分内容都存放到一个指定的文件中。目录文件就像一棵大树，从根处可以分成许多叉，而 Linux 系统中的所有文件都存放在根目录下，以“\”表示。对目录文件有如下几种常见的操作。

1．获取当前的工作目录

在 Linux 系统中，提供了一个系统调用函数 getcwd()，用于获取当前的工作目录。每一个进程都有一个当前的工作目录这个概念，当前的工作目录就是一个路径名的解析。

技巧

在终端下，可以通过输入命令“man 3 getcwd”获取这个系统调用函数的详细信息。

函数 getcwd()的定义形式如下：

```
#include<unistd.h>
char *getcwd(char *buf,size_t size);
```

参数 buf 用于存储当前工作目录的字符串；参数 size 用于存放字符串的大小。

函数如果调用成功，返回指向当前工作目录字符串的指针，否则返回 NULL，并设置适当的 errno 值。

【例 9.3】　使用 getcwd()函数获取当前进程的工作目录。（**实例位置：资源包\TM\sl\9\3**）

程序的代码如下：

```
#include<stdio.h>
#include<unistd.h>
#include<limits.h>
int main()
{
	char a[PATH_MAX];				/*存放工作目录的字符串*/
	if(getcwd(a,PATH_MAX)==NULL)		/*获取当前工作目录*/
	{
		perror("getcwd failed!");
		return 1;
	}
	printf("输出当前工作目录：%s\n",a);		/*输出字符数组*/
	return 0;
}
```

程序的运行效果如图 9.7 所示。

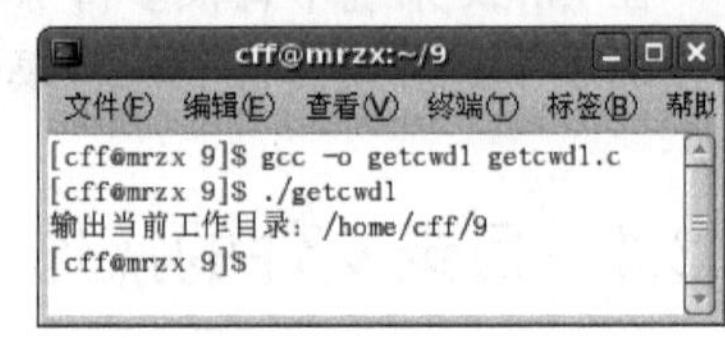

图 9.7　输出当前工作目录

2．更改当前的工作目录

在实际应用中，有时需要更改当前的工作目录。在系统中，提供了 chdir()和 fchdir()函数，用于更改当前的工作目录。这两个函数的定义形式如下：

```
#include<unistd.h>
int chdir(const char *path);
int fchdir(int fd);
```

参数 path 指的是文件的相对路径，参数 fd 指的是文件的文件描述符。

这两个函数都是根据相对路径或者文件描述符指定某一文件，对指定的这个文件更改当前工作目录。

函数调用成功时，返回值为 0；否则返回值为-1，并设置适当的 errno 值。

3．创建和删除目录

系统中提供了 mkdir()函数创建文件目录，并且还提供了 rmdir()函数删除指定文件的目录。

创建文件目录的函数的定义形式如下：

```
#include<sys/stat.h>
#include<sys/types.h>
int mkdir(const char *pathname,mode_t mode);
```

参数 pathname 为需要创建的文件目录的名称；参数 mode 指的是创建目录的访问权限，该权限取决于（mode&~umask&0777）的值。

函数调用成功返回值为 0；否则返回值为-1，并设置适当的 errno 值。

【例 9.4】 使用 mkdir()函数创建一个新的工作目录，名为“/home/cff/9/hello”。（**实例位置：资源包\TM\sl\9\4**）

程序的代码如下：

```
#include<sys/stat.h>
#include<sys/types.h>
#include<stdio.h>
int main()
{
	char* dir="/home/cff/9/hello";			/*创建的新目录*/
	if(mkdir(dir,0700)==-1)				/*调用创建新目录的函数*/
	{
		perror("create failed!");
		return 1;
	}
	printf("create hello successful!\n");
	return 0;
}
```

程序的运行效果如图 9.8 所示。

说明

创建的新目录的访问权限为所有者具有的所有权限，而同组和其他用户没有权限。代码中权限处的值为 0700，表示八进制数 700，该值取决于（mode&~umask&0777）的计算值，umask 的值为默认权限，其值固定为 0002，经计算得出最终权限值为 0700。

可以创建一个新的目录自然也可以删除一个目录，在 Linux 系统中提供了 rmdir()函数，用于删除一个指定的目录，该函数的定义形式如下：

```
#include<unistd.h>
int rmdir(const char *pathname);
```

参数 pathname 代表的是指定要删除的目录。如果该函数调用成功，返回值为 0；否则返回值为-1，并设置适当的 errno 值。

【例 9.5】 使用 rmdir()函数删除刚刚创建的目录“/home/cff/9/hello”。（**实例位置：资源包\TM\sl\9\5**）

程序的代码如下：

```
#include<stdio.h>
#include<unistd.h>
int main()
{
	char* dir="/home/cff/9/hello";
	if(rmdir(dir)==-1)
	{
		perror("failed!");
		return 1;
	}
	printf("remove successful!\n");
	return 0;
}
```

程序的运行效果如图 9.9 所示。

```
[cff@mrzx 9]$ gcc -o mkdirl mkdirl.c
[cff@mrzx 9]$ ./mkdirl
create hello successful!
[cff@mrzx 9]$ ls -l
总计 56
-rwxr-xr-x 1 cff zx 7067 12-10 09:34 getcwdl
-rw------- 1 cff zx  311 12-10 09:34 getcwdl.c
drwx------ 2 cff zx 4096 12-10 10:36 hello
-rwxr-xr-x 1 cff zx 7055 12-10 10:36 mkdirl
-rw------- 1 cff zx  229 12-10 10:36 mkdirl.c
-rw------- 1 cff zx   19 12-09 09:17 new.c
-rwxr-xr-x 1 cff zx 7121 12-09 09:35 renamel
-rw-r--r-- 1 cff zx  425 12-09 09:29 renamel.c
-rwxr-xr-x 1 cff zx 7026 12-09 14:47 statl
-rw------- 1 cff zx  286 12-09 14:47 statl.c
[cff@mrzx 9]$
```

图 9.8　创建新目录

图 9.9　删除指定目录

4．打开与关闭文件

在 Linux 系统中，目录文件作为一种特殊的文件，可以被打开、关闭以及读取。系统提供了系统调用函数 opendir()和 closedir()用于打开和关闭目录文件。就像对普通文件的操作一样，打开之后，当不再使用时，需要及时关闭文件，否则会造成文件的丢失。这两个函数的定义形式如下：

```
#include<sys/types.h>
#include<dirent.h>
DIR *opendir(const char *name);
int closedir(DIR *dir);
```

参数 name 指的是需要打开的目录文件的名称；参数 dir 指的是想要关闭的目录流。

opendir()函数调用成功时，返回 DIR*形态的目录流，接下来对目录的读取和搜索都要使用此返回值；当调用失败时，则返回 NULL。

函数 closedir()调用成功时，返回值为 0；否则返回值为-1，并设置相应的 errno 值。

5．读取目录文件

打开目录文件后，必然要对该文件进行读取等操作。因此，系统提供了系统调用函数 readdir()，用于读取目录文件中的数据。函数 readdir()的定义形式如下：

```
#include<sys/types.h>
#include<dirent.h>
struct dirent *readdir(DIR *dir);
```

参数 dir 用于存放目录流。

readdir()函数返回参数 dir 目录流的下个目录的进入点。

函数的返回值为下个目录进入点，数据类型为 dirent 结构体，该结构体的定义形式如下：

```
struct dirent
{
ino_t d_ino;                    /*此目录进入点的索引号 inode*/
off_t d_off;                    /*目录文件开头到此目录进入点的位移*/
unsigned short d_reclen;        /*目录名长度，不包括 NULL 字符*/
```

```
unsigned char d_type;            /*文件的类型*/
char d_name[256];                /*文件名*/
};
```

函数调用成功则返回下个目录进入点。调用失败或读取到目录文件尾则返回 NULL。

【例 9.6】　通过 opendir()函数打开目录文件“/home/cff/9”，然后调用 readdir()函数读取该目录中的数据，最后调用 closedir()函数关闭该目录文件。（**实例位置：资源包\TM\sl\9\6**）

程序的代码如下：

```
#include<dirent.h>
#include<unistd.h>
#include<stdio.h>
main()
{
DIR * dir;
struct dirent * ptr;
int i;
dir =opendir("/home/cff/9");                    /*打开的目录文件*/
while((ptr = readdir(dir))!=NULL)               /*读取该目录文件中的数据*/
{
printf("d_name: %s\n",ptr->d_name);             /*输出文件的名字*/
}
closedir(dir);                                  /*关闭目录文件*/
}
```

该程序的运行效果如图 9.10 所示。

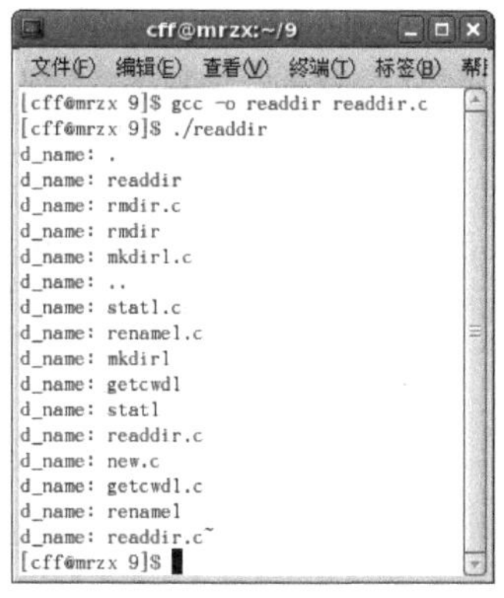

图 9.10　打开并读取目录文件中的数据

9.3.2　链接文件的操作

在 Linux 系统中，链接文件是一个特殊的文件，类似于 Windows 系统中的快捷方式，是可以快速定位不同目录下文件的方法。系统中存在两种链接文件，一种是硬链接，另一种是符号链接。下面对这两类链接文件进行介绍。

1．硬链接

硬链接是依附于索引节点而存在的。在 Linux 系统中，使用硬链接需要注意以下几点：

（1）目录无法创建硬链接，只有文件才可以创建硬链接。

（2）硬链接不能跨越文件系统，即不能为处在不同分区上的文件创建硬链接。

在 Linux 系统的终端下，可以通过 ln 命令创建一个文件的硬链接。链接文件相当于源文件的一个快捷方式，两个文件的索引节点值是一致的。当删除源文件时，硬链接文件依然指向原来的索引节点值，即索引节点没有被删除。因此，想要删除文件的数据，需要将文件以及所有的硬链接一同删除。

在 Linux 系统中，提供了相关的系统调用函数，用于创建一个新的硬链接和删除一个硬链接。

☑ 创建硬链接函数 link()

系统调用函数 link()的定义形式如下：

```
#include<unistd.h>
int link(const char *oldpath,const char *newpath);
```

函数 link()主要用于为一个已经存在的文件创建一个新的硬链接。

参数 oldpath 代表已经存在的文件；参数 newpath 代表创建的新的硬链接的文件名。这两个文件路径需要在一个文件系统中。如果 newpath 文件已经存在，则不会在这个文件中写入数据。

该函数如果调用成功，返回值为 0；否则返回值为-1，并设置相应的 errno 信息。

☑ 删除硬链接函数 unlink()

系统调用函数 unlink()的定义形式如下：

```
#include<unistd.h>
Int unlink(const char *pathname);
```

函数 unlink()主要用于删除一个已经存在的硬链接文件。参数 pathname 指向的就是这个存在的硬链接文件的路径名称。

【例 9.7】 通过系统调用函数 link()为已经存在的文件 old.c 创建一个硬链接，名称为 hardlink.c，并打开这个硬链接文件。打开 10 秒后，再通过 unlink()函数删除此硬链接文件。（**实例位置：资源包\TM\sl\9\7**）

程序的代码如下：

```
#include<sys/types.h>
#include<sys/stat.h>
#include<fcntl.h>
#include<stdio.h>
#include<stdlib.h>
int main()
{
	char *oldpath="/home/cff/9/old.c";			/*源文件路径*/
	char *newpath="/home/cff/9/hardlink.c";		/*新硬链接文件路径*/
	if(link(oldpath,newpath)==-1)			/*创建一个硬链接*/
	{
		perror("create hard link failed!");
```

```
            return 1;
        }
        printf("create hard link successful!\n");
        if(open(newpath,O_RDWR)<0)                      /*打开这个硬链接*/
        {
            perror("open error!");
            return 1;
        }
        printf("open successful!\n");
        sleep(10);                                      /*暂停 10 秒*/
        if(unlink(newpath)<0)                           /*删除硬链接文件*/
        {
            perror("unlink error!");
            return 1;
        }
        printf("file unlink!\n");
        sleep(10);
        printf("well done!\n");
        return 0;
}
```

程序的运行效果如图 9.11 所示。

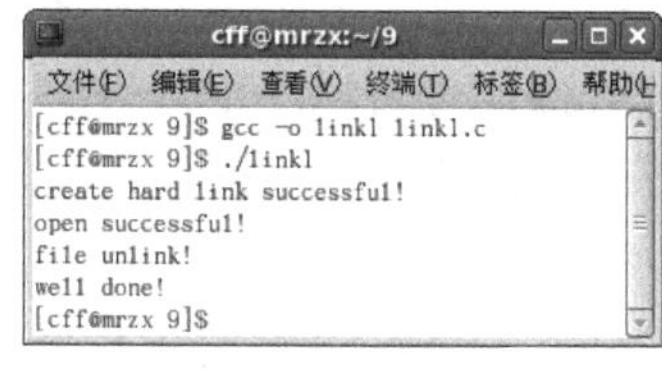

图 9.11　硬链接文件的创建与删除

2. 符号链接

符号链接是通过文件名称来指向另一个文件的，因此符号链接文件和源文件的索引节点号并不同，一旦将源文件删除，那么符号链接文件就会无效。符号链接较硬链接方便很多，可以给任意类型的文件建立符号链接。

在 Linux 系统下，提供了系统调用函数 symlink()和 readlink()，用于对符号链接进行创建和打开操作。

☑　创建符号链接函数 symlink()

函数 symlink()主要用于为一个已经存在的文件创建一个符号链接，该函数的定义形式如下：

```
#include<unistd.h>
int symlink(const char *oldpath,const char *newpath);
```

参数 oldpath 指的是原有的文件名称；参数 newpath 指的是新创建的一个符号链接文件名称。

该函数调用成功，返回值为 0；否则返回值为-1，并设置相应的 errno 信息。

技巧

创建一个新的符号链接文件的函数 symlink()与使用 link()函数创建一个硬链接的使用方法是相同的，此函数的使用非常简单。

☑　打开符号链接并获取文件名称函数 readlink()

系统调用函数 readlink()主要用于打开一个已经存在的符号链接，并获取该文件的名称，该函数的定义形式如下：

```
#include<unistd.h>
ssize_t readlink(const char *path,char *buf,size_t bufsiz);
```

参数 path 指的是已经存在的符号链接的路径；参数 buf 指向一块缓冲区，用于存放读取出来的信息；参数 bufsiz 指的是该缓冲区的大小。

函数调用成功，返回值为实际写入缓冲区的字节数；如果调用失败，则返回值为-1，并设置相应的 errno 信息。

说明

删除符号链接文件的系统调用函数与删除硬链接文件的系统调用函数是相同的，都使用 unlink()函数。

9.3.3 设备文件

Linux 系统与 Windows 系统不同，它将设备当作文件来操作。因此，在 Linux 系统中，对文件的读写等操作都可以应用到设备文件中，可以把设备文件当作普通文件来处理。在访问外部设备时，不需要系统提供一种标准接口与外部设备相关联，只需要像访问普通文件一样来访问设备文件。

在 Linux 系统中，很多东西都是以文件的形式存在的，因此设备文件存在一个抽象化的设备目录，如“/dev”，关于文件的读写，或者控制等操作，都可以应用到设备文件上。但是，有个别的外部设备文件在操作时需要特别注意，如串口和声卡等外部设备。

在 Linux 系统下，不仅可以通过 C 语言编程实现控制终端以及对串口的读写操作，还可以控制扬声器发声和声卡等外部设备播放音频文件等。

说明

在 Linux 系统中，除了介绍的这几种文件的操作外，还有对管道文件的操作。在第 8 章中，已经对此部分内容做了介绍，在此不再重复介绍。

9.4 小　　结

本章主要针对 Linux 系统中的文件操作进行了详细讲解。在 Linux 系统中，不仅包含普通的文件，还包含一些特殊的文件，如目录文件、链接文件、管道文件和设备文件等。因此，本章在开始部分就对系统中的文件和文件系统的概念进行了分析，并对文件的一些属性的相关信息进行了说明。带着对文件的初步了解，深入到 Linux 下的关于文件的 C 语言编程中的应用，在本章中结合实例对文件的一些特殊操作进行了详细的讲解。

由于本书的方向是 Linux 系统下的 C 语言编程，因此对于 Linux 中的文件和文件系统的相关知识只是做了初步的介绍。

9.5　实践与练习

1．通过系统调用函数 symlink()为已经存在的文件 eq1.c 创建一个符号链接，名称为 symbol.c。打开这个符号链接文件，获取该文件的名称，10 秒钟之后，再通过 unlink()函数删除此符号链接文件。（**答案位置：资源包\TM\sl\9\8**）

2．使用 mkdir()函数创建一个新的工作目录文件，然后调用 rmdir()函数删除这个目录文件。（**答案位置：资源包\TM\sl\9\9**）

3．在 Linux 系统中，根据文件存放数据的作用不同，可以将文件分为哪几种？（**答案位置：资源包\TM\sl\9\10**）

第10章 文件的输入/输出操作

（视频讲解：30分钟）

从空间的角度分析，Linux 系统是由文件所组成的。对于文件，除了前面介绍的对文件相关属性信息的修改、控制等操作之外，还有对文件的读写操作。在 Linux 系统下的 C 语言编程中，对文件的相关操作，最主要的就是文件的 I/O 操作。

通过阅读本章，您可以：

- 了解文件描述符的概念
- 了解数据流的概念
- 区分缓冲文件与非缓冲文件
- 掌握 Linux 系统调用的 I/O 操作函数
- 掌握 C 语言高级接口中的 I/O 操作函数

10.1　文件 I/O 操作概述

在 Linux 系统中，文件 I/O 操作可以分为两类，一类是基于文件描述符的 I/O 操作，另一类是基于数据流的 I/O 操作。在对这两类 I/O 操作讲解之前，先来熟悉一下文件描述符和数据流这些基本概念。

10.1.1　文件描述符简介

在第 9 章中，也经常提到文件描述符这个概念。所谓的文件描述符，就是进程与打开的文件的一个桥梁，通过这个桥梁，才可以在进程中对这个文件进行读写等操作。

在 Linux 环境下，每打开一个磁盘文件，都会在内核中建立一个文件表项，文件表项中存储着文件的状态信息、存储文件内容的缓冲区和当前文件的读写位置。如果同一个磁盘文件打开了 3 次，就会创建 3 个这样的文件表项（a、b 和 c），读写该文件时，只会改变该文件表项中的文件读写位置。这 3 个文件表项存储在一个文件表数组 table[3]中，在这里 table[0]=a，table[1]=b，table[2]=c。这个文件表的下标就称之为文件描述符，将这个文件描述符存储在一个数组中 des[3]={0,1,2}，那么，在进程中就可以通过这个 des 数组下标引用文件表项。也就是说，通过文件描述符就可以访问到这个磁盘文件。

10.1.2　数据流概述

从数据操作方式这个角度来说，Linux 系统中的文件（无论是普通文件还是设备文件）可以看作是数据流。对文件进行操作之前，必须先调用标准 I/O 库函数 fopen()将数据流打开。打开数据流之后，就可以对数据流进行输入和输出的操作。

标准 I/O 库函数是 C 语言中所特有的用于高级接口的函数，这些库函数存放在 C 语言的 stdio.h 头文件中，因此这些用于数据流的 I/O 操作函数不仅适用于 Linux 系统，还适用于其他的操作系统。由此可见，此库函数的应用大大增加了程序的移植性。

要对数据流进行读写操作时，需要标准 I/O 库函数和 FILE 类型的文件指针一起来实现。这个文件指针是打开数据流时返回的指针，该指针用来表示要操作的数据流。

当执行程序时，有 3 个数据流不需要特定的函数进行打开的操作，它们会自动打开。这 3 个数据流是标准输入、标准输出和标准错误输出。它们是自动打开的，当不使用时，也会自动关闭。

然而，调用标准 I/O 库函数 fopen()打开的数据流，在对数据流进行操作后，需要调用 fclose()函数将其关闭。fclose()函数在关闭数据流之前，会清空在操作过程中分配的缓冲区并保存数据信息。

视频讲解

10.2 基于文件描述符的 I/O 操作

在前面已经介绍了文件描述符的概念，基于文件描述符的 I/O 操作主要是通过文件描述符与文件建立联系，以文件描述符代表一个唯一的文件。

基于文件描述符的这些 I/O 操作函数，都是 Linux 操作系统提供的一组文件操作的接口函数，如 open()、close()、read()、write()和 lseek()等。

10.2.1 文件的打开与关闭

要对一个文件进行操作，前提是这个文件已经存在，然后才能打开这个文件。打开文件后，就可以对这个打开的文件进行读写或者控制等操作。在操作完成后，需要将文件关闭，如果不及时关闭，可能会丢失文件中的数据。

因此，在 Linux 系统中提供了系统调用函数 open()和 close()，用于打开和关闭一个已经存在的文件。

1．open()函数

open()函数可以打开或创建一个文件（包括设备文件），该函数的定义形式如下：

```
#include<sys/types.h>
#include<sys/stat.h>
#include<fcntl.h>

int open(const char *pathname,int flags);
int open(const char *pathname,int flags,mode_t mode);
int creat(const char *pathname,mode_t mode);
```

上述的两个 open()函数和一个 creat()函数在调用成功时，都会返回其新分配的文件描述符；否则返回值为-1，并设置适当的 errno 值。

上述函数的定义中，参数 pathname 均代表要打开或者要创建的这个文件的路径名称；参数 flags 均代表文件的打开方式的宏定义，这些宏定义的含义如表 10.1 所示；参数 mode 均代表文件的访问权限设置，访问权限的宏定义的含义如表 10.2 所示。

表 10.1　文件打开方式的宏定义

文件打开方式的宏定义	含　义
O_RDNOLY	以只读方式打开文件
O_WRONLY	以只写方式打开文件
O_RDWR	以读写方式打开文件
O_CREAT	若所打开文件不存在，则创建该文件

续表

文件打开方式的宏定义	含　义
O_EXCL	如果打开文件时设置了 O_CREAT，但是该文件存在，则导致调用失败
O_NOCTTY	如果在打开 tty 时，进程没有控制 tty，则不控制终端
O_TRUNC	如果以只写或读写方式打开一个已存在的文件时，将该文件截至 0
O_APPEND	以追加的方式打开文件
O_NONBLOCK	用于非堵塞套接口 I/O，若操作不能无延迟地完成，则在操作前返回
O_NODELAY	用于非堵塞套接口 I/O，若操作不能无延迟地完成，则在操作前返回
O_SYNC	当数据被写入外存或者其他设备之后，操作才返回

文件的打开方式的宏定义可以使用或运算(|)进行组合，但其中必须包括 O_RDONLY、O_WRONLY 或 O_RDWR 3 种打开方式的宏定义之一。

文件访问的权限的宏定义（如表 10.2 所示）在应用时也可以使用或运算（|）进行组合使用。

表 10.2　文件访问权限的宏定义

宏 定 义	八 进 制 值	说　明
S_IRWXU	00700	设置文件所有者可读、写和执行的权限
S_IRWXG	00070	设置文件所在用户组的可读、写和执行的权限
S_IRWXO	00007	设置其他用户的可读、写和执行的权限
S_IRUSR	00400	设置文件所有者的读权限
S_IWUSR	00200	设置文件所有者的写权限
S_IXUSR	00100	设置文件所有者的执行权限
S_IRGRP	00040	设置用户组的读权限
S_IWGRP	00020	设置用户组的写权限
S_IXGRP	00010	设置用户组的执行权限
S_IROTH	00004	设置其他用户的读权限
S_IWOTH	00002	设置其他用户的写权限
S_IXOTH	00001	设置其他用户的执行权限

参数 mode 代表的文件权限可以用八进制数表示，如 0644 表示 -rw-r--r--，也可以用 S_IRUSR、S_IWUSR 等宏定义按位或来表示。要注意的是，文件权限由 open()函数的 mode 参数和当前进程的 umask 掩码共同决定，umask 掩码是系统中默认的值，可以通过在终端下输入命令“umask”查询此值，如图 10.1 所示。

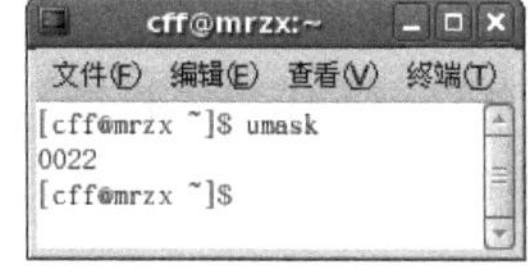

图 10.1　查询 umask 掩码

2. close()函数

close()函数主要用于关闭一个已打开的文件，该函数的定义形式如下：

```
#include<unistd.h>
int close(int fd);
```

close()函数如果调用成功，返回值为 0；否则返回值为-1，并设置适当的 errno 值。

参数 fd 是要关闭的文件描述符。

注意

当一个进程终止时，内核对该进程所有尚未关闭的文件描述符调用 close()函数关闭，所以即使用户程序不调用 close()函数，在终止时内核也会自动关闭它打开的所有文件。但是，对于网络服务器这种一直在运行的程序，文件描述符一定要及时关闭，否则随着打开的文件越来越多，会占用大量文件描述符和系统资源。

说明

由函数 open()返回的文件描述符一定是该进程尚未使用的最小描述符。由于程序启动时自动打开标准输入、标准输出和标准错误输出，因此文件描述符 0、1、2 会存在，那么第一次调用 open()函数打开文件时返回的文件描述符通常会是 3，再调用 open()函数就会返回 4。可以利用这一点在标准输入、标准输出或标准错误输出上打开一个新文件，实现重定向的功能。例如，首先调用 close()函数关闭文件描述符 1，然后调用 open()函数打开一个常规文件，则一定会返回文件描述符 1，这时标准输出就不再是终端，而是一个常规文件，再调用 printf()函数就不会打印到屏幕上，而是写到这个文件中。在第 9 章中讲到的 dup2()函数就是另外一种在指定的文件描述符上打开文件的方法。

10.2.2 文件的读写操作

对一个打开的文件而言，最常用到的就是对文件的读写操作。在 Linux 系统中，提供了系统调用函数 read()和 write()，用于实现文件的读写操作。

1. read()函数

read()函数从打开的文件（包括设备文件）中读取数据，该函数的定义形式如下：

```
#include<unistd.h>
ssize_t read(int fd,void *buf,size_t count);
```

参数 fd 代表的是要进行读写的文件的文件描述符；参数 buf 代表的是读取的数据存放在 buf 指针所指向的缓冲区中；参数 count 代表的是读取的数据的字节数。读取文件数据时，文件的当前读写位置会向后移。

注意

这个读写位置和使用 C 标准 I/O 库时的读写位置有可能不同，这个读写位置是记在内核中的，而使用 C 标准 I/O 库时的读写位置是用户空间 I/O 缓冲区中的位置。

如果函数调用成功，返回值为读取的字节数；否则返回值为-1，并设置适当的 errno 值。

返回的字节数有时会小于参数 count 值。在以下几种读取文件数据的情况下，返回的字节数会小于 count 值。如：

☑ 读常规文件时，在读到 count 个字节之前已到达文件末尾。例如，距文件末尾还有 30 个字节而请求读 100 个字节，则 read()函数返回 30，下次 read()函数将返回 0。

☑ 从终端设备读，通常以行为单位，读到换行符就返回。

☑ 从网络读，根据不同的传输层协议和内核缓存机制，返回值可能小于请求的字节数。

2．write()函数

write()函数向打开的设备或文件中写入数据，该函数的定义形式如下：

```
#include<unistd.h>
ssize_t write(int fd,const void *buf,size_t count);
```

参数 fd 代表的是想要写入数据的文件的文件描述符；参数 buf 指向写入文件的数据的缓冲区；参数 count 代表的是写入文件的数据的字节数。

如果函数调用成功，返回值为写入的字节数；否则返回值为-1，并设置适当的 errno 值。

说明

当向常规文件写入数据时，返回值会是字节数 count，但是当向终端设备或者网络中写入数据时，返回值则不一定为写入的字节数。

10.2.3　文件的定位

每个打开的文件都记录着当前读写位置，打开文件时读写位置是 0，表示文件开头，通常读写多少个字节就会将读写位置往后移多少个字节。

技巧

以 O_APPEND 方式打开文件，每次写操作都会在文件末尾追加数据，然后将读写位置移到新的文件末尾。

lseek()函数可以移动当前读写位置，通常也称为偏移量，该函数的定义形式如下：

```
#include<sys/types.h>
#include<unistd.h>

off_t lseek(int fildes,off_t offset,int whence);
```

参数 fildes 代表的是文件描述符；参数 offset 代表的是偏移量；参数 whence 代表的是用于偏移时的相对位置。

参数 whence 可取如下几个值，代表偏移值的相对位置。

☑ SEEK_SET：从文件的开头位置计算偏移量。

☑ SEEK_CUR：从当前的位置开始计算偏移量。

☑ SEEK_END：从文件的末尾计算偏移量。

偏移量允许超过文件末尾，这种情况下对该文件的下一次写操作将延长文件，未写入内容的空间用“\0”填满。

如果该函数调用成功，返回值为新的偏移量；否则返回值为-1，并设置适当的 errno 值。

【例 10.1】 通过调用上述介绍的几种系统调用函数，对文件进行简单的读写操作。（**实例位置：资源包\TM\sl\10\1**）

程序的代码如下：

```
#include<stdio.h>
#include<sys/types.h>
#include<sys/stat.h>
#include<fcntl.h>
#include<unistd.h>
int main()
{
	char *path="/home/cff/9/test.c";			/*进行操作的文件路径*/
	int fd;
	char buf[40],buf2[]="hello mrcff";			/*自定义读写用的缓冲区*/
	int n,i;
	if((fd=open(path,O_RDWR))<0)			/*打开文件*/
	{
		perror("open file failed!");
		return 1;
	}
	else
		printf("open file successful!\n");
	if((n=read(fd,buf,20))<0)				/*读取文件中的数据*/
	{
		perror("read failed!");
		return 1;
	}
	else
	{	printf("output read data:\n");
		printf("%s\n",buf);				/*将读取的数据输出到终端控制台*/
	}
	if((i=lseek(fd,11,SEEK_SET))<0)			/*定位到从文件开头处到第 11 个字节处*/
	{
		perror("lseek	error!");
		return 1;
	}
	else
	{
		if(write(fd,buf2,11)<0)				/*向文件中写入数据*/
		{
			perror("write error!");
			return 1;
		}
		else
```

```
		{
			printf("write successful!\n");
		}
	}
	close(fd);				/*关闭文件的同时保存对文件的改动*/

	if((fd=open(path,O_RDWR))<0)		/*打开文件*/
	{
		perror("open file failed!");
		return 1;
	}
	if((n=read(fd,buf,40))<0)			/*读取数据*/
	{
		perror("read 2 failed!");
		return 1;
	}
	else
	{
		printf("read the changed data:\n");
		printf("%s\n",buf);			/*将数据输出到终端*/
	}
	if(close(fd)<0)				/*关闭文件*/
	{
		perror("close failed!");
		return 1;
	}
	else
		printf("good bye!\n");
return 0;
}
```

该程序的实现分为如下几步：

（1）打开文件。

（2）读取文件中的数据。

（3）输出到终端控制台上。

（4）给文件指针定位到指定位置处。

（5）在定位的位置处写入指定信息。

（6）关闭文件，保存数据。

（7）再次打开此文件。

（8）读取文件中修改后的数据。

（9）将数据输出到终端控制台上。

（10）关闭文件。

程序的运行效果如图 10.2 所示。

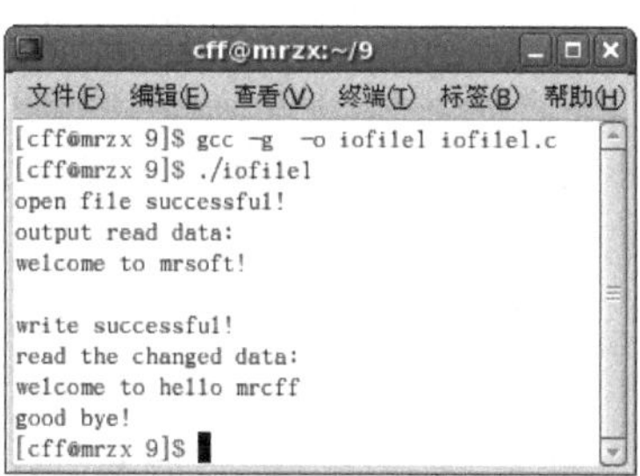

图 10.2　对文件的读写操作

视频讲解

10.3 基于数据流的 I/O 操作

在 Linux 系统中，基于数据流的 I/O 操作是实现输入/输出的另一种方法。在前面已经介绍了数据流的含义，基于数据流的 I/O 操作是通过一个 FILE 类型的文件指针实现对文件的访问的。在 FILE 结构体类型中存储着很多关于流操作所需的信息，如打开文件的文件描述符、新开辟的缓冲区的指针、缓冲区的大小等。在此并不需要了解 FILE 结构体中都存储着什么信息，只需使用该类型的指针与文件建立联系，用于访问文件。

本节将要介绍的这些函数都是存放在 stdio.h 头文件中声明的，可以称为标准 I/O 库函数。基于流的 I/O 操作函数常用的有 fopen()、fclose()、fread()、fwrite()、fscanf()和 getc()等。

说明

在本节中要介绍的这些基于数据流的 I/O 操作函数是 C 标准库 stdio 中提供的函数，因此不仅适用于 Linux 系统，还适用于 Windows 等其他系统。

10.3.1 文件的打开与关闭

在操作文件之前要用 fopen()函数打开文件，操作结束后，要用 fclose()函数关闭文件。

1. fopen()函数

打开文件就是在操作系统中分配一些资源，用于保存该文件的状态信息，用文件描述符来引用这个文件的状态信息，因此可以通过这个文件描述符对文件进行某些操作。

函数 fopen()的定义形式如下：

```
#include<stdio.h>

FILE *fopen(const char *path, const char *mode);
```

参数 path 代表的是要打开的文件的路径名；参数 mode 指的是文件的打开方式。

如果函数调用成功，返回值为文件指针；否则返回 NULL，并设置适当的 errno 信息。

返回的这个文件指针主要用于以后调用其他函数对文件做读写操作，该指针用以指明对哪个文件进行操作。

mode 参数有 6 种取值，如表 10.3 所示。

表 10.3　mode 参数取值

字　符	功 能 说 明
r	只读，文件必须已存在

续表

字　符	功 能 说 明
r+	允许读和写，文件必须已存在
w	只写，如果文件不存在则创建，如果文件已存在则把文件长度截断（Truncate）为 0 字节再重新写，也就是替换掉原来的文件内容
w+	允许读和写，如果文件不存在则创建，如果文件已存在则把文件长度截断为 0 字节再重新写
a	只能在文件末尾追加数据，如果文件不存在则创建
a+	允许读和追加数据，如果文件不存在则创建

2．fclose()函数

fclose()函数关闭文件，即释放文件在操作系统中占用的资源，使文件描述符失效，用户程序就无法操作这个文件了。该函数的定义形式如下：

```
#include<stdio.h>

int fclose(FILE *fp);
```

参数 fp 是要关闭的文件的指针。

如果函数调用成功，返回值为 0；否则返回 EOF，并设置适当的 errno 信息。

技巧

EOF 在 stdio.h 中定义的值为-1，其定义形式如下：

```
#ifndef EOF
# define EOF (-1)
#endif
```

10.3.2　字符输入/输出

本节将详细介绍基于文件流的 I/O 操作中关于字符的操作。对字符的输入/输出操作，其实就是以字节为单位的读写操作。在 C 标准库中常用的读写字符的函数是 fgetc()和 fputc()。

1．fgetc()函数

fgetc()函数从指定的文件中读一个字节，该函数的定义形式如下：

```
#include<stdio.h>

int fgetc(FILE *stream);
```

参数 stream 为 FILE 结构体类型的指针，用于指向一个文件，使得该函数从指定文件中读取一个字节。

如果函数 fgetc()调用成功，则返回读到的字节；如果出错或者读到文件末尾，则返回 EOF。

说明

在程序中，偶尔会遇到 getchar()函数，也是用于读取一个字节，但它是从标准输入读一个字节。在程序中调用 getchar()函数相当于调用 fgetc(stdin)。

注意

在使用 fgetc()函数时需要注意以下几点：

（1）调用 fgetc()函数时，指定的文件的打开方式必须是可读的。

（2）函数 fgetc()调用成功时，返回的是读到的字节，应该为 unsigned char 类型，但 fgetc()函数原型中返回值类型是 int，原因在于函数调用出错或读到文件末尾时 fgetc()会返回 EOF，即-1，保存在 int 型的返回值中是 0xffffffff，如果读到字节 0xff，由 unsigned char 型转换为 int 型是 0x000000ff，只有规定返回值是 int 型才能把这两种情况区分开，如果规定返回值是 unsigned char 型，那么当返回值是 0xff 时则无法区分到底是 EOF 还是字节 0xff。

2. fputc()函数

fputc()函数主要用于向指定的文件写一个字节，该函数的定义形式如下：

```
#include<stdio.h>

int fputc(int c, FILE *stream);
```

该函数可以理解为将字节 c 写入到 stream 指针所指向的文件中。

如果函数调用成功，则返回写入的字节；否则，返回 EOF。

说明

在程序中，偶尔会遇到 putchar()函数，也是用于向文件中写入一个字节，但它是向标准输出写一个字节。在程序中调用 putchar()函数相当于调用 fputc(c,stdout)。

注意

在使用 fputc()函数时需要注意，调用 fputc()函数时，指定文件的打开方式必须是可写的（包括追加）。

3. 字符 I/O 的实例

【例 10.2】 此实例主要实现多次调用 fputc()函数向文件 test.c 中写入数组 a 中的字节，然后通过多次调用 fgetc()函数获取文件中的数据存放在字符变量 ch 中，将其显示到终端屏幕上。（**实例位置：资源包\TM\sl\10\2**）

程序的代码如下：

```
#include<stdio.h>
```

```
int main()
{
    FILE *fp;
    int i;
    char *path="/home/cff/10/test.c";
    char a[]={'h','e','l','l','o',' ','m','r'};
    char ch;
    fp=fopen(path,"w");                              /*以只写的方式打开文件*/
    if(fp)                                           /*判断是否成功打开文件*/
    {

        for(i=0;i<5;i++)
        {
            if(fputc(a[i],fp)==EOF)                  /*向文件中循环写入 a 数组中的内容*/
            {
                perror("write error!");
                return 1;
            }
        }
        printf("write successful!\n");
    }
    else
    {
        printf("open error!\n");
        return 1;
    }
    fclose(fp);                                      /*关闭文件*/
    if((fp=fopen("/home/cff/10/test.c","r"))==NULL)  /*以只读的方式打开文件*/
    {
        perror("open error!");
        return 1;
    }
    printf("output data in the test.c\n");
    for(i=0;i<5;i++)
    {
        if((ch=fgetc(fp))==EOF)                      /*循环方式获取文件中的 5 个字节*/
        {
            perror("fgetc error!");
            return 1;
        }
        else
        {
            printf("%c",ch);                         /*输出字符*/
        }
    }
    printf("\nget successful!\nplease examine test.c...\n");
    fclose(fp);                                      /*关闭文件*/
return 0;
}
```

上述代码的运行效果如图 10.3 所示。

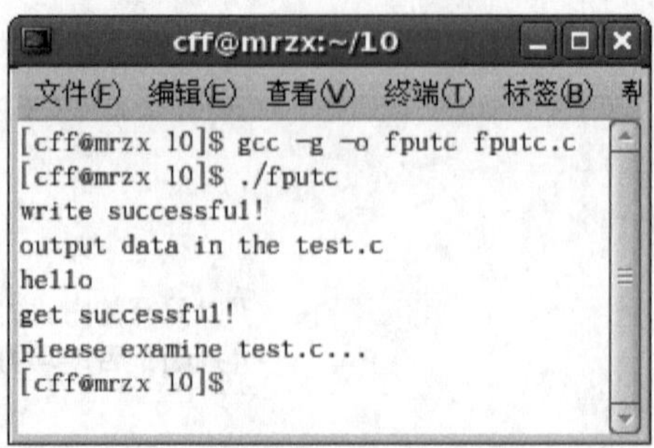

图 10.3　读写字符

10.3.3　字符串输入/输出

C 标准库函数为字符串的输入/输出提供了 fputs()和 fgets()函数。fputs()与 fputc()函数类似，不同的是 fputc()函数每次只向文件中写一个字符，而 fputs()函数每次向文件中写入一个字符串。fgets()与 fgetc()函数之间的关系是读取字符串与读取字符的关系。

1．fgets()函数

函数 fgets()的定义形式如下：

```
#include<stdio.h>

char *fgets(char *s, int size, FILE *stream);
```

该函数实现了从参数 stream 所指向的文件中读取一串小于参数 size 所表示的字节数的字符串，并将字符串存储到 s 所指向的缓冲区中。

函数调用成功时，返回内容为参数 s 所指向的缓冲区部分的指针；函数调用出错或者读到文件末尾时，则返回 NULL。

在调用 fgets()函数读取字符串时，以读取到“\n”转义字符为结束，并在该行末尾添加一个“\0”组成完整的字符串。

在 size 字节范围内没有读到“\n”结束符，则添加一个“\0”，组成字符串存储到缓冲区中；文件中剩余的字符，待下次调用 fgets()函数时再读取。

注意

对于 fgets()函数而言，“\n”是一个特别的字符，作为结束符；而“\0”并无任何特别之处，只用作普通字符读入。正因为“\0”作为一个普通的字符，因此无法判断缓冲区中的“\0”究竟是从文件读上来的字符还是由 fgets()函数自动添加的结束符，所以 fgets()函数只用于读文本文件而不推荐读二进制文件，并且文本文件中的所有字符不能有“\0”。

2. fputs()函数

函数 fputs()的定义形式如下：

```
#include<stdio.h>

int fputs(const char *s, FILE *stream);
```

此函数用于实现向 stream 指针指向的文件中写入 s 缓冲区中的字符串。

如果函数调用成功，返回值为一个非负整数；否则，返回 EOF。

说明

缓冲区 s 中保存的是以“\0”结尾的字符串，fputs()将该字符串写入文件 stream，但并不写入结尾的“\0”，且字符串中可以有“\n”，也可以没有“\n”。

10.3.4　数据块输入/输出

在 C 标准库函数中，用于对文件的数据块进行输入与输出的函数为 fread()和 fwrite()。数据块输入/输出又被称为直接输入/输出和以记录的形式输入/输出。这两个函数的定义形式如下：

```
#include<stdio.h>

size_t fread(void *ptr, size_t size, size_t nmemb, FILE *stream);
size_t fwrite(const void *ptr, size_t size, size_t nmemb, FILE *stream);
```

函数 fread()和 fwrite()用于读写数据块，参数 size 指出一个数据块的大小，而 nmemb 指出要读或写多少条这样的数据块，这些数据块在 ptr 指针所指的内存空间中连续存放，共占（size*nmemb）个字节。

函数 fread()从 stream 所指的文件中读出（size*nmemb）个字节保存到 ptr 中，而函数 fwrite()把 ptr 中的（size*nmemb）个字节写到 stream 所指定的文件中。

如果函数 fread()和 fwrite()调用成功，则返回读或写的记录数，该记录数等于 nmemb；如果函数调用出错或读到文件末尾时返回的记录数小于 nmemb，则可能返回 0。

10.3.5　格式化输入/输出

所谓的格式化输入/输出，就是按照一定的格式对数据进行输入/输出操作。在程序中经常用到的 printf()函数和 scanf()函数是用于对终端设备文件的读写操作，这两个函数被称为格式化输入/输出，因为在使用这两个函数时，需要指定读写数据的数据类型并按照一定的格式进行读写，如“%d”或者“%c”等。

下面先介绍一下 stdio 库中提供的格式化操作的输出函数。

1．格式化输出函数

在 Linux 系统的 man 命令中，查找到格式化输出的函数有如下 4 种定义形式：

```
#include<stdio.h>

int printf(const char *format,…);
int fprintf(FILE *stream, const char *format, ...);
int sprintf(char *str, const char *format, ...);
int snprintf(char *str, size_t size, const char *format, ...);
```

这几个函数调用成功时，返回格式化输出的字节数（不包括字符串的结尾“\0”）；如果出错，则返回一个负值。

☑ printf()函数中参数 format 代表一个格式化的输出字符串，该函数主要实现向标准输出流中输出。

☑ fprintf()函数用于向 stream 指针所指向的文件中输出 format 所代表的数据。

☑ sprintf()与 snprintf()函数都不是用于向流中输出数据，而是向 str 所代表的字符串中输出数据，而且 snprintf()函数中多了一个参数 size，用于为 str 所指的缓冲区设置一个大小，这样不容易出现缓冲区溢出的问题。

说明

这几个函数中的参数 format 均代表格式化的输出字符串，可以通过命令“man printf”查看这几个格式化输出函数以及这些格式控制符的详细内容。

2．格式化输入函数

介绍完格式化输出函数，现在介绍一下格式化输入函数。在 Linux 系统的 man 命令中，查找到格式化输入函数有 3 种定义形式，与 printf()等格式化输出函数相互对应，但由于从缓冲区中读取字符串不会发生缓冲区溢出的问题，因此不存在与 snprintf()函数相互对应的格式化输入函数。这 3 个格式化输入函数之间的区别与前面介绍到的几个格式化输出函数之间的区别是相同的，它们的定义形式如下：

```
#include<stdio.h>

int scanf(const char *format, ...);
int fscanf(FILE *stream, const char *format, ...);
int sscanf(const char *str, const char *format, ...);
```

参数 format 也表示格式化的字符串，只是在这里是代表输入的字符串。

函数 scanf()从标准输入获取格式化字符串。在函数中，除了有格式化字符串之外，还有一个参数的地址，用于将输入的字符串传给这个地址。fscanf()从指定的文件 stream 中获取字符，而 sscanf 从指定的字符串 str 中读字符。

如果这几个格式化输入函数调用成功，则返回成功匹配和赋值的参数个数，成功匹配的参数可能少于所提供的赋值参数，返回 0 表示一个都不匹配；出错或者读到文件或字符串末尾时，则返回 EOF，并设置 errno 信息。

10.3.6　操作读写位置的函数

对文件中的数据进行读写操作时，往往并不需要从头开始读写，只需对其中指定的内容进行操作，这时就需要使用文件定位函数来实现对文件的随机读取，本节中将介绍 3 种文件定位函数。这 3 种文件定位函数的定义形式如下：

```
#include<stdio.h>
int fseek(FILE *stream, long offset, int whence);
long ftell(FILE *stream);
void rewind(FILE *stream);
```

1. fseek()函数

函数 fseek()的作用是用来移动文件内部位置指针。其中，stream 指向被移动的文件；offset 表示移动的字节数，要求位移量是 long 型数据，以便在文件长度大于 64KB 时不会出错，且当用常量表示位移量时，要求加后缀“L”；参数 whence 表示从何处开始计算位移量，规定的起始点有 3 种：文件首、文件当前位置和文件结尾，其表示方法如表 10.4 所示。

表 10.4　参数 whence 的表示方法

起　始　点	符 号 表 示	数 字 表 示
文件首	SEEK_SET	0
文件当前位置	SEEK_CUR	1
文件结尾	SEEK_END	2

例如：

```
fseek(fp,-20L,1);
```

表示将读写位置指针从当前位置向后退 20 个字节。

说明

fseek()函数一般用于二进制文件。在文本文件中，由于要进行转换，往往计算的位置会出现错误。

如果 fseek()函数调用成功，返回值为 0；否则返回值为-1，并设置适当的 errno 值。

【例 10.3】　此实例只是简单地实现在一个文件 file.c 中的第二个字节处插入字符“m”。（**实例位置：资源包\TM\sl\10\3**）

程序的代码如下：

```
#include<stdio.h>
#include<stdlib.h>
int main(void)
{
    FILE *fp;
    if((fp = fopen("file.c","r+")) == NULL)        /*以读写的方式打开一个已存在的文件 file.c*/
```

```
    {
        perror("Open file textfile");
        exit(1);
    }
    if(fseek(fp, 2, SEEK_SET) != 0)       /*将读写位置定位在从文件开头处计算的第 2 个字节处*/
    {
        perror("Seek file textfile");
        exit(1);
    }
    fputc('m', fp);                       /*在此处插入字符 m*/
    fclose(fp);                           /*关闭文件*/
    return 0;
}
```

程序的运行效果如图 10.4 所示。

此程序的运行结果中什么变化都看不出来，因为这是对文件 file.c 进行插入操作，所以需要对原 file.c 文件和运行程序后的 file.c 文件进行比较，原 file.c 文件中的内容如图 10.5 所示，运行程序后的 file.c 文件中的内容如图 10.6 所示。

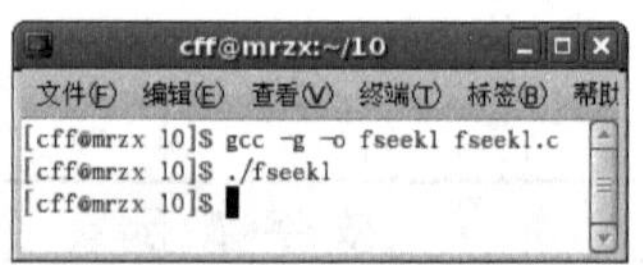

图 10.4 利用 fseek()函数在指定位置插入字符

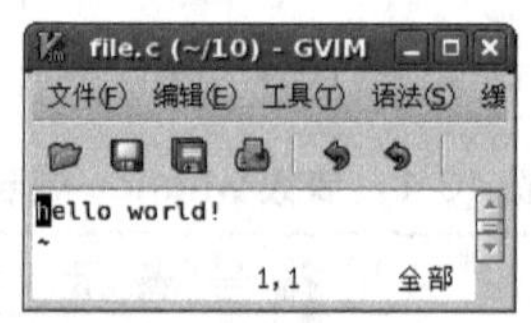

图 10.5 原 file.c 文件内容

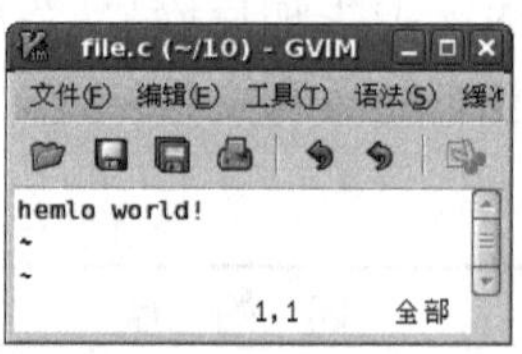

图 10.6 运行程序后的 file.c 文件内容

注意

fseek(fp,2, SEEK_SET)将读写位置移到第 2 个字节处（其实是第 3 个字节，从 0 开始计数），然后在该位置写入一个字符 m。

2. ftell()函数

ftell()函数的作用是得到 stream 指定的流式文件中的当前位置，用相对于文件开头的位移量来表示。如果函数调用成功，返回值为当前的位移量；否则返回值为-1，并设置适当的 errno 值。

可以调用如下代码获取文件的字符串长度：

```
n=ftell(fp);
```

3. rewind()函数

rewind()函数的作用是使位置指针重新返回文件的开头，该函数没有返回值。

【例 10.4】 此实例通过读取一个文件中的字符，了解 ftell()函数是如何获取当前位置处的位移量的，并且了解 rewind()函数如何将位置指针定位到文件的开头位置。（**实例位置：资源包\TM\sl\10\4**）

程序的代码如下：

```
#include<stdio.h>
#include<stdlib.h>
```

```
main()
{
    FILE *fp;
    char ch,filename[50];
    printf("请输入文件路径及名称:\n");
    scanf("%s",filename);                              /*输入文件名*/
    if((fp=fopen(filename,"r"))==NULL)                 /*以只读方式打开该文件*/
    {
        printf("不能打开的文件!\n");
        exit(0);
    }
    printf("len0=%d\n",ftell(fp));                     /*输出当前位置*/
    ch = fgetc(fp);
    while(ch != EOF)
    {
        putchar(ch);                                   /*输出字符*/
        ch = fgetc(fp);                                /*获取 fp 指向文件中的字符*/
    }
    printf("\n");
    printf("len1=%d\n",ftell(fp));                     /*输出位置指针的当前位置*/
    rewind(fp);                                        /*指针指向文件开头*/
    printf("len2=%d\n",ftell(fp));                     /*输出位置指针的当前位置*/
    ch = fgetc(fp);
    while(ch != EOF)
    {
        putchar(ch);                                   /*输出字符*/
        ch = fgetc(fp);
    }
    printf("\n");
    fclose(fp);                                        /*关闭文件*/
}
```

上述程序实现的过程如下：

（1）成功打开文件后，输出当前位置指针的位移量 len0。

（2）读取文件中的字节，当读取完成后，输出此时位置指针的位移量 len1。

（3）调用 rewind()函数将位置指针定位到文件的开头，再次输出当前的位移量 len2。

（4）关闭文件。

程序的运行效果如图 10.7 所示。

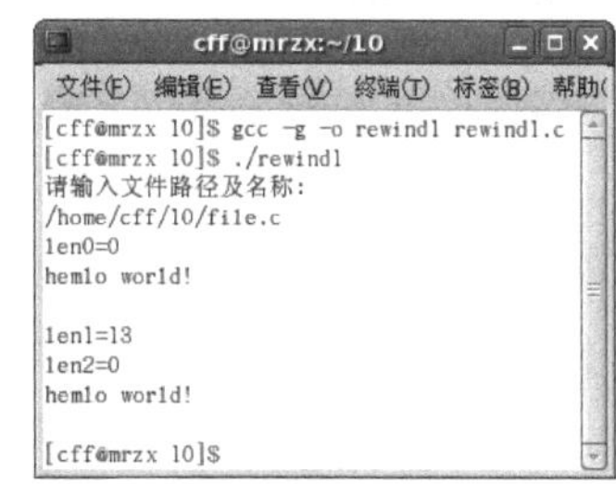

图 10.7　函数 ftell()和 rewind()的应用

10.3.7　C 标准库的 I/O 缓冲区

C 标准库在调用 fopen()函数时，都会给此文件分配一个 I/O 缓冲区，可以加速读写操作，原因在于用户程序需要调用 C 标准 I/O 库函数（如 fread()、fwrite()等基于流的 I/O 操作）读写文件，当缓冲区装满后，再由系统调用的 I/O 函数（如 read()、write()等基于文件描述符的 I/O 操作）把读写请求传给内核，最终由内核驱动磁盘或设备完成 I/O 操作。

由此看来，为文件分配的内存缓冲区的大小，直接影响到实际操作外存设备的次数，内存中为文件分配的缓冲区越大，操作外存的次数会越小，因此读写数据的速度会越来越快，效率就会随之增高。

然而，有时用户程序等不及将缓冲区都装满之后，再传给内核进行 I/O 操作，而是希望把 I/O 缓冲区中的数据立刻传给内核，让内核写回设备，这种行为叫作 flush 操作，对应的库函数是 fflush()。通常，fclose()函数在关闭文件之前也会做 flush 操作。

C 标准库的 I/O 缓冲区有全缓冲、行缓冲和无缓冲 3 种类型。

（1）全缓冲

如果缓冲区写满了，就写回内核。普通文件通常是全缓冲的。

（2）行缓冲

如果用户程序写的数据中有“\n”，就把这一行写回内核，或者缓冲区写满后就写回内核。标准输入和标准输出对应终端设备时通常是行缓冲的。

（3）无缓冲

用户程序每次调库函数做写操作都要通过系统调用写回内核。标准错误输出通常是无缓冲的，这样用户程序产生的错误信息可以尽快输出到设备。

使用缓冲区时，会使用到如下两类操作，一个是设置缓冲区属性，另一个是清空缓冲区。

1．设置缓冲区属性

缓冲区的大小直接影响到程序的执行效率，因此缓冲区的属性设置很重要。缓冲区的属性主要包括缓冲区的类型及其大小，通常都是系统的默认值。然而，在实际应用时也可以通过系统提供的一些调用函数修改缓冲区的属性，这几个函数的定义形式如下：

```
#include<stdio.h>
void setbuf(FILE *stream, char *buf);
void setbuffer(FILE *stream, char *buf, size_t size);
void setlinebuf(FILE *stream);
int setvbuf(FILE *stream, char *buf, int mode , size_t size);
```

注意

这几个函数只针对流的属性而设定，而且在使用上述函数时，流必须是打开的。

（1）setbuf()函数主要实现了为参数 buf 所指定的缓冲区设定大小。此函数中，设定缓冲区大小的值只有两个，一个是常数 BUFSIZ，另一个是 NULL。当定义值为 BUFSIZ 时，代表设置缓冲区为全缓冲；若为 NULL，则代表设置缓冲区为无缓冲形式。

（2）setbuffer()与 setbuf()函数功能相同，只是 setbuffer()函数可以任意指定缓冲区大小为 size。

（3）setlinebuf()函数实现了将 stream 指向的缓冲区设定为行缓冲。

（4）setvbuf()函数融合了上述 3 种函数的功能，既可以设置缓冲区的任意大小 size，也可以设置缓冲区的任意类型，如 mode 参数取值为_IOFBF（全缓冲类型）、_IOLBT（行缓冲类型）或_IONBF（无缓冲类型）。

当设置缓冲区属性的函数调用成功时，返回值为 0；否则，返回值为非 0。

2. 清空缓冲区

本节的前面部分已经介绍到 flush 操作。它可以将 I/O 缓冲区中的内容强制保存到磁盘文件中，使得缓冲区被清空。

在 stdio 库中，提供了 fflush()函数用于实现此功能，该函数的定义形式如下：

```
#include<stdio.h>

int fflush(FILE *stream);
```

fflush()函数实现将缓冲区中的尚未写入文件的数据强制性地写进 stream 所指的文件中，然后清空缓冲区。

如果 stream 为 NULL，此函数会将所有打开的文件数据更新。

10.4　小　　结

本章主要介绍了 Linux 系统下的文件 I/O 操作。在 Linux 系统下存在两种文件 I/O 操作，一种是基于文件描述符的 I/O 操作，这里面的 I/O 操作函数都是 Linux 系统中提供并直接作用于内核的，是非缓冲的 I/O 操作；另一种 I/O 操作是基于数据流的 I/O 操作，是由 C 语言的 stdio 库所提供的，需要在内存中开辟一块缓冲区，在缓冲区中进行快速地读写操作。本章主要结合典型实例介绍了上述两种 I/O 操作方式对文件的打开、关闭、读、写、文件定位等操作。

10.5　实践与练习

1. 编程实现将文件中的制表符换成恰当数目的空格，要求每次读写操作后都调用 ferror()函数检查错误，并将改变后的文件存储在第二次输入的文件路径中。（**答案位置：资源包\TM\sl\10\5**）

2. 合并两个文件中的信息，将合并后的信息存放在第一次输入的文件中。（**答案位置：资源包\TM\sl\10\6**）

第11章

信号及信号处理

（视频讲解：23分钟）

在前面介绍的进程控制和进程间通信中，使用了信号通知一个进程发送某一特定的事件，如结束进程、终止进程等事件。信号作为一种进程间通信的机制，并没有实现进程间数据的传输与交换，只是用于对多个进程访问共享资源时进行有效的控制起到了一个时间锁的功能。

本章将详细介绍信号的概念、信号的产生过程以及相关处理的操作问题。

通过阅读本章，您可以：

- 了解信号的作用
- 掌握查询常见信号含义的方法
- 掌握信号的产生过程
- 掌握捕捉信号的处理方法
- 掌握信号阻塞的处理方法
- 了解信号处理的安全问题

11.1 信号概述

在 Linux 这个多用户多进程的系统中，信号的存在是必然的。信号可以理解为一个软中断，在某个条件下，系统会发出某个信号给正在运行的进程，通知进程需要去执行某一特定的事件。

在第 7 章中介绍了在终端中可以使用 kill 命令查看 Linux 系统中所支持的信号，这些信号都是以 SIG 开头的，下面对 Linux 系统中常见的信号进行介绍。

11.1.1 在终端中查看常见的信号

在终端中输入命令 “kill –l”，可以列出 Linux 系统中的所有信号，如图 11.1 所示。

说明

图 11.1 中，每一个信号类型前面都有一个正整数，这个正整数与信号代表相同的含义，称之为信号编号。

信号的宏定义和编号都定义在 signal.h 头文件中。在终端中可以通过输入命令 “man 7 signal” 查看 Linux 系统中支持的信号的详细含义，如图 11.2 所示。

```
[cff@mrzx ~]$ kill -l
 1) SIGHUP       2) SIGINT       3) SIGQUIT      4) SIGILL
 5) SIGTRAP      6) SIGABRT      7) SIGBUS       8) SIGFPE
 9) SIGKILL     10) SIGUSR1     11) SIGSEGV     12) SIGUSR2
13) SIGPIPE     14) SIGALRM     15) SIGTERM     16) SIGSTKFLT
17) SIGCHLD     18) SIGCONT     19) SIGSTOP     20) SIGTSTP
21) SIGTTIN     22) SIGTTOU     23) SIGURG      24) SIGXCPU
25) SIGXFSZ     26) SIGVTALRM   27) SIGPROF     28) SIGWINCH
29) SIGIO       30) SIGPWR      31) SIGSYS      34) SIGRTMIN
35) SIGRTMIN+1  36) SIGRTMIN+2  37) SIGRTMIN+3  38) SIGRTMIN+4
39) SIGRTMIN+5  40) SIGRTMIN+6  41) SIGRTMIN+7  42) SIGRTMIN+8
43) SIGRTMIN+9  44) SIGRTMIN+10 45) SIGRTMIN+11 46) SIGRTMIN+12
47) SIGRTMIN+13 48) SIGRTMIN+14 49) SIGRTMIN+15 50) SIGRTMAX-14
51) SIGRTMAX-13 52) SIGRTMAX-12 53) SIGRTMAX-11 54) SIGRTMAX-10
55) SIGRTMAX-9  56) SIGRTMAX-8  57) SIGRTMAX-7  58) SIGRTMAX-6
59) SIGRTMAX-5  60) SIGRTMAX-4  61) SIGRTMAX-3  62) SIGRTMAX-2
63) SIGRTMAX-1  64) SIGRTMAX
[cff@mrzx ~]$
```

图 11.1　Linux 系统中的所有信号

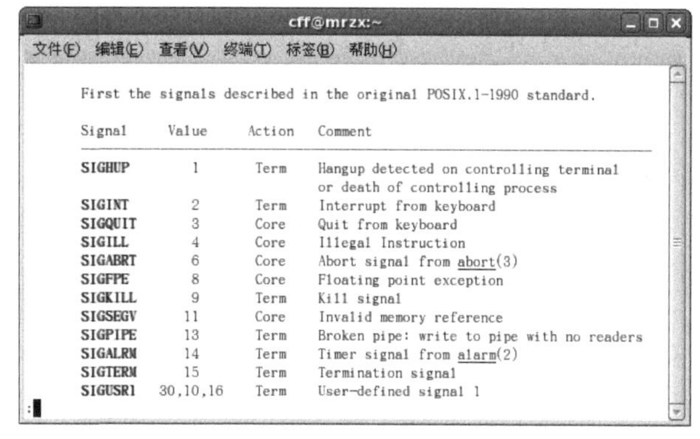

First the signals described in the original POSIX.1-1990 standard.

Signal	Value	Action	Comment
SIGHUP	1	Term	Hangup detected on controlling terminal or death of controlling process
SIGINT	2	Term	Interrupt from keyboard
SIGQUIT	3	Core	Quit from keyboard
SIGILL	4	Core	Illegal Instruction
SIGABRT	6	Core	Abort signal from abort(3)
SIGFPE	8	Core	Floating point exception
SIGKILL	9	Term	Kill signal
SIGSEGV	11	Core	Invalid memory reference
SIGPIPE	13	Term	Broken pipe: write to pipe with no readers
SIGALRM	14	Term	Timer signal from alarm(2)
SIGTERM	15	Term	Termination signal
SIGUSR1	30,10,16	Term	User-defined signal 1

图 11.2　Linux 系统中部分信号的详细含义

11.1.2 信号处理

信号作为一种进程间通信的机制，主要用于处理异步事件。通常，如果有信号发送到正在执行的进程中，进程会有如下 3 种处理信号的方法：

（1）默认信号的处理方法。系统为每一个信号都设置了默认的处理方法，通常为终止进程。

（2）捕捉信号，使进程执行指定的程序代码。

（3）忽略信号，对该信号不做任何处理，进程继续执行。

这 3 种处理捕捉到的信号的方法只是比较基本的方法。在实际应用中，对信号的处理并不会这么单一，例如，有些进程在执行时不希望被信号突然打断，但是还不希望忽略此信号，此时进程会将该信号挂起，需要时再处理该信号。

11.2 产生信号

信号的产生多种多样，主要有如下几种：

（1）可以通过键盘终端产生，例如，使用 Ctrl+C 快捷键可以产生 SIGINT 信号；使用 Ctrl+\快捷键可以产生 SIGQUIT 信号，使用 Ctrl+Z 快捷键可以产生 SIGTSTP 信号。

（2）通过终端中的 kill 命令产生信号，使用格式如下：

```
kill –信号类型 进程号
```

技巧

进程号可以通过命令“ps -aux”获取。

信号类型可以输入信号的编号，也可以输入信号的宏定义，例如，命令“kill –SIGTERM 进程号”或者“kill –15 进程号”，表示编号为 15、宏定义为 SIGTERM 的信号用来结束指定的进程。

（3）调用系统函数向进程发送信号。

在 Linux 系统中，kill()、raise()和 alarm()函数都可以产生信号，接下来将对这 3 个函数进行详细讲解。

11.2.1 kill()函数

前面介绍的在终端中通过 kill 命令产生信号的方法，原理主要是通过 kill 命令调用 kill()函数实现了这个功能。

kill()函数主要用于向指定的进程或进程组发送信号，该函数的定义形式如下：

```
#include<sys/types.h>
#include<signal.h>
int kill(pid_t pid,int sig);
```

参数 pid 为进程号或进程组号；参数 sig 为要发送的信号类型的编号。

参数 pid 的取值范围不同，发送的信号触发的事件也是不同的，其取值范围如下。

☑ pid=0：将信号发送到当前进程所在的进程组中的每一个进程。

☑ pid=-1：将信号发送给除了 init 进程外的当前进程中有权发送的所有进程。

☑ pid<-1：将信号发送给进程组（-pid）中的每一个进程。

如果 pid 为一个有效的进程或进程组号，信号将发送给 pid 所代表的进程或进程组。

说明

如果参数 sig 为 0，就没有信号可以发送，但会进行错误检查。

11.2.2　raise()函数

raise()函数主要用于将信号发送给当前进程，该函数的原型为：

```
#include<signal.h>
int raise(int sig);
```

参数 sig 为发送的信号类型的编号。

如果函数调用成功，返回值为 0；如果调用失败，则返回值为非 0。

说明

由 raise()函数的功能可以知道，使用 kill()函数也可以实现这一功能，如 kill(getpid(),sig)。

11.2.3　alarm()函数

alarm()函数主要用于为发送的信号设定一个时间警告，使系统在设定的时间之后发送信号，该函数的原型为：

```
#include<unistd.h>
unsigned int alarm(unsigned int seconds);
```

参数 seconds 为设定的时间值。如果 seconds 设置为 0 值，那么 alarm()函数设置的警告时钟将无效。

alarm()函数安排在 seconds 时间之后，发送一个信号 SIGALRM 给进程。在默认情况下，进程接收到 SIGALRM 信号会终止运行。如果不希望终止进程，可以在进程捕获到该信号后修改默认的处理函数。

调用 alarm()函数后，之前设置的任何警告时钟都将取消。

11.3　捕 捉 信 号

视频讲解

从前面信号的介绍中了解到有 3 种对信号的处理方法，一种是系统对信号的默认处理方法；一种是忽略信号；还有一种是捕获信号。其实，对于忽略信号和捕获信号，都是修改系统默认信号的处理方法。在 Linux 系统中，可以使用 signal()函数和 sigaction()函数对默认的信号处理方法进行修改。下面对这两个函数进行详细讲解。

11.3.1 signal()函数

signal()函数用于修改某个信号的处理方法，该函数的定义形式如下：

```
#include<signal.h>
typedef void(*sogjamd;er_t)(int);
sighandler_t signal(int signum,sighandler_t handler);
```

参数 signum 代表信号类型的编号；参数 handler 代表指向信号新的处理方法的指针，如果指针指向一个函数，那么捕捉到 signum 信号时，会执行这个特殊函数处理信号；参数 handler 还可以设置为 SIG_IGN 或 SIG_DFL，SIG_IGN 代表忽略该信号，而 SIG_DFL 代表采用默认的处理方法。

使用一个自己定义的特殊函数作为信号的处理方法，这种处理信号的方法叫作“捕捉信号”。

注意

在系统提供的信号类型中，SIGKILL 和 SIGSTOP 信号不能被捕获或者忽略。

如果 signal()函数调用成功，返回先前的信号，并处理调用的函数指针；如果调用失败，则返回 SIG_ERR。

【例 11.1】 结合前面介绍的产生信号的函数，产生不同的信号，通过 signal()函数捕捉信号，掌握 signal()函数的使用方法。（**实例位置：资源包\TM\sl\11\1**）

程序的代码如下：

```
#include<stdio.h>
#include<signal.h>
#include<stdarg.h>
void sigint(int sig);
void sigcont(int sig);
int main(void)
{
char a[100];
if(signal(SIGINT,&sigint)==SIG_ERR)          /*修改 SIGINT 信号的处理方法为 sigint()函数*/
{
perror("sigint signal error!");
}
if(signal(SIGCONT ,&sigcont)==SIG_ERR)       /*修改 SIGCONT 信号的处理方法为 sigcont()函数*/
{
perror("sigcont error!");
}
if(signal(SIGQUIT,SIG_IGN))                  /*修改 SIGQUIT 信号的处理方法为 SIG_IGN*/
{
perror("sigquit error!");
}
printf("current process is: %d\n\n",getpid());      /*获取当前进程的 ID*/

while(1)
```

```
{
printf("input a:");
fgets(a,sizeof(a),stdin);                  /*获取键盘输入的字符串*/
if(strcmp(a,"terminate\n")==0)             /*比较字符串 a 与 terminate 字符*/
{
raise(SIGINT);                             /*若两个字符串相同，则将 SIGINT 信号发送给当前进程*/
}
else if(strcmp(a,"continue\n")==0)
{
raise(SIGCONT);                            /*获取的字符串若与比较字符串相同，则产生 SIGCONT 信号给当前进程*/
}
else if(strcmp(a,"quit\n")==0)
{
raise(SIGQUIT);
}
else if(strcmp(a,"game over\n")==0)
{
raise(SIGTSTP);
}
else
{
printf("your input is:%s\n\n",a);
}
}
return 0;
}
void sigint(int sig)                       /*SIGINT 信号的新的处理方法*/
{
printf("SIGINT signal %d.;\n",sig);
}
void sigcont(int sig)                      /*SIGCONT 信号的新的处理方法*/
{
printf("SIGCONT signal %d.;\n",sig);
}
```

运行上述代码，效果如图 11.3 所示。

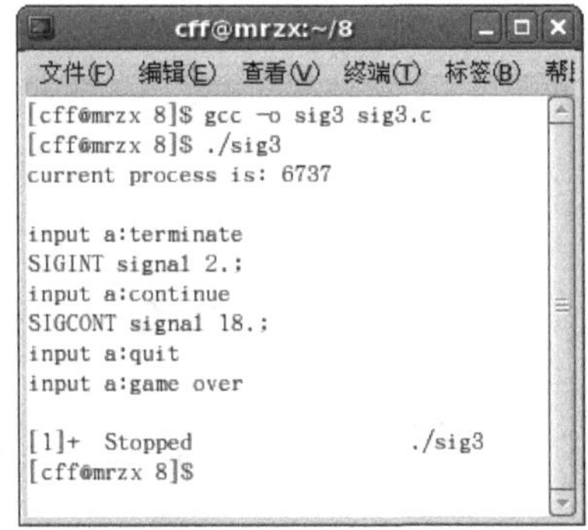

图 11.3　通过 signal()函数捕捉信号

11.3.2 sigaction()函数

sigaction()函数主要用于读取和修改指定信号的处理动作，该函数的定义形式如下：

```
#include<signal.h>
int sigaction(int signum,const struct sigaction *act,struct sigaction *oldact);
```

参数 signum 表示要捕获信号类型的编号；参数 act 和 oldact 都是指向 sigaction 结构体类型的指针。参数 act 表示需要修改的指定的新的处理动作，而该信号的原有处理动作保存到参数 oldact 指向的缓冲区中。

注意

如果两个 sigaction 结构体类型的指针 act 和 oldact 都指向空，则两个指针参数不会实现上述功能。

结构体类型 sigaction 的定义形式如下：

```
struct sigaction
{
void(*sa_handler)(int);
void(*sa_sigaction)(int ,siginfo_t *,void *);
sigset_t sa_mask;
int sa_flags;
void(*sa_restorer)(void);
};
```

如果将上述结构体中的成员 sa_handler 设置为 SIG_IGN，表示忽略信号；设置为 SIG_DFL，表示执行系统默认的处理动作；设置为一个函数指针，表示用自定义处理函数捕捉信号，也可以称之为向内核注册了一个信号处理函数。这个自定义的信号处理函数的返回值为 void，可以传递一个 int 参数，表示要处理的信号类型的编号，这样就可以通过调用一个函数执行多种信号的处理动作，只是这个函数并不是被主函数 main()所调用，而是被系统所调用的。

【例 11.2】 调用 sigaction()函数修改 SIGINT 信号的处理方法，修改为显示接收到的信号编号，并累加计时，直到接收到下一个信号。（**实例位置：资源包\TM\sl\11\2**）

程序的代码如下：

```
#include<stdio.h>
#include<signal.h>
#include<unistd.h>
int i=0;
void new_handler(int sig)                              /*SIGINT 信号的新的处理方法*/
{
    printf("receive signal number is: %d\n", sig);
    for(; i < 100; i++)                                /*每隔一秒累加计时*/
    {
        printf("sleep2    %d\n", i);
        sleep(1);
```

```
    }
}
int main(void)
{
    struct sigaction newact, oldact;
    newact.sa_handler =new_handler;                     /*处理方法*/
    sigaddset(&newact.sa_mask, SIGQUIT);                /*将 SIGQUIT 信号加到新的处理方法的屏蔽信号中*/
    newact.sa_flags = SA_RESETHAND | SA_NODEFER;
    printf("change SIGINT(2) signal___[ctrl+c]\n");
    sigaction(SIGINT, &newact, &oldact);                /*修改 SIGINT 信号的默认处理方法*/
    while(1)
    {                                                   /*累加计时，直到接收到信号*/
        sleep(1);
        printf("sleep1    %d\n", i);
        i++;
    }
}
```

程序的运行效果如图 11.4 所示。

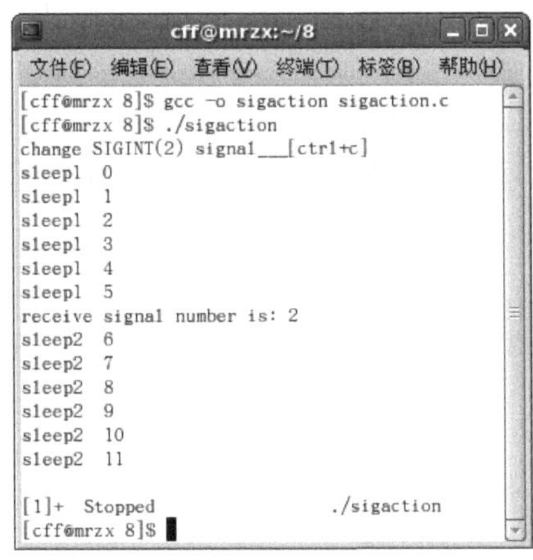

cff@mrzx:~/8
文件(F) 编辑(E) 查看(V) 终端(T) 标签(B) 帮助(H)
[cff@mrzx 8]$ gcc -o sigaction sigaction.c
[cff@mrzx 8]$ ./sigaction
change SIGINT(2) signal___[ctrl+c]
sleep1 0
sleep1 1
sleep1 2
sleep1 3
sleep1 4
sleep1 5
receive signal number is: 2
sleep2 6
sleep2 7
sleep2 8
sleep2 9
sleep2 10
sleep2 11
[1]+ Stopped ./sigaction
[cff@mrzx 8]$

图 11.4　调用 sigaction()函数修改 SLGINT 信号的处理方法

11.4　信号的阻塞

在前面介绍信号处理时，提到了信号的处理并没有那么简单，有时进程并不希望被突如其来的信号中断当前的执行，也不希望信号从此被忽略掉，而是希望过一段时间之后再去处理这个信号。在这种情况下，可以使用阻塞信号的方法来实现。

能够实现信号阻塞的操作有 3 个系统调用函数，分别是 sigprocmask()、sigsuspend()和 sigpending()函数，下面分别对它们进行详细讲解。

说明

信号屏蔽字就是进程中被阻塞的信号集，这些信号不能发送给该进程，它们在该进程中被“屏蔽”了，也就是被阻塞了。

11.4.1 sigprocmask()函数

sigprocmask()函数可用于检测和改变进程的信号掩码，该函数的定义形式如下：

```
#include<signal.h>
int sigprocmask(int how,const sigset_t *newset,sigset_t *oldset);
```

sigprocmask()函数有 3 个参数，参数 how 表示修改信号屏蔽字的方式；参数 newset 表示把这个信号集设为新的当前信号屏蔽字，如果为 NULL，则不改变；参数 oldset 表示保存进程旧的信号屏蔽字，如果为 NULL，则不保存。

参数 how 的取值不同，带来的操作行为也不同，该参数的可选值如下。

- ☑ SIG_BLOCK：该值代表的功能是将 newset 所指向的信号集中所包含的信号加到当前的信号掩码中作为新的信号屏蔽字。
- ☑ SIG_UNBLOCK：将参数 newset 所指向的信号集中的信号从当前的信号掩码中移除。
- ☑ SIG_SETMASK：设置当前信号掩码为参数 newset 所指向的信号集中所包含的信号。

如果函数调用成功，则返回 0；否则，返回-1。

注意

sigprocmask()函数只为单线程定义，在多线程中要使用 pthread_sigmask 变量，在使用之前需要声明和初始化。

11.4.2 sigsuspend()函数

sigsuspend()函数主要实现的是等待一个信号的到来，即将当前进程挂起，该函数的定义形式如下：

```
#include<signal.h>
int sigsuspend(const sigset_t *mask);
```

参数 mask 是一个 sigset_t 结构体类型的指针，指向一个信号集。当函数 sigsuspend()被调用时，参数 mask 所指向的信号集中的信号被复制给信号掩码。随后，进程会被挂起，直到信号被捕捉到，执行信号相应的处理方法返回时，该函数才会返回。此时，信号掩码恢复为函数调用前的值。

11.4.3 sigpending()函数

在调用信号屏蔽的相关函数后，被屏蔽的信号对于调用进程是阻塞的，不能发送给调用进程，因此是待定的（pending），而调用 sigpending()函数可以取得这些阻塞的信号集，该函数的定义形式如下：

```
#include<signal.h>
int sigpending(sigset_t *set);
```

参数 set 为一个 sigset_t 类型的指针，指向一个信号集。

调用 sigpending()函数成功时，参数 set 会取得被悬挂的信号集，返回值为 0；如果调用失败，则返回-1。

【例 11.3】　调用信号阻塞函数将 SIGINT 信号阻塞。（**实例位置：资源包\TM\sl\11\3**）

程序的代码如下：

```
#include<signal.h>
#include<unistd.h>
#include<stdlib.h>
#include<stdio.h>
static void sig_handler(int signo)                          /*自定义的信号 SIGINT 处理函数*/
{
    printf("信号 SIGINT 被捕捉！ \n ");
}
int main()
{
    sigset_t new, old, pend;
    if(signal(SIGINT, sig_handler) == SIG_ERR)             /*注册一个信号处理函数 sig_handler*/
    {
        perror("signal");
        exit(1);
    }
    if(sigemptyset(&new) < 0)                               /*清空信号集*/
        perror("sigemptyset");
    if(sigaddset(&new, SIGINT) < 0)                     /*向 new 信号集中添加 SIGINT 信号*/
        perror("sigaddset");
    if(sigprocmask(SIG_SETMASK, &new, &old) < 0)      /*将信号集 new 阻塞*/
    {
        perror("sigprocmask");
        exit(1);
    }
    printf("SIGQUIT 被阻塞！ \n ");
    printf("试着按下 Ctrl+ C，程序会暂停 5 秒等待处理事件！  \n");
    sleep(5);
    if(sigpending(&pend) < 0)                               /*获得未决的信号类型*/
        perror("sigpending");
    if(sigismember(&pend, SIGINT))                      /*检查 SIGINT 信号是否为未决的信号类型*/
        printf("信号 SIGINT 未决\n ");
    if(sigprocmask(SIG_SETMASK, &old, NULL) < 0)      /*恢复为原始的信号掩码，解开阻塞*/
    {
        perror("sigprocmask");
        exit(1);
    }
    printf(" SIGINT 已被解开阻塞  \n");
    printf("再试着按下 Ctrl +C   \n");
```

```
    sleep(5);
    return 0;
}
```

该程序中，首先注册了一个 SIGINT 的信号处理函数，改变了 SIGINT 信号的默认处理方法，然后阻塞了该信号的处理方法。因此，当在提示下按 Ctrl+C 快捷键时，系统没有反应，没有捕捉信号的处理方法，通过 sigpending()函数获取了未决信号的类型，在调用 sigprocmask()函数解开阻塞时，才捕捉到该信号的处理方法，这时再在提示信息下按 Ctrl+C 快捷键时，系统会立即捕捉该信号的处理方法。

该程序的运行效果如图 11.5 所示。

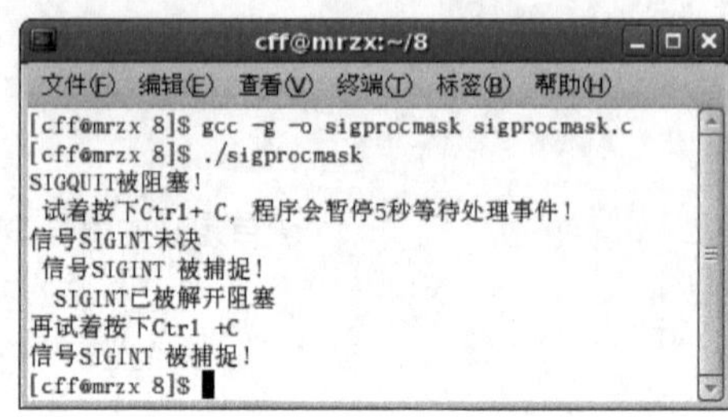

图 11.5　阻塞 SIGINT 信号

11.5　信号处理的安全问题

在多进程通信时，开发人员通常都会考虑到每个进程运行的安全问题。信号作为进程的异步通信方式，在实际应用中是相当方便的，但是信号的使用存在一定的安全隐患。信号并不是仅在程序出现错误时才调用的，有时开发人员也会为了实现某些逻辑的需求，在程序中安装一个信号，如 SIGUSR1（预留信号）、SIGRTMIN（未定义）等。信号在执行了相应的处理函数后，剩下的程序还将正常运行。此时，开发人员容易因产生的信号进入另一个运行顺序中，而忽略了该信号处理函数执行时的上下文。

由于信号是用来处理异步事件的，也就是说，信号处理函数执行的上下文所实现的功能是不确定的，例如，一个运行中的程序在调用某个库函数时，可能会被突如其来的信号中断，库函数会提前出错返回，进而转去执行该信号的处理函数。对于 alarm()函数产生的信号，在信号被处理后，应用程序并不会终止，而是继续正常运行。因此，在编写此类信号处理函数时，需要特别地小心，防止破坏应用程序的正常运行。

因此，在程序中使用信号做相应的事件处理时，往往需要遵循一些规则，才能安全有效地为信号的使用带来方便，规则如下：

（1）信号处理函数最好执行简单的操作，复杂的操作尽量留在信号处理函数之外实现。

（2）errno 是程序安全的标识，当程序安全地运行结束时，因为什么而导致程序结束会通过 errno 的值来确定，但这个 errno 所带来的只是程序的安全，并不是异步信号安全的反馈信息。如果信号处理函数比较复杂，且调用了可能会改变 errno 值的库函数，必须考虑在信号处理函数开始时保存 errno 值，并在结束时恢复被中断程序的 errno 值。

（3）在信号处理函数中只能调用可以重入的 C 库函数，不能调用 malloc()、free()以及标准 I/O 库等函数。

（4）如果在信号处理函数中访问了全局变量，那么，在定义此全局变量时，需要将其声明为 volatile，以避免编译器不恰当的优化。

11.6 小　结

本章主要介绍了进程的异步通信方式—— 信号。通过在终端中输入某些命令，可以查看所有信号类型的编号，以及信号类型的含义。在掌握了这些信号类型的含义后，通过产生信号的系统调用函数，对指定的进程产生各种含义的信号，并结合实例介绍了捕捉信号和信号的阻塞等关于信号的处理方法。信号的处理存在一定的隐患，因此，在本章的最后介绍了信号处理需要注意的问题。通过本章的学习，希望读者能够了解信号存在的意义，以及掌握使用信号处理进程异步通信的方法，这对于在 Linux 系统下使用 C 语言编程是很有帮助的。

11.7 实践与练习

在 Linux 系统下，自定义一个 sleep()函数，从键盘输入休息的时间，通过 sigaction()函数修改 SIGALRM 信号的默认处理方法，通过 alarm()和 pause()函数，实现 sleep()函数的功能。（**答案位置：资源包\TM\sl\11\4**）

第12章

网络编程

（视频讲解：30分钟）

Linux 系统与网络编程技术存在着密不可分的关系。众所周知的是，Linux 系统最大的特点就是它的开源性，在网络上可以供人们查阅和自由下载，并集众人之力对其进行修改，使它更完美、更完善。由此可见，这个操作系统本身就包围在一个网络世界中，并且其内核原理都是用 C 语言完成的。因此，在 Linux 操作系统下，学好网络编程技术是重中之重。

通过阅读本章，您可以：

- 了解网络编程的基本原理
- 掌握 TCP 套接字编程的原理
- 掌握 UDP 套接字编程的原理
- 掌握原始套接字编程的原理

12.1　网络编程的基本原理

在学习网络编程之前，需要对计算机网络的基础概念以及网络编程的原理有一个大致的了解，本节将对这两方面内容做出介绍，以便读者在后续几节的学习中能够如鱼得水。

12.1.1　计算机网络

1. 计算机网络定义

所谓计算机网络，就是一些互相连接的、自治的计算机的集合。计算机网络的类别如下：

（1）根据不同的作用范围可以将计算机网络理解为广域网（WAN）、城域网（MAN）、局域网（LAN）、个人区域网（PAN）。

（2）根据不同的使用者，可以将计算机网络分为公用网和专用网。

2. 计算机网络的通信模式

计算机网络的通信模式有两种，一种是线路交换，另一种是包交换。

所谓线路交换，就是我们家家最开始用的电话的网络连接技术，是通过在发送端和接收端之间建立一条特定的线路，进行数据的传输。

包交换就是目前常用的计算机的网络通信模式，是通过将所有的计算机放到一个共同的网络连接中，数据的发送端将要传输的数据分割成几份，然后将每一份数据封装成一个包，包中含有接收端的属性信息等，且每个包都是单独传输的。

3. 计算机网络的体系结构

计算机网络主要是分层次的体系结构，可以将需要高度协调的网络通信转化为局部的小问题，分层次地解决这些问题。根据不同的分层标准，产生了许多不同的计算机网络的体系结构。

开放式系统互联（Open System Interconnection，OSI），是国际标准化组织（ISO）为了实现计算机网络的标准化而颁布的参考模型。OSI 参考模型采用分层的划分原则，将网络中的数据传输划分为 7 层，每一层使用下层的服务，并向上层提供服务。表 12.1 描述了 OSI 参考模型的结构。

表 12.1　OSI 参考模型的结构

层　次	名　称	功 能 描 述
第 7 层	应用层（Application）	应用层负责网络中应用程序与网络操作系统之间的联系，例如，建立和结束使用者之间的连接，管理建立相互连接使用的应用资源
第 6 层	表示层（Presentation）	表示层用于确定数据交换的格式，它能够解决应用程序之间在数据格式上的差异，并负责设备之间所需要的字符集和数据的转换
第 5 层	会话层（Session）	会话层是用户应用程序与网络层的接口，它能够建立与其他设备的连接（即会话），并且能够对会话进行有效的管理

续表

层　次	名　称	功 能 描 述
第 4 层	传输层（Transport）	传输层提供会话层和网络层之间的传输服务，该服务从会话层获得数据，必要时对数据进行分割，然后将数据传递到网络层，并确保数据能正确无误地传送到网络层
第 3 层	网络层（Network）	网络层能够将传输的数据封包，然后通过路由选择、分段组合等控制，将信息从源设备传送到目标设备
第 2 层	数据链路层（Data Link）	数据链路层主要是修正传输过程中的错误信号，它能够提供可靠的通过物理介质传输数据的方法
第 1 层	物理层（Physical）	利用传输介质为数据链路层提供物理连接，它规范了网络硬件的特性、规格和传输速度

OSI 参考模型的建立不仅创建了通信设备之间的物理通道，还规划了各层之间的功能，为标准化组合和生产厂家定制协议提供了基本原则，它有助于用户了解复杂的协议，如 TCP/IP、X.25 协议等。用户可以将这些协议与 OSI 参考模型对比，进而了解这些协议的工作原理。

12.1.2　TCP/IP 协议

TCP/IP（Transmission Control Protocal/Internet Protocal，传输控制协议/网际协议）协议是互联网上最流行的协议，但它并不完全符合 OSI 的 7 层参考模型。传统的开放式系统互联参考模型，是一种通信协议的 7 层抽象的参考模型，其中每一层执行某一特定任务，该模型的目的是使各种硬件在相同的层次上相互通信，这 7 层是物理层、数据链路层、网络层、传输层、会话层、表示层和应用层。而 TCP/IP 通信协议采用了 4 层的层级结构，每一层都呼叫它的下一层所提供的网络来完成自己的需求。这 4 层分别介绍如下。

☑ 应用层：应用程序间沟通的层，如简单电子邮件传输（SMTP）、文件传输协议（FTP）、网络远程访问协议（Telnet）等。

☑ 传输层：在该层中提供了节点间的数据传送服务，如传输控制协议（TCP）、用户数据包协议（UDP）等，TCP 和 UDP 给数据包加入传输数据并把它传输到下一层中。这一层负责传送数据，确定数据已被送达并接收。

☑ 网络层：负责提供基本的数据封包传送功能，让每一块数据包都能够到达目的主机（但不检查是否被正确接收），如网际协议（IP）。

☑ 网络接口层：对实际的网络媒体的管理，定义如何使用实际网络（如 Ethernet、Serial Line 等）来传送数据。

12.1.3　IP 地址简介

IP 被称为网际协议，Internet 上使用的一个关键的底层协议就是 IP 协议。我们利用一个共同遵守的通信协议，使 Internet 成为一个允许连接不同类型的计算机和不同操作系统的网络。要使两台计算机

彼此之间进行通信，必须使两台计算机使用同一种“语言”。通信协议正像两台计算机交换信息所使用的共同语言，它规定了通信双方在通信中所应共同遵守的规定。

IP 协议具有能适应各种各样网络硬件的灵活性，对底层网络硬件几乎没有任何要求，任何一个网络只要可以从一个地点向另一个地点传送二进制数据，就可以使用 IP 协议加入 Internet。

如果希望在 Internet 上进行交流和通信，则每台连上 Internet 的计算机都必须遵守 IP 协议。为此，使用 Internet 的每台计算机都必须运行 IP 软件，以便时刻准备发送或接收信息。

IP 地址是由 IP 协议规定的，由 32 位的二进制数表示。最新的 IPv6 协议将 IP 地址升为 128 位，这使得 IP 地址更加广泛，能够很好地解决目前 IP 地址紧缺的情况。但是 IPv6 协议距离实际应用还有一段距离，目前多数操作系统和应用软件都是以 32 位的 IP 地址为基准的。

32 位的 IP 地址主要分为两部分，即前缀和后缀。前缀表示计算机所属的物理网络，后缀确定该网络上的唯一一台计算机。在互联网上，每一个物理网络都有一个唯一的网络号，根据网络号的不同，可以将 IP 地址分为 5 类，即 A 类、B 类、C 类、D 类和 E 类。其中，A 类、B 类和 C 类属于基本类，D 类用于多播发送，E 类属于保留类。表 12.2 描述了各类 IP 地址的范围。

表 12.2　各类 IP 地址的范围

类　型	范　围
A 类	0.0.0.0…127.255.255.255
B 类	128.0.0.0…191.255.255.255
C 类	192.0.0.0…223.255.255.255
D 类	224.0.0.0…239.255.255.255
E 类	240.0.0.0…247.255.255.255

在上述 IP 地址中，有几个 IP 地址是特殊的，有其单独的用途。

☑ 网络地址：在 IP 地址中主机地址为 0 的表示网络地址。例如，128.111.0.0。

☑ 广播地址：在网络号后所有位全是 1 的 IP 地址，表示广播地址。

☑ 回送地址：127.0.0.1 表示回送地址，用于测试。

IP 地址除了以 32 位的整数表示以外，还可以使用名字形式的网址，例如，www.mingribook.com 或者 www.mrbccd.com 等。使用名字形式的 IP 地址更容易记忆，而使用数字形式的 IP 地址更为精准，因此，在网络通信过程中，往往需要将二者进行转换。

1．名字地址转换为数字地址

在 Linux 系统中，可以通过 man 命令查看到关于名字地址与数字地址转换的函数 gethostbyname()，该函数的定义形式如下：

```
#include<netdb.h>
extern int h_errno;
struct hostent *gethostbyname(const char *name);
```

参数 name 代表的是名字地址，该函数如果调用成功，返回值为一个指向结构 hostent 的指针；如果调用失败，则返回一个空指针，并设置适当的全局变量 h_errno 值。

结构体 hostent 的定义形式如下：

```
struct hostent {
                    char      *h_name;          /*主机的规范名称*/
                    char      **h_aliases;      /*主机的别名列表*/
                    int       h_addrtype;       /*主机的地址类型*/
                    int       h_length;         /*地址的长度*/
                    char      **h_addr_list;    /*地址列表*/
            };
            #define h_addr   h_addr_list[0]     /*主机的第一个网络地址*/
```

2．数字地址转换为名字地址

将数字地址转换为名字地址的系统调用函数是 gethostbyaddr()，该函数的定义形式如下：

```
#include<sys/socket.h>
struct hostent *gethostbyaddr(const void *addr, int len, int type);
```

该函数中，参数 addr 指向一个含有地址结构（in_addr 或 in6_addr）的指针；参数 len 代表 hostent 结构体的大小，如果是 IPv4，长度为 4，如果是 IPv6，长度为 6；参数 type 代表的是地址类型。

该函数如果调用成功，返回指向 hostent 结构体类型的指针；如果调用失败，则返回空指针，并设置适当的错误处理。

3．得到当前主机的名字的函数

本地主机的 IP 地址往往需要主机的名字与 32 位整数的 IP 地址一起使用，确定此 IP 地址。前面介绍的函数 gethostbyname()用于确定 32 位整数的 IP 地址，而函数 uname()用于确定当前主机的名字，该函数的定义形式如下：

```
#include<sys/utsname.h>

int uname(struct utsname *buf);
```

参数 buf 是一个指向 utsname 结构体类型的指针，该结构体类型的定义形式如下：

```
struct utsname {
                    char sysname[];
                    char nodename[];
                    char release[];
                    char version[];
                    char machine[];
            #ifdef _GNU_SOURCE
                    char domainname[];
            #endif
            };
```

获取当前主机名字的函数 uname()如果调用成功，返回值为非负；如果调用失败，则返回值为-1。

4．服务器名与端口号之间的转换函数

服务器也是以名字的形式存在的，而端口号则是以一个整数表示的，两者同样可以通过系统调用

函数进行转换。

（1）将服务器名转换为端口号，可以调用系统函数 getservbyname()，该函数的定义形式如下：

```
#include<netdb.h>

        struct servent *getservbyname(const char *name, const char *proto);
```

参数 name 存放的是服务器名称，而参数 proto 代表的是协议名（可以默认）。

函数如果调用成功，返回一个指向 servent 结构体类型的指针；如果调用失败，则返回空指针，并设置适当的错误信息。

结构体类型 servent 的定义形式如下：

```
struct servent {
                    char      *s_name;          /*服务器的规范名称*/
                    char      **s_aliases;      /*别名成员列表*/
                    int      s_port;            /*端口号*/
                    char      *s_proto;         /*函数中指定的协议名*/
            };
```

该函数的使用非常简单，通常的调用形式如下：

```
struct servent *p;
p=getservbyname("domain","tcp");
```

上述代码表示将一个遵循的协议为 tcp 的服务器名 domain 转换成端口号的形式。

（2）将端口号转换为服务器名，需要的系统调用函数为 getservbyport()，该函数的定义形式如下：

```
#include<netdb.h>

        struct servent *getservbyport(int port, const char *proto);
```

该函数的参数 port 代表的是端口号；参数 proto 代表的是协议名。函数如果调用成功，返回值为一个指向 servent 类型的指针；如果调用失败，则返回值为空指针，并设置适当的错误信息。

该函数的使用方法和 getservbyname()函数类似，通常的调用形式如下：

```
struct servent *p;
p=gerservbyport(host(23),"udp");
```

此句代码表示将端口号为 23 且遵循的协议为 udp 的服务器转换为名字的形式。

12.1.4　套接字编程原理

套接字，英文为 socket，是一个指向传输提供者的句柄。在 Linux 系统的网络编程中，就是通过操作该句柄来实现网络通信和管理的。根据性质和作用的不同，套接字可以分为 3 种，即原始套接字、流式套接字和数据包套接字。原始套接字能够使程序开发人员对底层的网络传输机制进行控制，在原始套接字下接收的数据中含有 IP 头。流式套接字提供了双向、有序、可靠的数据传输服务，该类型套接字在通信前需要双方建立连接，大家熟悉的 TCP 协议采用的就是流式套接字。与流式套接字对应的是数据包套接字，数据包套接字提供双向的数据流，但是它不能保证数据传输的可靠性、有序性和无重复性，UDP 协议采用的就是数据包套接字。

在套接字编程中，套接字接口定义了很多函数，用于套接字编程的创建、打开、连接、数据传入/传出等。

下面对这些函数在 Linux 中的定义进行介绍。

1．套接字建立

为了建立套接字，程序可以调用 socket()函数，该函数返回一个类似于文件描述符的句柄，其原型为：

```
#include<sys/types.h>
#include<sys/socket.h>

int socket(int domain, int type, int protocol);
```

参数 domain 代表所使用的协议族，通常为 AF_INET，表示互联网协议族（TCP/IP 协议族）；参数 type 指定套接字的类型，type 可取值为 SOCK_STREAM（流式套接字）或 SOCK_DGRAM（数据包套接字），socket 接口还定义了 SOCK_RAW（原始套接字），允许程序使用底层协议；参数 protocol 通常赋值“0”。

函数 socket()调用返回一个整型套接字描述符，后面对套接字进行操作的函数都会调用它。

套接字描述符是一个指向内部数据结构的指针，它指向描述符表入口。调用 socket()函数时，套接字执行体将建立一个套接字，也就是为一个套接字数据结构分配存储空间。

在 Linux 系统中，套接字数据结构用于保存套接字的信息，与使用该结构的网络协议相关，每一种协议都有其本身的网络地址数据结构，都是以 sockaddr_开头的，不同的使用协议会有不同的后缀，如常用的 IPv4 对应的就是 sockaddr_in 数据结构。

通用的套接字数据结构的定义形式如下：

```
struct sockaddr {
unsigned short sa_family;              /*地址族，AF_xxx */
char sa_data[14];                      /*14 字节的协议地址*/
};
```

成员变量 sa_family 一般为 AF_INET，代表互联网络（TCP/IP）地址族；成员变量 sa_data 包含该套接字的 IP 地址和端口号。

前面提到的 sockaddr_in 结构体代表的是 IPv4 套接字地址数据结构，其定义形式如下：

```
struct sockaddr_in {
short int sin_family;                  /*地址族*/
unsigned short int sin_port;           /*端口号*/
struct in_addr sin_addr;               /*IP 地址*/
unsigned char sin_zero[8];             /*填充 0 以保持与 struct sockaddr 同样长度*/
};
```

这个结构更方便实用。sin_zero 用来将 sockaddr_in 结构填充到与 struct sockaddr 同样的长度，可以

用 bzero()或 memset()函数将其置为零，指向 sockaddr_in 的指针和指向 sockaddr 的指针可以相互转换。由此可见，如果一个函数所需参数类型是 sockaddr 时，可以在函数调用时将一个指向 sockaddr_in 的指针转换为指向 sockaddr 的指针，反之亦然。

2．套接字配置

通过 socket()函数调用返回一个套接字描述符后，在使用套接字进行网络传输以前，必须配置该套接字。面向连接的套接字客户端通过调用 connect()函数在套接字数据结构中保存本地信息和远端信息。无连接套接字的客户端和服务端以及面向连接套接字的服务端通过调用 bind()函数来配置本地信息。

bind()函数将套接字与本机上的一个端口相关联，随后就可以在该端口下监听服务请求，该函数的定义形式如下：

```
#include<sys/types.h>
#include<sys/socket.h>

int bind(int sockfd, const struct sockaddr *my_addr, socklen_t addrlen);
```

参数 sockfd 是调用 socket()函数返回的套接字描述符；参数 my_addr 是一个指向包含有本机 IP 地址及端口号等信息的 sockaddr 类型的指针；参数 addrlen 通常被设置为结构体 struct sockaddr 的长度，即 sizeof(struct sockaddr)。

使用 bind()函数时可以用下面的赋值，实现自动获得本机 IP 地址和随机获取一个没有被占用的端口号：

```
my_addr.sin_port = 0;                      /* 系统随机选择一个未被使用的端口号 */
my_addr.sin_addr.s_addr = INADDR_ANY;      /* 填入本机 IP 地址 */
```

通过将 my_addr.sin_port 设置为 0，函数会自动为用户选择一个未占用的端口来使用。同样，通过将 my_addr.sin_addr.s_addr 设置为 INADDR_ANY，系统会自动填入本机 IP 地址。

bind()函数在成功被调用时返回 0；出现错误时返回-1，并将 errno 设置为相应的错误号。

注意

在调用 bind()函数时一般不要将端口号设置为小于 1024 的值，因为 1～1024 是保留端口号，用户可以选择大于 1024 中的任何一个没有被占用的端口号。

注意

在使用 bind()函数时，需要将 sin_port 转换为网络字节优先顺序，而 sin_addr 则不需要转换。

3．字节优先顺序

计算机数据存储有两种字节优先顺序，即高位字节优先和低位字节优先。在互联网上，数据以高位字节优先顺序在网络上传输，所以对于在内部是以低位字节优先方式存储数据的机器，在互联网上传输数据时就需要进行转换，否则就会出现数据不一致。

下面是在 Linux 系统下的几个字节顺序的转换函数。

```
#include<arpa/inet.h>

uint32_t htonl(uint32_t hostlong);

uint16_t htons(uint16_t hostshort);

uint32_t ntohl(uint32_t netlong);

uint16_t ntohs(uint16_t netshort);
```

这几个函数的功能如下。

☑ htonl()：把 32 位值从主机字节序转换成网络字节序。

☑ htons()：把 16 位值从主机字节序转换成网络字节序。

☑ ntohl()：把 32 位值从网络字节序转换成主机字节序。

☑ ntohs()：把 16 位值从网络字节序转换成主机字节序。

4．连接建立

面向连接的客户程序使用 connect()函数来配置套接字并与远端服务器建立一个 TCP 连接，该函数的定义形式如下：

```
#include<sys/types.h>
#include<sys/socket.h>

int connect(int sockfd, const struct sockaddr *serv_addr, socklen_t addrlen);
```

参数 sockfd 是 socket()函数返回的套接字描述符；参数 serv_addr 是包含远端主机 IP 地址和端口号的指针；参数 addrlen 是远端地址结构的长度。

函数 connect()在调用失败时返回-1，并且设置 errno 为相应的错误码。

进行客户端程序设计无须调用 bind()，因为这种情况下只需知道目的机器的 IP 地址，而客户通过哪个端口与服务器建立连接并不需要关心，套接字执行体会为程序自动选择一个未被占用的端口，并通知程序数据什么时候到达端口。

函数 connect()用于启动和远端主机的直接连接。只有面向连接的客户程序使用套接字时才需要将此套接字与远端主机相连。无连接协议从不建立直接连接。面向连接的服务器也从不启动一个连接，它只是被动地在协议端口监听客户的请求。

5．监听模式

函数 listen()使套接字处于被动的监听模式，并为该套接字建立一个输入数据队列，将到达的服务请求保存在此队列中，直到程序对它们进行处理。

```
#include<sys/socket.h>

int listen(int sockfd, int backlog);
```

参数 sockfd 是 socket()函数返回的套接字描述符；参数 backlog 指定在请求队列中允许的最大请求数，进入的连接请求将在队列中等待 accept()等系统调用的操作。参数 backlog 对队列中等待服务的请

求的数目进行了限制，大多数系统默认值为 20。如果一个服务请求到来时输入队列已满，该套接字就会拒绝连接请求，客户将收到一个出错信息。

当调用失败时，listen()函数返回-1，并设置相应的 errno 错误码。

6. 接收请求

accept()函数让服务器接收客户的连接请求。在建立好输入队列后，服务器就调用 accept()函数，然后睡眠并等待客户的连接请求，该函数的定义形式如下：

```
#include<sys/types.h>
#include<sys/socket.h>

int accept(int sockfd, struct sockaddr *addr, socklen_t *addrlen);
```

参数 sockfd 是 socket()函数返回的套接字描述符；参数 addr 通常是一个指向 sockaddr_in 变量的指针，该变量用来存放提出连接请求服务的主机的信息；参数 addrlen 通常为一个指向值为 sizeof(struct sockaddr_in)的整型指针变量。

当函数调用出错时，accept()函数返回-1，并设置相应的 errno 值。

当 accept()函数监视的套接字收到连接请求时，套接字执行体将建立一个新的套接字，执行体将这个新套接字和请求连接进程的地址联系起来，收到服务请求的初始套接字仍可以继续在以前的套接字上监听，同时可以在新的套接字描述符上进行数据传输操作。

7. 数据传输

send()和 recv()函数用于在面向连接的套接字上进行数据传输。

send()函数的定义形式如下：

```
#include<sys/types.h>
#include<sys/socket.h>

ssize_t send(int sockfd, const void *msg, size_t len, int flags);
```

参数 sockfd 是 socket()函数返回的套接字描述符；参数 msg 是一个指向要发送数据的指针；参数 len 是以字节为单位的数据的长度；参数 flags 一般情况下设置为 0。

说明

关于 flags 参数更多的用法，可以参照 man 手册。

send()函数返回实际上发送出的字节数，可能会少于用户希望发送的数据。在程序中，应该将 send()的返回值与想要发送的字节数进行比较，当 send()返回值与 len 不匹配时，应该对这种情况进行处理。

recv()函数的定义形式如下：

```
#include<sys/types.h>
#include<sys/socket.h>

ssize_t recv(int s, void *buf, size_t len, int flags);
```

参数 s 是 socket()函数返回的套接字描述符；参数 buf 是存放接收数据的缓冲区；参数 len 是缓冲

的长度；参数 flags 也被设置为 0。

函数 recv()返回实际上接收的字节数，当出现错误时，返回-1 并设置相应的 errno 值。

函数 sendto()和 recvfrom()用于在无连接的数据包套接字方式下进行数据传输。由于本地套接字并没有与远端机器建立连接，所以在发送数据时应指明目的地址。

如果对数据包套接字调用了 connect()函数，也可以利用 send()和 recv()进行数据传输，但该套接字仍然是数据包套接字，并且利用传输层的 UDP 服务。在发送或接收数据包时，内核会自动为之加上目的地址和源地址信息。

说明

关于 sendto()函数和 recvfrom()函数的更多使用信息，请参照 man 手册。

8. 结束传输

数据操作结束后，就可以调用 close()函数来释放该套接字，从而停止在该套接字上的任何数据操作，该函数的定义形式如下：

```
#include<unistd.h>

int close(int fd);
```

参数 fd 就是调用 socket()函数时返回的套接字描述符。

除此之外，还可以调用 shutdown()函数来关闭该套接字。该函数允许只停止在某个方向上的数据传输，而另一个方向上的数据传输继续进行，其定义形式如下：

```
#include<sys/socket.h>

int shutdown(int s, int how);
```

参数 s 是需要关闭的套接字的描述符；参数 how 允许为关闭操作选择以下几种方式。

☑ 0：不允许继续接收数据。

☑ 1：不允许继续发送数据。

☑ 2：不允许继续发送和接收数据。

如果上述几种行为都不允许，那么可以直接调用 close()函数。

该函数 shutdown()调用成功时，返回 0；否则返回-1，并设置相应的 errno 值。

视频讲解

12.2 TCP 套接字编程

在了解了套接字编程原理后，对其中的 TCP 套接字编程已经有了一定的理解，很多套接字编程的函数也在 12.1 节中进行了详细的功能介绍，在本节中主要对 TCP 套接字编程的一些基本思想进行分析，并结合实例对 TCP 套接字编程的步骤有所掌握。

在网络上，通常的通信服务都是采用 C/S 机制，也就是客户端/服务器机制。基于 TCP 套接字编程的可靠、面向连接的服务特点，使其在网络编程中广泛流行。它是通过三段式握手方式建立连接的。使用 TCP 协议的 C/S 机制的通信过程如图 12.1 所示。

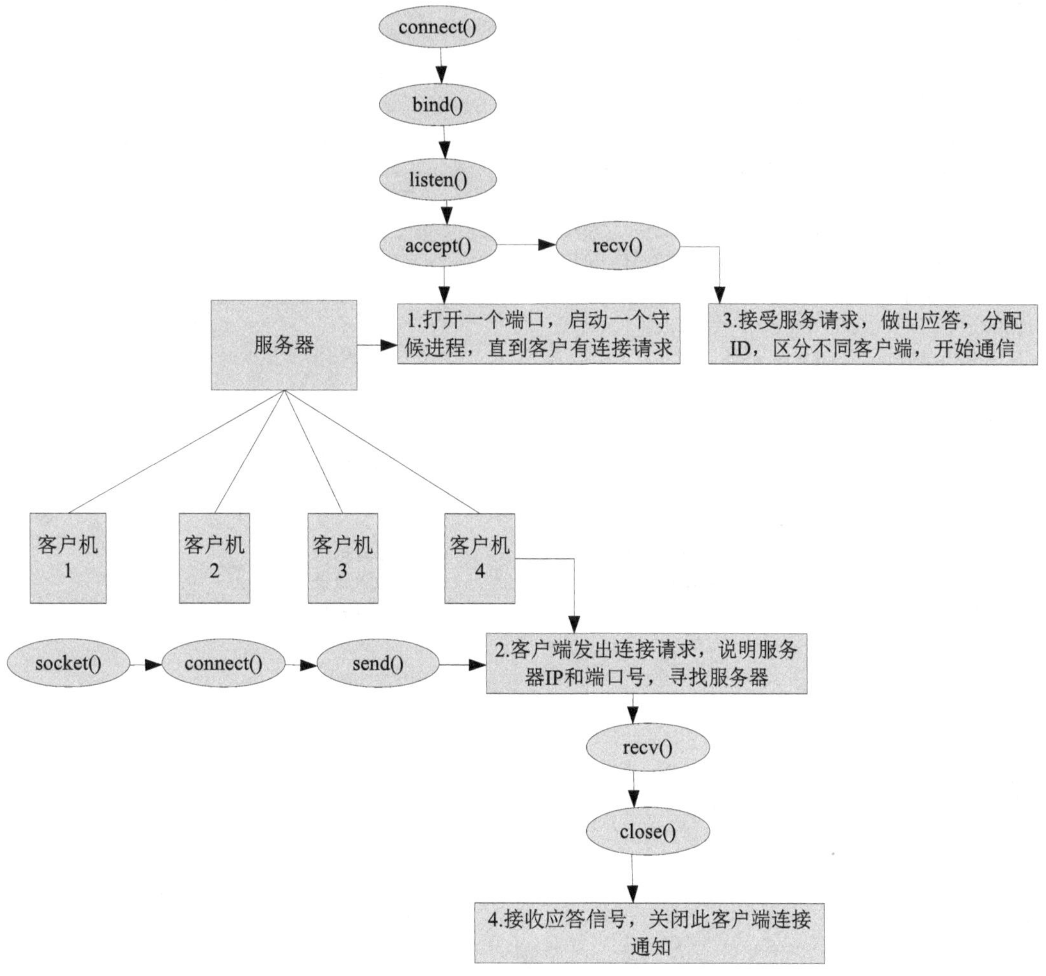

图 12.1　基于 TCP 协议的 C/S 机制的通信过程

下面通过一个简单的实例，了解 TCP 的套接字编程的工作过程和工作原理。

【例 12.1】　在 Linux 系统中实现在两个计算机中相互传送信息。（**实例位置：资源包\TM\sl\12\1**）

服务器端程序的代码如下：

```
#include<sys/types.h>
#include<sys/socket.h>                    /*包含套接字函数库*/
#include<stdio.h>
#include<netinet/in.h>                    /*包含 AF_INET 相关结构*/
#include<arpa/inet.h>                     /*包含 AF_INET 相关操作的函数*/
#include<unistd.h>
#define PORT 3339
int main()
```

```
{
    char *sendbuf="thanks";
    char buf[256];
    int s_fd, c_fd;                                         /*服务器和客户端套接字标识符*/
    int s_len, c_len;                                       /*服务器和客户端消息长度*/
    struct sockaddr_in s_addr;                              /*服务器套接字地址*/
    struct sockaddr_in c_addr;                              /*客户端套接字地址*/
    s_fd = socket(AF_INET, SOCK_STREAM, 0);                 /*创建套接字*/
    s_addr.sin_family = AF_INET;                            /*定义服务器套接字地址中的域*/
    s_addr.sin_addr.s_addr=htonl(INADDR_ANY);               /*定义套接字地址*/
    s_addr.sin_port = PORT;                                 /*定义服务器套接字端口*/
    s_len = sizeof(s_addr);
    bind(s_fd, (struct sockaddr *) &s_addr, s_len);         /*绑定套接字与设置的端口号*/
    listen(s_fd, 10);                                       /*监听状态，守候进程*/
    while (1) {
        printf("please wait a moment!\n");
        c_len = sizeof(c_addr);
/*接收客户端连接请求*/
        c_fd = accept(s_fd,(struct sockaddr *) &c_addr,(socklen_t *__restrict) &c_len);
        recv(c_fd,buf,256,0);                               /*接收消息*/
        buf[sizeof(buf)+1]='\0';
        printf("receive message:\n %s\n",buf);              /*输出到终端*/
        send(c_fd,sendbuf,sizeof(sendbuf),0);               /*回复消息*/
        close(c_fd);                                        /*关闭连接*/
    }
}
```

客户端程序的代码如下：

```
#include<sys/types.h>
#include<sys/socket.h>                                      /*包含套接字函数库*/
#include<stdio.h>
#include<netinet/in.h>                                      /*包含 AF_INET 相关结构*/
#include<arpa/inet.h>                                       /*包含 AF_INET 相关操作的函数*/
#include<unistd.h>
#define PORT 3339
int main() {
    int sockfd;                                             /*客户端套接字标识符*/
    int len;                                                /*客户端消息长度*/
    struct sockaddr_in addr;                                /*客户端套接字地址*/
    int newsockfd;
    char *buf="come on!";                                   /*要发送的消息*/
    int len2;
    char rebuf[40];
    sockfd = socket(AF_INET,SOCK_STREAM, 0);                /*创建套接字*/
    addr.sin_family = AF_INET;                              /*客户端套接字地址中的域*/
    addr.sin_addr.s_addr=htonl(INADDR_ANY);
    addr.sin_port = PORT;                                   /*客户端套接字端口*/
    len = sizeof(addr);
    newsockfd = connect(sockfd, (struct sockaddr *) &addr, len);        /*发送连接服务器的请求*/
```

```
    if(newsockfd == -1) {
        perror("连接失败");
        return 1;
    }
    len2=sizeof(buf);
    send(sockfd,buf,len2,0);                          /*发送消息*/
    sleep(10);                                        /*暂停 10 秒*/
    recv(sockfd,rebuf,256,0);                         /*接收新消息*/
    rebuf[sizeof(rebuf)+1]='\0';
    printf("receive message:\n%s\n",rebuf);           /*输出到终端*/
    close(sockfd);                                    /*关闭连接*/
    return 0;
}
```

首先运行服务器端，然后再运行客户端，该程序的实现步骤如下：

（1）运行完服务器端，会进入等待信息传输。

（2）运行完客户端，会向服务器端发送消息“come on!”。

（3）当服务器端接收到消息“come on!”后，会立即回复消息“thanks”。

（4）客户端接收到消息“thanks”后，会停止套接字运行。

（5）服务器端仍进入监听状态，等待结束，在服务器端发送信号（即在服务器终端按 Ctrl+C 快捷键）终止进程。

此程序服务器端和客户端的运行效果如图 12.2 和图 12.3 所示。

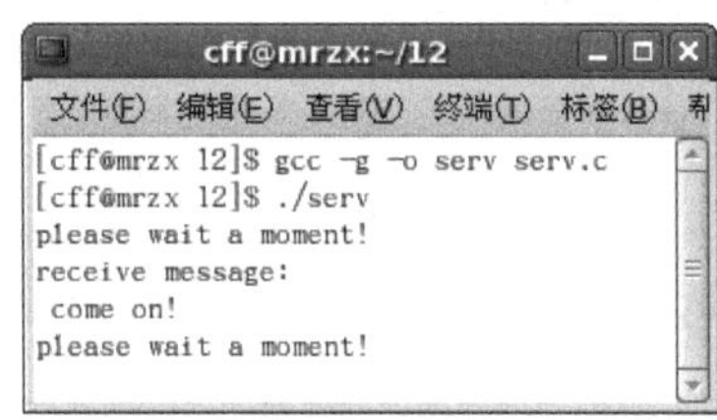

图 12.2　服务器端运行效果

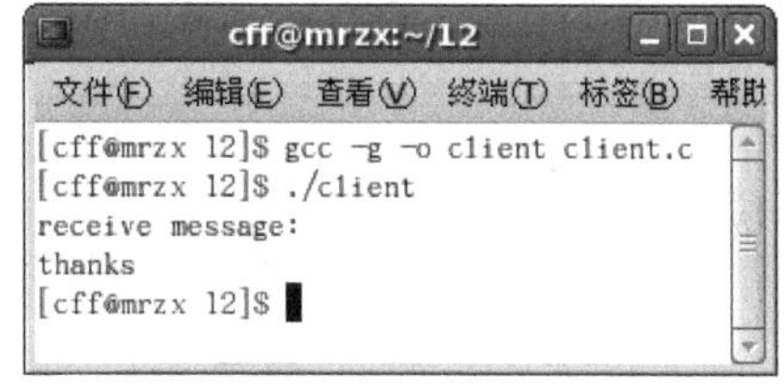

图 12.3　客户端运行效果

上述程序只是一个简单的基于 TCP 套接字的编程实例，TCP 套接字编程的应用非常广泛，不仅仅是这样一个简单的信息传递，有时会有多个客户端向服务器发送请求，因此在服务器端每一个客户的请求需要进行排队。对于一个服务器端的队列，需要注意两个问题，一个是完成连接的队列如何处理，另一个是未完成连接的队列如何处理。如何区分这两种队列的状态，需要 CLOSED 状态和 ESTABLISHED 状态。当客户端与服务器端建立连接时，会从原本的 CLOSED 状态转变为 ESTABLISHED 状态；当结束连接时，会将 ESTABLISHED 状态转换成 CLOSED 状态。服务器端就是根据这两个状态值进行判断的。

12.3　UDP 套接字编程

用户数据包协议（UDP）实时提供了读数据的直接访问权，并且传输时无连接、不执行端对端的

可靠性检查，因此在传输可靠性高的数据信息时，不建议使用 UDP 协议，只有在对传输数据可靠性要求不高时，才可以使用 UDP 协议。使用 UDP 协议发送的数据可能出错，也可能不按顺序处理。通常，在使用 UDP 协议进行网络通信时，需要设置一些弥补措施，确认数据是否正确传输。虽然 UDP 协议有这些不可靠的因素，但是其有代码小、速度快和系统开销小等优点，在网络编程中有着广泛的应用。

下面通过本节的介绍，来了解 UDP 套接字编程的工作原理，并结合实例掌握简单的基于 UDP 协议的套接字编程的步骤。

12.3.1 数据传输系统调用

基于 UDP 的网络编程中主要用到的函数有 socket()、bind()、sendto()、recvfrom()和 close()。

在 12.1.4 节中，已经对创建套接字函数 socket()、绑定套接字函数 bind()和关闭套接字函数 close()进行了介绍，在此对用于无连接的数据包套接字方式下的数据传输的函数 sendto()和 recvfrom()进行介绍。

注意

sendto()和 recvfrom()函数可用于面向连接的或无连接的套接字通信中。

1. 发送数据

sendto()函数用于向指明目的地址的远端机器发送数据，该函数的定义形式如下：

```
#include<sys/types.h>
#include<sys/socket.h>

ssize_t sendto(int s, const void *buf, size_t len, int flags, const struct sockaddr *to, socklen_t tolen);
```

参数 s 代表套接字描述符；参数 buf 用于指向发送信息的缓冲区的指针；参数 len 是发送的信息的长度；参数 flags 通常会设置为 0，代表的是相关控制参数，主要用于控制是否接收数据以及是否预览报文；参数 to 为存放接收处的信息的指针；参数 tolen 是接收端地址的大小。

函数如果调用成功，返回值为发送的字节数；否则返回值为-1，并设置相应的 errno 值。

说明

如果 sendto()函数用于面向连接的网络通信，套接字类型为 SOCK_STREAM 或 SOCK_SEQPACKET。此时参数 to 指向 NULL，参数 tolen 为 0，若不为此值，就会出现错误信息提示。

2. 接收数据

recvfrom()函数用于接收消息，该函数的定义形式如下：

```
#include<sys/types.h>
#include<sys/socket.h>

ssize_t recvfrom(int s, void *buf, size_t len, int flags, struct sockaddr *from, socklen_t *fromlen);
```

参数 s 为套接字描述符；参数 buf 指向接收信息的指针；参数 len 代表缓冲区的最大长度；参数 flags 通常设置为 0，表示相关控制参数；参数 from 表示发送此信息处的地址指针；参数 fromlen 指向发送处地址大小的指针。

12.3.2　基于 UDP 协议的 C/S 机制的网络通信的工作原理

UDP 是面向无连接的网络通信，并不需要像 TCP 套接字编程那样需要先通过 connect()与服务器建立连接，然后调用 listen()函数使服务器处于监听状态，最后通过 accept()函数接收客户端的连接请求。UDP 套接字编程，只需要创建用于通信的套接字，然后在服务器端绑定端口，就可以实现数据的传输。

绑定了地址信息之后，在进行数据传输时，服务器会阻塞 recvfrom()函数，等待客户端调用 sendto()函数发送数据。同时，客户端的 recvfrom()被阻塞，服务器会调用 recvfrom()函数接收数据向客户端做出应答。数据传输结束时，需要调用 close()函数结束套接字。

UDP 协议的这种 C/S 机制的通信原理如图 12.4 所示。

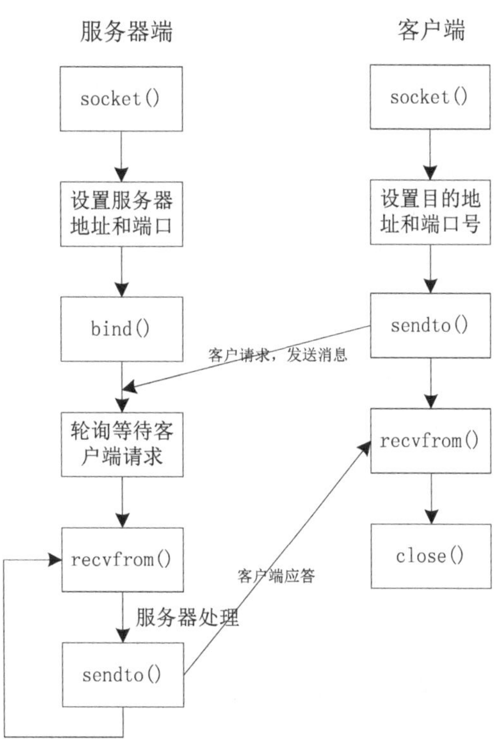

图 12.4　基于 UDP 的 C/S 机制的通信原理

12.3.3　基于 UDP 的简单网络通信实例

在了解了 UDP 的通信原理后，结合实例掌握 UDP 的网络通信的过程。

【例 12.2】 在 Linux 系统中，实现在两个远端计算机中通过 UDP 协议实现信息的传送。（**实例位置：资源包\TM\sl\12\2**）

服务器端程序的代码如下：

```
/*服务器端*/
#include<stdio.h>
#include<string.h>
#include<sys/types.h>
#include<netinet/in.h>
#include<sys/socket.h>
#include<errno.h>
#include<stdlib.h>
#include<arpa/inet.h>
#define PORT 8886

int main(int argc, char **argv)
{
	struct sockaddr_in s_addr;							//服务器地址结构
	struct sockaddr_in c_addr;							//客户端地址结构
	int sock;									//套接字描述符
	socklen_t addr_len;								//地址结构长度
	int len;									//接收到的消息字节数
	char buff[128];								//存放接收消息的缓冲区
/*创建数据包模式的套接字 */
	if((sock = socket(AF_INET, SOCK_DGRAM, 0)) == -1) {
		perror("socket");
		exit(errno);
	}
		else
		printf("create socket successful.\n\r");
/*清空地址结构*/
	memset(&s_addr, 0, sizeof(struct sockaddr_in));
/*设置地址和端口信息 */
	s_addr.sin_family = AF_INET;
	if(argv[2])
		s_addr.sin_port = htons(atoi(argv[2]));
	else
		s_addr.sin_port = htons(PORT);
	if(argv[1])
		s_addr.sin_addr.s_addr = inet_addr(argv[1]);
	else
		s_addr.sin_addr.s_addr = INADDR_ANY;
/*绑定地址和端口信息 */
	if((bind(sock, (struct sockaddr *) &s_addr, sizeof(s_addr))) == -1) {
		perror("bind error");
		exit(errno);
	}
		else
		printf("bind address to socket successfuly.\n\r");
```

```
/*循环接收数据 */
	addr_len = sizeof(c_addr);
	while(1) {
		len = recvfrom(sock, buff, sizeof(buff) - 1, 0,(struct sockaddr *) &c_addr, &addr_len);
		if(len < 0) {									//接收失败
			perror("recvfrom error");
			exit(errno);
		}
		buff[len] = '\0';
		printf("收到来自远端计算机%s、端口号为%d 的消息:\n%s\n\r",inet_ntoa(c_addr.sin_addr), ntohs(c_
addr.sin_port), buff);
	}
	return 0;
}
```

客户端程序的代码如下：

```
/*客户端*/
#include<stdio.h>
#include<string.h>
#include<sys/types.h>
#include<netinet/in.h>
#include<sys/socket.h>
#include<errno.h>
#include<stdlib.h>
#include<arpa/inet.h>
#define PORT 8886

int main(int argc, char **argv)
{																//定义变量
	struct sockaddr_in s_addr;									//套接字地址结构
	int sock;													//套接字描述符
	int addr_len;												//地址结构长度
	int len;													//发送字节长度
	char buff[]="Hello everyone,Merry Christmas!";				//发送的消息
/*创建数据包模式的套接字*/
	if((sock = socket(AF_INET, SOCK_DGRAM, 0)) == -1) {
		perror("socket error");
		exit(errno);
	}
	else
		printf("create socket successful.\n\r");
/*设置对方地址和端口信息*/
	s_addr.sin_family = AF_INET;								//地址族
	if(argv[2])
		s_addr.sin_port = htons(atoi(argv[2]));
	else
		s_addr.sin_port = htons(PORT);
	if(argv[1])
		s_addr.sin_addr.s_addr = inet_addr(argv[1]);
```

```
    else {
        printf("没有输入消息的接收者！\n");
        exit(0);
    }
    addr_len = sizeof(s_addr);                              //地址结构长度
/*从客户端的 buff 缓冲区中发送消息到地址结构为 s_addr 的远端机器*/
    len = sendto(sock, buff, sizeof(buff), 0,(struct sockaddr *) &s_addr, addr_len);
    if(len < 0) {                                           //如果发送失败
        printf("\n\rsend error.\n\r");
        return 3;
    }
    printf("send success.\n\r");                            //发送成功
    return 0;
}
```

上述代码中，在服务器端设置了套接字数据地址结构的相关信息，将此计算机与自己设定的信息绑定，然后等待循环接收数据；客户端在设定了要连接的远端服务器的套接字数据地址结构的信息后，向服务器端发送消息，建立连接请求。当服务器端接收到此客户端的信息后，将信息输出到终端，并输出是从哪个 IP 地址的远端计算机的哪一个端口号接收到的消息。

说明

在终端中，运行客户端程序时，需要传递一个 IP 地址参数，用于测试连接的服务器端，因此，将回送地址“127.0.0.1”用于测试。

技巧

在运行该程序时，需要在两个终端运行。先运行服务器端，在服务器守候过程中运行客户端。数据传输结束后，在服务器端按 Ctrl+C 快捷键结束进程。

服务器端的运行效果如图 12.5 所示。客户端的运行效果如图 12.6 所示。

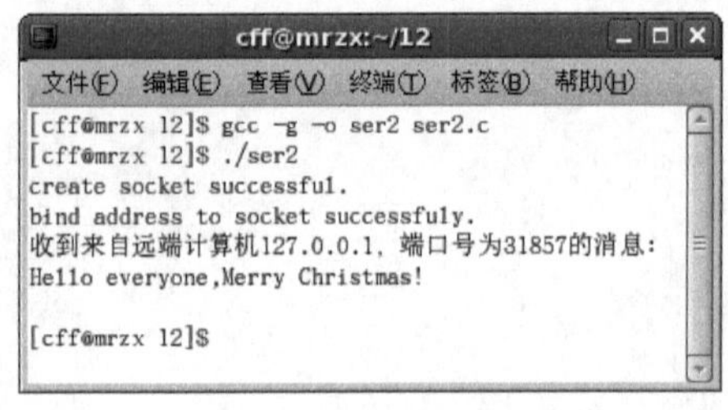

图 12.5　服务器端运行效果

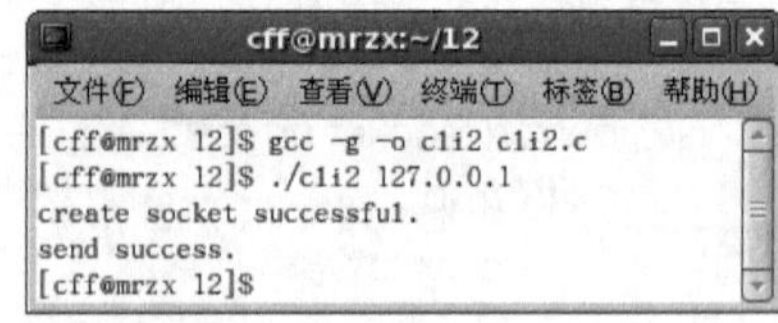

图 12.6　客户端运行效果

视频讲解

12.4　原始套接字编程

前面介绍的 TCP 和 UDP 的套接字通信几乎涵盖了 TCP/IP 应用的全部，但计算机并不是只存在 TCP

和 UDP 两种单一的协议下的通信方法。那么，对于一个自定义的 IP 包或者一个 ICMP 协议包，又是如何实现传送的呢？原始套接字就允许对这些较底层次的协议（IP、ICMP、IGMP）进行直接访问。

12.4.1　原始套接字定义

原始套接字编程是一种非面向连接的、C/S 传输方式的网络编程。使用原始套接字编程进行服务器端与客户端的通信前，首先要创建各自的套接字，然后对相应的套接字进行数据传输。在数据传输过程中，需要使用 sendto()函数和 recvfrom()函数进行发送与接收，在发送与接收函数中设置相应的 IP 地址。

原始套接字往往应用于高级网络编程，如比较流行的网络嗅探器（sniffer）、拒绝服务攻击（DoS）、IP 欺骗等都可以实现，并且还可以通过原始套接字来模拟 IP 的一些实用工具，如 Ping 命令。

12.4.2　原始套接字系统调用

1．创建函数

原始套接字的创建方法与标准套接字的创建方法类似，只是在创建时参数选择的选项不同。例如，TCP 套接字编程选择的是 SOCK_STREAM 类型的套接字，UDP 套接字编程选择的是 SOCK_DGRAM 类型的套接字，而原始套接字编程则需要选择 SOCK_RAW 类型的套接字。

原始套接字的定义形式如下：

```
int sockfd;
sockfd=socket(AF_INET,SOCK_RAW,protocol);
```

上述代码创建了一个 AF_INET 协议族中的原始套接字，协议类型为 protocol。

协议类型 protocol 通常设置为 0，其取值还包括如下 4 种：

- ☑ IPPROTO_IP。
- ☑ IPPROTO_ICMP。
- ☑ IPPROTO_TCP。
- ☑ IPPROTO_UDP。

说明

创建完原始套接字后，可以通过向网络中定义自己的 IP 数据包。但是在 Linux 系统中，为了保护网络系统的安全，规定只有超级用户才有创建原始套接口的权限。

2．设置套接字选项

函数 setsockopt()主要用于实现对套接字相关的选项设置当前值，该函数的定义形式如下：

```
#include<sys/types.h>
#include<sys/socket.h>

int setsockopt(int s, int level, int optname, const void *optval, socklen_t optlen);
```

参数 s 表示套接字描述符；参数 level 代表的是选项定义的层次，如 IPPROTO_IP；参数 optname 代表套接字选项的名称，如 IP_HDRINCL 表示要构造 IP 头部；参数 optval 表示指向存放选项数据的缓冲区的指针；参数 optlen 表示 optval 参数指向的缓冲区的长度。

该函数如果调用成功，返回值为 0；否则返回值为-1，并设置相应的错误信息。

使用套接字选项 IP_HDRINCL 设置套接字，在之后进行接收和发送数据时，接收到的数据包含 IP 的头部。用户之后需要对 IP 层相关的数据段进行处理，如 IP 头部数据的设置和分析、校验和计算等，设置方法如下：

```
int set = 1;
if(setsockopt(rawsock, IPPROTO_IP, IP_HDRINCL, &set, sizeof(set))<0)
{
/*错误信息提示*/
}
```

12.4.3　原始套接字的发送与接收

1．发送报文时需要遵循的原则

（1）通常情况下，可以使用 sendto()函数指定发送的目的地址，对数据进行传送。但是，如果已经调用 bind()函数绑定了目标地址，则可以使用 write()函数或者 send()函数发送数据。

（2）如果使用 setsockopt()设置了选项 IP_RINCL，则发送的数据缓冲区指向 IP 头部第一个字节的头部，用户发送的数据包含 IP 头部之后的所有数据，需要用户自己填写 IP 头部和计算校验和及所包含数据的处理和计算。

（3）如果没有设置 IP_RINCL，则发送缓冲区指向 IP 头部后面数据区域的第一个字节，不需要用户填写 IP 头部，IP 头部的填写工作由内核进行，并由内核进行校验和的计算。

2．接收报文时的特点

（1）对于 ICMP 的协议，绝大部分数据可以通过原始套接字获得，如回显请求、响应、时间戳请求等。

（2）接收的 UDP 和 TCP 协议的数据不会传给任何原始套接字接口，这些协议的数据需要通过数据链路层获得。

（3）如果 IP 以分片形式到达，则所有分片都已经接收到并重组后才传给原始套接字。

（4）内核不能识别的协议、格式等传给原始套接字，因此可以使用原始套接字定义用户自己的协议格式。

12.4.4　报文处理

使用原始套接字对报文信息进行发送与接收时，都要对报文进行处理。对报文的处理，首先要了解存储报文的数据结构信息，通常用到的有如下几种类型的报文信息，例如，IP 头部、TCP 头部、UDP

头部、ICMP 头部。掌握了这些报文的头部数据结构后，就可以灵活地使用原始套接字从底层获取高层的网络数据。

1. 报文头部结构

下面介绍这几种常见的报文头部数据结构。

IP 头部的数据结构如图 12.7 所示。

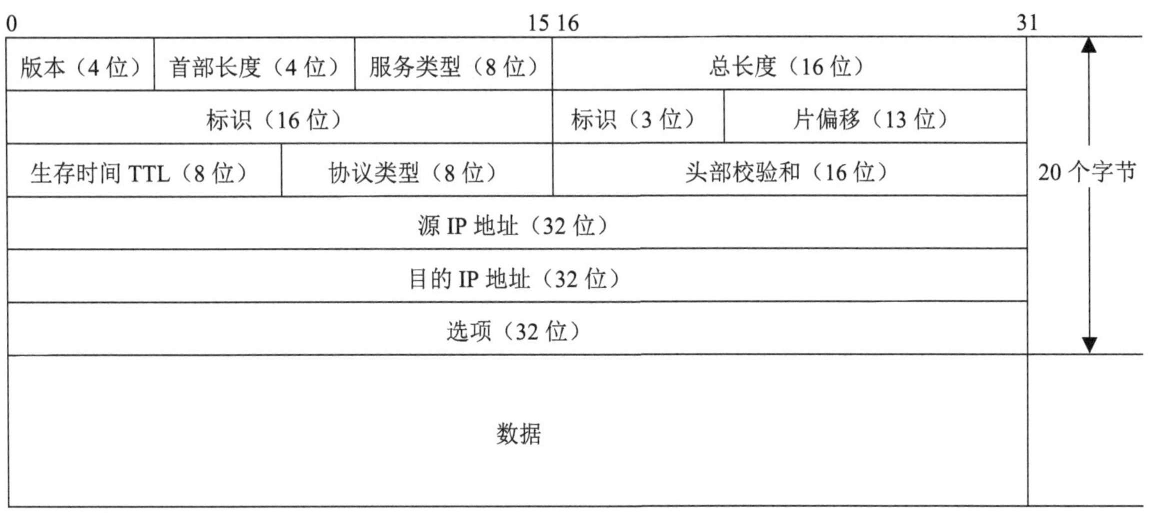

图 12.7　IP 头部数据结构

TCP 的头部结构主要包含发送端的源端口、接收端的目的端口、数据的序列号、上一个数据的确认号、滑动窗口大小、数据的校验和、紧急数据的偏移指针以及一些控制位等信息。TCP 头部的数据结构如图 12.8 所示。

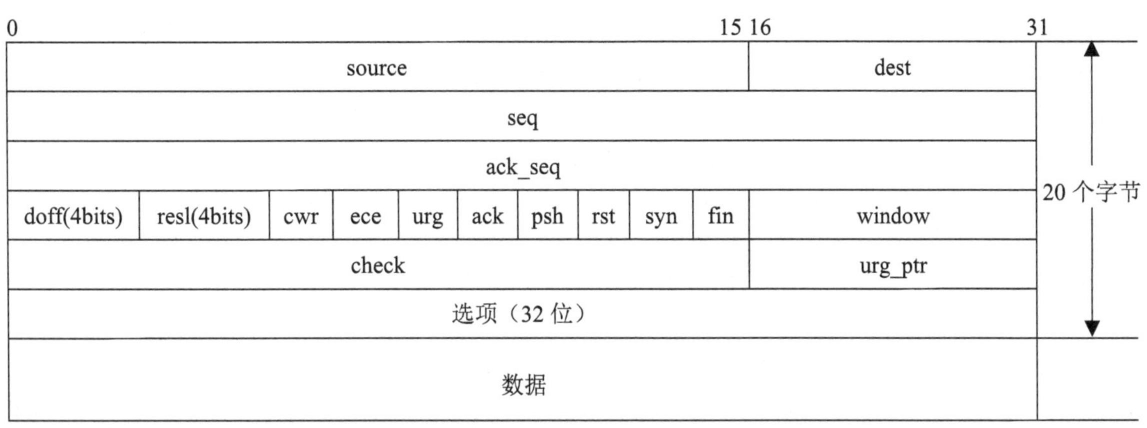

图 12.8　TCP 头部数据结构

UDP 头部的数据结构如图 12.9 所示。

ICMP 头部结构比较复杂，包含消息的类型（icmp_type）、消息的代码（icmp_code）、校验和（icmp_cksum）等。ICMP 头部的数据结构如图 12.10 所示。

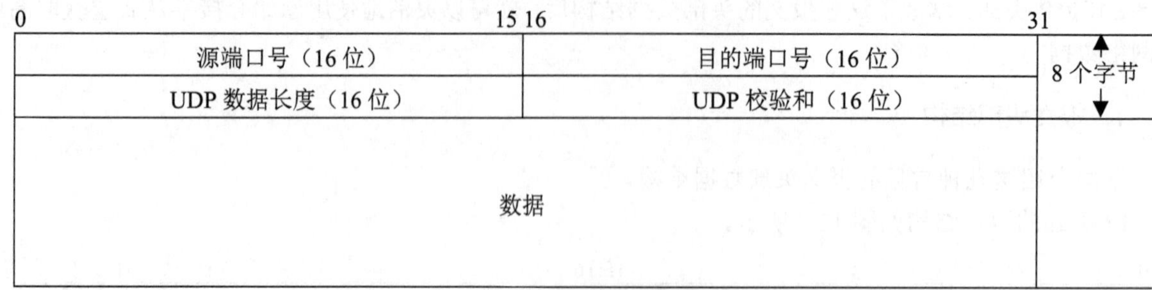

图 12.9　UDP 头部数据结构

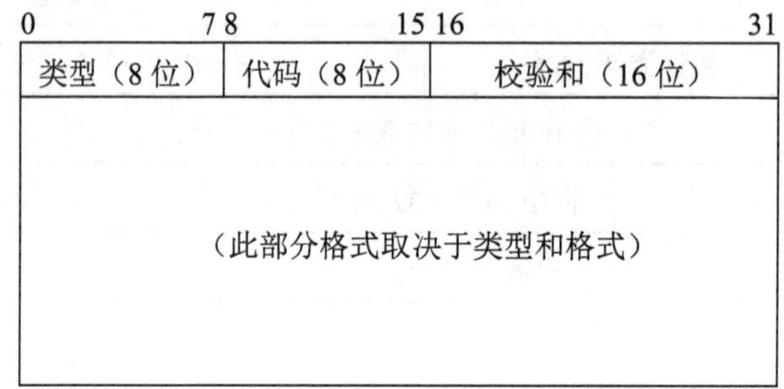

图 12.10　ICMP 头部数据结构

2．ICMP 协议

利用原始套接字可以实现发送一个自己定义的 IP 数据包，或者发送一个 ICMP 协议包。其中，ICMP 协议是应用在网络层中的一个重要协议，其全称为 Internet Control Message Protocol（因特网控制报文协议），ICMP 协议弥补了 IP 的缺陷，通过 IP 协议进行信息传递，向数据包中的源端节点提供发生在网络层的错误信息的反馈。

ICMP 协议是一种面向连接的协议，用于传输出错报告控制信息。它是一个非常重要的协议，对网络安全具有极其重要的意义。它是 TCP/IP 协议族的一个子协议，属于网络层协议，主要用于在主机与路由器之间传递控制信息，包括报告错误、交换受限控制和状态信息等。当遇到 IP 数据无法访问目标、IP 路由器无法按当前的传输速率转发数据包等情况时，会自动发送 ICMP 消息。

ICMP 提供一致易懂的出错报告信息。发送的出错报文返回到发送原数据的设备，因为只有发送设备才是出错报文的逻辑接收者。发送设备随后可根据 ICMP 报文确定发生错误的类型，并确定如何才能更好地重发失败的数据报。但是，ICMP 唯一的功能是报告问题，而不是纠正错误，纠正错误的任务由发送方完成。

在网络中，经常会使用到 ICMP 协议，例如，经常使用的用于检查网络连接是否正常的 Ping 命令，这个 Ping 的过程实际上就是 ICMP 协议工作的过程，还有跟踪路由的 Tracert 命令也是基于 ICMP 协议的。

ICMP 报文分为两种，一种是错误报告报文，另一种是查询报文。每个 ICMP 报头信息如图 12.10 所示，但是图 12.10 中的下面部分，根据 ICMP 的功能不同而不同。这两种 ICMP 类型报头格式如图 12.11 所示。

<table>
<tr><td>0　　　　7</td><td>8　　　15</td><td>16　　　　31</td></tr>
<tr><td>类型（8 或 0）</td><td>代码（不用）</td><td>校验和</td></tr>
<tr><td colspan="2">标识符</td><td>序列号</td></tr>
</table>

图 12.11　ICMP 错误报告和查询的报头格式

12.5　小　　结

本章主要对网络编程相关的一些基本概念性的问题进行了简单的介绍，如计算机网络、TCP/IP 协议、IP 地址等。本章还介绍了套接字编程的原理，并详细介绍了套接字编程的常用函数。本章结合实例介绍了 3 种类型的套接字编程，有基于 TCP 协议的套接字编程、基于 UDP 协议的套接字编程和原始套接字编程。结合这些实例，掌握了这 3 种套接字编程的工作原理和实现方法。希望读者通过本章的学习，能够对在 Linux 系统下的网络编程的原理以及常用的函数有所掌握。

12.6　实践与练习

1. 在 Linux 系统下，通过 TCP 协议的套接字编程，在服务器端的计算机上实现累加求和的计算，数据全部从客户端传送，然后将在服务器端计算的和输出到终端，并传送回客户端。（**答案位置：资源包\TM\sl\12\3**）

2. 在 Linux 系统下，实现 IP 地址转换，将名字地址转换为数字地址。（**答案位置：资源包\TM\sl\12\4**）

第13章 make编译基础

（视频讲解：1小时54分钟）

Makefile关系到了整个工程的编译规则。一个工程中的源文件不计其数，并按类型、功能、模块分别放在若干个目录中。Makefile定义了一系列的规则，来指定哪些文件需要先编译，哪些文件需要后编译，哪些文件需要重新编译，甚至于进行更复杂的功能操作，因为Makefile就像一个Shell脚本一样，而且还可以执行操作系统的命令。

Makefile带来的好处就是——“自动化编译”。一旦写好，只需要一个make命令，整个工程完全自动编译，极大地提高了软件开发的效率。一般来说，大多数的IDE都有这个命令，如Visual C++的NMAKE和Linux下GNU的make。如果不使用IDE，或者想了解IDE中的make原理，那么就要在本章下一些工夫。

通过阅读本章，您可以：

- **了解make的用途**
- **掌握make书写规则**
- **掌握make基本命令的使用**
- **掌握在make中使用变量的方法**
- **掌握在make中条件判断的应用**
- **掌握在make中使用函数的方法**
- **掌握make的隐含规则**
- **掌握make编译函数库的方法**

13.1　通过实例认识 make

什么是 Makefile？或许很多 Windows 的程序员都不知道这个东西，因为那些 Windows 的 IDE 已经为您做了这个工作，但作为专业程序员，还是要懂 Makefile。这就好像现在有这么多的 HTML 编辑器，但如果您想成为一个专业人士，还是要了解 HTML 的标识的含义。特别是在 Linux 下的软件编译，您就不能不自己写 Makefile 了。会不会写 Makefile，从一个侧面说明了一个人是否具备完成大型工程的能力。

13.1.1　Makefile 的导入

下面从一个例子来说明 Makefile 是做什么用的。

如果一个工程有 4 个头文件 define.h、getdata.h、calc.h、putdata.h 和 4 个 C 文件 main.c、getdata.c、calc.c、putdata.c。

main.c 文件的内容如下：

```
#include "stdio.h"
#include "define.h"
#include "calc.h"
#include "getdata.h"
#include "putdata.h"
//计算 n 个样品中取出 k 个样品的组合方式有多少种
int main()
{
	int n,k;
	double c;
	getdata(&n,&k);
	c=calculate(n,k);
	putdata(n,k,c);
}
```

getdata.c 文件的内容如下：

```
//输入两个数 n 和 k,保证 n>=k
#include "stdio.h"
#include "getdata.h"
void getdata(int *n,int*k)
{
    char prompt[100];
    sprintf(prompt,"请输入样本总数(<%d) ",FACMAX);
    *n=input(prompt);
    do{
      sprintf(prompt,"请输入取样数(<%d>=%d) ",FACMAX,*n);
```

```
        *k=input(prompt);
    }while(n<k);
}
//输入一个 0 到 FACMAX 之间的数
int input(char *prompt)
{
    int x;
    do{
        printf(prompt);
        scanf("%d",&x);

    }while(x<=0||x>FACMAX);
    return x;
}
```

calc.c 文件的内容如下：

```
#include "calc.h"
//计算 n 个样品中取 k 个样品的组合方式有多少种
double calculate(int n,int k)
{
    return factorial(n)/(factorial(k)*factorial(n-k));
}
//计算 n 的阶乘
double factorial(int n)
{
    double s=1;
    int i;
    for(i=1;i<=n;i++)
        s=s*i;
    return s;
}
```

putdata.c 文件的内容如下：

```
//输出程序结果
#include "stdio.h"
#include "putdata.h"
//输出
void putdata(int n,int k,double data)
{ char prompt[100];
  sprintf(prompt,"%d 中取%d 的方法总数是%.0lf\n",n,k,data);
  printf(prompt);
}
```

define.h 文件的内容如下：

```
#ifndef DEFINE_H
#define DEFINE_H
#define FACMAX 170
#endif
```

getdata.h 文件的内容如下：

```
#ifndef GETDATA_H
#define GETDATA_H
#include "define.h"
int input(char *prompt);
void getdata(int *n,int*k);
#endif
```

calc.h 文件的内容如下：

```
#ifndef CALC_H
#define CALC_H
double factorial(int n);
double calculate(int n,int k);
#endif
```

putdata.h 文件的内容如下：

```
#ifndef PUTDATA_H
#define PUTDATA_H
void putdata(int n,int k,double data);
#endif
```

为了完成对该工程文件的编译，并生成执行文件 main，可以这样编译这些源文件：

```
$ gcc main.c getdata.c calc.c putdata.c -o main
```

但这不是个好办法，如果编译之后又对 main.c 做了修改，就需要把所有源文件编译一遍，即使其他源文件和那些头文件都没有修改，也要跟着重新编译。一个大型的软件项目往往由上千个源文件组成，全部编译一遍需要几个小时，只改一个源文件就要求全部重新编译肯定是不合理的。

下面这样编译也许更好一些：

```
$ gcc -c main.c
$ gcc -c getdata.c
$ gcc -c calc.c
$ gcc -c putdata.c
$ gcc main.o getdata.o calc.o putdata.o -o main
```

如果编译之后又对 main.c 做了修改，重新编译只需要做两步：

```
$ gcc -c main.c
$ gcc main.c getdata.c calc.c putdata.c -o main
```

这样又有一个问题，每次编译敲的命令都不一样，很容易出错，例如，我修改了 3 个源文件，可能有一个忘了重新编译，结果编译完后修改没有生效，运行时出了问题还满世界找原因。更复杂的问题是，假如我修改了 define.h，怎么办？所有包含 define.h 的源文件都需要重新编译，得挨个找哪些源文件包含了 main.h，有的还很不明显，例如，getdata.c 包含了 getdata.h，而后者包含了 define.h。可见，手动处理这些问题非常容易出错，那么，有没有自动的解决办法呢？

我们需要一个这样的文件，它能够按下列规则对源文件进行编译：

（1）如果这个工程没有编译过，那么所有 C 文件都要编译并被链接。

（2）如果这个工程的某几个 C 文件被修改，那么只编译被修改的 C 文件，并链接目标程序。

（3）如果这个工程的头文件被改变了，那么需要编译引用了这几个头文件的 C 文件，并链接目标程序。

这个文件就是 Makefile 文件。

【例 13.1】 编写一个名为Makefile的文件并与源代码放在同一个目录下。（**实例位置：资源包\TM\sl\13\1**）

程式的代码如下：

```
main: main.o getdata.o calc.o putdata.o
	gcc -o main main.o getdata.o calc.o putdata.o
main.o : main.c getdata.h putdata.h calc.h define.h
	gcc -c main.c
getdata.o : getdata.c getdata.h define.h
	gcc -c getdata.c
calc.o : calc.c calc.h
	gcc -c calc.c
putdata.o : putdata.c putdata.h
	gcc -c putdata.c
clean:
	rm *.o
	rm main
```

注意

行首的空白不能用空格符，必须是 Tab。

在这个目录下运行 make 编译，效果如图 13.1 所示。

make 命令会自动读取当前目录下的 Makefile 文件，完成相应的编译步骤。Makefile 由一组规则组成，每条规则的格式是：

```
目标 ...：条件集合 ...
	命令 1
	命令 2
	...
```

例如：

```
main: main.o getdata.o calc.o putdata.o
	gcc -o main main.o getdata.o calc.o putdata.o
```

main 是这条规则的目标，main.o getdata.o calc.o putdata.o 是这条规则的条件。目标和条件之间的关系是：欲更新目标，必须首先更新它的所有条件；所有条件中只要有一个条件被更新了，目标也必须随之更新。所谓“更新”就是执行一遍规则中的命令列表，命令列表中的每条命令必须以一个 Tab 开头，注意不能是空格。Makefile 的格式不像 C 语言的缩进那么随意，对于 Makefile 中的每个以 Tab 开头的命令，make 会创建一个 Shell 进程去执行它。

对于上面这个例子，make 的执行步骤如下：

尝试更新 Makefile 中第一条规则的目标 main。第一条规则的目标称为默认目标，只要默认目标更新，就算完成了任务，其他工作都是为这个目的而做的。由于是第一次编译，main 文件还没有生成，显然需要更新，但规则说必须先更新 main.o、getdata.o、calc.o 和 putdata.o 这 4 个条件，然后才能更新 main，所以 make 会进一步查找以这 4 个条件为目标的规则。这些目标文件也没有生成，也需要更新，所以执行相应的命令（gcc -c main.c gcc -c getdata.c gcc -c calc.c gcc -c putdata.c）更新它们。最后执行 gcc -o main main.o getdata.o calc.o putdata.o 更新 main。

如果没有做任何改动，再次运行 make，效果如图 13.2 所示。

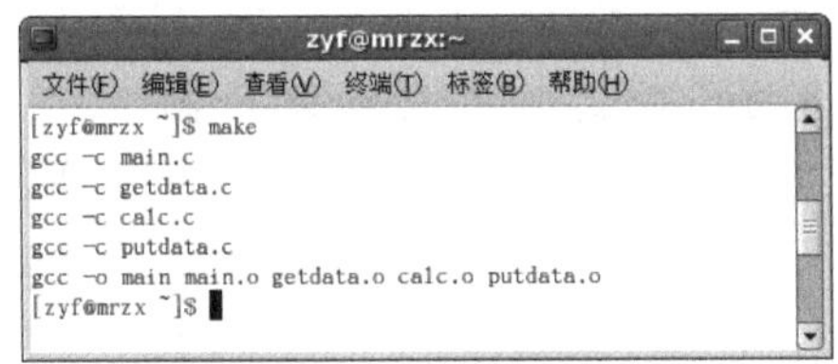

图 13.1　make 的首次编译结果

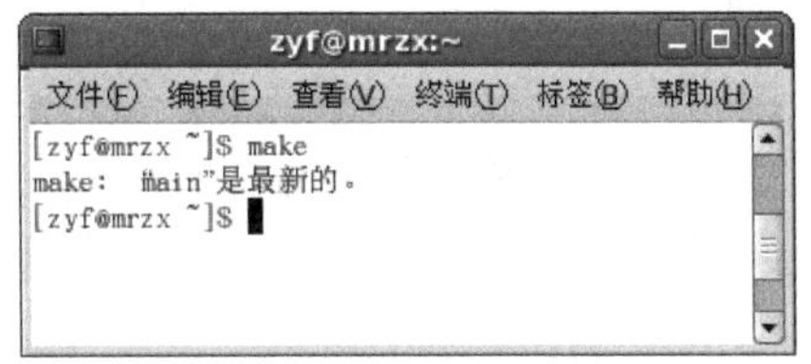

图 13.2　make 未执行任何操作的执行结果

make 会提示默认目标已经是最新的了，不需要执行任何命令更新。再做个实验，如果修改了 main.c（例如加个无关痛痒的空格）再运行 make，效果如图 13.3 所示。

make 会自动选择那些受影响的源文件进行重新编译，而不受影响的源文件则不重新编译。

代码中最后的 clean 是清除 make 执行过程中产生的临时文件。当用 make 命令执行时，clean 下的命令不会执行，要以 make clean 方式单独执行。执行后，所有*.o 和 main 都被删除，如图 13.4 所示。

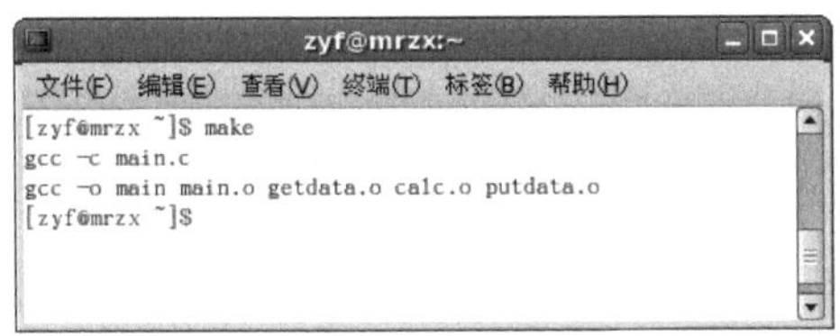

图 13.3　只执行部分编译的执行结果

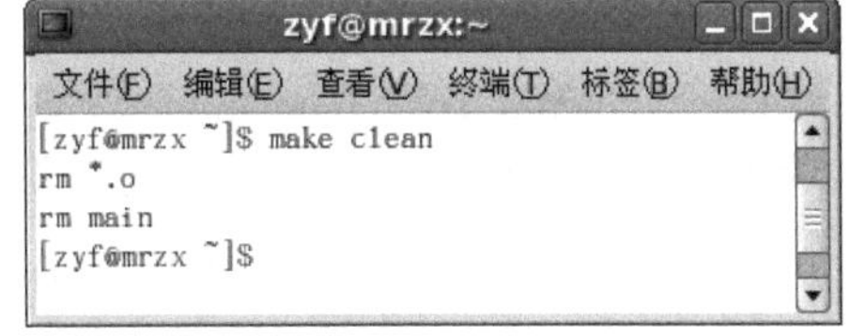

图 13.4　make clean 的执行结果

Makefile 带来的好处就是——“自动化编译”，一旦写好，只需要一个 make 命令，整个工程完全自动编译，极大地提高了软件开发的效率。make 是一个命令工具，是一个解释 Makefile 中指令的命令工具。一般来说，大多数的 IDE 都有这个命令，如 Delphi 的 make、Visual C++的 NMAKE 和 Linux 下 GNU 的 make。

13.1.2　make 是如何工作的

在默认方式下，也就是只输入 make 命令时，make 是如何工作的呢？

（1）make 会在当前目录下找名为 Makefile 或 makefile 的文件。

（2）如果找到，它会找文件中的第一个目标文件。在上面的例子中，它会找到 main 这个文件，并把这个文件作为最终的目标文件。

（3）如果 main 文件不存在，或是 main 所依赖的.o 文件的修改时间要比 main 这个文件晚，那么，它就会执行后面所定义的命令来生成 main 这个文件。

（4）如果 main 所依赖的.o 文件也存在，那么 make 会在当前文件中查找目标为.o 文件的依赖性，如果找到，则再根据那个规则生成.o 文件（这有点像一个堆栈的过程）。

（5）当 C 文件和头文件存在时，make 会生成 .o 文件，然后再用.o 文件生成 make 的终极任务，也就是执行文件 main。

这就是整个 make 的依赖性。make 会一层又一层地去寻找文件的依赖关系，直到最终编译出第一个目标文件。在寻找的过程中，如果出现错误，例如最后被依赖的文件找不到，那么 make 就会直接退出，并报错，而对于所定义的命令的错误，或是编译不成功，make 根本不理。make 只确认文件的依赖性，即如果找到了依赖关系之后，冒号后面的文件还是不在，那么 make 就结束工作。

通过上述分析可知，像 clean 这种没有被第一个目标文件直接或间接关联，那么它后面所定义的命令将不会被自动执行。不过，可以明确指示要 make 执行，即命令——“make clean”，以此来清除所有的目标文件，以便重新编译。于是，在编程中，如果这个工程已被编译过，当修改其中一个源文件后（例如 main.c），根据程序的依赖性，目标 main.o 会被重新编译（也就是在这个依赖关系后面所定义的命令），于是 main.o 的文件也是最新的，那么 main.o 的文件修改时间要比 main 晚，所以 main 也会被重新链接。

13.1.3　Makefile 中使用变量

先看看上面例子中 main 的规则：

```
main: main.o getdata.o calc.o putdata.o
	gcc -o main main.o getdata.o calc.o putdata.o
```

可以看到，.o 文件的字符串被重复了两次，如果工程需要加入一个新的.o 文件，那么需要在两个地方加。当然，此 Makefile 并不复杂，所以在两个地方加也很简单，但如果 Makefile 变得复杂，那么就有可能忘掉一个需要加入的地方，而导致编译失败。所以，为了 Makefile 的易维护性，在 Makefile 中可以使用变量。Makefile 的变量也就是一个字符串，理解成 C 语言中的宏可能会更好。

例如，可以声明一个变量，命名为 objects、OBJECTS、objs、OBJS、obj 或是 OBJ，不管叫什么，只要能够表示 obj 文件就行。在 Makefile 一开始就这样定义：

```
objects = main.o getdata.o calc.o putdata.o
```

这样，就可以很方便地在 Makefile 中以“$(objects)”的方式来使用这个变量。于是，改良版 Makefile 就变成下面这个样子。

【例 13.2】　含有变量的 Makefile。（**实例位置：资源包\TM\sl\13\2**）

程序的代码如下：

```
objects = main.o getdata.o calc.o putdata.o
main: $(objects)
	gcc –o main $(objects)
main.o : main.c getdata.h putdata.h calc.h define.h
```

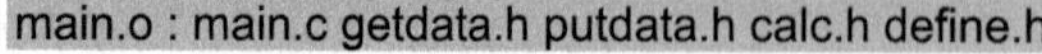

```
	gcc -c main.c
getdata.o : getdata.c getdata.h define.h
	gcc -c getdata.c
calc.o : calc.c calc.h
	gcc -c calc.c
putdata.o : putdata.c putdata.h
	gcc -c putdata.c
clean:
	rm *.o
	rm main
```

如果有新的.o 文件加入，只需简单地修改 objects 这个变量即可。

例 13.2 文件名为 var.mk，运行方式及效果如图 13.5 所示。

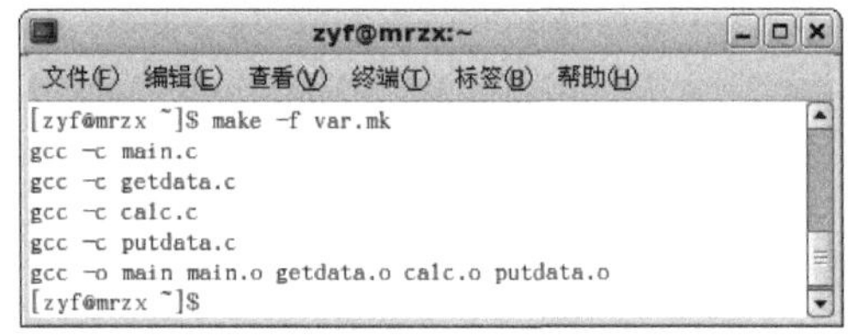

图 13.5　含有变量的 Makefile 运行结果

说明

更多关于变量的话题，将在 13.4 节中详细介绍。

13.1.4　让 make 自动推导

GNU 的 make 很强大，它可以自动推导文件以及文件依赖关系后面的命令，于是就没必要在每一个.o 文件后都写上类似的命令，因为 make 会自动识别，并自己推导命令。

只要 make 看到一个.o 文件，就会自动把.c 文件加在依赖关系中，如果 make 找到一个 whatever.o，那么 whatever.c 就会是 whatever.o 的依赖文件，并且 cc -c whatever.c 也会被推导出来，所以，Makefile 就不用写得那么复杂。

【例 13.3】　自动推导的 Makefile。（**实例位置：资源包\TM\sl\13\3**）

程序的代码如下：

```
objects = main.o getdata.o calc.o putdata.o
main: $(objects)
main.o : main.c getdata.h putdata.h calc.h define.h
getdata.o : getdata.c getdata.h define.h
calc.o : calc.c calc.h
putdata.o : putdata.c putdata.h
clean:
	rm *.o
	rm main
```

这种方法就是 make 的“隐含规则”。

说明

关于更为详细的“隐含规则”，将在 13.8 节中介绍。

13.1.5 清空目标文件的规则

每个 Makefile 中都应该写一个清空目标文件（.o 和执行文件）的规则，这不仅便于重编译，也很利于保持文件的清洁。一般的风格是：

```
clean:
    rm *.o
    rm main
```

更为稳健的做法是：

```
.PHONY : clean
clean:
    rm *.o
    rm main
```

.PHONY 表示 clean 是一个“伪目标”，可以在 rm 命令前面加一个小减号，意思是：也许某些文件出现问题，但不要管，继续做后面的事。代码如下：

```
.PHONY : clean
clean:
    -rm *.o
    -rm main
```

当然，clean 的规则是不要放在文件的开头，不然就会变成 make 的默认目标，相信谁也不愿意这样。不成文的规矩是 clean 从来都是放在文件的最后。

上面就是一个 Makefile 的概貌，也是 Makefile 的基础，下面来全面了解 Makefile。

13.2 make 概述

13.2.1 Makefile 中有什么

Makefile 中主要包含了 5 个内容：显式规则、隐含规则、变量定义、文件指示和注释。

（1）显式规则。它说明了如何生成一个或多个目标文件。书写 Makefile 时需要明确指出目标文件、目标的依赖文件以及更新目标文件所需的命令。

（2）隐含规则。有一些规则不需要明确说明，make 会自动按这些隐含规则执行，所以隐含的规

则可以允许我们比较粗糙地、简略地书写 Makefile。

（3）变量定义。在 Makefile 中要定义一系列的变量，变量一般都是字符串，这个有点类似 C 语言中的宏，当 Makefile 被执行时，其中的变量都会被扩展到相应的引用位置上。

（4）文件指示。其包括了 3 个部分，一个是在一个 Makefile 中引用另一个 Makefile，就像 C 语言中的 include 一样；另一个是指根据某些情况指定 Makefile 中的有效部分，就像 C 语言中的预编译#if 一样；还有就是定义一个多行的命令。有关这一部分的内容参见 13.2.3 节。

（5）注释。Makefile 中只有行注释，和 UNIX 的 Shell 脚本一样，其注释是用“#”字符，这个就像 C/C++中的“//”一样。如果用户要在 Makefile 中使用“#”字符，可以用反斜线进行转义，如“\#”。

注意

在 Makefile 中的命令必须以 Tab 开始。

13.2.2　Makefile 的文件名

默认情况下，make 命令会在当前目录下按顺序寻找文件名为 GNUmakefile、makefile、Makefile 的文件，找到后解释这个文件。在这 3 个文件名中，最好使用 Makefile 这个文件名，因为这个文件名的第一个字符为大写，非常醒目。最好不要用 GNUmakefile，这个文件是 GNU 的 make 识别的。有另外一些 make 只对全小写的 makefile 文件名敏感，但是大多数的 make 都支持 makefile 和 Makefile 这两种默认文件名。

当然，也可以使用别的文件名来书写 Makefile，如 Make.Linux、Make.Solaris、Make.AIX 等。如果要指定特定的 Makefile，可以使用 make 的-f 和--file 参数，如 make -f Make.Linux 或 make --file Make.AIX。

13.2.3　包含其他 Makefile 文件

本节讨论如何在一个 Makefile 中包含其他的 Makefile 文件。Makefile 中包含其他文件的关键字是 include，这与 C 语言对头文件的包含方式一致。

include 指示符告诉 make 暂停读取当前的 Makefile，而转去读取 include 指定的一个或者多个文件，完成以后再继续当前 Makefile 的读取。在 Makefile 中，指示符 include 书写在独立的一行，其形式如下：

```
include FILENAMES...
```

FILENAMES 是 shell 所支持的文件名（可以使用通配符）。

指示符 include 所在的行可以以一个或者多个空格（make 程序在处理时将忽略这些空格）开始，切忌不能以 Tab 字符开始（如果一行以 Tab 字符开始，make 程序就会将此行作为一个命令行来处理）。指示符 include 和文件名之间、多个文件之间使用空格或者 Tab 隔开。行尾的空白字符在处理时被忽略。使用指示符包含进来的 Makefile 中，如果存在变量或者函数的引用，它们将会在包含它们的 Makefile 中展开。

例如，存在 3 个.mk 文件，$(bar)被扩展为 bish bash，则

```
include foo *.mk $(bar)
```

等价于

```
include foo a.mk b.mk c.mk bish bash
```

make 程序在处理指示符 include 时，将暂停对当前使用指示符 include 的 Makefile 文件的读取，而转去依次读取由 include 指示符指定的文件列表，直到完成所有这些文件以后，再回过头继续读取指示符 include 所在的 Makefile 文件。

通常指示符 include 用在以下场合：

☑ 有多个不同的程序，由不同目录下的几个独立的 Makefile 来描述其创建或者更新规则。它们需要使用一组通用的变量定义（参见 13.4 节变量的基本操作）或者模式规则（参见 13.8.5 节模式规则）。通用的做法是，将这些共同使用的变量或者模式规则定义在一个文件中（没有具体的文件命名限制），在需要使用的 Makefile 中使用指示符 include 来包含此文件。

☑ 当根据源文件自动产生依赖文件时，可以将自动产生的依赖关系保存在另外一个文件中，主 Makefile 使用指示符 include 包含这些文件。这样的做法比直接在主 Makefile 中追加依赖文件的方法要明智得多。其他版本的 make 命令已经使用这种方式来处理。

如果指示符 include 指定的文件不是以斜线开始（绝对路径，如/usr/src/Makefile...），且当前目录下也不存在此文件，make 将根据文件名试图在以下几个目录下查找：首先，查找使用命令行选项“-I”或者--include-dir 指定的目录，如果找到指定的文件，则使用这个文件；否则依次搜索（如果其存在）/usr/gnu/include、/usr/local/include 和/usr/include。

当在这些目录下都没有找到 include 指定的文件时，make 将会提示一个包含文件未找到的警告提示，但不会立刻退出，而是继续处理 Makefile 的内容。当完成读取所有的 Makefile 文件后，make 将试图使用规则来创建通过指示符 include 指定的但未找到的文件，当不能创建它时，make 将提示致命错误并退出，错误提示信息如图 13.6 所示。

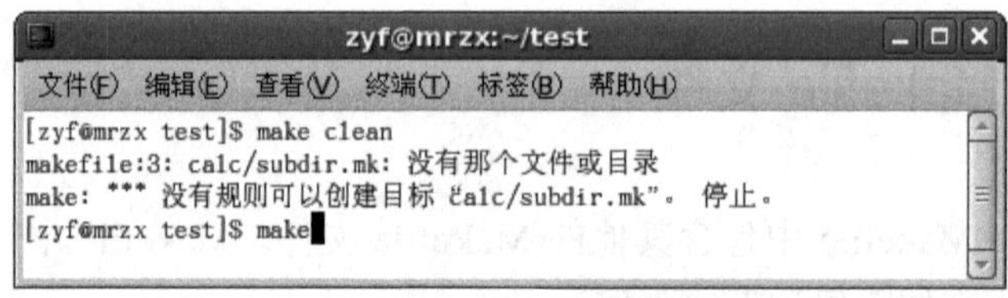

图 13.6 include 错误提示信息

可以使用-include 来代替 include，忽略由于包含文件不存在或者无法创建时的错误提示（“-”的意思是告诉 make，忽略此操作的错误，make 继续执行），例如：

```
-include FILENAMES...
```

使用这种方式，当所要包含的文件不存在时，就不会有错误提示，make 也不会退出。除此之外，和第一种方式效果相同。以下是这两种方式的比较：

（1）使用“include FILENAMES...”，make 程序处理时，如果 FILENAMES 列表中的任何一个文件不能正常读取，而且不存在一个创建此文件的规则，make 程序将提示错误并退出。

（2）使用“-include FILENAMES...”时，如果所包含的文件不存在，或者不存在一个规则去创建

它，make 程序会继续执行。只有在因为 Makefile 的目标的规则不存在时，才会提示致命错误并退出。

（3）为了和其他的 make 程序进行兼容，也可以使用 sinclude 来代替-include（GNU 所支持的方式）。

13.2.4　变量 MAKEFILES

如果当前环境定义了一个 MAKEFILES 的环境变量，make 执行时就会首先将此变量的值作为需要读入的 Makefile 文件，并且多个文件之间使用空格分开。类似使用指示符 include 包含其他 Makefile 文件一样，如果文件名非绝对路径，而且当前目录也不存在此文件，make 会在一些默认的目录中寻找。此情况和使用 include 的区别如下：

☑ 环境变量指定的 Makefile 文件中的“目标”不会被作为 make 执行的“终极目标”。也就是说，这些文件中所定义规则的目标，make 不会将其作为“终极目标”来看待。如果在 make 的工作目录下没有一个名为 Makefile、makefile 或者 GNUmakefile 的文件，make 同样会提示“make: *** 没有规则可以创建目标‘calc/subdir.mk’。停止。”；而在 make 的工作目录下存在这样一个文件（Makefile、makefile 或者 GNUmakefile），那么 make 执行时的“终极目标”就是当前目录下这个文件中定义的“终极目标”。

☑ 环境变量所定义的文件列表在执行 make 时，即使不能找到其中某一个文件（不存在或者无法创建），make 也不会提示错误，更不会退出。也就是说，环境变量 MAKEFILES 定义的包含文件是否存在不会导致 make 错误（这是比较隐蔽的地方）。

☑ make 在执行时，首先读取的是环境变量 MAKEFILES 所指定的文件列表，之后才是工作目录下的 Makefile 文件，include 所指定的文件是在 make 发现此关键字时才会暂停正在读取的文件而转去读取 include 所指定的文件。

环境变量 MAKEFILES 主要用在 make 的递归调用过程中的通信。实际应用中很少设置此变量，一旦设置了此变量，在多层 make 调用时，由于每一级 make 都会读取 MAKEFILES 变量所指定的文件，这样可能导致执行的混乱（可能不是你想看到的执行结果）。不过，可以使用此环境变量来指定一个定义通用的“隐含规则”和变量文件，例如，设置默认搜索路径。通过这种方式设置的“隐含规则”和定义的变量可以被任何 make 进程使用（有点像 C 语言中的全局变量）。

也有人想让 login（登录）程序自动在自己的工作环境中设置此环境变量，Makefile 建立在此环境变量的基础上编写。可以肯定地说，此想法不是一个好主意，劝大家千万不要这么干，否则你所编写的 Makefile 在其他人的工作环境中肯定不能正常工作，因为在别人的工作环境中可能没有设置相同的环境变量 MAKEFILES。

推荐的做法是在需要包含其他 Makefile 文件时使用指示符 include 来实现。

13.2.5　变量 MAKEFILE_LIST

make 程序在读取多个 Makefile 文件时（包括由环境变量 MAKEFILES 指定、命令行指定、当前工作下默认的以及使用指示符 include 指定包含的），在对这些文件进行解析执行之前，make 读取的文件名将会被自动地追加到变量 MAKEFILE_LIST 的定义域中。

这样，就可以通过测试此变量的最后一个字，来得知当前 make 程序正在处理的是哪个 Makefile 文件。具体地说，就是在一个 Makefile 文件中，当使用指示符 include 包含另外一个文件时，变量 MAKEFILE_LIST 的最后一个只可能是指示符 include 指定所要包含的那个文件的名字。如果一个 Makefile 的内容如下：

```
name1 := $(word $(words $(MAKEFILE_LIST)),$(MAKEFILE_LIST))
include inc.mk
name2 := $(word $(words $(MAKEFILE_LIST)),$(MAKEFILE_LIST))
all:
	@echo name1 = $(name1)
	@echo name2 = $(name2)
```

执行 make，则看到的将是如下结果：

name1 = Makefile

name2 = inc.mk

此例中涉及了 make 的函数的和变量定义的方式，words 返回单词个数，word 返回列表中的第 i 个单词，因此整体函数的功能是返回 MAKEFILE_LIST 中最后一个单词，这些将在 13.8 节中有详细的讲述。

13.2.6 其他特殊变量

GNU make 支持一个特殊的变量，且不能通过任何途径给它赋值。此变量展开以后是一个特定的值。这个重要的特殊的变量是“.VARIABLES”。它被展开以后是此引用点之前 Makefile 文件中所定义的所有全局变量列表。包括空变量（未赋值的变量）和 make 的内嵌变量，但不包含目标指定的变量，目标指定变量只在特定目标的上下文有效。

说明

关于目标变量，可参考 13.4.8 节的内容。

13.2.7 Makefile 文件的重建

有时，Makefile 可由其他文件生成，如 RCS 或 SCCS 文件。如果 Makefile 由其他文件重建，那么在 make 开始解析 Makefile 时，需要读取的是更新后的 Makefile，而不是没有更新的 Makefile。make 的处理过程如下：

make 在读入所有 Makefile 文件之后，首先将所读取的每个 Makefile 作为一个目标，试着去更新它。如果存在一个更新特定 Makefile 文件的明确规则或者隐含规则，则去更新这个 Makefile 文件。在完成对所有的 Makefile 文件的更新检查动作之后，如果之前所读取的 Makefile 文件已经被更新，那么 make 就清除本次执行的状态，重新读取一遍所有的 Makefile 文件（此过程中，同样在读取完成以后也会去

试图更新所有的已经读取的 Makefile 文件，但是一般这些文件不会再次被重建，因为它们在时间戳上已经是最新的）。

在实际应用中，会很明确地了解哪些 Makefile 文件不需要重建。出于 make 效率的考虑，可以采用一些办法来避免 make 在执行过程时查找重建 Makefile 的隐含规则，例如，可以书写一个明确的规则，将 Makefile 文件作为目标，命令为空。

在 Makefile 规则中，如果使用一个没有依赖只有双冒号规则去更新一个文件，那么每次执行 make 时，此规则的目标文件将会被无条件地更新。而假如此规则的目标文件是一个 Makefile 文件，那么在执行 make 时，将会导致这个 Makefile 文件被无条件更新，此时，make 的执行陷入到一个死循环中（此 Makefile 文件被不断地更新、重新读取、更新再重新读取的过程）。为了防止进入此循环，make 在遇到一个目标是 Makefile 文件的双冒号规则时，将忽略对这个规则的执行（其中包括使用 MAKEFILES 指定、命令行选项指定、指示符 include 指定的需要 make 读取的所有 Makefile 文件中定义的这一类双冒号规则）。

执行 make 时，如果没有使用-f（--file）选项指定一个文件，make 程序将读取默认的文件。与使用-f（--file）选项不同，make 无法确定工作目录下是否存在默认名称的 Makefile 文件。如果默认 Makefile 文件不存在，但可以通过一个规则来创建它（此规则是隐含规则），则会自动创建默认 Makefile 文件，然后重新读取它并开始执行。

因此，如果不存在默认 makefile 文件，make 将按照搜索 Makefile 文件的名称顺序去创建它，直到创建成功或者超越其默认的命名顺序。需要明确的一点是：执行 make 时，如果不能成功地创建其默认的 Makefile 文件，并不一定会导致错误。运行 make 时 Makefile 文件并不是必需的（关于这一点，大家会在后续的阅读过程中体会到）。

当使用-t（--touch）选项来对 Makefile 目标文件进行时间戳更新时，对于 Makefile 文件的目标是无效的。也就是说，即使执行 make 时使用了选项-t，那些目标是 Makefile 文件的规则同样也会被 make 执行（而其他的规则不会被执行，make 只是简单地更新规则目标文件的时间戳）；类似选项还有-q（--question）和-n（--just-print），这主要是因为一个过期的 Makefile 文件对其他目标的重建规则在当前看来可能是错误的。正因为如此，执行命令 make-f mfile-n foo 首先会试图重建 mfile 文件并重新读取它，然后会打印出更新目标 foo 规则中所定义的命令，但不执行此命令。

在这种情况下，如果不希望重建 Makefile 文件，那么就需要在执行 make 时，在命令行中将这个 Makefile 文件作为一个最终目的。这样，-t 和其他的选项就对这个 Makefile 文件的目标有效，防止执行这个 Makefile 作为目标的规则。同样，命令 make-f mfile-n mfile foo 会读取文件 mfile，打印出重建文件 mfile 的命令和重建 foo 的命令而实际不去执行此命令，并且所打印的用于更新 foo 目标的命令是选项-f 指定的、没有被重建的 mfile 文件中所定义的命令。

13.2.8　重载另外一个 Makefile

有些情况下，会存在两个比较类似的 Makefile 文件，其中一个（Makefile-A）需要使用另外一个文件（Makefile-B）中所定义的变量和规则，可以在 Makefile-A 中使用指示符 include 来包含 Makefile-B 来达到目的。这种情况下，如果两个 Makefile 文件中存在相同目标，而其描述规则中使用了不同的命令，这是 Makefile 所不允许的。遇到这种情况，使用指示符 include 显然是行不通的，GNU make 提供了另外一种途径来达到此目的，具体的做法如下：

在需要包含的 Makefile 文件（Makefile-A）中，可以使用一个称之为“所有匹配模式”（参考 13.8.5 节的模式规则）的规则来描述在 Makefile-A 中没有明确定义的目标，make 将会在给定的 Makefile 文件中寻找没有在当前 Makefile 中给出的目标更新规则。

如果存在一个名为 Makefile 的 Makefile 文件，其中有描述目标 foo 的规则和其他的一些规则，也可以编译一个名为 GNUmakefile 的文件，内容如下：

```
#sample GNUmakefile
foo:
	frobnicate > foo
%: force
	@$(MAKE) -f Makefile $@
force: ;
```

执行命令 make foo，make 将使用工作目录下命名为 GNUmakefile 的文件并执行目标 foo 所在的规则，创建它的命令是 frobnicate > foo。如果执行另外一个命令 make bar，GNUmakefile 中没有此目标的更新规则，那么 make 将会使用“所有匹配模式”规则，执行命令“$(MAKE) -f Makefile bar”。如果文件 Makefile 中存在此目标更新规则的定义，那么这个规则会被执行。此过程同样适用于其他 GNUmakefile 中没有给出的目标更新规则。此方式的灵活之处在于：如果在 Makefile 文件中存在同样一个目标 foo 的重建规则，由于 make 执行时首先读取文件 GUNmakefile 并在其中能够找到目标 foo 的重建规则，所以 make 就不会去执行这个“所有模式匹配”规则（上例中的目标是%的规则），这样就避免了使用指示符 include 包含一个 Makefile 文件时所带来的目标规则的重复定义问题。

此种方式，模式规则的模式只使用了单独的%（称它为“所有模式匹配”规则），它可以匹配任何一个目标。它的依赖是 force，保证了即使目标文件已经存在，也会执行这个规则（文件已存在时，需要根据它的依赖文件的修改情况决定是否需要重建这个目标文件）。在 force 规则中使用空命令，是为了防止 make 程序试图寻找一个规则去创建目标 force 时，因为又使用了模式规则“%: force”而陷入无限循环。

13.2.9 make 如何解析 Makefile 文件

GNU make 的执行过程分为如下两个阶段。

第一阶段：读取所有的 Makefile 文件（包括 MAKEFILES 变量指定的、指示符 include 指定的以及命令行选项-f（--file）指定的 Makefile 文件），内建所有的变量、明确规则和隐含规则，并建立所有目标和依赖之间的依赖关系结构链表。

第二阶段：根据第一阶段已经建立的依赖关系结构链表决定哪些目标需要更新，并使用对应的规则来重建这些目标。

理解 make 执行过程的两个阶段是很重要的。它能帮助读者更深入地了解执行过程中变量以及函数是如何被展开的。变量和函数的展开问题是编译 Makefile 时容易犯错和引起大家迷惑的地方之一。本节将对这些不同结构的展开阶段进行简单的总结（明确变量和函数的展开阶段，对正确地使用变量非

常有帮助）。

首先，明确以下基本的概念：在 make 执行的第一个阶段中，如果变量和函数被展开，那么称此展开是“立即”的，此时所有的变量和函数被展开在需要构建的结构链表规则中（此规则在建立链表时需要使用）。其他的展开称之为“延后”的，这些变量和函数不会被“立即”展开，而是直到后续某些规则须要使用时或者在 make 处理的第二阶段它们才会被展开。

可能现在讲述的这些读者还不能完全理解，不过没有关系，通过后续章节内容的学习，会一步一步地熟悉 make 的执行过程，学习过程中可以回过头来参考本节的内容。相信读者在看完本章之后会对 make 的整个过程有全面深入的理解。

13.2.10　总结

make 的执行过程如下：

（1）依次读取变量 MAKEFILES 定义的 Makefile 文件列表。

（2）读取工作目录下的 Makefile 文件（根据命名的查找顺序 GNUmakefile、makefile、Makefile，首先找到哪个就读取哪个）。

（3）依次读取工作目录 Makefile 文件中使用指示符 include 包含的文件。

（4）查找重建所有已读取的 Makefile 文件的规则（如果存在一个目标是当前读取的某一个 Makefile 文件，则执行此规则重建此 Makefile 文件，完成以后从第一步开始重新执行）。

（5）初始化变量值，展开那些需要立即展开的变量和函数，并根据预设条件确定执行分支。

（6）根据“终极目标”以及其他目标的依赖关系建立依赖关系链表。

（7）执行除“终极目标”以外的所有目标的规则（规则中如果依赖文件中任何一个文件的时间戳比目标文件新，则使用规则所定义的命令重建目标文件）。

（8）执行“终极目标”所在的规则。

说明

执行一个规则的过程是这样的：对于一个存在的规则（明确规则和隐含规则），make 程序将先比较目标文件和所有的依赖文件的时间戳。如果目标的时间戳比所有依赖文件的时间戳更新（依赖文件在上一次执行 make 之后没有被修改），那么什么也不做；否则（依赖文件中的某一个或者全部在上一次执行 make 后已经被修改过），规则所定义的重建目标的命令将会被执行。这就是 make 工作的基础，也是其执行规则所定义命令的依据。

视频讲解

13.3　Makefile 基本规则

本节开始讨论 Makefile 的一个重要内容，即 Makefile 的规则。

在 Makefile 中，规则描述了何种情况下使用什么命令来重建一个特定的文件，此文件被称为规则

“目标”（通常规则中的目标只有一个）。规则所罗列的其他文件称为“目标”的依赖，而规则的命令是用来更新或者创建此规则的目标。

除了 Makefile 的“终极目标”所在的规则以外，其他规则的顺序在 Makefile 文件中没有意义。“终极目标”就是当没有使用 make 命令行指定具体目标时，make 默认的那一个目标，它是 Makefile 文件中第一个规则的目标。如果在 Makefile 中第一个规则有多个目标，那么多个目标中的第一个将会被作为 make 的“终极目标”，如下两种情况例外：

（1）目标名是以点号“.”开始的，其后不存在斜线“/”（“./”被认为是当前目录；“../”被认为是上一级目录）。

（2）作为模式规则的目标。

此两种情况的 Makefile 的第一个目标都不会被作为“终极目标”来对待。

“终极目标”是执行 make 的唯一目的，其所在的规则作为第一个规则，而其他的规则是在完成重建“终极目标”的过程中被连带出来的，所以这些目标所在规则在 Makefile 中的顺序无关紧要。因此，书写的 Makefile 的第一个规则应该就是重建整个程序或者多个程序的依赖关系和执行命令的描述。

13.3.1 规则举例

下面来看一个规则的例子：

```
foo.o : foo.c defs.h
      cc -c -g foo.c
```

这是一个典型的规则。看到这个例子，大家也许能够说出这个规则的各个部分之间的关系。不过还是要把这个例子拿出来讨论。目的是更加明确地理解 Makefile 的规则。本例第一行中，文件 foo.o 是规则需要重建的文件，而 foo.c 和 defs.h 是重建 foo.o 所要使用的文件。我们把规则所需要重建的文件称为规则的“目标（foo.o），而把重建目标所需要的文件称为“目标”的“依赖”。规则中的第二行 cc -c -g foo.c 就是规则的“命令”，它描述了如何使用规则中的依赖文件重建目标。而且上面的规则告诉我们：

（1）如何确定目标文件是否过期（需要重建目标）。过期是指目标文件不存在或者目标文件 foo.o 在时间戳上比依赖文件中的任何一个 foo.c 或者 defs.h“老”。

（2）如何重建目标文件 foo.o。这个规则中，使用 cc 编译器，在命令中没有明确地使用到依赖文件 defs.h，而是假设在源文件 foo.c 中已经包含了此头文件。这也是它作为目标依赖出现的原因。

13.3.2 规则语法

通常，规则的语法格式如下：

```
TARGETS : PREREQUISITES
COMMAND
...
```

或者

```
TARGETS : PREREQUISITES ; COMMAND
        COMMAND
        ...
```

规则中，TARGETS 可以是空格分开的多个文件名，也可以是一个标签（执行清空的 clean）。TARGETS 的文件名可以使用通配符，格式 A(M)表示档案文件 A 的成员 M（关于函数库可参考 13.9 节）。通常，规则只有一个目标文件（建议这么做），偶尔会在一个规则中需要多个目标（参见 13.3.10 节）。

书写规则时，需要注意如下几点。

（1）规则的命令部分有两种书写方式：

☑ 命令可以和目标、依赖描述放在同一行，命令在依赖文件列表后并使用分号（;）和依赖文件列表分开。

☑ 命令在目标、依赖描述的下一行，作为独立的命令行。当作为独立的命令行时，此行必须以 Tab 字符开始。在 Makefile 中，在第一个规则之后出现的所有以 Tab 字符开始的行都会被当作命令来处理。

（2）Makefile 中的$有特殊的含义（表示变量或者函数的引用），如果规则中需要$，则需要书写两个连续的$$。

（3）在前边也提到过，Makefile 一个较长的行，可以使用反斜线“\”将其书写到几个独立的物理行上。虽然 make 对 Makefile 文本行的最大长度是没有限制的，但还是建议这样做。不仅书写方便，而且更利于别人的阅读（这也是一个程序员修养的体现）。

一个规则告诉 make 两件事，一是目标在什么情况下已经过期；二是在需要重建目标时，怎样去重建这个目标。目标是否过期是由那些使用空格分开的规则的依赖文件所决定的。当目标文件不存在或者目标文件的最后修改时间比依赖文件中的任何一个都晚，则目标会被创建或者重建。也就是说，执行规则命令行的前提条件是目标文件不存在，或者目标文件存在，但是存在一个依赖的最后修改时间比目标的最后修改时间晚。

规则的中心思想就是：目标文件的内容是由依赖文件所决定的。依赖文件的任何一处改动，将导致目前已经存在的目标文件的内容过期。规则的命令为重建目标提供了方法，它们运行在系统 Shell 之上。

13.3.3　依赖的类型

GNU make 的规则中可以使用两种不同类型的依赖，一种是在以前章节所提到的，规则中使用的是常规依赖，这是书写 Makefile 规则时最常用的一种；另外一种在书写 Makefile 时不经常使用，它比较特殊，称之为 order-only 依赖。一个规则的常规依赖（通常是多个依赖文件）表明了两件事：首先，它决定了重建规则目标所要执行命令的顺序，表明在更新这个规则的目标（执行此规则的命令行）之前必须要按照什么样的顺序、执行哪些命令来重建这些依赖文件（对所有依赖文件的重建，使用明确或者隐含规则。也就是说，对于规则：A:B C，在重建目标 A 之前，首先需要完成对它的依赖文件 B

和 C 的重建。重建 B 和 C 的过程就是执行 Makefile 中文件 B 和 C 所在的规则）。然后，确定一个依赖关系。在规则中，如果依赖文件中的任何一个比目标文件新，则被认为规则的目标已经过期，同时需要重建目标。

通常，如果规则中依赖文件中的任何一个被更新，则规则的目标相应地也应该被更新。

有时，需要定义一个这样的规则：在更新目标（目标文件已经存在）时只需要根据依赖文件中的部分来决定目标是否需要被重建，而不是在依赖文件的任何一个被修改后都重建目标。为了实现这个目的，需要对依赖进行分类：一类是这些依赖文件的更新需要对应更新目标文件，另一类是这些依赖的更新不会导致目标被重建。第二类的依赖称为 order-only 依赖。在书写规则时，order-only 依赖使用管道符号“|”开始，作为目标的一个依赖文件。规则的依赖列表中管道符号“|”左边的是常规依赖文件，所有出现在管道符号右边的就是 order-only 依赖。这样的规则书写格式如下：

```
TARGETS : NORMAL-PREREQUISITES | ORDER-ONLY-PREREQUISITES
```

规则中常规依赖文件可以是空，允许对一个目标声明多行按正确顺序依次追加的依赖。需要注意的是，规则依赖文件中如果一个文件被同时声明为常规依赖和 order-only 依赖，那么此文件被作为常规依赖处理（因为常规依赖所实现的动作是 order-only 依赖所实现的动作的一个超集）。

order-only 依赖的使用举例如下：

```
LIBS = libtest.a
foo : foo.c | $(LIBS)
	$(CC) $(CFLAGS) $< -o $@ $(LIBS)
```

make 在执行这个规则时，如果目标文件 foo 已经存在，当 foo 被修改后，目标 foo 将会被重建，但是，当 libtest.a 被修改以后，将不执行规则的命令来重建目标 foo。也就是说，规则中依赖文件$(LIBS)只有在目标文件不存在的情况下，才会参与规则的执行。当目标文件存在时，此依赖不会参与规则的执行过程。

13.3.4　文件名使用通配符

Makefile 中表示一个单一的文件名时可以使用通配符，如“*”“?”和“…”。在 Makefile 中，通配符的用法和含义与 Linux（UNIX）的 Bourne shell 完全相同。例如，“*.c”代表当前工作目录下所有以“.c”结尾的文件。但是，在 Makefile 中，这些通配符并不是可以用在任何地方，Makefile 中通配符可以出现在以下两种场合：

☑　用在规则的目标、依赖中，此时 make 会自动将其展开。

☑　用在规则的命令中，其展开是在 Shell 执行此命令时完成。

除这两种情况之外的其他上下文中，不能直接使用通配符，而是需要通过 wildcard()函数来实现。

如果规则中的某一个文件的文件名包含作为通配符的字符（“*”和“.”字符），在使用文件时需要对文件名中的通配字符进行转义处理，使用反斜线（\）来进行通配符的转义，如“foo*bar”，在 Makefile 中，它表示了文件 foo*bar。Makefile 中对一些特殊字符的转义与 B-SHELL 以及 C 语言中的基本相同。

另外，需要注意的是，在 Linux（UNIX）中，以波浪线“~”开始的文件名有特殊含义。单独使用

它或者其后跟一个斜线（~/），代表了当前用户的宿主目录（在 Shell 下可以通过命令“echo ~(~\)”来查看）。例如，~/bin 代表/home/username/bin/（当前用户宿主目录下的 bin 目录）。波浪线之后跟一个单词（~word），其代表由 word 所指定的用户的宿主目录，如~john/bin 就是代表用户 john 的宿主目录下的 bin 目录。

在一些系统中（如 MS-DOS 和 MS-Windows），用户没有各自的宿主目录，此时可通过设置环境变量 HOME 来模拟。

1．通配符使用举例

本节开始已经提到过，通配符可被用在规则的命令中，它是在命令被执行时由 Shell 进行处理的，例如，Makefile 的清空过程文件规则：

```
clean:
    rm -f *.o
```

通配符也可以用在规则的依赖文件名中，例如：

```
print: *.c
    lpr -p $?
    touch print
```

执行 make print，执行的结果是打印当前工作目录下所有的在上一次打印以后被修改过的.c 文件。

说明

在上述规则中，目标 print 是一个空目标文件（不存在一个这样的文件，此目标不代表一个文件，它只是记录了一个所要执行的动作或者命令）。自动化变量$?用在这里表示依赖文件列表中被改变过的所有文件。

变量定义中使用的通配符不会被展开。如果 Makefile 有这样一句“objects = *.o”，那么变量 objects 的值就是*.o，而不是使用空格分开的所有.o 文件列表。如果需要变量 objects 代表所有的.o 文件，则需要用 wildcard()函数来实现（objects = $(wildcar *.o)）。

2．通配符存在的缺陷

13.3.3 节已经提到过，在变量定义时使用通配符可能会导致意外的结果。本节将对此进行详细的分析和讨论。

在书写 Makefile 时，可能存在各种不正确使用通配符的方法，这种看似正确的方式产生的结果可能并非你所期望得到的。假如在 Makefile 中，期望能够根据所有的.o 文件生成可执行文件 foo，方法如下：

```
objects = *.o
foo : $(objects)
    cc -o foo $(CFLAGS) $(objects)
```

变量 objects 的值是一个字符串*.o。在重建 foo 的规则中，对变量 objects 进行展开，目标 foo 的依赖就是*.o，即所有的.o 文件的列表。如果工作目录下已经存在必需的.o 文件，那么这些.o 文件将成为目标的依赖文件，目标 foo 将根据规则被重建。

如果将工作目录下所有的.o 文件删除，在执行规则时将会得到一个类似于“没有创建*.o 文件的规则”的错误提示，这当然不是期望的结果（可能在出现这个错误时你会感到万分迷惑）。为了实现初衷，在对变量进行定义时，需要使用一些高级的技巧，如使用 wildcard()函数和实现字符串的置换。关于如何实现字符串的置换，将在后续章节进行详细讨论。

3. wildcard 函数

在规则中，通配符会被自动展开，但在定义变量和使用函数时，通配符不会被自动展开。这种情况下要想使通配符有效，必须用到函数 wildcard，其用法是：

```
$(wildcard PATTERN...);
```

在 Makefile 中，通配符被展开为已经存在的、空格分割的、匹配此模式的所有文件列表。如果不存在符合此模式的文件，那么函数会忽略模式并返回空。

一般可以使用$(wildcard *.c)”来获取工作目录下的所有的.c 文件列表，如可以使用“$(patsubst %.c,%.o,$(wildcard *.c))”。首先使用 wildcard 函数获取工作目录下的.c 文件列表，然后将列表中所有文件名的后缀.c 替换为.o，这样就可以得到在当前目录下生成的.o 文件列表。因此，在一个目录下可以使用如下内容的 Makefile 来将工作目录下的所有的.c 文件进行编译，并最后链接成为一个可执行文件。

```
#sample Makefile
objects := $(patsubst %.c,%.o,$(wildcard *.c))
foo : $(objects)
	cc -o foo $(objects)
```

这里使用了 make 的隐含规则来编译.c 源文件，对变量的赋值也用到了一个特殊的符号“:=”。

说明

关于变量定义可参考 13.4 节变量的基本操作。patsubst()函数可参考 13.6.2 节字符串处理函数。

13.3.5 目录搜寻

在一个较大的工程中，一般会将源代码和二进制文件（.o 文件和可执行文件）安排在不同的目录中进行区分管理。这种情况下，需要使用 make 提供的目录自动搜索依赖文件功能（在指定的若干个目录下搜索依赖文件）。书写 Makefile 时，指定依赖文件的搜索目录，就可以在工程的目录结构发生变化时不更改 Makefile 的规则，而只更改依赖文件的搜索目录。

本节将详细讨论在书写 Makefile 时如何使用这一特性。在自己的工程中灵活运用这一特性，将会起到事半功倍的效果。

1. 一般搜索（变量 VPATH）

make 可识别一个特殊变量 VPATH，通过变量 VPATH 可以指定依赖文件的搜索路径。当规则的依

赖文件在当前目录不存在时，make 会在此变量所指定的目录下去寻找这些依赖文件。一般都是用此变量来说明规则中的依赖文件的搜索路径。其实，VPATH 变量所指定的是 Makefile 中所有文件的搜索路径，包括依赖文件和目标文件。变量 VPATH 的定义中，使用空格或者冒号（:）将多个目录分开。make 搜索的目录是按照变量 VPATH 定义中的顺序进行的（当前目录永远是第一搜索目录），例如：

```
VPATH = src:../headers
```

它指定了两个搜索目录，即 src 和../headers。对于规则 foo:foo.c，如果 foo.c 在 src 目录下，则此规则等价于 foo:src:/foo.c。

通过 VPATH 变量指定的路径在 Makefile 中对所有文件有效。当需要为不同类型的文件指定不同的搜索目录时，需要使用另外一种方式。13.3.6 节将会讨论这种更高级的方式。

2．选择性搜索（关键字 vpath）

另一个设置文件搜索路径的方法是使用 make 的 vpath 关键字（全小写的）。它不是一个变量，而是一个 make 的关键字，所实现的功能与前面提到的 VPATH 变量类似，但是它更为灵活，可以为不同类型的文件（由文件名区分）指定不同的搜索目录，使用方法有如下 3 种。

- ☑ vpath PATTERN DIRECTORIES：为符合模式 PATTERN 的文件指定搜索目录 DIRECTORIES。多个目录使用空格或者冒号（:）分开（类似前面讲解的 VPATH）。
- ☑ vpath PATTERN：清除之前为符合模式 PATTERN 的文件设置的搜索路径。
- ☑ vpath：清除所有已被设置的文件搜索路径。

vapth 方法中的 PATTERN 需要包含模式字符%。%的意思是匹配一个或者多个字符，例如，%.h 表示所有以.h 结尾的文件。如果在 PATTERN 中没有包含模式字符%，而是一个明确的文件名，就是指出了此文件所在的目录，很少使用这种方式来为单独的一个文件指定搜索路径。在 vpath 所指定的模式中，可以使用反斜杠来对字符%进行引用（和其他特殊字符的引用一样）。

PATTERN 表示具有相同特征的一类文件，而 DIRECTORIES 则指定搜索此类文件的目录。当规则的依赖文件列表中出现的文件不能在当前目录下找到时，make 程序将依次在 DIRECTORIES 所描述的目录下寻找此文件，例如：

```
vpath %.h ../headers
```

其含义是：Makefile 中出现的.h 文件，如果不能在当前目录下找到，则在目录../headers 下寻找。注意，这里指定的路径仅限于在 Makefile 文件内容中出现的.h 文件，并不能指定源文件中包含的头文件所在的路径（在.c 源文件中所包含的头文件需要使用 GCC 的命令行来说明）。在 Makefile 中，如果连续的多个 vpath 语句中使用了相同的 PATTERN，make 就对这些 vpath 语句一个一个地进行处理，搜索某种模式文件的目录将是所有的通过 vpath 指定的符合此模式的目录，其搜索目录的顺序由 vpath 语句在 Makefile 出现的先后次序来决定。多个具有相同 PATTERN 的 vpath 语句之间相互独立。下面是两种方式下所有的.c 文件的查找目录（不包含工作目录，对工作目录的搜索永远处于最优先地位）的顺序比较：

```
vpath %.c foo
vpath % blish
vpath %.c bar
```

表示对所有的.c 文件，make 依次查找目录：foo、blish、bar；而

```
：bar
vpath %.c foo
vpath % blish
```

表示对所有的.c 文件，make 将依次查找目录：foo、bar、blish。

3．目录搜索的机制

在规则中，一个依赖文件可以通过目录搜寻到（使用前面提到的一般搜索或选择性搜索），但有可能此文件的完整路径名（文件的相对路径或者绝对路径，如/home/Stallman/foo.c）却并不是规则中列出的依赖（规则 foo : foo.c，在执行搜索后可能得到的依赖文件为../src/foo.c。目录../src 是使用 VPATH 或 vpath 指定的）。因此，使用目录搜索得到的完整的文件路径名可能需要废弃。make 在解析 Makefile 文件执行规则时，对文件路径保存或废弃所依据的算法如下：

- ☑ 如果规则的目标文件在 Makefile 文件所在的目录（工作目录）下不存在，那么就执行目录搜寻。
- ☑ 如果目录搜寻成功，并且在指定的目录下存在此规则的目标，那么搜索到的完整的路径名就作为临时的目标文件被保存。
- ☑ 对于规则中的所有依赖文件，使用相同的方法处理。
- ☑ 完成第三步的依赖处理后，make 程序就可以决定规则的目标是否需要重建。两种情况下的后续处理如下：
  - ➢ 规则的目标不需要重建，那么通过目录搜索得到的所有完整的依赖文件路径名有效。同样，规则的目标文件的完整的路径名也有效。也就是说，当规则的目标不需要被重建时，规则中的所有文件的完整的路径名都有效，已经存在的目标文件所在的目录不会被改变。
  - ➢ 规则的目标需要重建，那么通过目录搜索所得到的目标文件的完整的路径名无效，规则中的目标文件将会在工作目录下被重建。也就是说，当规则的目标需要重建时，规则的目标文件会在工作目录下被重建，而不是在目录搜寻时所得到的目录。这里必须明确，此种情况下，只有目标文件的完整路径名失效，依赖文件的完整路径名是不会失效的，否则将无法重建目标。

该算法看起来比较复杂，但它确实使 make 实现了我们所需要的东西。此算法使用纯粹的语言描述可能显得晦涩。本小节将使用一个例子来说明，使大家能够对该算法有明确的理解。其他版本的 make 则使用了一种比较简单的算法：如果规则的目标文件的完整路径名存在（通过目录搜索可以定位到目标文件），无论该目标是否需要重建，都使用搜索到的目标文件的完整路径名。

实际上，GNU make 也可以实现这种功能。如果需要 make 在执行时将目标文件在已存在的目录下进行重建，就可以使用 GPATH 变量来指定这些目标所在的目录。GPATH 变量和 VPATH 变量具有相同的语法格式。make 在执行时，如果通过目录搜寻得到一个过期的完整的目标文件路径名，而目标存在的目录又出现在 GPATH 变量的定义列表中，则并不废弃该目标的完整路径，而是将目标在该路径下重建。

为了更清楚地描述此算法，使用一个例子来说明。存在一个目录 prom，prom 的子目录 src 下存在 sum.c 和 memcp.c 两个源文件，在 prom 目录下的 Makefile 部分内容如下：

```
LIBS = libtest.a
VPATH = src
```

```
libtest.a : sum.o memcp.o
	$(AR) $(ARFLAGS) $@ $^
```

首先，如果在两个目录（prom 和 src）下都不存在目标 libtest.a，执行 make 时将会在当前目录下创建目标文件 libtest.a。如果 src 目录下已经存在 libtest.a，则会出现以下两种不同的执行结果：

☑ 在它的两个依赖文件 sum.c 和 memcp.c 没有被更新的情况下执行 make，程序会首先搜索到目录 src 下已经存在的目标 libtest.a。由于目标 libtest.a 的依赖文件没有发生变化，所以不会重建目标，并且目标所在的目录不会发生变化。

☑ 如果在修改了文件 sum.c 或者 memcp.c 以后执行 make，libtest.a 和 sum.o 或者 memcp.o 文件将会被在当前目录下创建（目标完整路径名被废弃），而不是在 src 目录下更新这些已经存在的文件。此时，在两个目录下（prom 和 src）同时存在文件 libtest.a，但只有 prom/libtest.a 是最新的库文件。

指定目录时，情况就不一样了。首先看看怎么使用 GPATH。

在上述 Makefile 文件中使用 GPATH，改变后的 Makefile 内容如下：

```
LIBS = libtest.a
GPATH = src
VPATH = src
LDFLAGS += -L ./. –ltest
……
……
```

同样，当两个目录都不存在目标文件 libtest.a 时，目标将会在当前目录（prom 目录）下被创建。如果 src 目录下已经存在目标文件 libtest.a，当其依赖文件任何一个被改变以后执行 make，目标 libtest.a 将会在 src 目录下被更新（目标完整路径名不会被废弃）。

4．命令行和搜索目录

make 在执行时，通过目录搜索得到的目标的依赖文件可能会在其他目录（此时依赖文件为文件的完整路径名），但是已经存在的规则命令却不能发生变化。因此，书写命令时必须保证当依赖文件在其他目录下被发现时，规则的命令能够正确执行。

处理这种问题的方式就是使用“自动化变量”（参见 13.4 节），如“$^”等。规则命令行中的自动化变量$^代表所有的通过目录搜索得到的依赖文件的完整路径名（目录+一般文件名）列表，$@代表规则的目标。对于一个规则，可以进行如下描述：

```
foo.o : foo.c
	cc -c $(CFLAGS) $^ -o $@
```

变量 CFLAGS 是编译.c 文件时 GCC 的命令行选项，可以在 Makefile 中给它指定明确的值，也可以使用隐含的定义值。

规则的依赖文件列表中可以包含头文件，但是在命令行并不需要使用这些头文件（这些头文件的作用只有在 make 程序决定目标是否需要重建时才有意义）。可以使用另外一个变量来代替$^，例如：

```
VPATH = src:../headers
foo.o : foo.c defs.h hack.h
	cc -c $(CFLAGS) $< -o $@
```

自动化变量$<代表规则中通过目录搜索得到的依赖文件列表的第一个依赖文件。

5．隐含规则和搜索目录

隐含规则同样会为依赖文件搜索通过变量 VPATH 或者关键字 vpath 指定的搜索目录。例如，一个目标文件 foo.o 在 Makefile 中没有重建它的明确规则，make 会使用隐含规则来由已经存在的 foo.c 重建它。当 foo.c 在当前目录下不存在时，make 将进行目录搜索。如果能够在一个可以搜索的目录中找到此文件，make 就会使用隐含规则根据搜索到的文件完整的路径名去重建目标，编译这个.c 源文件。

隐含规则中的命令行就是使用自动化变量来解决目录搜索可能带来的问题；相应命令中的文件名都是使用目录搜索得到的完整的路径名。

6．库文件和搜索目录

Makefile 中程序链接的静态库、共享库同样也可以由目录搜索得到，这一特性需要用户在书写规则的依赖时指定一个类似-lNAME 的依赖文件名（一个奇怪的依赖文件名。一般应该是一个普通文件的名字。库文件的命名也应该是 libNAME.a，而不是所写的-lNAME。这是为什么？熟悉 GNU ld 的话就不难理解了，-lNAME 的表示方式和 ld 的对库的引用方式完全一样，只是在书写 Makefile 的规则时使用了这种书写方式）。下面就来看看这种奇怪的依赖文件到底是什么。

当规则中的依赖文件列表中存在一个-lNAME 形式的文件时，make 将根据 NAME 首先搜索当前系统可提供的共享库。如果当前系统不能提供这个共享库，则搜索它的静态库（当然可以在命令行中指定编译或者链接选项来指定是动态链接还是静态链接，这里不做讨论）。详细的过程如下：

- ☑ make 在执行规则时会在当前目录下搜索一个名为 libNAME.so 的文件。
- ☑ 如果当前工作目录下不存在这样的一个文件，则 make 程序会继续搜索使用 VPATH 或者 vpath 指定的搜索目录。
- ☑ 如果还是不存在，make 程序将搜索系统默认目录，顺序是/lib、/usr/lib 和 PREFIX/lib（在 Linux 系统中为/usr/local/lib，其他系统可能不同）。

如果 libNAME.so 通过以上途径还是没有找到，那么 make 程序将按照以上的搜索顺序查找名为 libNAME.a 的文件。

假设系统中存在/usr/lib/libcurses.a（不存在/usr/lib/libcurses.so）这个库文件，例如：

```
foo : foo.c -lcurses
	cc $^ -o $@
```

上例中，如果文件 foo.c 被修改或者/usr/lib/libcurses.a 被更新，执行规则时将使用命令 cc foo.c /usr/lib/libcurses.a -o foo 来完成目标文件的重建。需要注意的是，如果/usr/lib/libcurses.a 需要在执行 make 时生成，那么就不能这样写，因为-lNAME 只是告诉了链接器在生成目标时需要链接哪个库文件。上例中的-lcurses 并没有告诉 make 程序其依赖的库文件应该如何重建，当搜索的所有目录中不存在库 libcurses 时，make 将提示“有规则可以创建目标 foo 需要的目标-lcurses”。如果在执行 make 时出现这样的提示信息，用户应该明确发生了什么错误，不要因为错误而不知所措。

当规则的依赖列表中出现-lNAME 格式的依赖时，默认搜索的文件名为 libNAME.so 和 libNAME.a，这是由变量.LIBPATTERNS 来指定的。.LIBPATTERNS 的值一般是多个包含模式字符（%）的字（一个不包含空格的字符串），多个字之间使用空格分开。在规则中出现-lNAME 格式的依赖时，首先使用这

里的 NAME 代替变量.LIBPATTERNS 的第一字的模式字符（%）而得到第一个库文件名，根据这个文件名在搜索目录下查找，如果能够找到，就使用这个文件，否则使用 NAME 代替第二个字的模式字符，并进行同样的查找。默认情况下，.LIBPATTERNS 的值为：lib%.so lib%.a。这也是默认情况下在规则存在-lNAME 格式的依赖时，链接生成目标时使用 libNAME.so 和 libNAME.a 的原因。

变量.LIBPATTERNS 就是告诉链接器在执行链接过程中，出现-LNAME 的文件时如何展开。当然也可以将此变量置空，取消链接器对-lNAME 格式的展开。

13.3.6　Makefile 伪目标

本节讨论 Makefile 中的一个重要的特殊目标，即伪目标。

伪目标不代表一个真正的文件名，在执行 make 时可以指定这个目标来执行其所在规则定义的命令，有时也可以将一个伪目标称为标签。

使用伪目标有两点原因，一是避免在 Makefile 中定义的只执行命令的目标（此目标的目的是执行一系列命令，而不需要创建这个目标）和工作目录下的实际文件出现名字冲突；二是提高执行 make 时的效率，特别是对于一个大型的工程来说，编译的效率也很重要。以下就对这两个问题进行分析讨论。

（1）如果需要书写一个规则，所定义的命令不是去创建目标文件，而是使用 make 指定具体的目标来执行一些特定的命令，例如：

```
clean:
	rm *.o temp
```

在规则中，rm 不是创建文件 clean 的命令，而是删除当前目录下的所有.o 文件和 temp 文件。工作目录下不存在 clean 文件时，当输入“make clean”后，rm *.o temp 总会被执行，这正是我们想要的。但是，如果当前工作目录下存在文件 clean，情况就不一样了。当输入“make clean”时，规则没有依赖文件，所以目标被认为是最新的，而不去执行规则所定义的命令，rm 命令将不会被执行。这并不是我们的初衷。为了避免这个问题，可以将目标 clean 明确地声明为伪目标。

将一个目标声明为伪目标需要将它作为特殊目标“.PHONY”的依赖，例如：

```
.PHONY : clean
```

这里的 clean 就是一个伪目标，无论当前目录下是否存在 clean 文件，在输入“make clean”之后，rm 命令都会被执行。而且，当一个目标被声明为伪目标后，make 在执行此规则时不会试图去查找隐含规则来创建这个目标，这也提高了 make 的执行效率，同时也不用担心由于目标和文件名重名而使结果不符合我们的期望。在书写伪目标规则时，首先需要声明目标是一个伪目标，之后才是伪目标的规则定义。伪目标 clean 的书写格式如下：

```
.PHONY: clean
clean:
	rm *.o temp
```

（2）伪目标还可以使用在 make 的并行和递归执行过程中，此情况下一般将其定义为所有需要 make

的子目录。对多个目录进行 make 的实现方式，可以在一个规则中使用 Shell 的循环来完成，例如：

```
SUBDIRS = foo bar baz

subdirs:
for dir in $(SUBDIRS); do \
        $(MAKE) -C $$dir; \
    done
```

但这种实现方法存在两个问题：一是当子目录执行 make 出现错误时，make 不会退出。也就是说，在对某一个目录执行 make 失败后，会继续对其他目录进行 make。在最终执行失败的情况下，我们很难根据错误的提示定位出具体是哪个目录下的 Makefile 出现错误，这给问题定位造成了很大的困难。为了避免这样的问题，可以在命令行部分加入错误的监测，在命令执行错误后 make 退出。不幸的是，如果在执行 make 时使用了-k 选项，此方式将失效。另外一个问题就是使用 Shell 的循环方式时，没有用到 make 对目录的并行处理功能，因为规则的命令是一条完整的 Shell 命令，不能被并行地执行。

可以通过伪目标方式来克服以上实现方式所存在的两个问题，例如：

```
SUBDIRS = foo bar baz

.PHONY: subdirs $(SUBDIRS)

subdirs: $(SUBDIRS)
$(SUBDIRS):
    $(MAKE) -C $@
foo: baz
```

上例中使用了一个没有命令行的规则 foo: baz，用来限制子目录的 make 顺序。此规则的含义是在处理 foo 目录之前，需要等待 baz 目录处理完成。在书写一个并行执行 make 的 Makefile 时，目录的处理顺序是需要特别注意的。

一般情况下，一个伪目标不作为另外一个目标文件的依赖。这是因为，当一个目标依赖包含伪目标时，每当执行这个规则时，伪目标所定义的命令都会被执行（因为它是规则的依赖，重建规则目标文件时需要首先重建它的依赖）。当伪目标没有作为任何目标（此目标是一个可被创建或者已存在的文件）的依赖时，只能通过 make 的命令行选项明确指定这个伪目标来执行它所定义的命令，如 make clean。

在 Makefile 中，伪目标可以有自己的依赖。在一个目录下，如果需要创建多个可执行程序，可以将所有程序的重建规则在一个 Makefile 中描述。因为 Makefile 中第一个目标是“终极目标”，约定的做法是使用一个称为 all 的伪目标来作为终极目标，它的依赖文件就是那些需要创建的程序。例如：

```
#sample Makefile
all : prog1 prog2 prog3
.PHONY : all

prog1 : prog1.o utils.o
    cc -o prog1 prog1.o utils.o

prog2 : prog2.o
    cc -o prog2 prog2.o
```

```
prog3 : prog3.o sort.o utils.o
	cc -o prog3 prog3.o sort.o utils.o
```

执行 make 时，目标 all 被作为终极目标。为了完成对它的更新，make 会创建（不存在）或者重建（已存在）目标 all 的所有依赖文件（prog1、prog2 和 prog3）。当需要单独更新某一个程序时，可以通过 make 的命令行选项来明确指定需要重建的程序，如 make prog1。

当一个伪目标作为另外一个伪目标依赖时，make 将其作为另外一个伪目标的子例程来处理（可以这样理解：其作为另外一个伪目标的必须执行的部分，就像 C 语言中的函数调用一样），例如：

```
.PHONY: cleanall cleanobj cleandiff
cleanall : cleanobj cleandiff
	rm program

cleanobj :
	rm *.o

cleandiff :
	rm *.diff
```

cleanobj 和 cleandiff 这两个伪目标有点像“子程序”的意思（执行目标“cleanall”时会触发它们所定义的命令被执行）。可以输入“make cleanall”“make cleanobj”和“make cleandiff”命令来达到清除不同种类文件的目的。上例首先通过特殊目标.PHONY 声明了多个伪目标，它们之间使用空格分隔，之后才是各个伪目标的规则定义。

说明

通常，在清除文件的伪目标所定义的命令中 rm 使用选项-f（--force）来防止在缺少删除文件时出错并退出，使 make clean 过程失败。也可以在 rm 之前加上“-”来防止 rm 错误退出，这种方式下 make 会提示错误信息，但不会退出。为了不看到这些讨厌的信息，需要使用上述的第一种方式。

另外，make 存在一个内嵌隐含变量 RM，它被定义为“RM = rm –f”。因此，在书写 clean 规则的命令行时，可以使用变量$(RM)来代替 rm，这样可以避免出现一些不必要的麻烦，也是我们推荐的用法。

13.3.7　强制目标（没有命令或依赖的规则）

如果一个规则没有命令或者依赖，而且它的目标不是一个存在的文件名，那么在执行此规则时，目标总会被认为是最新的。也就是说，这个规则一旦被执行，make 就认为它的目标已经被更新过。这样的目标在作为一个规则的依赖时，因为依赖总被认为被更新过，所以作为依赖所在的规则定义的命令总会被执行，例如：

```
clean: FORCE
	rm $(objects)
FORCE:
```

这个例子中，目标 FORCE 符合上述条件。它作为目标 clean 的依赖出现，在执行 make 时，它总被认为被更新过，所以 clean 所在的规则在被执行时，规则所定义的命令总会被执行。

通常将这样的目标命名为 FORCE。

这个例子中使用 FORCE 目标的效果和指定 clean 为伪目标的效果相同。两种方式相比较，使用 FORCE 方式更加直观高效，这种方式主要用在非 GNU 版本 make 中。在使用 GNU make 时，尽量避免使用这种方式。在 GNU make 中推荐使用伪目标方式。

13.3.8 空目标文件

空目标是伪目标的一个变种，此目标所在规则执行的目的和伪目标相同，都是通过 make 命令行指定终极目标来执行规则所定义的命令。和伪目标不同的是，这个目标可以是一个存在的文件，一般文件的具体内容我们并不关心，通常此文件是一个空文件。

空目标文件只是用来记录上一次执行此规则定义命令的时间。在这样的规则中，命令部分一般都会使用 touch，在完成所有命令之后来更新目标文件的时间戳，记录此规则命令的最后执行时间。make 通过命令行将此目标作为终极目标，当前目录下如果不存在这个文件，touch 会在第一次执行时创建一个空的文件（命名为空目标文件名）。

通常，一个空目标文件应该存在一个或者多个依赖文件，将这个目标作为终极目标。当它所依赖的文件比它新时，此目标所在规则的命令行将被执行。也就是说，如果空目标的依赖文件被改变，空目标所在规则中定义的命令会被执行，例如：

```
print: foo.c bar.c
	lpr -p $?
	touch print
```

执行 make print，当目标 print 的任何一个依赖文件被修改后，命令“lpr －p $?”都会被执行，并打印这个被修改的文件。

13.3.9 Makefile 的特殊目标

在 Makefile 中有一些名字，当它们作为规则的目标出现时，具有特殊含义。它们是一些特殊的目标，GNU make 所支持的特殊目标如表 13.1 所示。

表 13.1　GNU make 所支持的特殊目标

目　　标	说　　明
.PHONY	目标.PHONY 的所有的依赖被作为伪目标。伪目标是这样一个目标：当使用 make 命令行指定此目标时，这个目标所在规则定义的命令无论目标文件是否存在都会被无条件执行
.SUFFIXES	特殊目标.SUFFIXES 的所有依赖指出了一系列在后缀规则中需要检查的后缀名（就是当前 make 需要处理的后缀）

续表

目　　标	说　　明
.DEFAULT	Makefile 中，目标.DEFAULT 所在规则定义的命令被用在重建那些没有具体规则的目标（明确规则和隐含规则）。也就是说，一个文件作为某个规则的依赖，但却不是另外一个规则的目标时，make 程序无法找到重建此文件的规则，此种情况时就执行.DEFAULT 所指定的命令
.PRECIOUS	目标.PRECIOUS 的所有依赖文件在 make 过程中会被特殊处理。当命令在执行过程中被中断时，make 不会删除它们。而且，如果目标的依赖文件是中间过程文件，这些文件同样不会被删除。这一点目标.PRECIOUS 和目标.SECONDARY 实现的功能相同。另外，目标.PRECIOUS 的依赖文件也可以是一个模式，如%.o。这样，可以保留有规则创建的中间过程文件
.INTERMEDIATE	目标.INTERMEDIATE 的依赖文件在 make 时被作为中间过程文件对待。没有任何依赖文件的目标.INTERMEDIATE 没有意义
.SECONDARY	目标.SECONDARY 的依赖文件被作为中间过程文件对待，但这些文件不会被自动删除（可参考 13.8.4 节内容），没有任何依赖文件的目标.SECONDARY 的含义是：将所有的文件作为中间过程文件（不会自动删除任何文件）
.DELETE_ON_ERROR	如果在 Makefile 中存在特殊目标.DELETE_ON_ERROR，make 在执行过程中，如果规则的命令执行错误，将删除已经被修改的目标文件
.IGNORE	如果给目标.IGNORE 指定依赖文件，则忽略创建这个文件所执行命令的错误。给此目标指定命令是没有意义的，当此目标没有依赖文件时，将忽略所有命令执行的错误
.LOW_RESOLUTION_TIME	目标.LOW_RESOLUTION_TIME 的依赖文件被 make 认为是低分辨率时间戳文件。给目标.LOW_RESOLUTION_TIME 指定命令是没有意义的
.SILENT	出现在目标.SILENT 的依赖列表中的文件，make 在创建这些文件时，不打印出重建此文件所执行的命令。同样，给目标.SILENT 指定命令行也是没有意义的。没有任何依赖文件的目标.SILENT 告诉 make 在执行过程中不打印任何执行的命令。现行版本的 make 支持目标.SILENT 的这种功能和用法是为了和旧版本的兼容。在当前版本中，如果需要禁止命令执行过程的打印，可以使用 make 的命令行参数-s 或者--silent
.EXPORT_ALL_VARIABLES	此目标应该作为一个简单的、没有依赖的目标，它的功能含义是将之后所有的变量传递给子 make 进程
.NOTPARALLEL	Makefile 中，如果出现目标.NOTPARALLEL，则所有命令按照串行方式执行，即使存在 make 的命令行参数-j。但是，在递归调用的 make 进程中，命令可以并行执行。此目标不应该有依赖文件，所有出现的依赖文件将被忽略

通常，文件的时间戳都是高分辨率的，make 在处理依赖关系时，对规则目标、依赖文件的高分辨率的时间戳进行比较，判断目标是否过期。但是，在系统中并没有提供一个修改文件高分辨率时间戳的机制（方式），因此类似 cp -p 这样的命令在根据源文件创建目的文件时，所产生的目的文件的高分辨率时间戳的细粒度部分被丢弃（来源于源文件）。这可能会造成目的文件的时间戳和源文件的相等甚至不及源文件新。处理此类命令创建的文件时，需要将命令创建的文件作为目标.LOW_RESOLUTION_TIME 的依赖，声明这个文件是一个低分辨率时间戳的文件，例如：

```
.LOW_RESOLUTION_TIME: dst
dst: src
	cp -p src dst
```

规则的命令“cp －p src dst”所创建的文件 dst 在时间戳上稍稍比 src 晚（因为命令不能更新文件 dst 的细粒度时间），因此 make 在判断文件依赖关系时会出现误判，将文件作为目标.LOW_RESOLUTION_ TIME 的依赖后，只要规则中目标和依赖文件的时间戳中的初始时间相等，就认为目标已经过期。这个特殊的目标主要作用是弥补系统在没有提供修改文件高分辨率时间戳机制的情况下某些命令在 make 中的一些缺陷。

对于静态库文件（文档文件）成员的更新，也存在这个问题。make 在创建或者更新静态库时，会自动将静态库的所有成员作为目标.LOW_RESOLUTION_TIME 的依赖。

所有定义的隐含规则后缀作为目标出现时，都被视为一个特殊目标。两个后缀串联起来也是如此，如.c.o。这样的目标被称为后缀规则的目标，这种定义方式是已经过期的定义隐含规则的方法（目前，这种方式还被用在很多地方）。原则上，一般将其分为两个部分，并将它们加到后缀中（后缀通常以“.”开始）。因此，以上的这些特别目标列表中，任何目标都可以采用这种方式（以“.”开始）来表示。

13.3.10 多目标

一个规则中可以有多个目标，规则所定义的命令对所有的目标有效。一个具有多目标的规则相当于多个规则。规则中，命令对不同的目标的执行效果不同，因为在规则的命令中可能使用自动化变量$@。多目标规则意味着所有的目标具有相同的依赖文件。多目标通常用在以下两种情况：

（1）仅需要一个描述依赖关系的规则，而不需要在规则中定义命令，例如：

```
kbd.o command.o files.o: command.h
```

这个规则实现了同时给 3 个目标文件指定一个依赖文件。

（2）对于多个具有类似重建命令的目标，重建这些目标的命令并不需要绝对相同，因为可以在命令行中使用 make 的自动化变量$@来引用某个具体目标，并完成对它的重建。例如：

```
bigoutput littleoutput : text.g
        generate text.g -$(subst output,,$@) > $@
```

等价

```
bigoutput : text.g
        generate text.g -big > bigoutput
littleoutput : text.g
        generate text.g -little > littleoutput
```

上例中的 generate 根据命令行参数来决定输出文件的类型，使用了 make 的字符串处理函数 subst 来根据目标产生对应的命令行选项（关于 make 的函数可参考 13.6 节基本函数的使用）。

虽然在多目标的规则中可以根据不同的目标使用不同的命令（在命令行中使用自动化变量$@），但是多目标的规则并不能做到根据目标文件自动改变依赖文件。就像在上例中使用自动化变量$@来改变规则的命令一样。实现这个目的，需要用到 make 的静态模式（关于静态模式规则，可参考 13.3.12 节静态模式）。

13.3.11　多规则目标

在 Makefile 中，一个文件可以作为多个规则的目标出现。这种情况下，此目标文件的所有依赖文件将会被合并成此目标一个依赖文件列表，当任何一个依赖文件比目标更新（比较目标文件和依赖文件的时间戳）时，make 将会执行特定的命令来重建这个目标。

对于一个多规则的目标，重建此目标的命令只能出现在一个规则中（可以是多条命令）。如果多个规则同时给出重建此目标的命令，make 将使用最后一个规则所定义的命令，同时提示错误信息（例外的是使用“.”开头的多规则目标文件，可以在多个规则中给出多个重建命令。这种方式只是为了和其他版本 make 进行兼容，在 GNU make 中应该避免使用这个功能）。某些情况下，需要对相同的目标使用不同的规则中所定义的命令。这时可使用另外一种方式——“冒号”规则来实现。

一个仅描述依赖关系的描述规则可以用来做一个或多个目标文件的依赖文件。例如，Makefile 中通常存在一个变量，就像以前提到的 objects 一样，它定义为所有的需要编译生成的.o 文件的列表。这些.o 文件在其源文件所包含的头文件 config.h 发生变化时，能够自动地被重建。可以使用多目标来书写 Makefile，例如：

```
objects = foo.o bar.o
foo.o : defs.h
bar.o : defs.h test.h
$(objects) : config.h
```

这样做的好处是可以在源文件中增加或者删除包含的头文件后，不用修改已经存在的 Makefile 的规则，只需要增加或者删除某一个.o 文件依赖的头文件。这种方式很简单，也很方便。对于一个大的工程来说，这样做的好处是显而易见的。在一个大的工程中，对于一个单独目录下的.o 文件的依赖规则，建议使用此方式。在规则中，头文件的依赖描述也可以使用 GCC 自动产生。

另外，也可以通过一个变量来增加目标的依赖文件，使用 make 的命令行来指定某个目标的依赖头文件，例如：

```
extradeps=
$(objects) : $(extradeps)
```

上述命令的意思是如果执行 make extradeps=foo.h，那么 foo.h 将作为所有的.o 文件的依赖文件。如果只执行 make，就没有指定任何文件作为.o 文件的依赖文件。

在多规则的目标中，如果目标的任何一个规则没有定义重建此目标的命令，make 将会寻找一个合适的隐含规则来重建此目标。

13.3.12　静态模式

静态模式规则存在多个目标，并且不同的目标可以根据目标文件的名字来自动构造出依赖文件。静态模式规则比多目标规则更通用，它不需要多个目标具有相同的依赖，但是静态模式规则中的依赖文件必须是相类似的，而不是完全相同的。

1．静态模式规则的语法

静态模式规则的基本语法如下：

```
TARGETS ...: TARGET-PATTERN: PREREQ-PATTERNS ...
        COMMANDS
...
```

TARGETS 列出了此规则的一系列目标文件，与普通规则的目标一样，可以包含通配符。

TARGET-PATTERN 和 PREREQ-PATTERNS 说明了如何为每一个目标文件生成依赖文件。从目标模式（TARGET-PATTERN）的目标名字中抽取一部分字符串（称为“茎”），替代依赖模式（PREREQ-PATTERNS）中的相应部分来产生对应目标的依赖文件。这一替代的过程如下：

在目标模式和依赖模式中，一般需要包含模式字符“%”。在目标模式（TARGET-PATTERN）中，“%”可以匹配目标文件的任何部分，模式字符“%”匹配的部分就是“茎”。目标文件和模式的其余部分必须精确地匹配。例如，目标 foo.o 符合模式%.o，其“茎”为 foo；而目标 foo.c 和 foo.out 就不符合此目标模式。

每一个目标的依赖文件是使用此目标的“茎”代替依赖模式（PREREQ-PATTERNS）中的模式字符“%”而得到的。例如，上例中依赖模式（PREREQ-PATTERNS）为%.c，那么使用“茎”，foo 替代依赖模式中的%得到的依赖文件就是 foo.c。需要明确的一点是，在模式规则的依赖列表中，不包含模式字符“%”也是合法的，代表这个文件是所有目标的依赖文件。在模式规则中，字符“%”可以用前面加反斜杠“\”的方法引用，引用“%”的反斜杠也可以由更多的反斜杠引用。引用“%”和“\”的反斜杠在和文件名比较或由“茎”代替它之前会从模式中被删除。反斜杠不会因为引用“%”而混乱，例如，模式“the\%weird\\%pattern\\”是由“the%weird\”+“%”+“pattern\\”构成的。最后的两个反斜杠由于没有任何转义引用“%”，所以保持不变。

可以根据相应的.c 文件来编译生成 foo.o 和 bar.o 文件，例如：

```
objects = foo.o bar.o
all: $(objects)
$(objects): %.o: %.c
        $(CC) -c $(CFLAGS) $< -o $@
```

在本例中，规则描述了所有的.o 文件的依赖文件是对应的.c 文件。对于目标 foo.o，取其茎 foo 替代对应的依赖模式%.c 中的模式字符“%”之后，可得到目标的依赖文件 foo.c，这就是目标 foo.o 的依赖关系 foo.o: foo.c。规则的命令行描述了如何完成由 foo.c 编译生成目标 foo.o。命令行中“$<”和“$@”是自动化变量。$<表示规则中的第一个依赖文件，$@表示规则中的目标文件。以上规则具体描述如下：

```
foo.o : foo.c
        $(CC) -c $(CFLAGS) foo.c -o foo.o
bar.o : bar.c
        $(CC) -c $(CFLAGS) bar.c -o bar.o
```

在使用静态模式规则时，指定的目标必须与目标模式相匹配，否则在执行 make 时将会得到一个错误提示。如果存在一个文件列表，其中一部分符合某一种模式，而另外一部分符合另外一种模式，这

种情况下，可以使用 filter 函数（可参考 13.6 节基本函数的使用）来对这个文件列表进行分类，在分类之后再对确定的某一类使用模式规则。例如：

```
files = foo.elc bar.o lose.o
$(filter %.o,$(files)): %.o: %.c
        $(CC) -c $(CFLAGS) $< -o $@

$(filter %.elc,$(files)): %.elc: %.el
        emacs -f batch-byte-compile $<
```

其中，$(filter %.o,$(files))的结果为 bar.o lose.o。filter 函数过滤不符合%.o 模式的文件名并返回所有符合此模式的文件列表。第一条静态模式规则描述了这些目标文件是通过编译对应的.c 源文件来重建的。同样，第二条规则也是使用这种方式。

自动化变量$*在静态模式规则中的使用方法如下：

```
bigoutput littleoutput : %output : text.g
        generate text.g -$* > $@
```

当执行此规则的命令时，自动化变量$*被展开为“茎”，在这里就是 big 和 little。

静态模式规则在较大的工程中非常有用。它可以对一个工程中的同类文件的重建规则进行一次定义，而实现对整个工程中此类文件指定相同的重建规则。例如，可以用来描述整个工程中所有的.o 文件的依赖规则和编译命令。通常的做法是将生成同一类目标的模式定义在一个 make.rules 的文件中，在工程各个模块的 Makefile 中包含此文件。

2. 静态模式和隐含规则

在 Makefile 中，静态模式规则和被定义为隐含规则的模式规则都是用户经常使用的两种方式。两者相同的地方都是用目标模式和依赖模式来构建目标的规则中的文件依赖关系，两者不同的地方是 make 在执行时使用它们的时机。

隐含规则可被用在任何和它相匹配的目标上。在 Makefile 中没有为这个目标指定具体的规则，但存在规则，规则没有命令行或者这个目标的依赖文件可被搜寻到。当存在多个隐含规则和目标模式相匹配时，只执行其中的一个规则，具体执行哪一个规则取决于定义规则的顺序。

相反，静态模式规则只能用在规则中明确指出的那些文件的重建过程中，而不能用在除此之外的任何文件的重建过程中，并且它对指定的每一个目标来说都是唯一的。如果一个目标存在两个规则，并且每一个规则中都定义了命令，make 执行时就会提示错误。

静态模式规则与隐含模式规则相比有以下两个优点：

（1）对于不能根据文件名通过词法分析进行分类的文件，可以明确列出这些文件，并使用静态模式规则来重建其隐含规则。

（2）对于无法确定工作目录内容，而且不能确定是否此目录下的无关文件会使用错误的隐含规则而导致 make 失败的情况。当存在多个适合此文件的隐含规则时，使用哪一个隐含规则取决于其规则的定义顺序。这种情况下，使用静态模式规则就可以避免这些不确定因素，因为静态模式中指定的目标文件有特定的规则来描述其依赖关系和重建命令。

13.3.13 双冒号规则

双冒号规则就是使用“::”代替普通规则的“:”得到的规则。当同一个文件作为多个规则的目标时，双冒号规则的处理和普通规则的处理过程完全不同（双冒号规则允许在多个规则中为同一个目标指定不同的重建目标的命令）。

首先需要明确的是，在 Makefile 中，一个目标可以出现在多个规则中，但是这些规则必须是同一种规则，要么都是普通规则，要么都是双冒号规则，而不允许一个目标同时出现在两种不同的规则中。双冒号规则和普通规则的处理的不同点表现在以下几个方面：

（1）双冒号规则中，当依赖文件比目标更新时，规则将会被执行。对于一个没有依赖而只有命令行的双冒号规则，当引用此目标时，规则的命令将会被无条件执行。普通规则中，当规则的目标文件存在时，此规则的命令永远不会被执行（目标文件永远是最新的）。

（2）当同一个文件作为多个双冒号规则的目标时，这些不同的规则会被独立地处理，而不是像普通规则那样合并所有的依赖到一个目标文件。这就意味着，对这些规则的处理就像多个不同的普通规则一样，也就是说，多个双冒号规则中的每一个依赖文件被改变之后，make 只执行此规则定义的命令，而其他的以这个文件作为目标的双冒号规则将不会被执行。

在 Makefile 中包含以下两个规则，例如：

```
Newprog :: foo.c
	$(CC) $(CFLAGS) $< -o $@
Newprog :: bar.c
	$(CC) $(CFLAGS) $< -o $@
```

如果 foo.c 文件被修改，执行 make 以后目标 Newprog 将根据 foo.c 文件被重建；如果 bar.c 被修改，那么目标 Newprog 将根据 bar.c 被重建。回想一下，如果以上两个规则为普通规则，出现的情况是什么？（make 将会出错并提示错误信息）

当同一个目标出现在多个双冒号规则中时，规则的执行顺序和普通规则的执行顺序一样，即按照其在 Makefile 中的书写顺序执行。

GNU make 的双冒号规则给用户提供了一种根据依赖的更新情况而执行不同的命令来重建同一目标的机制。有这种需要的情况很少，所以双冒号规则的使用比较罕见。一般双冒号规则都需要定义命令，如果一个双冒号规则没有定义命令，在执行规则时将为其目标自动查找隐含规则。

13.3.14 自动产生依赖

在 Makefile 中，可能需要书写一些规则来描述一个.o目标文件和头文件的依赖关系。例如，如果在 main.c 中使用#include defs.h，那么可能需要如下规则来描述当头文件 defs.h 被修改以后执行make，目标 main.o 应该被重建。

```
main.o: defs.h
```

在一个比较大型的工程中，需要在 Makefile 中书写很多条类似这样的规则，并且在源文件中加入或删除头文件后，也需要小心地去修改 Makefile，这是一件很费力、也很费时并且容易出错误的工作。为了避免这个令人讨厌的问题，现代的 C 编译器提供了通过查找源文件中的#include 来自动产生这种依赖的功能。GCC 支持用-M 选项来实现此功能。GCC 将自动找寻源文件中包含的头文件，并生成依赖关系。例如，如果 main.c 只包含了头文件 defs.h，那么在 Linux 下执行下面的命令：

```
gcc -M main.c
```

其输出是：

```
main.o : main.c defs.h
```

既然编译器已经提供了自动产生依赖关系的功能，那么就不需要去动手写这些规则的依赖关系了。但是需要明确的是，在 main.c 中包含了其他的标准库的头文件，其输出的依赖关系中也包含了标准库的头文件。当不需要依赖关系中不考虑标准库头文件时，需要使用-MM 参数。

需要注意的是，在使用 GCC 自动产生依赖关系时，所产生的规则中明确地指明了目标是 main.o 文件。因此，在通过.c 文件直接产生可执行文件时，作为过程文件的 main.o 的中间过程文件在使用完之后将不会被删除。

在旧版本的 make 中，使用编译器此项功能通常的做法是在 Makefile 中书写一个伪目标 depend 的规则来定义自动产生依赖关系文件的命令。输入“make depend”将生成一个名为 depend 的文件，其中包含了所有源文件的依赖规则描述，Makefile 使用 include 指示符包含这个文件。

在新版本的 make 中，推荐的方式是为每一个源文件产生一个描述其依赖关系的 Makefile 文件。对于一个源文件 NAME.c，对应的这个 Makefile 文件为 NAME.d。NAME.d 中描述了文件 NAME.o 所要依赖的所有头文件。采用这种方式时，只有源文件在修改之后才会重新使用命令生成新的依赖关系描述文件 NAME.o。

可以使用如下的模式规则来自动生成每一个.c 文件对应的.d 文件：

```
%.d: %.c
	$(CC) -M $(CPPFLAGS) $< > $@.$$$$; \
	sed 's,\($*\)\.o[ :]*,\1.o $@ : ,g' < $@.$$$$ > $@; \
$@.$$$$
	rm -f
```

此规则的含义是：所有的.d 文件依赖于同名的.c 文件，具体分析如下。

第一行：使用 C 编译器自动生成依赖文件（$<）的头文件的依赖关系，并输出成为一个临时文件。$$$$表示当前进程号；$(CC)为 GNU 的 C 编译工具。产生的依赖关系的规则中，依赖头文件包括所有的使用的系统头文件和用户定义的头文件。如果需要生成的依赖描述文件不包含系统头文件，可以使用-MM 代替-M。

第二行：sed 处理第二行已产生的临时文件，并生成此规则的目标文件。这里 sed 完成了如下的转换过程。

对于一个.c 源文件，将编译器产生的依赖关系：

```
main.o : main.c defs.h
```

转换成：

```
main.o main.d : main.c defs.h
```

这样就将.d 加入到了规则的目标中，其和对应的.o 文件一样依赖于对应的.c 源文件和源文件所包含的头文件。当.c 源文件或者头文件被改变之后规则将会被执行，相应的.d 文件也会被更新。

第三行：删除临时文件。

使用上例的规则就可以建立一个描述目标文件依赖关系的.d 文件。可以在 Makefile 中使用 include 指示符描述将这个文件包含进来，在执行 make 时，Makefile 所包含的所有.d 文件就会被自动创建或者更新。在 Makefile 中，对当前目录下.d 文件的处理可以参考如下：

```
sources = foo.c bar.c
sinclude $(sources:.c=.d)
```

上例中，变量 sources 定义了当前目录下需要编译的源文件。变量引用变换“$(sources : .c=.d)”的功能是，根据需要.c 文件自动产生对应的.d 文件，并在当前 Makefile 文件中包含这些.d 文件。.d 文件和其他 Makefile 文件一样，make 在执行时读取并试图重建它们（其实这些.d 文件也是一些可被 make 解析的 Makefile 文件）。

需要注意的是 include 指示符的书写顺序，因为在这些.d 文件中已经存在规则。当一个 Makefile 使用指示符 include 包含这些.d 文件时，它应该出现在终极目标之后，以免.d 文件中的规则被视为 Makefile 的终极规则。

13.3.15 书写命令

每条规则中的命令和操作系统 Shell 的命令行是一致的。make 会按顺序一条一条地执行命令，每条命令必须以 Tab 键开头，除非命令紧跟在依赖规则后面的分号后。命令行之间的空格或是空行会被忽略，但是如果该空格或空行是以 Tab 键开头的，那么 make 会认为它是一个空命令。

在 Linux 系统下，可能会使用不同的 Shell，但是 make 的命令默认是被/bin/sh（Linux 的标准 Shell）解释执行的，除非特别指定一个其他的 Shell。在 Makefile 中，“#”是注释符，很像 C/C++中的“//”，它后面的那行字符都被注释。

1．显示命令

通常，make 会把其要执行的命令行在命令执行前输出到屏幕上。如果规则的命令行以字符“@”开始，那么这个命令将不被 make 显示出来。最具代表性的例子是用这个功能来向屏幕显示一些信息，例如：

```
@echo 正在编译 XXX 模块......
```

当 make 执行时，会输出“正在编译×××模块......”字符串，但不会输出命令。如果没有“@”，那么，make 将输出：

```
echo 正在编译 XXX 模块......
正在编译 XXX 模块......
```

如果 make 执行时代入 make 参数-n 或--just-print，那么它只是显示所要执行的命令，但不会执行这些命令。这个功能很有利于调试 Makefile，可以查看命令执行起来是什么样子或是什么顺序的。

而 make 参数-s 或--slient 则是全面禁止命令的显示。

2. 命令执行

当依赖目标新于目标时，也就是当规则的目标需要被更新时，make 会一条一条地执行其后的命令。需要注意的是，如果要让上一条命令的结果应用于下一条命令，那么就应该使用分号分隔这两条命令。例如，第一条命令是 cd 命令，希望第二条命令在 cd 之后的基础上运行，那么就不能把这两条命令写在两行上，而应该把这两条命令写在一行上，并用分号分隔。例如：

示例一

```
exec:
	cd /home/hchen
	pwd
```

示例二

```
exec:
	cd /home/hchen; pwd
```

当执行 make exec 时，第一个例子中的 cd 没有作用，pwd 会打印出当前的 Makefile 目录；而第二个例子中，cd 就起了作用，pwd 会打印出/home/hchen。

make 一般使用环境变量 SHELL 中所定义的系统 Shell 来执行命令，默认情况下使用 Linux 的标准 Shell—— /bin/bash 来执行命令，但在 MS-DOS 下有点特殊，因为 MS-DOS 下没有 SHELL 环境变量。当然，也可以指定。如果指定了 UNIX 风格的目录形式，那么 make 会首先在 SHELL 所指定的路径中寻找命令解释器。如果找不到，就会在当前盘符中的当前目录中寻找。如果还找不到，就会在 PATH 环境变量中所定义的所有路径中寻找。在 MS-DOS 中，如果没有找到定义的命令解释器，它会给你的命令解释器加上诸如.exe、.com、.bat、.sh 等后缀。

3. 命令出错

通常，在规则中的命令运行结束后，make 会检测命令执行的返回状态，如果返回成功，那么就在另外一个子 Shell 下执行下一条命令。规则中的所有命令执行完成之后，这个规则也就执行完成了。如果一个规则中的某一个命令出错（返回状态非 0），make 就会放弃对当前规则的执行，也有可能终止所有规则的执行。

在一些情况下，规则中的一个命令的执行失败并不代表规则执行的错误。例如，使用 mkdir 命令来确保存在一个目录。当此目录不存在时，就建立这个目录；当目录存在时，mkdir 就会执行失败。其实，我们并不希望 mkdir 在执行失败后终止规则的执行。为了忽略一些无关命令执行失败的情况，可以在命令之前加一个短横线“-”（在 Tab 字符之后），来告诉 make 忽略此命令的执行失败。命令中的“-”会在 Shell 解析并执行此命令之前被去掉，Shell 所解释的只是纯粹的命令，而“-”字符是由 make 来处理的。例如，对于 clean 目标，可以写成如下形式：

```
clean:
	-rm  *.o
```

其含义是即使执行 rm 删除文件失败，make 也继续执行。

在执行 make 时，如果使用命令行选项-i 或者--ignore-errors，make 将忽略所有规则中命令执行的错误。没有依赖的特殊目标.IGNORE 在 Makefile 中有同样的效果，但是.IGNORE 的方式已经很少使用，因为它不如在命令行之前使用“-”字符方式灵活。

当使用 make 的-i 选项或者使用“-”字符来忽略命令执行错误时，make 始终会把命令的执行结果作为成功来对待，但会提示错误信息，同时提示这个错误被忽略。

如果没有使用这种方式来通知 make 忽略命令的执行错误，当错误发生时，就意味着定义这个命令的规则的目标不能被正确重建，同样，和此目标相关的其他目标也不会被正确重建。因此，由于先决条件不能建立，后续的命令将不会执行。

在发生这种情况时，一般 make 会立刻退出并返回一个非 0 状态，表示执行失败。像对待命令执行的错误一样，可以使用 make 的命令行选项-k 或者--keep-going 来通知 make，当出现错误时不立即退出，而是继续后续命令的执行。直到无法继续执行命令时才异常退出。例如，使用-k 参数，在重建一个.o 文件目标时出现错误，make 不会立即退出。虽然 make 已经知道因为这个错误而无法完成终极目标的重建，但还是继续完成其他后续的依赖文件的重建，直到执行最后链接时才异常退出。

一般-k 参数在实际中的用途主要表现在：当同时修改了工程中的多个文件后，-k 参数可以帮助确认对哪些文件的修改是正确的（可以被编译），哪些文件的修改是不正确的（不能正确编译）。例如，修改了工程中的 20 个源文件，修改完成之后使用-k 参数来进行 make，它可以一次性找出修改的 20 个文件中哪些是不能被编译的。

通常情况下，执行失败的命令一旦改变了它所在规则的目标文件，而这个改变了的目标可能不是一个被正确重建的文件，但是这个文件的时间戳已经被更新过了（这种情况也会发生在使用一个信号来强制终止命令执行时）。因此，在下一次执行 make 时，由于时间戳更新，它不会被再次重建，因而终极目标的重建很难保证是正确的。为了避免这种错误的出现，应该在一次 make 执行失败之后使用 make clean 来清除已经重建的所有目标，之后再执行 make 自动完成这个动作，实现这个目的，只需要在 Makefile 中定义特殊目标.DELETE_ON_ERROR，但是这个做法存在不兼容的问题。推荐的做法是在 make 执行失败时，修改错误之后、执行 make 之前，使用 make clean 明确地删除第一次错误重建的所有目标。

需要说明的是，make 提供了命令行选项来忽略命令执行的错误，建议对于此选项要谨慎使用。因为在一个大型的工程中，可能需要对上千个源文件进行编译，编译过程中的任何一个文件的编译错误都不能被忽略，否则最后完成的终极目标可能就是一个让人感到迷惑的东西，或者在运行时会产生一些莫名其妙的现象。这需要程序员来保证其书写的 Makefile 的规则中的命令在执行时不会发生错误，特别需要注意那些实现特殊目的规则的命令的书写。当所有命令都可以被正确执行时，就没有必要为了避免一些讨厌的错误而使用-i 选项，可以使用其他方式来实现。例如，删除命令就可以写成$(RM) 或者 rm -f，创建目录的命令可以写成 mkdir -p 等。

4. 嵌套执行 make

在一些大的工程中，会把不同模块或是不同功能的源文件放在不同的目录中。这时，可以在每个目录中都书写一个该目录的 Makefile，这有利于使 Makefile 变得更加简洁，而不至于把所有的东西全部写在一个 Makefile 中，很难维护。这个技术对于模块编译和分段编译有着非常大的好处。

例如，有一个子目录叫 subdir，这个目录下有一个 Makefile 文件，并指明了这个目录下文件的编译规则，那么总控的 Makefile 就可以这样书写：

```
subsystem:
	cd subdir && $(MAKE)
```

其等价于：

```
subsystem:
	$(MAKE) -C subdir
```

定义$(MAKE)宏变量是因为，也许 make 需要一些参数，所以定义成一个变量比较利于维护。这两个例子的意思都是先进入 subdir 目录，然后执行 make 命令。

把这个 Makefile 叫作“总控 Makefile”，总控 Makefile 的变量可以传递到下级的 Makefile 中（如果显示声明），但是不会覆盖下层的 Makefile 中所定义的变量，除非指定了-e 参数。

如果要传递变量到下级 Makefile 中，那么可以这样声明：

```
export <变量 ...>
```

如果不想让某些变量传递到下级 Makefile 中，那么可以这样声明：

```
unexport <变量 ...>
```

例如：

示例一

```
export variable = value
```

其等价于：

```
variable = value
export variable
```

其等价于：

```
export variable := value
```

其等价于：

```
variable := value
export variable
```

示例二

```
export variable += value
```

其等价于：

```
variable += value
export variable
```

如果要传递所有的变量，那么只要一个 export 即可，后面不需要任何参数。

需要注意的是有两个变量，一个是 SHELL，另一个是 MAKEFLAGS。这两个变量不管是否 export，都会被传递到下层 Makefile 中。特别是 MAKEFILES 变量，其中包含了 make 的参数信息。如果执行“总控 Makefile”时有 make 参数或是在上层 Makefile 中定义了这个变量，那么 MAKEFILES 变量将会是这些参数，并会传递到下层 Makefile 中，这是一个系统级的环境变量。

但是，make 命令中有几个参数并不往下传递，它们是-C、-f、-h、-o 和-W（有关 Makefile 参数的细节将在后面说明）。如果不想往下层传递参数，那么可以这样书写：

```
subsystem:
        cd subdir && $(MAKE) MAKEFLAGS=
```

如果定义了环境变量 MAKEFLAGS，那么要确信其中的选项是大家都会用到的。如果其中有-t、-n 和-q 参数，将会产生意想不到的结果，或许会让你异常恐慌。

还有一个在“嵌套执行”中比较有用的参数，-w 或是--print-directory 会在 make 的过程中输出一些信息，让你看到目前的工作目录。例如，如果下级 make 目录是/home/zyf/sub，当使用 make -w 来执行进入该目录时，我们会看到：

```
make: Entering directory '/home/zyf/sub'.
```

而在完成下层 make 后离开目录时会看到：

```
make: Leaving directory `/home/zyf/sub'
```

当使用-C 参数来指定 make 下层 Makefile 时，-w 会被自动打开。如果参数中有-s（--slient）或是--no-print-directory，那么，-w 总是失效的。

5. 定义命令包

如果 Makefile 中出现一些相同命令序列，那么可以为这些相同的命令序列定义一个变量。定义这种命令序列的语法以 define 开始，以 endef 结束，例如：

```
define run-yacc
yacc $(firstword $^)
mv y.tab.c $@
endef
```

这里的 run-yacc 是这个命令包的名字，不要与 Makefile 中的变量重名。在 define 和 endef 中的两行就是命令序列。这个命令包中的第一个命令是运行 Yacc 程序，因为 Yacc 程序总是生成 y.tab.c 的文件，所以第二行的命令就是更改这个文件名。下面还是把这个命令包放到示例中来看一下，例如：

```
foo.c : foo.y
        $(run-yacc)
```

可以看到，使用这个命令包就像使用变量一样。在这个命令包的使用中，命令包“run-yacc”中的“$^”就是“foo.y”，“$@”就是“foo.c”（有关这种以“$”开头的特殊变量，会在 13.8.5 节中介绍），make 在执行命令包时，命令包中的每个命令会被依次独立执行。

13.4　变量的基本操作

在 Makefile 中定义的变量与 C/C++语言中的宏一样，代表了一个文本字符串，在 Makefile 中执行时会自动原样地展开在所使用的地方。与 C/C++所不同的是，可以在 Makefile 中改变它的值。在 Makefile 中，变量可以使用在“目标”“依赖目标”“命令”或是 Makefile 的其他部分中。

变量的命名可以包含字符、数字、下划线（可以是数字开头），但不应该含有“:”“#”“=”或者空字符（空格、回车等）。变量是大小写敏感的，foo、Foo 和 FOO 是 3 个不同的变量名。传统的 Makefile 的变量名是全大写的命名方式，但推荐使用大小写搭配的变量名，如 MakeFlags。这样可以避免和系统的变量冲突而导致的意外。

有一些变量是很奇怪的字符串，如“$<”“$@”等，这些是自动化变量，具体内容将在 13.8.5 节中介绍。

13.4.1　变量的基础

变量在声明时需要给予初值，而在使用时则需要在变量名前加上“$”符号，但最好用小括号“()”或是大括号“{}”把变量包括起来。如果要使用真实的“$”字符，那么就需要用“$$”来表示。

变量可以使用在如规则中的“目标”“依赖”“命令”以及新的变量中等许多地方，例如：

```
objects = program.o foo.o utils.o
program : $(objects)
	cc -o program $(objects)
$(objects) : defs.h
```

变量会在使用它的地方精确地展开，就像 C/C++中的宏一样，例如：

```
foo = c
prog.o : prog.$(foo)
	$(foo)$(foo) -$(foo) prog.$(foo)
```

展开后得到：

```
prog.o : prog.c
	cc -c prog.c
```

当然，千万不要在 Makefile 中这样做。这里只是举个例子来表明 Makefile 中的变量在使用处展开的真实样子。可见，它就是一个“替代”的原理。

另外，给变量加上括号完全是为了更加安全地使用这个变量。在上面的例子中，不给变量加上括号也可以，但还是强烈建议给变量加上括号。

13.4.2 变量中的变量

在定义变量的值时，可以使用其他变量来构造变量的值，在 Makefile 中有两种方式来用变量定义变量的值。

第一种方式就是简单地使用“=”号，“=”左侧是变量，右侧是变量的值，右侧变量的值可以定义在文件的任何一处，也就是说，右侧的变量不一定非要是已定义好的值，也可以使用后面定义的值。

【例 13.4】 变量中的变量。（**实例位置：资源包\TM\sl\13\4**）

程序的代码如下：

```
foo = $(bar)
bar = $(ugh)
ugh = Huh?
all:
echo $(foo)
```

执行结果如图 13.7 所示。

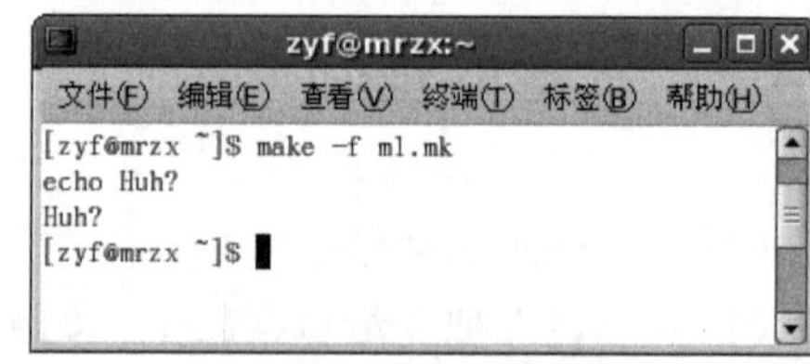

图 13.7 变量中的变量

$(foo)的值是$(bar)，$(bar)的值是$(ugh)，$(ugh)的值是 Huh?，由此可见，变量是可以使用后面的变量来定义的。

这个功能有好的地方，也有不好的地方，好的地方是可以把变量的真实值推到后面来定义，例如：

```
CFLAGS = $(include_dirs) -O
include_dirs = -Ifoo -Ibar
```

当 CFLAGS 在命令中被展开时，会是-Ifoo -Ibar -O。但这种形式也有不好的地方，那就是递归定义，例如：

```
CFLAGS = $(CFLAGS) -O
```

或

```
A = $(B)
B = $(A)
```

这会让 make 陷入无限的变量展开过程中。当然，make 有能力检测这样的定义，并会报错。另外，如果在变量中使用函数，那么这种方式会使 make 运行非常慢。更糟糕的是，它会使两个 make 的 wildcard 和 shell 发生不可预知的错误，因为不知道这两个函数会被调用多少次。

为了避免上面的麻烦，可以使用 make 中的另一种用变量来定义变量的方法。这种方法使用的是“:=”操作符，例如：

```
x := foo
y := $(x) bar
x := later
```

其等价于：

```
y := foo bar
x := later
```

值得一提的是，这种方法前面的变量不能使用后面的变量，只能使用前面已定义好的变量，例如：

```
y := $(x) bar
x := foo
```

此例中，y 的值是 bar，而不是 foo bar。

上面都是一些比较简单的变量使用，下面来看一个复杂的例子，其中包括了 make()函数、条件表达式和一个系统变量 MAKELEVEL 的使用。

【例 13.5】　变量的使用。（**实例位置：资源包\TM\sl\13\5**）

程序的代码如下：

```
#ifeq (0,${MAKELEVEL})
cur-dir     := $(shell pwd)
whoami      := $(shell whoami)
host-type := $(shell arch)
MAKE := ${MAKE} cur-dir=$(cur-dir) host-type=${host-type} whoami=${whoami}
#endif
all:
	@echo $(MAKELEVEL)
	@echo $(MAKE)
```

运行效果如图 13.8 所示。

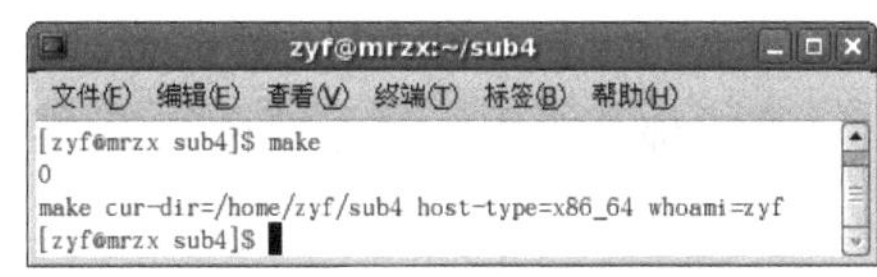

图 13.8　变量的使用

关于条件表达式和函数，将在后面的内容中介绍。对于系统变量 MAKELEVEL，其意思是如果 make 有一个嵌套执行的动作，那么这个变量会记录当前 Makefile 的调用层数。

下面再介绍两个定义变量时需要知道的问题。请先看一个例子，如果要定义一个变量，其值是一个空格，可以这样书写：

```
nullstring :=
space := $(nullstring) # end of the line
```

nullstring 是一个 Empty 变量，其中什么也没有，而 space 的值是一个空格。因为在操作符的右边是很难描述一个空格的，所以这里采用的技术很管用。先用一个 Empty 变量来标明变量值的开始，后面用“#”注释符来表示变量定义的终止，这样就可以定义出其值是一个空格的变量。请注意这里关于“#”的使用，注释符“#”的这种特性值得注意，如果这样定义一个变量：

```
dir := /foo/bar    # directory to put the frobs in
```

dir 变量的值是/foo/bar，后面还跟了 4 个空格，如果这样用变量来指定其他目录—— $(dir)/file，那么是行不通的。

还有一个比较有用的操作符是“?=”，例如：

```
FOO ?= bar
```

其含义是如果 FOO 没有被定义过，那么变量 FOO 的值就是 bar；如果 FOO 先前被定义过，那么这条命令将什么也不做，等价于：

```
ifeq($(origin FOO), undefined)
        FOO = bar
endif
```

13.4.3 变量高级用法

这里介绍两种变量的高级使用方法，第一种是变量值的替换，可以替换变量中的共有部分，其格式是$(var:a=b)或是${var:a=b}，意思是把变量 var 中所有以 a 字符串“结尾”的 a 替换成 b 字符串。这里的“结尾”意思是“空格”或“结束符”，例如：

```
foo := a.o b.o c.o
bar := $(foo:.o=.c)
```

上例中，第一行定义了一个$(foo)变量，而第二行的意思是把$(foo)中所有以.o 字符串“结尾”全部替换成.c，所以$(bar)的值就是 a.c b.c c.c。

另外一种变量替换的技术是以“静态模式”定义的，例如：

```
foo := a.o b.o c.o
bar := $(foo:%.o=%.c)
```

这依赖于被替换字符串中有相同的模式，模式中必须包含一个“%”字符，这个例子同样使$(bar)变量的值为 a.c b.c c.c。

第二种高级用法是把变量的值再当成变量，例如：

```
x = y
y = z
a := $($(x))
```

上例中，$(x)的值是 y，所以$($(x))就是$(y)，$(a)的值就是 z。（注意，是 x=y，而不是 x=$(y)）

还可以使用更多的层次，例如：

```
x = y
y = z
z = u
a := $($($(x)))
```

这里的$(a)的值是 u，相关的推导留给读者自己去练习。

再复杂一点，使用“在变量定义中使用变量”的第一个方式，例如：

```
x = $(y)
y = z
z = Hello
a := $($(x))
```

这里的$($(x))被替换成了$($(y))，因为$(y)值是 z，所以最终结果是 a:=$(z)，也就是 Hello。

再复杂一点，可以再加上函数，例如：

```
x = variable1
variable2 := Hello
y = $(subst 1,2,$(x))
z = y
a := $($($(z)))
```

上例中，$($($(z)))扩展为$($(y))，而其再次被扩展为$($(subst 1,2,$(x)))。$(x)的值是 variable1，subst 函数把 variable1 中的所有“1”字符串替换成“2”字符串，于是 variable1 变成 variable2，再取其值，最终，$(a)的值就是$(variable2)的值，即 Hello。

在这种方式中，可以使用多个变量来组成一个变量的名字，然后再取其值，例如：

```
first_second = Hello
a = first
b = second
all = $($a_$b)
```

这里的$a_$b 组成了 first_second，于是$(all)的值就是 Hello。

再来看看结合第一种技术的例子：

```
a_objects := a.o b.o c.o
1_objects := 1.o 2.o 3.o
sources := $($(a1)_objects:.o=.c)
```

上例中，如果$(a1)的值是 a，那么$(sources)的值就是 a.c b.c c.c；如果$(a1)的值是 1，那么$(sources)的值就是 1.c 2.c 3.c。

再来看一个这种技术和函数与条件语句一同使用的例子：

```
ifdef do_sort
    func := sort
else
    func := strip
endif
bar := a d b g q c
foo := $($(func) $(bar))
```

上例中，如果定义了 do_sort，那么 foo := $(sort a d b g q c)，于是$(foo)的值就是 a b c d g q；如果没有定义 do_sort，那么 foo := $(sort a d b g q c)，调用的就是 strip()函数。

当然，“把变量的值再当成变量”这种技术，同样可以用在操作符的左边，例如：

```
dir = foo
$(dir)_sources := $(wildcard $(dir)/*.c)
define $(dir)_print
    lpr $($(dir)_sources)
endef
```

这个例子中定义了 dir、foo_sources 和 foo_print 3 个变量。

13.4.4 追加变量值

可以使用“+=”操作符为变量追加值，例如：

```
objects = main.o foo.o bar.o utils.o
objects += another.o
```

于是，$(objects)值变成 main.o foo.o bar.o utils.o another.o（another.o 被追加进去）。

使用“+=”操作符可以模拟为下面的例子：

```
objects = main.o foo.o bar.o utils.o
objects := $(objects) another.o
```

所不同的是，用“+=”更为简洁。

如果变量之前没有定义过，那么“+=”会自动变成“=”；如果前面有变量定义，那么“+=”会继承于前次操作的赋值符；如果前一次的是“:=”，那么“+=”会以“:=”作为其赋值符，例如：

```
variable := value
variable += more
```

等价于：

```
variable := value
variable := $(variable) more
```

但如果是这种情况：

```
variable = value
variable += more
```

由于前次的赋值符是“=”，所以“+=”也会以“=”作为赋值，那么就会发生变量的递补归定义。这是很不好的，但是不必担心，make 会自动解决这个问题。

13.4.5 override 指示符

如果有变量是通过 make 的命令行参数设置的，那么 Makefile 中对这个变量的赋值会被忽略。如果想在 Makefile 中设置这类参数的值，那么可以使用 override 指示符。其语法结构如下：

```
override <变量名> = <值>
override <变量名>: = <值>
```

当然还可以追加，例如：

```
override <变量名> += <值>
```

对于多行的变量定义，可以用 define 指示符。在 define 指示符前，也同样可以使用 override 指示符，例如：

```
override define foo
bar
endef
```

13.4.6　多行变量

还有一种设置变量值的方法是使用 define 关键字。使用 define 关键字设置变量的值可以有换行，这有利于定义一系列的命令（前面讲过“命令包”的技术就是利用这个关键字）。

define 指示符后面跟的是变量的名字，而另起一行定义变量的值，定义是以 endef 关键字结束。其工作方式和“=”操作符一样。变量的值可以包含函数、命令、文字，或是其他变量。因为命令需要以 Tab 键开头，所以如果用 define 定义的命令变量中没有以 Tab 键开头，那么 make 就不会把它认为是命令。

下面的这个示例展示了 define 的用法：

```
define two-lines
echo foo
echo $(bar)
endef
```

13.4.7　环境变量

make 运行时的系统环境变量可以在 make 开始运行时被载入到 Makefile 文件中，但是如果 Makefile 中已定义了这个变量，或是这个变量由 make 命令行带入，那么系统的环境变量的值将被覆盖（如果 make 指定了-e 参数，那么系统环境变量将覆盖 Makefile 中定义的变量）。

因此，如果在环境变量中设置了 CFLAGS 环境变量，就可以在所有的 Makefile 中使用这个变量，这对于使用统一的编译参数有较大的好处。如果 Makefile 中定义了 CFLAGS，就会使用 Makefile 中的这个变量；如果没有定义，则使用系统环境变量的值。一个共性和个性的统一，这很像“全局变量”和“局部变量”的特性。

当 make 嵌套调用时，上层 Makefile 中定义的变量会以系统环境变量的方式传递到下层的 Makefile 中。当然，默认情况下，只有通过命令行设置的变量会被传递，而定义在文件中的变量，如果要向下层 Makefile 传递，则需要使用 export 关键字来声明。

当然，并不推荐把许多变量都定义在系统环境中，这样在执行不同的 Makefile 时，拥有的是同一套系统变量，这可能带来更多的麻烦。

13.4.8　目标变量

前面所讲的在 Makefile 中定义的变量都是“全局变量”，在整个文件中都可以访问这些变量。当然，“自动化变量”除外，如$<等这种变量的自动化变量就属于“规则型变量”，这种变量的值依赖于规则的目标和依赖目标的定义。

当然，同样可以为某个目标设置局部变量，这种变量被称为 Target-specific Variable，它可以和“全局变量”同名，因为它的作用范围只在这条规则以及连带规则中，所以它的值也只在作用范围内有效，而不会影响规则链以外的全局变量的值。其语法结构如下：

```
<作用目标 ...> : <变量分配>
<作用目标...> : override <变量分配>
```

<变量分配>可以是前面讲过的各种赋值表达式，如“=”“:=”“+=”“？=”。第二个语法是针对于 make 命令行带入的变量，或者系统环境变量。

这个特性非常有用，当设置这样一个变量后，它会作用到由这个目标所引发的所有规则中去，例如：

```
prog : CFLAGS = -g
prog : prog.o foo.o bar.o
        $(CC) $(CFLAGS) prog.o foo.o bar.o
prog.o : prog.c
        $(CC) $(CFLAGS) prog.c
foo.o : foo.c
        $(CC) $(CFLAGS) foo.c
bar.o : bar.c
      $(CC) $(CFLAGS) bar.c
```

上例中，不管全局的$(CFLAGS)的值是什么，在 prog 目标及其所引发的所有规则中（prog.o foo.o bar.o 的规则），$(CFLAGS)的值都是-g。

13.4.9 模式变量

在 GNU 的 make 中，还支持模式变量。通过上面的目标变量可知，变量可以定义在某个目标上。模式变量的好处就是可以给定一种“模式”，把变量定义在符合这种模式的所有目标上。

众所周知，make 的“模式”一般至少含有一个“%”，所以可以用如下方式给所有以.o 结尾的目标定义成目标变量：

```
%.o : CFLAGS = -O
```

模式变量的语法结构和“目标变量”一样，即：

```
<作用目标 ...> : <变量分配>
<作用目标...> : override <变量分配>
```

override 同样是针对系统环境传入的变量或者 make 命令行指定的变量。

视频讲解

13.5 条件判断

使用条件判断，可以让 make 根据运行时的不同情况选择不同的执行分支。条件表达式可以是比较变量的值，或是比较变量和常量的值。

13.5.1　示例

下面的例子判断$(CC)变量是否是 gcc，如果是，则使用 GNU 函数编译目标。

```
libs_for_gcc = -lgnu
normal_libs =
foo: $(objects)
ifeq ($(CC),gcc)
        $(CC) -o foo $(objects) $(libs_for_gcc)
else
        $(CC) -o foo $(objects) $(normal_libs)
endif
```

可见，在上面示例的这个规则中，目标 foo 可以根据变量$(CC)的值选取不同的函数库来编译程序。

可以从上面的示例中看到 3 个关键字：ifeq、else 和 endif。ifeq 表示条件语句的开始，并指定一个条件表达式，表达式包含两个参数，以逗号分隔，表达式以圆括号括起。else 表示条件表达式为假的情况。endif 表示一个条件语句的结束，任何一个条件表达式都应该以 endif 结束。

当变量$(CC)的值是 gcc 时，目标 foo 的规则是：

```
foo: $(objects)
        $(CC) -o foo $(objects) $(libs_for_gcc)
```

而当变量$(CC)的值不是 gcc 时（如 cc），目标 foo 的规则是：

```
foo: $(objects)
       $(CC) -o foo $(objects) $(normal_libs)
```

当然，还可以把上面的例子写得更简洁一些，例如：

```
libs_for_gcc = -lgnu
normal_libs =
ifeq ($(CC),gcc)
  libs=$(libs_for_gcc)
else
  libs=$(normal_libs)
endif
foo: $(objects)
        $(CC) -o foo $(objects) $(libs)
```

13.5.2　语法

条件表达式的语法为：

```
<条件关键字>
    <条件为真时的执行语句>
endif
```

以及

```
<条件关键字>
    <条件为真时的执行语句>
else
    <条件为假时的执行语句>
endif
```

其中<条件关键字>一共有 4 个。

第一个是前面所见过的 ifeq，语法是：

```
ifeq (<参数 1>, <参数 2>)
ifeq '<参数 1>' '<参数 2>'
ifeq "<参数 1>" "<参数 2>"
ifeq "<参数 1>" '<参数 2>'
ifeq '<参数 1>' "<参数 2>"
```

比较参数<参数 1>和<参数 2>的值是否相同。当然，参数中还可以使用 make 的函数，例如：

```
ifeq ($(strip $(foo)),)
    <执行语句>
endif
```

这个示例中使用了 strip 函数，如果这个函数的返回值是空（Empty），那么<执行语句>就会执行。

第二个条件关键字是 ifneq，语法是：

```
ifneq (<参数 1>, <参数 2>)
ifneq '<参数 1>' '<参数 2>'
ifneq "<参数 1>" "<参数 2>"
ifneq "<参数 1>" '<参数 2>'
ifneq '<参数 1>' "<参数 2>"
```

其比较参数<参数 1>和<参数 2>的值是否相同，如果不同，则为真。这与 ifeq 类似。

第 3 个条件关键字是 ifdef，语法是：

```
ifdef <变量名>
```

如果<变量名>的值非空，那么表达式为真；否则，表达式为假。当然，<变量名>同样可以是一个函数的返回值。其中，ifdef 只是测试一个变量是否有值，它并不会把变量扩展到当前位置，例如：

示例一

```
bar =
foo = $(bar)
ifdef foo
    frobozz = yes
else
    frobozz = no
endif
```

示例二

```
foo =
ifdef foo
    frobozz = yes
else
    frobozz = no
endif
```

第一个例子中，$(frobozz)值是 yes，第二个则是 no。

第 4 个条件关键字是 ifndef，其语法是：

```
ifndef <变量名>
```

这个就不多说了，与 ifdef 是相反的意思。

在<条件关键字>这一行上，多余的空格是被允许的，但是不能以 Tab 键作为开始（不然就被认为是命令）。而注释符“#”同样也是安全的。else 和 endif 也一样，只要不是以 Tab 键开始就行。

特别注意的是，make 在读取 Makefile 时就计算条件表达式的值，并根据条件表达式的值来选择语句，所以最好不要把自动化变量（如$@等）放入条件表达式中，因为自动化变量是在运行时才有的。而且为了避免混乱，make 不允许把整个条件语句分成两部分放在不同的文件中。

13.6　基本函数的使用

视频讲解

在 Makefile 中，可以使用函数来处理变量，从而让命令或是规则更为灵活和智能。make 所支持的函数也不算很多，不过已经足够满足用户的操作需求。函数调用后，函数的返回值可以当作变量来使用。

13.6.1　函数的调用语法

函数调用很像变量的使用，也是以$来标识的，其语法如下：

```
$(函数名 参数集合)
```

或是

```
${函数名 参数集合}
```

注意，括号不括在参数上，而是函数名和参数都在括号内。make 支持的函数不多。参数集合是函数的多个参数，参数间以逗号“,”分隔，而函数名和参数之间以“空格”分隔。函数调用以“$”开头，以圆括号或花括号把函数名和参数括起。感觉很像一个变量，是不是？函数中的参数可以使用变量，为了风格的统一，函数和变量的括号最好一样，如使用$(subst a,b,$(x))这样的形式，而不是$(subst a,b,${x})的形式。因为统一会更清楚，也会减少一些不必要的麻烦。

【例 13.6】 函数的调用。（**实例位置：资源包\TM\sl\13\6**）

程序的代码如下：

```
comma:= ,
empty:=
space:= $(empty) $(empty)
foo:= a b c
bar:= $(subst $(space),$(comma),$(foo))
all:
	@echo $(bar)
```

运行效果如图 13.9 所示。

图 13.9 函数的调用

在这个实例中，$(comma)的值是一个逗号。$(space)使用$(empty)定义了一个空格，$(foo)的值是“a b c”，$(bar)的定义调用了函数 subst()。这是一个替换函数，这个函数有 3 个参数，第一个参数是被替换字符串，第二个参数是替换字符串，第 3 个参数是替换操作作用的字符串。这个函数也就是把$(foo)中的空格替换成逗号，所以$(bar)的值是“a,b,c”。

13.6.2 字符串处理函数

1．$(subst <from>,<to>,<text>)

名称：字符串替换函数—— subst()。

功能：把字符串<text>中的<from>字符串替换成<to>。

返回：函数返回被替换过后的字符串。

示例：

```
$(subst ee,EE,feet on the street),
```

把 feet on the street 中的 ee 替换成 EE，返回结果是 fEEt on the strEEt。

2．$(patsubst <pattern>,<replacement>,<text>)

名称：模式字符串替换函数—— patsubst()。

功能：查找<text>中的单词（单词以“空格”、Tab 或“回车”“换行”分隔）是否符合模式<pattern>，如果匹配，则以<replacement>替换。在这里，<pattern>可以包括通配符“%”，表示任意长度的字符串。如果<replacement>中也包含“%”，那么<replacement>中的这个“%”将是<pattern>中的那个“%”所代表的字符串（可以用“\”来转义，以“\%”来表示真实含义的“%”字符）。

返回：函数返回被替换过后的字符串。

示例：

```
$(patsubst %.c,%.o,x.c.c bar.c)
```

把字符串“x.c.c bar.c”符合模式“%.c”的单词替换成“%.o”，返回的结果是“x.c.o bar.o”。

备注：

这与 13.4 节讲过的相关知识有点相似，例如，$(var:<pattern>=<replacement>相当于$(patsubst <pattern>,<replacement>,$(var))，而$(var: <suffix>=<replacement>则相当于$(patsubst % <suffix>, %<replacement>,$(var))。例如，如果 objects = foo.o bar.o baz.o，那么，$(objects:.o=.c)和$(patsubst %.o,%.c, $(objects))是一样的。

3．$(strip <string>)

名称：去空格函数—— strip()。

功能：去掉<string>字符串中开头和结尾的空字符。

返回：返回被去掉空格的字符串值。

示例：

```
$(strip a b c )
```

把字符串“ a b c ”去掉开头和结尾的空格，结果是“a b c”。

4．$(findstring <find>,<in>)

名称：查找字符串函数—— findstring()。

功能：在字符串<in>中查找<find>字符串。

返回：如果找到，则返回<find>；否则，返回空字符串。

示例：

```
$(findstring a,a b c)
$(findstring a,b c)
```

第一个函数返回“a”字符串，第二个函数返回“”字符串（空字符串）。

5．$(filter <pattern...>,<text>)

名称：过滤函数—— filter()。

功能：以<pattern>模式过滤<text>字符串中的单词，保留符合模式<pattern>的单词，可以有多个模式。

返回：返回符合模式<pattern>的字符串。

【例 13.7】　filter()函数的使用。（**实例位置：资源包\TM\sl\13\7**）

程序的代码如下：

```
sources := foo.c bar.c baz.s ugh.h
all:
	@echo $(filter %.c %.s,$(sources))

#以上代码用于显示，以下代码用于编译
#foo: $(sources)
#	cc $(filter %.c %.s,$(sources)) -o foo
```

运行效果如图 13.10 所示。

图 13.10 filter()函数的使用

6．$(filter-out <pattern...>,<text>)

名称：反过滤函数—— filter-out()。

功能：以<pattern>模式过滤<text>字符串中的单词，去除符合模式<pattern>的单词，可以有多个模式。

返回：返回不符合模式<pattern>的字符串。

示例：

```
objects=main1.o foo.o main2.o bar.o
mains=main1.o main2.o
        $(filter-out $(mains),$(objects))
```

返回值是 foo.o bar.o。

7．$(sort <list>)

名称：排序函数—— sort()。

功能：给字符串<list>中的单词排序（升序）。

返回：返回排序后的字符串。

示例：

```
$(sort foo bar lose)
```

返回 bar foo lose。

备注：sort()函数会去掉<list>中相同的单词。

8．$(word <n>,<text>)

名称：取单词函数—— word()。

功能：取字符串<text>中第<n>个单词。（从 1 开始）

返回：返回字符串<text>中第<n>个单词。如果<n>比<text>中的单词数要大，则返回空字符串。

示例：

```
$(word 2, foo bar baz)
```

返回值是 bar。

9．$(wordlist <s>,<e>,<text>)

名称：取单词串函数—— wordlist()。

功能：从字符串<text>中取从<s>开始到<e>的单词串。<s>和<e>是一个数字。

返回：返回字符串<text>中从<s>到<e>的单词字符串。如果<s>比<text>中的单词数要大，则返回空字符串。如果<e>大于<text>的单词数，则返回从<s>开始到<text>结束的单词字符串。

示例：

```
$(wordlist 2, 3, foo bar baz)
```

返回值是 bar baz。

10. $(words <text>)

名称：单词个数统计函数—— words()。

功能：统计<text>中字符串中的单词个数。

返回：返回<text>中的单词数。

示例：

```
$(words, foo bar baz)
```

返回值是 3。

备注：如果要取<text>中的最后一个单词，则可以写成$(word $(words <text>,<text>))。

11. $(firstword <text>)

名称：首单词函数—— firstword()。

功能：取字符串<text>中的第一个单词。

返回：返回字符串<text>中的第一个单词。

示例：

```
$(firstword foo bar)
```

返回值是 foo。

备注：这个函数可以用 word()函数来实现，如$(word 1,<text>)。

以上是所有的字符串操作函数，如果搭配混合使用，可以完成比较复杂的功能。接下来举一个现实中应用的例子，众所周知，make 使用 VPATH 变量来指定“依赖文件”的搜索路径。于是，就可以利用这个变量来指定编译器对头文件的搜索路径参数 CFLAGS，例如：

```
override CFLAGS += $(patsubst %,-I%,$(subst :, ,$(VPATH)))
```

如果$(VPATH)值是 src:../headers，那么$(patsubst%,-I%,$(subst:,,$(VPATH)))将返回-Isrc -I../headers，这正是 cc 或 gcc 搜索头文件路径的参数。

13.6.3 文件名操作函数

下面要介绍的函数主要是处理文件名的，每个函数的参数字符串都会被当作一个或是一系列的文件名来对待。

1．$(dir <names...>)

名称：取目录函数——dir()。

功能：从文件名序列<names>中取出目录部分。目录部分是指最后一个反斜杠（“/”）之前的部分。如果没有反斜杠，则返回“./”。

返回：返回文件名序列<names>的目录部分。

示例：

```
$(dir src/foo.c hacks)
```

返回值是“src/ ./”。

2．$(notdir <names...>)

名称：取文件函数——notdir()。

功能：从文件名序列<names>中取出非目录部分。非目录部分是指最后一个反斜杠（“/”）之后的部分。

返回：返回文件名序列<names>的非目录部分。

示例：

```
$(notdir src/foo.c hacks)
```

返回值是“foo.c hacks”。

3．$(suffix <names...>)

名称：取后缀函数——suffix()。

功能：从文件名序列<names>中取出各个文件名的后缀。

返回：返回文件名序列<names>的后缀序列，如果文件没有后缀，则返回空字符串。

示例：

```
$(suffix src/foo.c src-1.0/bar.c hacks)
```

返回值是“.c .c”。

4．$(basename <names...>)

名称：取前缀函数——basename()。

功能：从文件名序列<names>中取出各个文件名的前缀部分。

返回：返回文件名序列<names>的前缀序列，如果文件没有前缀，则返回空字符串。

示例：

```
$(basename src/foo.c src-1.0/bar.c hacks)
```

返回值是“src/foo src-1.0/bar hacks”。

5．$(addsuffix <suffix>,<names...>)

名称：加后缀函数——addsuffix()。

功能：把后缀<suffix>加到<names>中的每个单词后面。
返回：返回加过后缀的文件名序列。
示例：

```
$(addsuffix .c,foo bar)
```

返回值是“foo.c bar.c”。

6. $(addprefix <prefix>,<names...>)

名称：加前缀函数—— addprefix()。
功能：把前缀<prefix>加到<names>中的每个单词后面。
返回：返回加过前缀的文件名序列。
示例：

```
$(addprefix src/,foo bar)
```

返回值是“src/foo src/bar”。

7. $(join <list1>,<list2>)

名称：连接函数—— join()。
功能：把<list2>中的单词对应地加到<list1>的单词后面。如果<list1>的单词个数比<list2>多，则<list1>中多出来的单词将保持原样。如果<list2>的单词个数比<list1>多，则<list2>多出来的单词将被复制到<list2>中。
返回：返回连接过后的字符串。
示例：

```
$(join aaa bbb , 111 222 333)
```

返回值是“aaa111 bbb222 333”。

13.6.4　foreach()函数

foreach()函数与其他函数不一样，因为这个函数是做循环用的。Makefile 中的 foreach()函数几乎是仿照 UNIX 标准 Shell（/bin/sh）中的 for 语句，或是 C-Shell（/bin/csh）中的 foreach 语句而构建的，它的语法如下：

```
$(foreach <var>,<list>,<text>)
```

这个函数的意思是，把参数<list>中的单词逐一取出放到参数<var>所指定的变量中，然后再执行<text>所包含的表达式。每一次<text>会返回一个字符串。循环过程中，<text>所返回的每个字符串会以空格分隔。最后，当整个循环结束时，<text>所返回的每个字符串所组成的整个字符串（以空格分隔）将会是 foreach()函数的返回值。

所以，<var>最好是一个变量名，<list>可以是一个表达式，而<text>中一般会使用<var>这个参数来依次枚举<list>中的单词。

【例 13.8】　foreach()函数的使用。（**实例位置：资源包\TM\sl\13\8**）

程序的代码如下：

```
names := a b c d
files := $(foreach n,$(names),$(n).o)
all:
	@echo $(files)
```

运行效果如图 13.11 所示。

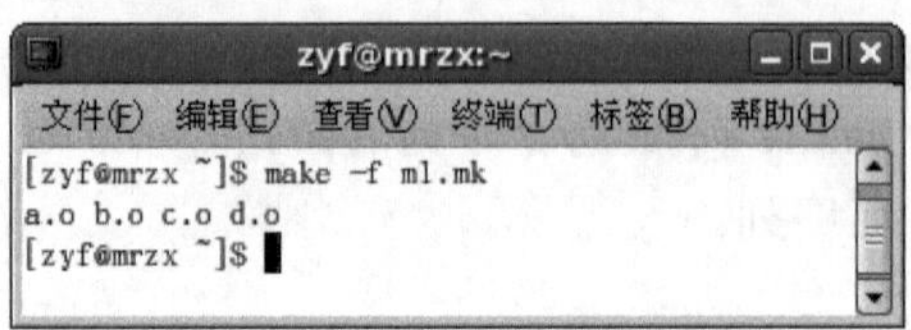

图 13.11　foreach()函数的使用

上面的实例中，$(name)中的单词会被逐个取出，并存到变量 n 中，$(n).o 每次根据$(n)计算出一个值，这些值以空格分隔，最后作为 foreach()函数的返回，所以，$(files)的值是“a.o b.o c.o d.o”。

foreach()中的<var>参数是一个临时的局部变量，foreach()函数执行完后，参数<var>的变量将不再有作用，其作用域只在 foreach()函数当中。

13.6.5　if()函数

if()函数很像 GNU 的 make 所支持的条件语句—— ifeq（参见 13.5 节），其语法是：

```
$(if <condition>,<then-part>)
```

或是

```
$(if <condition>,<then-part>,<else-part>)
```

可见，if()函数可以包含 else 部分，或是不包含。即 if()函数的参数可以是两个，也可以是 3 个。<condition>参数是 if 的表达式，如果其返回为非空字符串，那么这个表达式就相当于返回真，于是，<then-part>会被计算，否则<else-part>会被计算。

而 if()函数的返回值是如果<condition>为真（非空字符串），那么<then-part>会是整个函数的返回值；如果<condition>为假（空字符串），那么<else-part>会是整个函数的返回值；如果<else-part>没有被定义，那么整个函数返回空字符串。

所以，<then-part>和<else-part>只会有一个被计算。

13.6.6　call()函数

call()函数是唯一一个可以用来创建新的参数化的函数。你可以写一个非常复杂的表达式，这个表达式中可以定义许多参数，然后用 call()函数来向这个表达式传递参数。其语法是：

```
$(call <expression>,<parm1>,<parm2>,<parm3>...)
```

当 make 执行这个函数时，<expression>参数中的变量（如$(1)、$(2)、$(3)等）会被参数<parm1>、<parm2>、<parm3>依次取代，而<expression>的返回值就是 call()函数的返回值，例如：

```
reverse =  $(1) $(2)
foo = $(call reverse,a,b)
```

那么，foo 的值就是“a b”。当然，参数的次序是可以自定义的，不一定是顺序的，例如：

```
reverse =  $(2) $(1)
foo = $(call reverse,a,b)
```

此时，foo 的值就是“b a”。

13.6.7　origin()函数

origin()函数不像其他函数，它并不操作变量的值，只是告诉用户这个变量是哪里来的。其语法是：

```
$(origin <variable>)
```

其中，<variable>是变量的名字，不应该是引用，所以最好不要在<variable>中使用“$”字符。origin()函数会以其返回值来告诉用户这个变量的“出生情况”。表 13.2 是 origin()函数的返回值。

表 13.2　origin()函数的返回值

值	说　明
undefined	如果<variable>从来没有定义过，origin()函数返回 undefined
default	如果<variable>是一个默认的定义，如 CC 这个变量，这种变量将在后面讲述
environment	如果<variable>是一个环境变量，并且当 Makefile 被执行时，-e 参数没有被打开
file	如果<variable>这个变量被定义在 Makefile 中
command line	如果<variable>这个变量是被命令行定义的
override	如果<variable>是被 override 指示符重新定义的
automatic	如果<variable>是一个命令运行中的自动化变量。关于自动化变量将在后面讲述

这些信息对于编写 Makefile 是非常有用的。例如，假设有一个 Makefile，它包含一个定义文件 Make.def，在 Make.def 中定义了一个变量 bletch，而环境中也有一个环境变量 bletch，此时判断一下，如果变量来源于环境，那么就把它重定义；如果来源于 Make.def 或是命令行等非环境，那么就不重新定义它。于是，在 Makefile 中，可以这样写：

```
ifdef bletch
      ifeq $(origin bletch) environment
           bletch = barf, gag, etc.
      endif
endif
```

当然，读者也许会说，使用 override 关键字不就可以重新定义环境中的变量了吗？为什么需要使

用这样的步骤？是的，使用 override 是可以达到这样的效果，可是 override 过于粗暴，它同时会把从命令行定义的变量覆盖，我们只想重新定义环境传来的变量，而不想重新定义命令行传来的变量。

13.6.8 shell()函数

shell()函数也不像其他函数。顾名思义，它的参数应该就是操作系统 Shell 的命令。它和反引号`具有相同的功能。这就是说，shell()函数把执行操作系统命令后的输出作为函数返回。于是，可以用操作系统命令以及字符串处理命令 awk、sed 等来生成一个变量，例如：

```
contents := $(shell cat foo)
files := $(shell echo *.c)
```

这个函数会新生成一个 Shell 程序来执行命令，所以要注意其运行性能，如果 Makefile 中有一些比较复杂的规则，并大量使用了这个函数，那么对于系统性能是有害的。特别是 Makefile 的隐含规则，可能会让 shell()函数执行的次数比想象的多得多。

13.6.9 控制 make 的函数

make 提供了一些函数来控制 make 的运行。通常，需要检测运行 Makefile 时的一些信息，并且根据这些信息来决定是否让 make 继续执行。

```
$(error <text ...>)
```

产生一个致命的错误，<text ...>是错误信息。注意，error()函数不会在一被使用时就产生错误信息，所以把其定义在某个变量中，并在后续的脚本中使用这个变量也是可以的，例如：

示例一

```
fdef ERROR_001
    $(error error is $(ERROR_001))
endif
```

示例二

```
ERR = $(error found an error!)
.PHONY: err
err: ; $(ERR)
```

示例一会在变量 ERROR_001 定义后执行时产生 error 调用，而示例二则在目录 err 被执行时才产生 error 调用。

```
$(warning <text ...>)
```

这个函数很像 error()函数，只是它并不会让 make 退出，而是输出一段警告信息，且 make 继续执行。

13.7　make 的运行

make 的运行一般来说，最简单的就是直接在命令行下输入 make 命令，make 命令会寻找当前目录的 Makefile 来执行，一切都是自动的。但有时也许只想让 make 重编译某些文件，而不是整个工程；或者存在几套编译规则，想根据不同的情况使用不同的编译规则等。本节就是讲述如何使用 make 命令的。

13.7.1　make 的退出码

make 命令执行后有 3 个退出码：

☑ 0—— 表示成功执行。

☑ 1—— 如果 make 运行时出现任何错误，则返回 1。

☑ 2—— 如果使用了 make 的-q 选项，并且 make 使得一些目标不需要更新，则返回 2。

13.7.2　指定 Makefile

前面已经介绍，GNU make 寻找默认的 Makefile 的规则是在当前目录下依次找 3 个文件，即 GNUmakefile、makefile 和 Makefile。一旦找到，就开始读取这个文件并执行。

当前，也可以给 make 命令指定一个特殊名字的 Makefile。要达到这个目的，就要使用 make 的-f 或是--file 参数（--makefile 参数也行）。例如，有个 Makefile 的名字是 hchen.mk，那么，就可以这样来让 make 执行这个文件：

```
make –f hchen.mk
```

如果在 make 的命令中不止一次地使用-f 参数，那么所有指定的 Makefile 将会被连在一起传递给 make 执行。

13.7.3　指定目标

一般来说，make 的最终目标是 Makefile 中的第一个目标，而其他目标一般是由这个目标连带出来的，这是 make 的默认行为。当然，一般来说，用户的 Makefile 中的第一个目标是由许多个目标组成的，可以指示 make，让其完成所指定的目标。要达到这一目的很简单，只需在 make 命令后直接跟目标的名字就可以完成（如前面提到的 make clean 形式）。

任何在 Makefile 中的目标都可以被指定成终极目标，但是以-开头，或是包含了=的目标除外，因为有这些字符的目标会被解析成命令行参数或是变量。甚至没有被明确写出来的目标也可以成为 make 的终极目标。也就是说，只要 make 可以找到其隐含规则并推导规则，那么这个隐含目标同样可以被指定成终极目标。

有一个 make 的环境变量叫 MAKECMDGOALS，这个变量中会存放所指定的终极目标的列表，如果在命令行上没有指定目标，那么这个变量是空值。这个变量可以在一些比较特殊的情形下使用，例如：

```
sources = foo.c bar.c
ifneq ( $(MAKECMDGOALS),clean)
include $(sources:.c=.d)
endif
```

基于上面的这个例子，只要输入的命令不是 make clean，Makefile 就会自动包含 foo.d 和 bar.d 这两个 Makefile。

使用指定终极目标的方法可以很方便地编译程序，例如：

```
.PHONY: all
all: prog1 prog2 prog3 prog4
```

从这个例子中可以看到，这个 Makefile 中有 4 个需要编译的程序，即 prog1、prog2、prog3 和 prog4，可以使用 make all 命令来编译所有的目标（如果把 all 置成第一个目标，那么只需执行 make），也可以使用 make prog2 来单独编译目标 prog2。

既然 make 可以指定所有 Makefile 中的目标，那么也包括伪目标，可以根据这种性质来让 Makefile 根据指定的不同的目标来完成不同的工作。在 Linux 世界中，软件发布时，特别是 GNU 这种开源软件的发布时，其 Makefile 都包含了编译、安装、打包等功能。可以参照这种规则来书写 Makefile 中的目标。表 13.3 是 make 的常用伪目标。

表 13.3　make 常用伪目标

目　　标	说　　明
all	该伪目标是所有目标的目标，其功能一般是编译所有的目标
clean	该伪目标功能是删除所有被 make 创建的文件
install	该伪目标功能是安装已编译好的程序，其实就是把目标执行文件复制到指定的目标中去
print	该伪目标的功能是列出改变过的源文件
tar	该伪目标功能是把源程序打包备份，也就是一个 tar 文件
dist	该伪目标功能是创建一个压缩文件，一般是把 tar 文件压缩成 Z 文件或是 gz 文件
TAGS	该伪目标功能是更新所有的目标，以备完整地重编译使用
check 和 test	这两个伪目标一般用来测试 Makefile 的流程

当然，一个项目的 Makefile 中也不一定要书写这样的目标，这些都是 GNU 的东西。但是，GNU 中存在的东西一定有其可取之处（等 UNIX 下的程序文件变多时就会发现这些功能很有用），这里只不过是说明如果要书写这种功能，最好使用这种名字命名目标，这样规范一些。而且，如果 Makefile 中有这些功能，一是很实用，二是可以显得 Makefile 很专业。

13.7.4　检查规则

有时不想让 Makefile 中的规则执行起来，而只是检查一下命令或是执行的序列，那么可以使用表 13.4 所示的 make 检查参数。

表 13.4　make 检查参数

参　　数	说　　明
-n --just-print --dry-run --recon	不执行参数，这些参数只是打印命令，不管目标是否更新，把规则和连带规则下的命令打印出来，但不执行，这些参数对于调试 Makefile 很有用处
-t --touch	这些参数的意思就是把目标文件的时间更新，但不更改目标文件。也就是说，make 假装编译目标，但不是真正地编译目标，只是把目标变成已编译过的状态
-q --question	这些参数的行为是找目标的意思，也就是说，如果目标存在，那么它什么也不会输出，当然也不会执行编译；如果目标不存在，则会打印出一条出错信息
-W <file> --what-if=<file> --assume-new=<file> --new-file=<file>	这些参数需要指定一个文件，一般是源文件（或依赖文件）。make 会根据规则推导来运行依赖于这个文件的命令，一般来说，可以和-n 参数一同使用，来查看这个依赖文件所发生的规则命令

另外一个很有意思的用法是，结合-p 和-v 来输出 Makefile 被执行时的信息（将在 13.7.5 节讲述）。

13.7.5　make 的参数

表 13.5 列举了所有 GNU make 的参数定义。其他版本和厂商的 make 大同小异，不过其他厂商的 make 的具体参数还是请参考各自的产品文档。

表 13.5　make 参数定义

参　　数	说　　明
-b -m	这两个参数的作用是忽略和其他版本 make 的兼容性
-B --always-make	认为所有的目标都需要更新（重编译）
-C <dir> --directory=<dir>	指定读取 Makefile 的目录。如果有多个-C 参数，make 的解释是后面的路径以前面的作为相对路径，并以最后的目录作为被指定目录。例如，make－C ~hchen/test －C prog 等价于 make－C ~hchen/test/prog
—debug[=<options>]	输出 make 的调试信息。它有几种不同的级别可供选择，如果没有参数，那么就输出最简单的调试信息。下面是<options>的取值： a —— 也就是 all，输出所有的调试信息（会非常多）

续表

参　　数	说　　明
	b —— 也就是 basic，只输出简单的调试信息，即输出不需要重编译的目标 v —— 也就是 verbose，在 b 选项的级别之上。输出的信息包括哪个 makefile 被解析，不需要被重编译的依赖文件（或是依赖目标）等 i —— 也就是 implicit，输出所有的隐含规则 j —— 也就是 jobs，输出执行规则中命令的详细信息，如命令的 PID、返回码等 m —— 也就是 makefile，输出 make 读取 Makefile、更新 Makefile、执行 Makefile 的信息
-d	相当于--debug=a
-e --environment-overrides	指明环境变量的值覆盖 Makefile 中定义的变量的值
-f=<file> --file=<file> --makefile=<file>	指定需要执行的 Makefile
-h --help	显示帮助信息
-i --ignore-errors	在执行时忽略所有的错误
-j [<jobsnum>] --jobs[=<jobsnum>]	指同时运行命令的个数。如果没有这个参数，make 运行命令时能运行多少就运行多少。如果有一个以上的-j 参数，那么仅最后一个-j 才是有效的（注意这个参数在 MS-DOS 中是无效的）
-k --keep-going	出错也不停止运行。如果生成的一个目标失败了，那么依赖于其上的目标就不会被执行
-l <load> --load-average[=<load] —max-load[=<load>]	指定 make 运行命令的负载
-n --just-print --dry-run --recon	仅输出执行过程中的命令序列，但并不执行
-o <file> --old-file=<file> --assume-old=<file>	不重新生成的指定的<file>，即使这个目标的依赖文件新于它
-p --print-data-base	输出 Makefile 中的所有数据，包括所有的规则和变量。这个参数会让一个简单的 Makefile 输出一堆信息。如果只是想输出信息而不想执行 Makefile，可以使用 make -qp 命令。如果想查看执行 Makefile 前的预设变量和规则，可以使用 make – p – f /dev/null。这个参数输出的信息会包含 Makefile 文件的文件名和行号，所以用这个参数来调试 Makefile 是很有用的，特别是当环境变量很复杂时
-q --question	不运行命令，也不输出。仅是检查所指定的目标是否需要更新。如果是 0 则说明要更新，如果是 2 则说明有错误发生

续表

参　数	说　明
-r --no-builtin-rules	禁止 make 使用任何隐含规则
-R --no-builtin-variables	禁止 make 使用任何作用于变量的隐含规则
-s --silent --quiet	在命令运行时不输出命令的输出
-S --no-keep-going --stop	取消-k 选项的作用。因为有些时候，make 的选项是从环境变量 MAKEFLAGS 中继承下来的。所以可以在命令行中使用这个参数来让环境变量中的-k 选项失效
-t --touch	相当于 UNIX 的 touch 命令，只是把目标的修改日期变成最新的，也就是阻止生成目标的命令运行
-v --version	输出 make 程序的版本、版权等关于 make 的信息
-w --print-directory	输出运行 Makefile 之前和之后的信息。这个参数对于跟踪嵌套式调用 make 很有用
--no-print-directory	禁止-w 选项
-W <file> --what-if=<file> --new-file=<file> --assume-file=<file>	假定目标<file>需要更新，如果和-n 选项同时使用，那么这个参数会输出该目标更新时的运行动作。如果没有-n，那么就像运行 UNIX 的 touch 命令一样，使得<file>的修改时间改为当前时间
--warn-undefined-variables	只要 make 发现有未定义的变量，那么就输出警告信息

13.8　隐含规则

在使用 Makefile 时，有一些会经常使用，而且使用频率非常高的规则。例如，编译 C/C++的源程序为中间目标文件（Linux 下是.o 文件，Windows 下是.obj 文件）。本节讲述的就是一些在 Makefile 中隐含的、早先约定了的、不需要再写出来的规则。

隐含规则也就是一种惯例，make 会按照这种惯例心照不宣地来运行，哪怕 Makefile 中没有书写这样的规则。例如，把.c 文件编译成.o 文件这一规则，用户根本就不用写出来，make 会自动推导出这种规则，并生成需要的.o 文件。

隐含规则会使用一些系统变量，可以改变这些系统变量的值来定制隐含规则的运行时参数，如系统变量 CFLAGS 可以控制编译时的编译器参数。

还可以通过模式规则的方式写下自己的隐含规则。用后缀规则来定义隐含规则会有许多的限制。

使用模式规则会显得智能和清楚，但后缀规则可以用来保证 Makefile 的兼容性。

了解隐含规则，可以让其为我们更好地服务，也会让我们知道一些约定俗成的东西，而不至于在运行 Makefile 时出现一些莫名其妙的东西。当然，任何事物都有其两面性，水能载舟，亦能覆舟，所以，有时隐含规则也会给我们造成不小的麻烦。只有了解它，才能更好地使用它。

13.8.1 使用隐含规则

如果要使用隐含规则生成需要的目标，所需要做的就是不要写出这个目标的规则，make 会试图自动推导产生这个目标的规则和命令。如果 make 可以自动推导生成这个目标的规则和命令，那么这个行为就是隐含规则的自动推导。当然，隐含规则是 make 事先约定好的一些东西。例如，有下面的一个 Makefile：

```
foo : foo.o bar.o
      cc –o foo foo.o bar.o $(CFLAGS) $(LDFLAGS)
```

可以注意到，这个 Makefile 中并没有写下如何生成 foo.o 和 bar.o 这两个目标的规则和命令，因为 make 的隐含规则功能会自动推导这两个目标的依赖目标和生成命令。

make 会在自己的隐含规则库中寻找可以用的规则，如果找到，那么就会使用；如果找不到，那么就会报错。在上面的那个例子中，make 调用的隐含规则是把.o 的目标的依赖文件置成.c，并使用 C 的编译命令 cc –c $(CFLAGS).c 来生成.o 的目标。也就是说，完全没有必要写下下面的两条规则：

```
foo.o : foo.c
      cc –c foo.c $(CFLAGS)
bar.o : bar.c
      cc –c bar.c $(CFLAGS)
```

因为这已经是约定好了的，make 和我们约定好了用 C 编译器 cc 命令生成.o 文件的规则，这就是隐含规则。

当然，如果为.o 文件书写了自己的规则，那么 make 就不会自动推导并调用隐含规则，它会按照我们写好的规则忠实地执行。

还有，在 make 的隐含规则库中，每一条隐含规则都在库中有其顺序，越靠前的则是越被经常使用的。所以，这会导致有时即使我们明显地指定了目标依赖，make 也不会管。例如下面这条规则（没有命令）：

```
foo.o : foo.p
```

依赖文件 foo.p（Pascal 程序的源文件）有可能变得没有意义。如果目录下存在 foo.c 文件，那么隐含规则一样会生效，并会通过 foo.c 调用 C 的编译器生成 foo.o 文件。因为在隐含规则中，Pascal 的规则出现在 C 的规则之后，所以 make 找到可以生成 foo.o 的 C 的规则就不再寻找下一条规则了。如果确实不希望任何隐含规则推导，那么就不要只写出依赖规则而不写命令。

13.8.2　隐含规则一览

这里将讲述所有预先设置（也就是 make 内建）的隐含规则。如果不明确地写下规则，那么，make 就会在这些规则中寻找所需要的规则和命令。当然也可以使用 make 的参数-r 或--no-builtin-rules 选项来取消所有的预设置的隐含规则。即使指定了-r 参数，某些隐含规则还是会生效的，因为有许多隐含规则都是使用后缀规则来定义的，所以只要隐含规则中有后缀列表（也就是系统定义在目标.SUFFIXES 的依赖目标），那么隐含规则就会生效。默认的后缀列表是：.out、.a、.ln、.o、.c、.cc、.C、.p、.f、.F、.r、.y、.l、.s、.S、.mod、.sym、.def、.h、.info、.dvi、.tex、.texinfo、.texi、.txinfo、.w、.ch、.web、.sh、.elc、.el。具体的细节会在后面讲述。

下面还是先来看一下常用的隐含规则。

（1）编译 C 程序的隐含规则

<文件名>.o 的目标的依赖目标会自动推导为<文件名>.c，并且其生成命令是$(CC) –c $(CPPFLAGS) $(CFLAGS)。

（2）编译 C++程序的隐含规则

<文件名>.o 的目标的依赖目标会自动推导为<文件名>.cc 或是<文件名>.C，并且其生成命令是$(CXX) –c $(CPPFLAGS) $(CFLAGS)。（建议使用.cc 作为 C++源文件的后缀，而不是.C）

（3）链接 Object 文件的隐含规则

<文件名>目标依赖于<文件名>.o，通过运行 C 的编译器来运行链接程序生成（一般是 ld），其生成命令是$(CC) $(LDFLAGS) <文件名>.o $(LOADLIBES) $(LDLIBS)。这个规则对于只有一个源文件的工程有效，同时也对多个 Object 文件（由不同的源文件生成）有效。

【例 13.9】　隐含规则。（**实例位置：资源包\TM\sl\13\9**）

程序的代码如下：

```
main:getdata.o putdata.o calc.o
```

并且 main.c、getdata.c、calc.c 和 putdata.c 都存在时，隐含规则将执行如下命令：

```
cc      -c -o getdata.o getdata.c
cc      -c -o putdata.o putdata.c
cc      -c -o calc.o calc.c
cc        main.c getdata.o putdata.o calc.o      -o main
```

运行效果如图 13.12 所示。

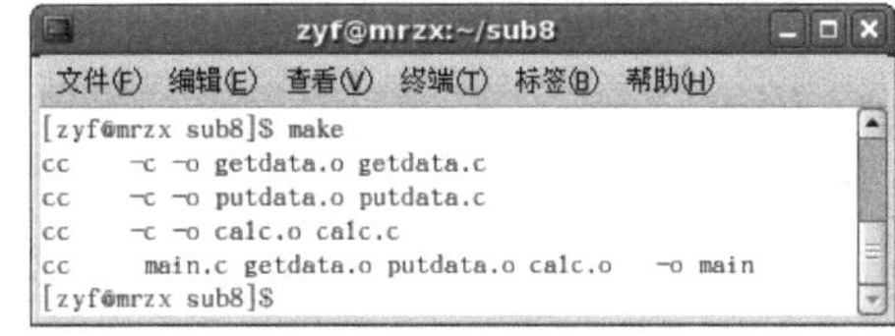

图 13.12　隐含规则

（4）Yacc C 程序的隐含规则

<文件名>.c 的依赖文件被自动推导为<文件名>.y（Yacc 生成的文件），其生成命令是 $(YACC) $(YFALGS)。（Yacc 是一个语法分析器，关于其细节请查看相关资料）

（5）Lex C 程序的隐含规则

<文件名>.c 的依赖文件被自动推导为<文件名>.l（Lex 生成的文件），其生成命令是$(LEX)

$(LFALGS)。（关于 Lex 的细节请查看相关资料）

（6）Lex Ratfor 程序的隐含规则

<文件名>.r 的依赖文件被自动推导为<文件名>.l（Lex 生成的文件），其生成命令是$(LEX) $(LFALGS)。

（7）从 C 程序、Yacc 文件或 Lex 文件创建 Lint 库的隐含规则

<文件名>.ln（Lint 生成的文件）的依赖文件被自动推导为<文件名>.c，其生成命令是$(LINT) $(LINTFALGS) $(CPPFLAGS) -i。对于<文件名>.y 和<文件名>.l 也是同样的规则。

13.8.3　隐含规则使用的变量

在隐含规则中的命令中，基本上都是使用了一些预先设置的变量。可以在 Makefile 中改变这些变量的值，或是在 make 的命令行中传入这些值，或是在环境变量中设置这些值。无论怎么样，只要设置了这些特定的变量，那么它就会对隐含规则起作用。当然，也可以利用 make 的-R 或--no-builtin-variables 参数来取消所定义的变量对隐含规则的作用。

例如，第一条隐含规则——编译 C 程序的隐含规则的命令是$(CC) -c $(CFLAGS) $(CPPFLAGS)。Make 默认的编译命令是 cc，如果把变量$(CC)重定义成 gcc，把变量$(CFLAGS)重定义成-g，那么，隐含规则中的命令全部会以 gcc -c -g $(CPPFLAGS)的样子来执行。

可以把隐含规则中使用的变量分成两种：一种是命令相关的，如 CC；另一种是参数相关的，如 CFLAGS。下面是所有隐含规则中会用到的变量。

1．关于命令的变量

命令变量及说明如表 13.6 所示。

表 13.6　关于命令的变量

变　量	说　明
AR	函数库打包程序。默认命令是 ar
AS	汇编语言编译程序。默认命令是 as
CC	C 语言编译程序。默认命令是 cc
CXX	C++语言编译程序。默认命令是 g++
CO	从 RCS 文件中扩展文件程序。默认命令是 co
CPP	C 程序的预处理器（输出是标准输出设备）。默认命令是$(CC)-E
GET	从 SCCS 文件中扩展文件的程序。默认命令是 get
LEX	Lex 方法分析器程序（针对 C 或 Ratfor）。默认命令是 lex
YACC	Yacc 文法分析器（针对 C 程序）。默认命令是 yacc
YACCR	Yacc 文法分析器（针对 Ratfor 程序）。默认命令是 yacc -r
MAKEINFO	转换 Texinfo 源文件（.texi）到 Info 文件程序。默认命令是 makeinfo
TEX	从 TeX 源文件创建 TeX DVI 文件的程序。默认命令是 tex
RM	删除文件命令。默认命令是 rm -f

2. 关于命令参数的变量

表 13.7 的这些变量都是相关命令的参数。如果没有指明默认值，那么它的默认值都为空。

表 13.7　关于命令参数的变量

变　量	说　明
ARFLAGS	函数库打包程序 AR 命令的参数。默认值是 rv
ASFLAGS	汇编语言编译器参数（当明显地调用.s 或.S 文件时）
CFLAGS	C 语言编译器参数
CXXFLAGS	C++语言编译器参数
CPPFLAGS	C 预处理器参数（C 和 Fortran 编译器也会用到）
GFLAGS	SCCS get 程序参数
LDFLAGS	链接器参数（如 ld）
LFLAGS	Lex 文法分析器参数
YFLAGS	Yacc 文法分析器参数

13.8.4　隐含规则链

有时一个文件可以由一系列隐含规则进行创建。例如，文件 N.o 的创建过程可以首先执行 yacc 由 N.y 生成文件 N.c，然后执行 cc 将 N.c 编译成为 N.o。我们把这样的一个系列称为一个链。

上例的执行过程有两种情况：

（1）如果文件 N.c 存在或者它在 Makefile 中被提及，那就不需要进行其他搜索。make 处理的过程是：首先，make 可以确定出 N.o 可由 N.c 创建；然后，make 试图使用隐含规则来重建 N.c。它会寻找 N.y 这个文件，如果 N.y 存在，则执行隐含规则来重建 N.c 这个文件。然后再由 N.c 重建 N.o，当不存在 N.y 文件时，直接编译 N.c 生成 N.o。

（2）文件 N.c 不存在也没有在 Makefile 中被提及时，只要存在 N.y 这个文件，那么 make 也会经过这两个步骤来完成重建 N.o（N.y → N.c → N.o）的动作。这种情况下，文件 N.c 作为一个中间的过程文件。make 过程中如果需要一个中间文件才能完成目标的重建，make 将会自动将这个中间文件加入到依赖关系链中（和 Makefile 中明确提及的目标作相同处理），并根据隐含规则来重建它。make 的中间过程文件和那些明确指定的文件在规则的使用上完全相同，但 make 在对待中间过程文件和普通文件时存在下列两点不同：

第一，中间文件不存在时，make 处理两者的方式不同。对于一个普通文件来说，因为 Makefile 中有明确地提及，此文件可能是作为一个目标的依赖，make 在执行它所在的规则前会试图重建它。但是对于中间文件，因为没有明确提及，make 不会去试图重建它，除非这个中间文件的依赖文件（上例第二种情况中的文件 N.y、N.c 是中间过程文件）被更新。

第二，如果 make 执行时需要用到一个中间过程文件，默认情况下，这个过程文件在 make 执行结束之后会被删除（make 会在删除中间过程文件时打印出执行的命令以显示哪些文件被删除），因此一个中间过程文件在执行完 make 之后就不再存在。

在 Makefile 中明确提及的所有文件都不会被作为中间过程文件来处理，这是默认动作。不过，可

以在 Makefile 中使用特殊目标.INTERMEDIATE 来声明哪些文件需要被作为中间过程文件来处理（这些文件作为目标.INTERMEDIATE 的依赖文件罗列），即使它们在 Makefile 中有明确被提及，这些作为特殊目标.INTERMEDIATE 依赖的文件在 make 执行结束之后也会被自动删除。

而另一方面，如果希望保留某些中间过程文件（它没有在 Makefile 中被提及），不希望 make 结束时自动删除，可以在 Makefile 中使用特殊目标.SECONDARY 来声明这些文件（这些文件将被作为 secondary 文件；需要保留的文件作为特殊目标.SECONDARY 的依赖文件罗列）。secondary 文件也同时被作为中间过程文件来对待。

需要保留中间过程文件还存在另外一种实现方式，例如，需要保留所有.o 的中间过程文件，可以将.o 文件的模式（%.o）作为特殊目标.PRECIOUS 的依赖，这样就可以实现保留所有的.o 中间过程文件。

一个链可以包含两个以上的隐含规则的调用。一个隐含规则在一个链只能出现一次，否则会出现像 foo 依赖 foo.o.o 甚至 foo.o.o.o.o…的不合逻辑的情况发生，因为如果允许同一个链多次调用同一隐含规则，会导致 make 进入到无限的循环中。

隐含规则链中的某些隐含规则，在某些情况会被优化处理，例如，从文件 foo.c 创建可执行文件 foo，这个过程可以是：经隐含规则将 foo.c 编译生成 foo.o 文件，然后再使用另一个隐含规则来完成对 foo.o 的链接，最后生成执行文件 foo。这个过程中，编译和链接使用隐含规则链中的两个独立的规则，但实际情况是完成编译和链接是在一个规则中完成的，它使用 cc foo.c foo 命令直接来完成。make 的隐含规则表中，所有可用的优化规则处于首选地位。

13.8.5 模式规则

可以使用模式规则来定义一个隐含规则。一个模式规则就好像一个一般的规则，只是在规则中目标的定义需要有%字符。%表示一个或多个任意字符。在依赖目标中同样可以使用%，只是依赖目标中的%的取值取决于它的目标。

有一点需要注意的是，%的展开发生在变量和函数的展开之后，变量和函数的展开发生在 make 载入 Makefile 时，而模式规则中的%则发生在运行时。

1. 模式规则介绍

模式规则中，至少在规则的目标定义中要包含%，否则就是一般的规则。目标中的%定义表示对文件名的匹配，%表示长度任意的非空字符串。例如，%.c 表示以.c 结尾的文件名（文件名的长度至少为 3），而 s.%.c 则表示以 s.开头、.c 结尾的文件名（文件名的长度至少为 5）。

如果%定义在目标中，那么目标中的%的值决定了依赖目标中的%的值。也就是说，目标中的模式的%决定了依赖目标中%的样子，例如：

```
%.o : %.c ; <command ......>
```

其含义是指出了怎么从所有的.c 文件生成相应的.o 文件的规则，如果要生成的目标是 a.o b.o，那么%c 就是 a.c b.c。

一旦依赖目标中的%模式被确定，那么 make 会被要求去匹配当前目录下所有的文件名，一旦找到，

make 就会执行规则下的命令。所以，在模式规则中，目标可能会是多个。如果有模式匹配出多个目标，make 就会产生所有的模式目标。此时，make 关心的是依赖的文件名和生成目标的命令这两件事。

2. 模式规则示例

下面这个例子表示把所有的.c 文件都编译成.o 文件：

```
%.o : %.c
        $(CC) -c $(CFLAGS) $(CPPFLAGS) $< -o $@
```

其中，$@表示所有目标的列表，$<表示了所有依赖目标的列表。这些奇怪的变量称之为自动化变量，后面会详细讲述。

下面的这个例子中有两个目标是模式的：

```
%.tab.c %.tab.h: %.y
    bison -d $<
```

这条规则告诉 make 把所有的.y 文件都以 bison -d <n>.y 执行，然后生成<n>.tab.c 和<n>.tab.h 文件。（其中，<n>表示一个任意字符串）。如果执行程序 foo 依赖于文件 parse.tab.o 和 scan.o，并且文件 scan.o 依赖于文件 parse.tab.h，而 parse.y 文件被更新，那么根据上述规则，bison -d parse.y 就会被执行一次，于是 parse.tab.o 和 scan.o 的依赖文件就齐了。（假设 parse.tab.o 由 parse.tab.c 生成，scan.o 由 scan.c 生成，而 foo 由 parse.tab.o 和 scan.o 链接生成，而且 foo 和其.o 文件的依赖关系也写好，那么所有的目标都会得到满足）

3. 自动化变量

在上述的模式规则中，目标和依赖文件都是一系列的文件，因为在每一次对模式规则的解析时，都会是不同的目标和依赖文件。那么如何书写一个命令来完成从不同的依赖文件生成相应的目标呢？

自动化变量就是完成这个功能的。前面内容已经对自动化变量有所提及，相信读者看到这里已经对它有了一个感性的认识。所谓自动化变量，就是这种变量会把模式中所定义的一系列的文件自动地逐个取出，直至所有的符合模式的文件都取完。这种自动化变量只应出现在规则的命令中。

表 13.8 是所有的自动化变量及其说明。

表 13.8　自动化变量及其说明

变　量	说　明
$@	表示规则中的目标文件集。在模式规则中，如果有多个目标，那么$@就是匹配于目标中模式定义的集合
$%	仅当目标是函数库文件时，表示规则中的目标成员名。例如，如果一个目标是 foo.a(bar.o)，那么$%就是 bar.o，$@就是 foo.a。如果目标不是函数库文件（UNIX 下是.a，Windows 下是.lib），那么，其值为空
$<	依赖目标中的第一个目标名字。如果依赖目标是以模式（即%）定义的，那么$<将是符合模式的一系列的文件集。注意，它是一个一个取出来的
$?	所有比目标新的依赖目标的集合，以空格分隔
$^	所有的依赖目标的集合，以空格分隔。如果在依赖目标中有多个重复的，那么这个变量会去除重复的依赖目标，只保留一份

续表

变　　量	说　　明
$+	这个变量很像$^，也是所有依赖目标的集合，只是它不去除重复的依赖目标
$*	表示目标模式中%及其之前的部分。如果目标是 dir/a.foo.b，并且目标的模式是 a.%.b，那么$*的值就是 dir/a.foo。这个变量在构造有关联的文件名时比较有效。如果目标中没有模式的定义，那么$*也就不能被推导出。但是，如果目标文件的后缀是 make 所识别的，那么$*就是除了后缀的那一部分。例如，如果目标是 foo.c，因为.c 是 make 所能识别的后缀名，所以$*的值就是 foo。这个特性是 GNU make 的，很有可能不兼容于其他版本的 make，所以，应该尽量避免使用$*，除非是在隐含规则或是静态模式中。如果目标中的后缀是 make 所不能识别的，那么$*就是空值

当希望只对更新过的依赖文件进行操作时，$?在显式规则中很有用，例如，假设有一个函数库文件叫 lib，它由其他几个 object 文件更新，那么把 object 文件打包得比较有效率的 Makefile 规则是：

```
lib : foo.o bar.o lose.o win.o
    ar r lib $?
```

在上述所列出来的自动化变量中，4 个变量（$@、$<、$%、$*）在扩展时只会有一个文件，而另 3 个的值是一个文件列表。这 7 个自动化变量还可以取得文件的目录名或是在当前目录下的符合模式的文件名，只需要搭配 D 或 F 字样，这是 GNU make 老版本中的特性。在新版本中，使用函数 dir 或 notdir 就可以做到。D 的含义就是 Directory，即目录；F 的含义就是 File，即文件。

表 13.9 是对于上面的 7 个变量分别加上 D 或是 F 的含义。

表 13.9　带有 D 或 F 的自动化变量

变　　量	说　　明
$(@D)	表示$@的目录部分（不以斜杠作为结尾），如果$@值是 dir/foo.o，那么$(@D)就是 dir；如果$@中没有包含斜杠，其值就是.（当前目录）
$(@F)	表示$@的文件部分，如果$@值是 dir/foo.o，那么$(@F)就是 foo.o，$(@F)相当于函数$(notdir $@)
$(*D) $(*F)	和上面所述的同理，也是取文件的目录部分和文件部分。对于上面的那个例子，$(*D)返回 dir，而$(*F)返回 foo
$(%D) $(%F)	分别表示了函数包文件成员的目录部分和文件部分。这对于形同 archive(member)的目标中的 member 中包含了不同的目录很有用
$(<D) $(<F)	分别表示依赖文件的目录部分和文件部分
$(^D) $(^F)	分别表示所有依赖文件的目录部分和文件部分（无相同的）
$(+D) $(+F)	分别表示所有依赖文件的目录部分和文件部分（可以有相同的）
$(?D) $(?F)	分别表示被更新的依赖文件的目录部分和文件部分

最后想提醒一下的是，对于$<，为了避免产生不必要的麻烦，最好把$后面的特定字符都加上圆括号，如$(<就要比$<更好一些。

还要注意的是，这些变量只使用在规则的命令中，而且一般都是显式规则和静态模式规则，在隐含规则中并没有意义。

4．模式的匹配

一般来说，一个目标的模式有一个有前缀或是后缀的%，或是没有前后缀，直接就是一个%。因为%代表一个或多个字符，所以在定义好的模式中，把%所匹配的内容叫作茎。例如，%.c 所匹配的文件 test.c 中 test 就是茎。在目标和依赖目标中同时有%时，依赖目标的茎会传给目标，当作目标中的茎。

当一个模式匹配包含有斜杠“/”（实际也不经常包含）的文件时，那么在进行模式匹配时，目录部分会首先被移开，然后进行匹配，成功后，再把目录加回去。在进行茎的传递时，需要知道这个步骤。例如，有一个模式 e%t，文件 src/eat 匹配于该模式，于是 src/a 就是它的茎，如果这个模式定义在依赖目标中，而被依赖于这个模式的目标中又有一个模式 c%r，那么目标就是 src/car。（茎被传递）

5．重载内建隐含规则

可以重载内建的隐含规则（或是定义一个全新的），重新构造和内建隐含规则不同的命令，例如：

```
%.o : %.c
        $(CC) -c $(CPPFLAGS) $(CFLAGS) -D$(date)
```

还可以取消内建的隐含规则，只要不在后面写命令就行，例如：

```
%.o : %.s
```

同样，也可以重新定义一个全新的隐含规则，而它在隐含规则中的位置取决于在哪里写下这个规则，朝前的位置就靠前。

13.8.6　后缀规则

后缀规则是一个比较老式的定义隐含规则的方法，它会被模式规则逐步地取代，因为模式规则更强、更清晰。为了和老版本的 Makefile 兼容，GNU make 同样兼容于这些东西。后缀规则有两种方式，即双后缀和单后缀。

双后缀规则定义了一对后缀，即目标文件的后缀和依赖目标（源文件）的后缀，如.c.o 相当于%o : %c。单后缀规则只定义一个后缀，也就是源文件的后缀，如.c 相当于% : %.c。

后缀规则中所定义的后缀应该是 make 所认识的。如果一个后缀是 make 所认识的，那么这个规则就是单后缀规则；而如果两个连在一起的后缀都被 make 所认识，那就是双后缀规则。例如，.c 和.o 都是 make 所认识的，如果定义了一个规则是.c.o，那么它就是双后缀规则，意义就是说，.c 是源文件的后缀，.o 是目标文件的后缀，如下所示：

```
.c.o:
        $(CC) -c $(CFLAGS) $(CPPFLAGS) -o $@ $<
```

后缀规则不允许任何的依赖文件，如果有依赖文件，那就不是后缀规则，那些后缀统统被认为是文件名，例如：

```
.c.o: foo.h
	$(CC) -c $(CFLAGS) $(CPPFLAGS) -o $@ $<
```

这个例子是说文件.c.o 依赖于文件 foo.h，而不是想要的这样：

```
%.o: %.c foo.h
	$(CC) -c $(CFLAGS) $(CPPFLAGS) -o $@ $<
```

后缀规则中，如果没有命令，那是毫无意义的，因为它也不会移去内建的隐含规则。而要让 make 认识一些特定的后缀，可以使用伪目标.SUFFIXES 来定义或是删除，例如：

```
.SUFFIXES: .hack .win
```

把后缀.hack 和.win 加入后缀列表中的末尾：

```
.SUFFIXES:  # 删除默认的后缀
.SUFFIXES: .c .o .h    # 定义自己的后缀
```

先清除默认后缀，后定义自己的后缀列表。

make 的参数-r 或-no-builtin-rules 也会使得默认的后缀列表为空。而变量 SUFFIXE 被用来定义默认的后缀列表，可以用.SUFFIXES 来改变后缀列表，但不要改变变量 SUFFIXE 的值。

13.8.7　隐含规则搜索算法

假如有一个目标叫 T，搜索目标 T 的规则的算法如下：（请注意，下文没有提到后缀规则，原因是所有的后缀规则在 Makefile 被载入内存时，会被转换成模式规则。如果目标是 archive(member)的函数库文件模式，那么这个算法会被运行两次，第一次是找目标 T，如果没有找到，则进入第二次，第二次会把 member 当作 T 来搜索。）

（1）把 T 的目录部分分离出来，叫 D，而剩余部分叫 N。例如，如果 T 是 src/foo.o，那么，D 就是 src/，N 就是 foo.o。

（2）创建所有匹配于 T 或是 N 的模式规则列表。

（3）如果在模式规则列表中有匹配所有文件的模式，如%，那么从列表中移除其他模式。

（4）移除列表中没有命令的规则。

（5）对于第一个在列表中的模式规则：

☑ 推导其茎 S，S 应该是 T 或是 N 匹配于模式中%非空的部分。

☑ 计算依赖文件。把依赖文件中的%都替换成茎 S。如果目标模式中没有包含斜杠字符“/”，而把 D 加在第一个依赖文件的开头。

☑ 测试是否所有的依赖文件都存在或是理当存在。（如果有一个文件被定义成另外一个规则的目标文件，或者是一个显式规则的依赖文件，那么这个文件就叫理当存在。）

☑ 如果所有的依赖文件存在或是理当存在，或是没有依赖文件，那么这条规则将被采用，退出该算法。

（6）如果经过第（5）步还没有模式规则被找到，那么就做更进一步的搜索。对于存在于列表中的第一个模式规则：

- ☑ 如果规则是终止规则，则忽略它，继续下一条模式规则。
- ☑ 计算依赖文件。（同第（5）步）
- ☑ 测试所有的依赖文件是否存在或是理当存在。
- ☑ 对于不存在的依赖文件，递归调用这个算法查找它是否可以被隐含规则找到。
- ☑ 如果所有的依赖文件存在或是理当存在，或是根本没有依赖文件，那么这条规则被采用，退出该算法。

（7）如果没有隐含规则可以使用，查看.DEFAULT 规则，如果有，则采用，把.DEFAULT 的命令给 T 使用。

一旦规则被找到，就会执行其相应的命令，而此时自动化变量的值才会生成。

13.9　make 工具与函数库

函数库文件也就是对 Object 文件（程序编译的中间文件）的打包文件。在 Linux 下，一般是由命令 ar 来完成打包工作。

13.9.1　函数库文件的成员

一个函数库文件由多个文件组成，可以以如下格式指定函数库文件及其组成：

```
archive(member)
```

这不是一个命令，而是一个目标和依赖的定义。一般来说，这种用法基本上就是为 ar 命令来服务的。

【例 13.10】　编译函数库。（**实例位置：资源包\TM\sl\13\10**）

程序的代码如下：

```
foolib(putdata.o) : putdata.o
ar cr put putdata.o
```

执行过程如图 13.13 所示。

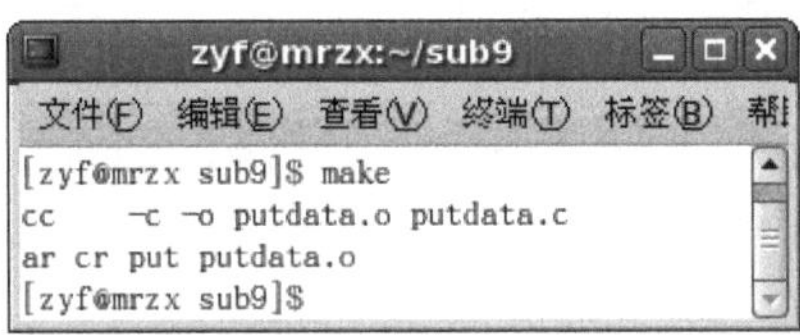

图 13.13　编译函数库

同时生成函数库文件 put。

如果要指定多个 member，那就以空格分开，例如：

```
foolib(hack.o kludge.o)
```

其等价于：

```
foolib(hack.o) foolib(kludge.o)
```

还可以使用 Shell 的文件通配符来定义，例如：

```
foolib(*.o)
```

13.9.2 函数库成员的隐含规则

当 make 搜索一个目标的隐含规则时，一个特殊的特性是如果这个目标是 a(m)形式的，则会把目标变成(m)。当我们的成员是以%.o 的模式定义时，如果使用 make foo.a(bar.o)的形式调用 Makefile，隐含规则会去找 bar.o 的规则；如果没有定义 bar.o 的规则，那么内建隐含规则生效，make 会去找 bar.c 文件来生成 bar.o。如果找得到，make 执行的命令大致如下：

```
cc -c bar.c -o bar.o
ar r foo.a bar.o
rm -f bar.o
```

还有一个变量要注意，$%是专属函数库文件的自动化变量，有关说明请参见 13.8.5 节中的自动化变量。

13.9.3 函数库文件的后缀规则

可以使用后缀规则和隐含规则来生成函数库打包文件，例如：

```
.c.a:
        $(CC) $(CFLAGS) $(CPPFLAGS) -c $< -o $*.o
        $(AR) r $@ $*.o
        $(RM) $*.o
```

其等效于：

```
 (%.o) : %.c
        $(CC) $(CFLAGS) $(CPPFLAGS) -c $< -o $*.o
        $(AR) r $@ $*.o
        $(RM) $*.o
```

13.9.4 注意事项

在进行函数库打包文件生成时，请小心使用 make 的并行机制（-j 参数）。如果多个 ar 命令在同一时间运行在同一个函数库打包文件上，就很有可能损坏这个函数库文件。所以，在 make 未来的版本中，应该提供一种机制来避免并行操作发生在函数打包文件上。但就目前而言，还是应该尽量不要使用-j 参数。

13.10　小　　结

本章通过大量实例讲解了怎样编写 Makefile 文件，对 Makefile 中的基本命令、基本规则、各种形式的变量、函数等内容做了详细讲解。虽然 Linux 下的集成开发环境都可以自动生成 Makefile 文件，但如同前文所讲，现在有这么多 HTML 的编辑器，如果你想成为一个专业人士，还是要了解 HTML 的标识的含义；只有写好 Makefile 文件，才能组织好大型工程项目的编译工作。

13.11　实践与练习

1．把例 13.1 中 getdata.c 和 getdata.h 放在一个子文件夹 input 中，putdata.c 和 putdata.h 放在一个子文件夹 output 中，calc.c 和 calc.h 放在一个子文件夹 calc 中，main.c 和 define.h 放在主文件夹中，编写一个主控 Makefile 文件，3 个子 Makefile 文件，完成整个工程的自动化编译。注意，源程序中包含文件语句应说明头文件位置。如 main.c 中的#includeputdata.h 应改为#inlcude output/putdata.h，而 input.h 中的#include define.h 应改为#include ../define.h。但同一文件夹下的头文件不用加路径，如 getput.c 中的#inlcude getdata.h 不用修改。（**答案位置：资源包\TM\sl\13\11**）

2．用 Eclipse 集成开发环境生成一个第 1 题的工程，研究 Eclipse 中 make 的写法。使用 Eclipse 建立工程的方法可参见第 15 章。（**答案位置：资源包\TM\sl\13\12**）

第14章

Linux系统下的C语言与数据库

（视频讲解：13分钟）

对于程序设计来说，层模型对大型企业应用设计所面临的问题进行了细分，Linux系统中C语言程序设计所面向的问题主要为其中的应用层。本章将通过介绍Linux系统常用数据库及接口来进一步说明其概念。

通过阅读本章，您可以：

- 掌握Linux下MySQL数据库的安装
- 了解Linux下C语言操作MySQL数据库的方法
- 掌握Linux下Oracle数据库的安装
- 了解Linux下C语言连接Oracle数据库的方法

14.1　MySQL 数据库简介

MySQL 是最流行的开放源码的关系型数据库管理系统，它是由 MySQL AB 公司开发、发布并支持的。任何人都能从 Internet 上下载 MySQL 软件，而无须支付任何费用，并且“开放源码”意味着任何人都可以使用和修改该软件。如果愿意，用户可以研究源码并进行恰当的修改，以满足自己的需求。不过，需要注意的是这种“自由”是有范围的。

14.2　安装和连接 MySQL 数据库

14.2.1　安装 MySQL 数据库

Linux 安装 MySQL 需要到官方网站 http://www.MySQL.com 下载 Linux 下 MySQL 的安装包。Linux 下 MySQL 的安装配置步骤如下：

（1）将下载的 mysql-5.7.20.tar.gz 复制到/softs（此为自定义文件夹，用于存储压缩包）下。

（2）添加用户和用户群组。

```
groupadd mysql
useradd -g mysql mysql
```

（3）进入存放安装文件的文件夹 softs（自行创建的一个存放安装文件的文件夹）。

（4）解压数据库文件。

```
tar -vzxf mysql-5. 7.20.tar.gz
```

（5）进入解压后的 MySQL 文件夹。

```
cd mysql-5. 7.20
```

（6）安装配置文件，将其安装在/usr/local/mysql 目录下，或根据自己的需要设定相应的目录。

```
./configure --prefix=/usr/local/mysql
```

（7）编译 MySQL 文件。

```
make
```

（8）安装 MySQL 编译文件。

```
make install
```

（9）进入 MySQL 安装目录。

```
cd /usr/local/mysql
```

（10）提供新的 MySQL 文件所有者。

```
chown -R mysql .
```

（11）提供新的 MySQL 文件群组所有者。

```
chgrp -R mysql .
```

（12）创建 MySQL 数据目录并初始化数据，在命令执行的过程中会出现一些警告信息，这些用户可以不予理会。

```
cd /usr/local/mysql/bin
./mysql_install_db --user=mysql
```

14.2.2 启动和关闭 MySQL

启动 MySQL 时建议使用 mysql_safe 命令，而不是使用 mysqld 来启动 MySQL 服务器，因为 mysql_safe 命令添加了一些安全特性，如当服务器发生错误时自动重启并把运行信息记录到错误日志文件等，命令如下：

```
#cd /usr/local/mysql
./mysqld_safe &
```

在启动了 MySQL 服务器后，可以使用下面的命令查看新运行的两个进程，命令如下：

```
#ps –ef|grep mysql
```

如果用户使用 kill -9 命令是无法杀掉 MySqld 进程的，因为 mysqld_safe 会自动重启 MySqld 进程，例如：

```
#kill -9 4334
```

正确关闭 MySQL 的方式是使用 mysql_admin 命令，如下所示：

```
#
```

设置 MySQL 数据库密码。

```
./mysqladmin -u root password 111
```

登录 MySQL 数据库。

```
./mysql -u root -p
```

关闭数据库（由于进程问题，这个写法很特殊，要注意）。

```
cd /usr/local/mysql/bin
./mysqladmin -u root shutdown -p
```

创建新的配置文件。

```
cd /usr/local/mysql/share/mysql
cp my-huge.cnf /etc/my.cnf
chmod 777 /etc/my.cnf
```

注意

在创建新的配置文件时，不同的内存需要使用不同的配置文件来创建新的配置文件。

- ☑ my-small.cnf：适用于小于 64MB 的服务器。
- ☑ my-medium.cnf：适用于物理内存在 28MB～64MB，或者物理内存在 128MB 以上，但要运行其他程序的服务器。
- ☑ my-large.cnf：适用于物理内存在 512MB 以上，专用于数据库。
- ☑ my-huge.cnf：适用于物理内存在 1GB～2GB 的专用于数据库的机器。
- ☑ my-innodb-heavy-4G.cnf：适用于物理内存在 4GB 及以上专用于数据库的机器，且需要复杂查询。

修改数据库字符集，在新创建的/etc/my.cnf 中添加，注意其添加的位置。

在[client]下添加：

```
default-character-set=utf8
```

在[mysqld]下添加：

```
default-character-set=utf8
init_connect='SET NAMES utf8'
```

设置完毕，登录数据库，使用下面的命令查询字符集的状态。

```
status
```

重置数据库密码，修改 root 用户的密码。

```
mysqladmin -uroot -p 旧密码 password 新密码
```

注意

Linux 下启动和停止 MySQL 服务器的命令是（使用 rpm 包安装的 MySQL，可以使用以下方式进行 MySQL 的启动、停止和重启）：

```
service mysqld start
service mysqld stop
service mysqld restart
```

14.3 连接操作 MySQL

14.3.1 MySQL 常用数据库操作函数

MySQL 常用数据库操作函数如表 14.1 所示。

表 14.1 MySQL 常用数据库操作函数

函　数	描　述
mysql_affected_rows()	返回上次 UPDATE、DELETE 或 INSERT 查询更改/删除/插入的行数
mysql_autocommit()	切换 autocommit 模式，ON/OFF
mysql_change_user()	更改打开连接上的用户和数据库
mysql_charset_name()	返回用于连接的默认字符集的名称
mysql_close()	关闭服务器连接
mysql_commit()	提交事务
mysql_connect()	连接到 MySQL 服务器。该函数已不再被重视，使用 mysql_real_connect()取而代之
mysql_create_db()	创建数据库。该函数已不再被重视，使用 SQL 语句 CREATE DATABASE 取而代之
mysql_data_seek()	在查询结果集中查找属性行编号
mysql_debug()	用给定的字符串执行 DBUG_PUSH
mysql_drop_db()	撤销数据库。该函数已不再被重视，使用 SQL 语句 DROP DATABASE 取而代之
mysql_dump_debug_info()	让服务器将调试信息写入日志
mysql_eof()	确定是否读取了结果集的最后一行。该函数已不再被重视，可以使用 mysql_errno()或 mysql_error()取而代之
mysql_errno()	返回上次调用的 MySQL 函数的错误编号
mysql_error()	返回上次调用的 MySQL 函数的错误消息
mysql_escape_string()	为了用在 SQL 语句中，对特殊字符进行转义处理
mysql_fetch_field()	返回下一个表字段的类型
mysql_fetch_field_direct()	给定字段编号，返回表字段的类型
mysql_fetch_fields()	返回所有字段结构的数组
mysql_fetch_lengths()	返回当前行中所有列的长度
mysql_fetch_row()	从结果集中获取下一行
mysql_field_seek()	将列光标置于指定的列
mysql_field_count()	返回上次执行语句的结果列的数目
mysql_field_tell()	返回上次 mysql_fetch_field()所使用字段光标的位置
mysql_free_result()	释放结果集使用的内存
mysql_get_client_info()	以字符串形式返回客户端版本信息
mysql_get_client_version()	以整数形式返回客户端版本信息
mysql_get_host_info()	返回描述连接的字符串

续表

函　　数	描　　述
mysql_get_server_version()	以整数形式返回服务器的版本号
mysql_get_proto_info()	返回连接所使用的协议版本
mysql_get_server_info()	返回服务器的版本号
mysql_info()	返回关于最近所执行查询的信息
mysql_init()	获取或初始化 MySQL 结构
mysql_insert_id()	返回上一个查询为 AUTO_INCREMENT 列生成的 ID
mysql_kill()	杀死给定的线程
mysql_library_end()	最终确定 MySQL C API 库
mysql_library_init()	初始化 MySQL C API 库
mysql_list_dbs()	返回与简单正则表达式匹配的数据库名称
mysql_list_fields()	返回与简单正则表达式匹配的字段名称
mysql_list_processes()	返回当前服务器线程的列表
mysql_list_tables()	返回与简单正则表达式匹配的表名
mysql_more_results()	检查是否还存在其他结果
mysql_next_result()	在多语句执行过程中返回/初始化下一个结果
mysql_num_fields()	返回结果集中的列数
mysql_num_rows()	返回结果集中的行数
mysql_options()	为 mysql_connect()设置连接选项
mysql_ping()	检查与服务器的连接是否工作，如有必要重新连接
mysql_query()	执行指定为“以 Null 终结的字符串”的 SQL 查询
mysql_real_connect()	连接到 MySQL 服务器
mysql_real_escape_string()	考虑到连接的当前字符集，为了在 SQL 语句中使用，对字符串中的特殊字符进行转义处理
mysql_real_query()	执行指定为计数字符串的 SQL 查询
mysql_refresh()	刷新或复位表和高速缓冲
mysql_reload()	通知服务器再次加载授权表
mysql_rollback()	回滚事务
mysql_row_seek()	使用从 mysql_row_tell()返回的值，查找结果集中的行偏移
mysql_row_tell()	返回行光标位置
mysql_select_db()	选择数据库
mysql_server_end()	最终确定嵌入式服务器库
mysql_server_init()	初始化嵌入式服务器库
mysql_set_server_option()	为连接设置选项（如多语句）
mysql_sqlstate()	返回关于上一个错误的 SQLSTATE 错误代码
mysql_shutdown()	关闭数据库服务器
mysql_stat()	以字符串形式返回服务器状态
mysql_store_result()	检索完整的结果集至客户端
mysql_thread_id()	返回当前线程 ID
mysql_thread_safe()	如果客户端已编译为线程安全的，返回 1
mysql_use_result()	初始化逐行的结果集检索
mysql_warning_count()	返回上一个 SQL 语句的警告数

14.3.2 连接 MySQL 数据

MySQL 提供的 mysql_real_connect()函数用于数据库连接，其语法形式如下：

```
MYSQL * mysql_real_connect(MYSQL * connection,
                           const char * server_host,
                           const char * sql_user_name,
                           const char * sql_password,
                           const char *db_name,
                           unsigned int port_number,
                           const char * unix_socket_name,
                           unsigned int flags
        );
```

参数说明如表 14.2 所示。

表 14.2　mysql_real_connect()函数的参数说明

参　　数	描　　述
connection	必须是已经初始化的连接句柄结构
server_host	可以是主机名，也可以是 IP 地址，如果仅连接到本机，可以使用 localhost 来优化连接类型
sql_user_name	MySQL 数据库的用户名，默认情况下是 root
sql_password	root 账户的密码，默认情况下是没有密码的，即为 NULL
db_name	要连接的数据库，如果为空，则连接到默认的数据库 test 中
port_number	经常被设置为 0
unix_socket_name	经常被设置为 NULL
flags	这个参数经常被设置为 0

mysql_real_connect()函数在本程序中应用的代码如下：

```
/*连接数据库*/
MYSQL mysql;
if(!mysql_real_connect(&mysql,"127.0.0.1","root","123","db_books",0,NULL,0))
{
    printf("\n\t Can not connect db_books!\n");
}
else
{
    /*数据库连接成功*/
}
```

在上述代码的连接操作中，&mysql 是一个初始化连接句柄；127.0.0.1 是本机名；root 是 MySQL 数据库的账户；123 是 root 账户的密码；db_books 是要连接的数据库；其他参数均为默认设置。

14.3.3 查询表记录

1. mysql_query()函数

MySQL 提供的 mysql_query()函数用于执行 SQL 语句，执行指定为"以 Null 终结的字符串"的 SQL 查询。

2. SELECT 子句

SELECT 子句是 SQL 的核心，在 SQL 语句中用得最多的就是 SELECT 语句。SELECT 语句用于查询数据库并检索与指定内容相匹配的数据。SELECT 子句的语法格式如下：

```
SELECT [DISTINCT|UNIQUE](*,columnname[AS alias],…)
FROM tablename
[WHERE condition]
[GROUP BY group_by_list]
[HAVING search_conditions]
[ORDER BY columname[ASC | DESC]]
```

参数说明：

☑ [DISTINCT|UNIQUE]：可删除查询结构中的重复列表。
☑ columnname：该参数为所要查询的字段名称，[AS alias]子句为查询字段的别名；"*" 表示查询所有字段。
☑ FROM tablename：该参数用于指定检索数据的数据源表的列表。
☑ [WHERE condition]：该子句是一个或多个筛选条件的组合，这个筛选条件的组合将使得只有满足该条件的记录才能被这个 SELECT 语句检索出来。
☑ [GROUP BY group_by_list]：GROUP BY 子句将根据参数 group_by_list 提供的字段将结果集分成组。
☑ [HAVING search_conditions]：HAVING 子句是应用于结果集的附加筛选。
☑ [ORDER BY columname[ASC | DESC]]：ORDER BY 子句用来定义结果集中的记录排行的顺序。

由上面的 SELECT 语句的结构可知，SELECT 语句包含很多子句。执行 SELECT 语句时，DBMS 的执行步骤如下：

☑ 执行 FROM 子句，根据 FROM 子句中表创建工作表，如果 FROM 子句中的表超过两张，DBMS 会对这些表进行交叉连接。
☑ 如果 SELECT 语句后有 WHERE 语句，DBMS 会将 WHERE 列出的查询条件作用在由 FROM 子句生成的工作表。DBMS 会保存满足条件的记录，删除不满足条件的记录。
☑ 如果有 GROUP BY 子句，DBMS 会将查询结果生成的工作表进行分组。每个组中都得满足 group_by_list 字段具有相同的值。DBMS 将分组后的结果重新返回到工作表中。
☑ 如果有 HAVING 字段，DBMS 将执行 GROUP BY 子句后的结果进行搜索，保留符合条件的记录，删除不符合条件的记录。

☑ 在 SELECT 子句的结果表中，删除不在 SELECT 子句后面的列，如果 SELECT 子句后包含 UNIQUE 关键字，DBMS 将删除重复的行。

☑ 如果包含 ORDER BY 子句，DBMS 会将查询结果按照指定的表达式进行排序。

对于嵌入式 SQL，使用游标将查询结果传递给宿主程序中。

（1）查询所有记录

利用 SELECT 子句获得数据表中所有列和所有行，也就是说原表和结果表是相同的。SELECT * 是可以编写的最简单的 SQL 语句。SELECT 子句和 FROM 子句在任何 SQL 语句中都是必需的，所有其他子句的使用则是任意的。使用 SELECT *可以按照表格中显示所有这些列的顺序显示它们，“*”代表数据表中的所有字段。

（2）查询指定条件的记录

查询指定条件的记录就是条件查询。“条件”指定了必须存在什么或必须满足什么要求。数据库搜索每一个记录以确定条件是否为 TRUE。如果记录满足指定的条件，那么查询结果就将返回它。WHERE 子句的条件部分语法如下：

```
WHERE<search_condition>
```

其中，search_condition 为查询条件。对于简单的检索来说，WHERE 子句的使用格式如下：

```
<column name><comparison operator><another named column or a value>
```

本实例查询的是学号为 ID001 的学生信息，WHERE 子句为：

```
where 学号='ID001'
```

where 是关键字，“学号”为检索的列的名称，比较运算符“=”表示它必须包含所指定的那个值，而指定的值就是 ID001。要注意在使用串文字值作为搜索条件时，这个值必须包括在单引号中，结果就会像单引号中列出的那样准确解释这个值。相反，如果目标字段只包括数字，则不需要使用单引号，当然使用单引号也不会出现错误。

如果本实例的查询条件为“年龄=13”，在一般情况下，数据表中存储的年龄信息都为数字，可以使用指定数值的检索条件来搜索这个字段，不需要使用单引号。但是，如果表中包含了一个字母的记录，则查询结果会返回一条错误信息。因此，只要不是将列定义为数字字段，那么就应该使用单引号。

14.3.4 插入表记录

插入表记录同样是使用 mysql_query()函数和 INSERT INTO 语句来实现的。mysql_query()函数在 14.3.3 节中已经做了详细的介绍，这里不做过多的介绍，本节仅介绍 INSERT INTO 语句。

INSERT INTO 语句用于向数据库中插入数据，其语法格式如下：

```
INSERT INTO <table name> VALUES ([column value],……,[last column value])
```

参数说明：

☑ <table name>：指出插入记录的表名。

☑ ([column value],……,[last column value])：指出插入的记录。

14.3.5 修改表记录

修改表记录是通过 mysql_query()函数和 UPDATE 语句实现的。通过 UPDATE 语句可以实现更改一列数据的功能，其语法格式如下：

```
UPDATE
{<table name | view name>}
SET
{    <column name>=<expression>|DEFAULT|NULL
     [...,<last column name>=<last expression>]
     [WHERE <search condition>]
}
```

参数说明：

- ☑ table name：需要更新的表的名称。如果该表不在当前服务器或数据库中，或不为当前用户所有，这个名称可用链接服务器、数据库和所有者名称来限定。
- ☑ view name：要更新的视图的名称。通过 view name 来引用的视图必须是可更新的。
- ☑ column name：含有要更改数据的列的名称。column name 必须驻留于 UPDATE 子句中所指定的表或视图中。标识列不能进行更新。如果指定了限定的列名称，限定符必须同 UPDATE 子句中的表或视图的名称相匹配。例如，下面的内容有效：

```
UPDATE authors
     SET authors.au_fname = 'Annie'
     WHERE au_fname = 'Anne'
```

- ☑ expression：变量、字面值、表达式或加上括弧的返回单个值的 subSELECT 语句。expression 返回的值将替换 column name 或@variable 中的现有值。
- ☑ DEFAULT：指定使用对列定义的默认值替换列中的现有值。如果该列没有默认值，并且定义为允许空值，那么也可用来将列更改为 NULL。

14.3.6 删除表记录

删除表中的记录是通过使用 mysql_query()函数和 DELETE 语句来实现的。要删除某条信息，可以在 DELETE 语句的 WHERE 条件中指定要删除记录信息的条件，即可实现删除单条记录的功能。

DELETE 语句的语法格式如下：

```
DELETE from <table name>
[WHERE <search condition>]
```

其中，<search condition>参数用于指定删除行的限定条件。在这里按条件查询的结果只可以是一条记录。

例如，tb_Student 表中“学号”列的值唯一，删除“学号”为 001108 的记录的代码如下：

```
USE DB_SQL
DELETE FROM tb_Student
WHERE 学号 = '001108'
```

视频讲解

14.4　Oracle 数据库简介

Oracle 11g 数据库可以帮助企业管理企业信息、更深入地洞察业务状况并迅速自信地做出调整，以适应不断变化的竞争环境。新版数据库增强了 Oracle 数据库独特的数据库集群、数据中心自动化和工作量管理功能。Oracle 客户可以在安全的、高度可用和可扩展的、由低成本服务器和存储设备组成的网格上满足最苛刻的交易处理、数据仓库和内容管理应用，其中主要的新功能列举如下。

1．增强信息生命周期管理和存储管理能力

Oracle 11g 数据库具有极新的数据划分和压缩功能，可实现更经济的信息生命周期管理和存储管理。很多原来需要手工完成的数据划分工作在 Oracle 11g 数据库中都实现了自动化，Oracle 11g 数据库还扩展了已有的范围、散列和列表划分功能，增加了间隔、索引和虚拟卷划分功能。

2．全面回忆数据变化

Oracle 11g 数据库具有 Oracle 全面回忆（Oracle Total Recall）组件，可帮助管理员查询在过去某些时刻指定表格中的数据。管理员可以用这种简单实用的方法给数据增加时间维度，以跟踪数据变化、实施审计并满足法规要求。

3．最大限度提高信息可用性

在保护数据库应用免受计划停机和意外宕机影响方面，Oracle 在业界一直处于领先地位。Oracle 11g 数据库进一步增强了这种领先地位，数据库管理员现在可以更轻松地达到用户的可用性预期。新的可用性功能包括：Oracle 闪回交易（Oracle Flashback Transaction），可以轻松撤销错误交易以及任何相关交易；并行备份和恢复功能，可改善非常大的数据库的备份和存储性能；“热修补”功能，不必关闭数据库就可以进行数据库修补，提高了系统的可用性。

4．Oracle 快速文件

Oracle 11g 数据库具有在数据库中存储大型对象的下一代功能，这些对象包括图像、大型文本对象或一些先进的数据类型，如 XML、医疗成像数据和三维对象等。Oracle 快速文件（Oracle Fast Files）组件使得数据库应用的性能完全比得上文件系统的性能。

5．更快的 XML

在 Oracle 11g 数据库中，XML DB 的性能获得了极大的提高，XML DB 是 Oracle 数据库的一个组件，可帮助客户以本机方式存储和操作 XML 数据。Oracle 11g 数据库增加了对二进制 XML 数据的支持，现在客户可以选择适合自己特定应用及性能需求的 XML 存储选项。

6．透明的加密

Oracle 11g 数据库进一步增强了 Oracle 数据库无与伦比的安全性。这个新版数据库增强了 Oracle 透明数据加密功能，将这种功能扩展到了卷级加密之外。Oracle 11g 数据库具有表空间加密功能，可以用来加密整个表、索引和所存储的其他数据。

7．嵌入式 OLAP 行列

Oracle 11g 数据库在数据仓库方面也引入了创新。OLAP 行列现在可以在数据库中像物化图那样使用，因此开发人员可以用业界标准 SQL 实现数据查询，同时仍然受益于 OLAP 行列所具有的高性能。

8．连接汇合和查询结果高速缓存

Oracle 11g 数据库进一步增强了 Oracle 在性能和可扩展性方面的业界领先地位，增加了查询结果高速缓存等新功能。通过高速缓存和重用经常调用的数据库查询以及数据库和应用层的功能，查询结果高速缓存功能改善了应用的性能和可扩展性。

9．增强了应用开发能力

Oracle 11g 数据库提供多种开发工具供开发人员选择，它提供的简化应用开发流程可以充分利用 Oracle 11g 数据库的关键功能，这些关键功能包括客户端高速缓存、提高应用速度的二进制 XML、XML 处理以及文件存储和检索。

14.5　Oracle 数据库的安装

视频讲解

上面介绍了 Oracle 数据库的一些基本知识，但是东西虽好，如果不进行安装，那也只能是看看而已，所以下面就在 Red Hat Enterprise 5.4 的系统上安装 Oracle 11g R2 这个版本的数据库。

14.5.1　软硬件要求

安装 Oracle 11g 数据库的主机硬件配置应能满足如下要求：

- ☑ 物理内存不少于 1GB。
- ☑ 硬盘空间至少要大于 5GB。
- ☑ Swap 分区的空间不小于 2GB。
- ☑ 支持 256 色以上的图形显示卡。
- ☑ CPU 主频不得小于 550MHz。

但是建议将硬盘空间留到 10GB，以便进行其他操作。

安装 Oracle 11g 还需要如下版本或是更高版本的软件包，具体如下：

- ☑ binutils-2.17.50.0.6-2.el5。

- ☑ compat-libstdc++-33-3.2.3-61。
- ☑ elfutils-libelf-0.125-3.e15。
- ☑ elfutils-libelf-devel-0.125。
- ☑ gcc-4.1.1-52。
- ☑ gcc--c++-4.1.1-52。
- ☑ glibc-2.5-12。
- ☑ glibc-common-2.5-12。
- ☑ glibc-devel-2.5-12。
- ☑ libaio-0.3.106。
- ☑ libaio-devel-0.3.106。
- ☑ libgcc-4.1.1-52。
- ☑ libstdc++-4.1.1。
- ☑ libstdc++-devel-4.1.1-52.e15。
- ☑ make-3.81-1.1。
- ☑ sysstat-7.0.0。
- ☑ unixODBC-2.2.11。
- ☑ unixODBC-devel-2.2.11。

这些软件包可以通过 Red Hat Enterprise 5.4 的安装光盘获得，用户可以通过在终端中使用命令进行查询，看系统中是否安装了上述的软件包，命令如下：

```
# rpm -q binutils compat-libstdc++-33 elfutils-libelf elfutils-libelf-devel gcc glibc gcc-c++ glibc-common glibc-devel  libaio libaio-devel libgcc libstdc++ libstdc++-devel make sysstat unixODBC unixODBC-devel
```

注意

如果缺少包，在光盘中找到时，只要有 i386 的一定要安装。

如缺少包，可以在终端中进行安装，下面以安装 unixODBC-2.2.11 为例进行安装操作，可以使用如下命令：

```
# rpm –ivh unixODBC-2.2.11-7.1.i386.rpm
```

下面修改内核参数。

内核参数文件/etc/sysctl.conf，查看如下两行的设置值：

```
kernel.shmall=2097152
kernel.shmmax=4294967295
```

如果默认值比这里的大，就不要修改原有配置，同时在/etc/sysctl.conf 文件最后（括号中是 R2 参数）添加以下内容：

```
(fs.aio-max-nr=1048576)
fs.file-max=6553600 (6815744)
```

```
kernel.shmmni=4096
kernel.sem=250 32000 100 128
net.ipv4.ip_local_port_range = 1024 65000 (9000 65500)
net.core.rmem_default = 4194304
net.core.rmem_max = 4194304
net.core.wmem_default = 262144
net.core.wmem_max = 262144 (1048576)
```

修改完成后，在终端执行如下命令：

```
#sysctl - p
```

其实参数出错不是大问题，在检查时会报出失败，停止安装，再按要求重新设置内核参数即可。

创建 Oracle 用户和组以及用户密码：

```
groupadd oinstall
groupadd dba
useradd -g oinstall -G dba oracle
PASSWD oracle
```

为 Oracle 用户设置 Shell 限制修改/etc/sevurity/limits.conf，在最后添加如下内容：

```
oracle soft nproc 2047
oracle hard nproc 16384
oracle soft nofile 1024
oracle hard nofile 65536
```

接着修改/etc/pam.d/login，在文件最后添加如下内容：

```
session required /lib/security/pam_limits.so
```

最后修改/etc/profile，在文件最后添加如下内容：

```
if [ $USER = "oracle" ] ; then
    if [$SHELL = "/bin/ksh" ] ; then
        ulimit -p 16384
        ulimit -n 65536
    else
        ulimit -u 16384 -n 65536
    fi
fi
```

修改完成后重启系统。

创建和授权 Oracle 安装目录，这里将数据库安装到/app/oracle 目录下，将/app/oracle 目录授权给 Oracle 用户和 oinstall 组：

```
mkdir -p /app/oracle
chown -R oracle:oinstall /app
chown -R oracle:oinstall /app/oracle
chmod -R 755 /app
chmod -R 755 /app/oracle
```

最后一个很重要的命令，如果不执行这个命令会产生一些意想不到的错误，命令如下：

```
xhost +
```

14.5.2　安装 Oracle 11g 数据库

开始安装 Oracle 11g，用 Oracle 用户登录到 Linux 系统。

在图形界面下打开一个终端，然后上传 Oracle 安装包到/app 目录，并进行解压缩。

```
#su - oracle
$cd /app
ls
unzip linux_llgR1_database_1of2.zip
unzip linux_llgR1_database_2of2.zip                    //安装 r2 是两个文件，但都要解压，根据自己的设定
ls    /app/database
##---
[oracle@localhost database]$ ./runInstaller
正在启动 Oracle Universal Installer...

{ 检查临时空间: 必须大于 80MB。实际为 7283MB 通过
检查交换空间: 必须大于 150MB。实际为 1498MB 通过
检查监视器: 监视器配置至少必须显示 256 种颜色
>>> 无法使用命令 /usr/bin/xdpyinfo 自动检查显示器颜色。请检查是否设置了 DISPLAY 变量。 未通过 <<<<
未通过某些要求检查。必须先满足这些要求，然后才能继续安装，那时将重新检查这些要求。
是否继续? (y/n) [n] }
正在重新检查安装程序要求...
准备从以下地址启动 Oracle Universal Installer /tmp/OraInstall2009-08-03_12-59-58AM. 请稍候...[oracle@
localhost
```

在终端中出现上面内容后，会弹出如图 14.1 所示的“选择安装方法”界面。在该界面中可以选择数据库文件的安装位置和安装方式，这里选择基本安装。

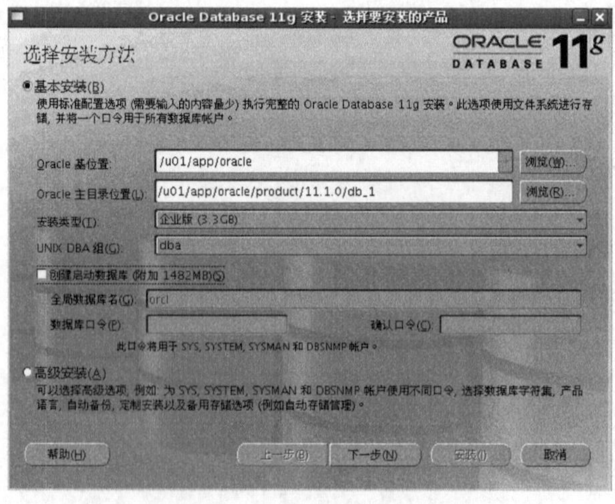

图 14.1　“选择安装方法”界面

在选择了安装方式和安装目录后，单击“下一步”按钮，进入“指定产品清单目录和身份证明”界面，这里可以直接单击“下一步”按钮进入“产品特定的先决条件检查”界面，检查系统的软硬件是否符合安装 Oracle 数据库的条件，如图 14.2 所示。

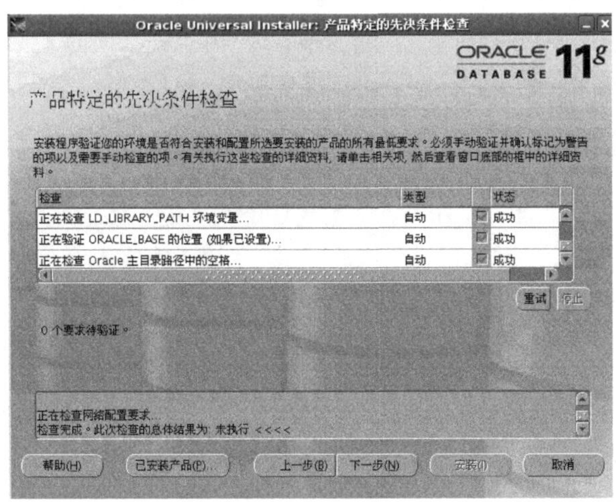

图 14.2　“产品特定的先决条件检查”界面

检查完成后单击“下一步”按钮，进入“概要”界面，也就是对于数据库安装信息的一个确认界面，如果没有问题，可以直接单击“下一步”按钮进入下一个界面。

最后系统会提示执行两条以 root 用户执行的脚本，如图 14.3 所示。按照给出的路径找到脚本，在 root 下打开的终端，执行即可。在执行 root.sh 时会有停顿等待，回车一下即可。执行完成后，单击“确定”按钮。值得注意的是，上面安装时只安装数据库软件，没有创建示例数据库。

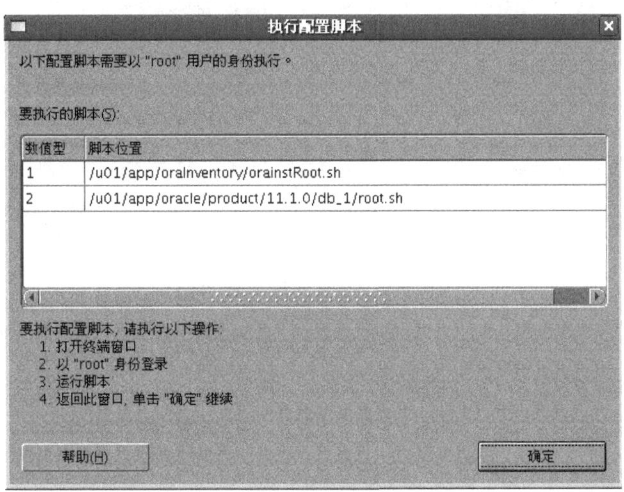

图 14.3　“执行配置脚本”界面

14.5.3　创建监听和数据库

创建数据库之前先要创建和启动监听。监听创建也是很简单的。在数据库根目录下的 bin 文件夹

找到 netca 脚本，直接以 Oracle 用户身份的终端执行。执行后会弹出如图 14.4 所示的界面，在界面中选中“监听程序配置”单选按钮。

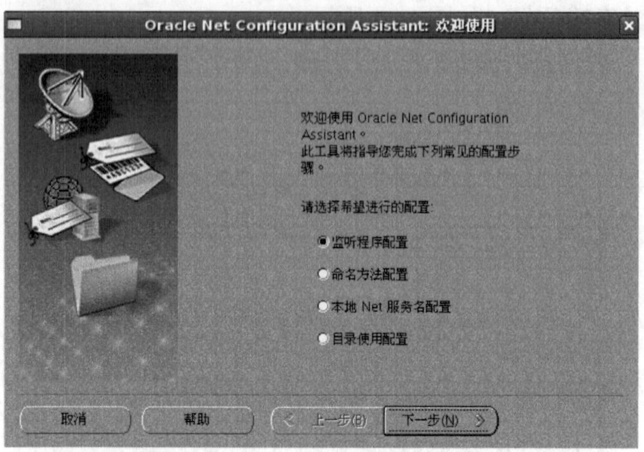

图 14.4　欢迎使用界面

单击“下一步”按钮，进入程序操作选择界面，选择“添加”选项，然后再单击“下一步”按钮，进入“监听程序名”设定界面，可以选择默认值，如图 14.5 所示。

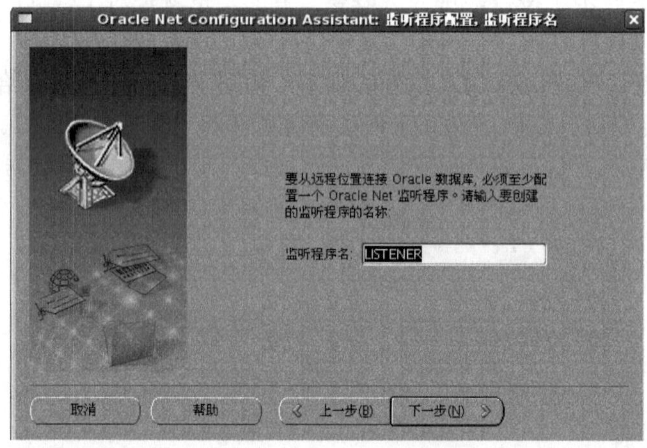

图 14.5　监听程序配置界面

设定了监听名称后，单击“下一步”按钮进入协议选择界面，这里可以使用默认值。单击“下一步”按钮，进入端口号设定界面，也是使用默认值。单击“下一步”按钮，进入新的监听设定界面，选择“否”，不再设定新的监听。单击“下一步”按钮，完成监听的设定。

设定后可以使用如下命令启动监听：

```
lsnrctl start
```

监听创建完成并启动后，开始创建数据库，先为 Oracle 用户设置环境变量。

编辑/home/oracle/.bash_profile 文件，在文件中修改如下内容：

```
ORACLE_BASE=/app/oracle
ORACLE_HOME=$ORACLE_BASE/product/11.1.0/dbhome_1    //这个路径自己根据自己的路径进行设定
```

```
PATH=$PATH:/$ORACLE_HOME/bin:$HOME/bin
export PATH（覆盖原有的）
```

设置完成后，以 Oracle 用户身份登录终端，输入“dbca”回车执行，将弹出欢迎使用界面，如图 14.6 所示。

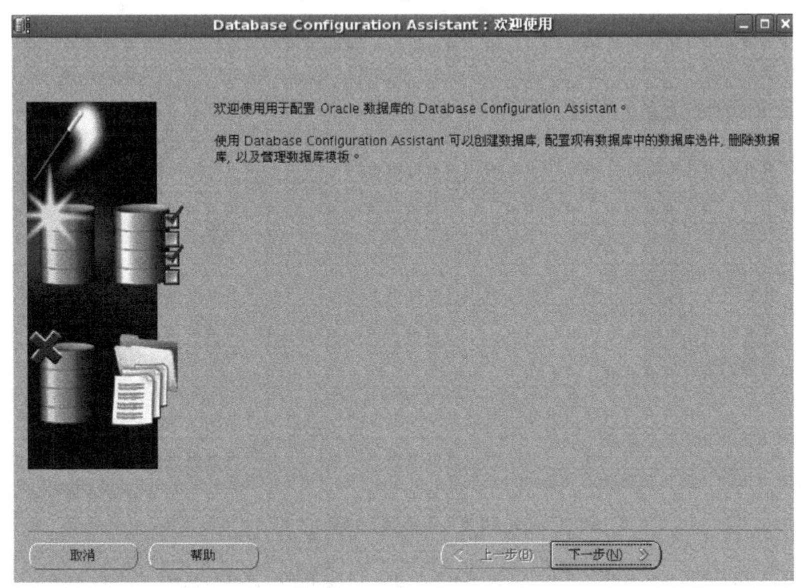

图 14.6　欢迎使用界面

单击“下一步”按钮，选择“创建数据库”选项，然后再单击“下一步”按钮，为创建的数据库设定一个名称，这里设为 orcl。单击“下一步”按钮，进入管理选项界面，再单击“下一步”按钮，进入数据库身份证明界面，如图 14.7 所示，在这个界面中要设定登录密码。

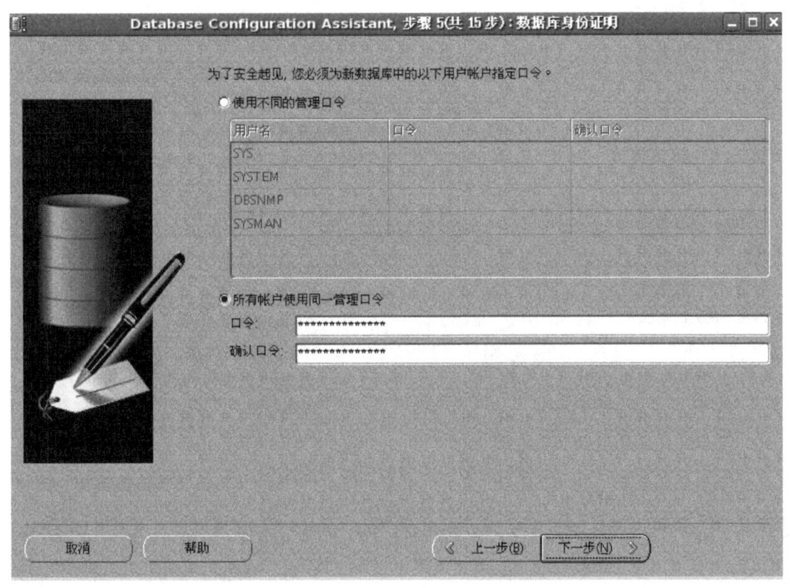

图 14.7　数据库身份证明界面

下面的设置都可以使用默认值，一直单击“下一步”按钮即可，直到进入初始化参数界面，如图 14.8 所示。

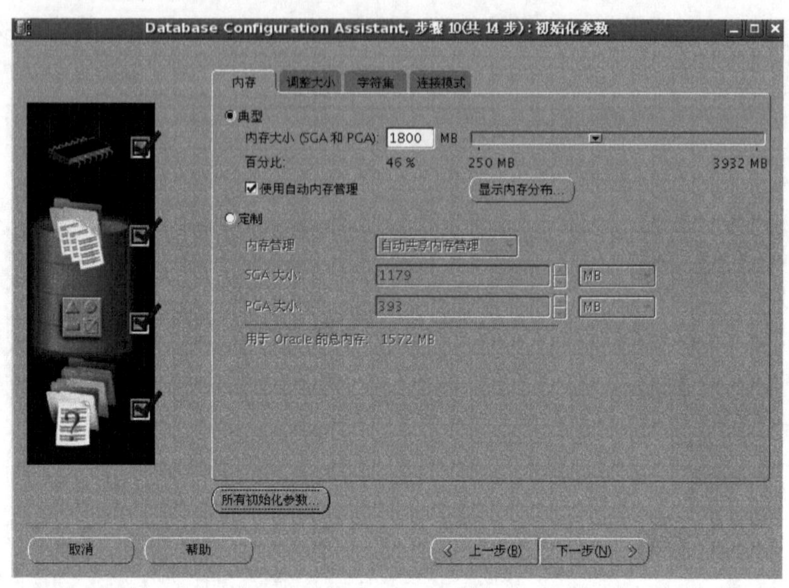

图 14.8　初始化参数界面

在初始化参数界面中先来调整一下内存大小，这个要根据计算机的物理内存和用途决定。在调整完内存后，调整一下字符集，如图 14.9 所示。

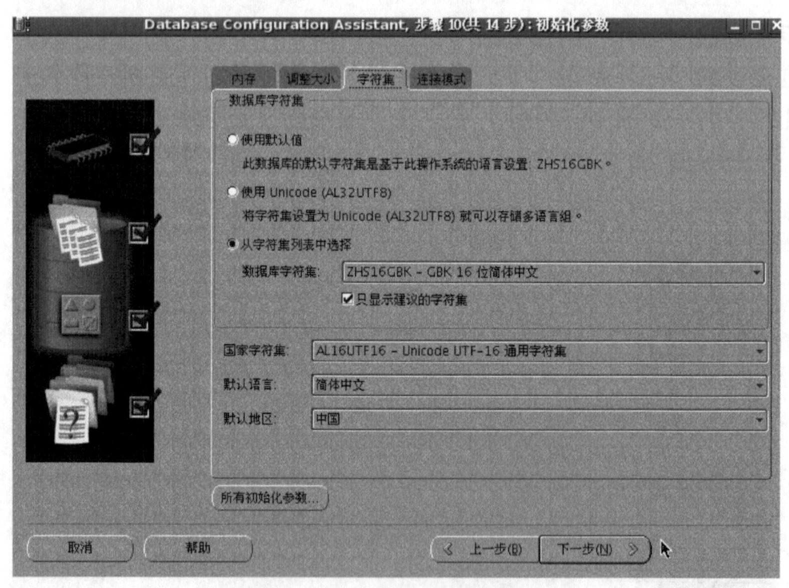

图 14.9　“字符集”选项卡

在选择字符集时，可以使用如图 14.9 所示的选择，为中文字符集。而连接模式使用默认的“专用服务器模式”。这些设定完成后，就一直单击“下一步”按钮，最后单击“确定”按钮，进入创建过程界面，如图 14.10 所示。

最后单击“完成”按钮，这样就宣布 Oracle 数据库创建完成。

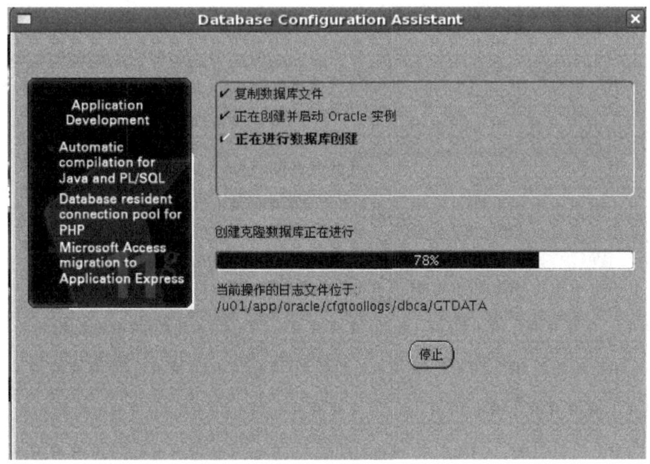

图 14.10　创建过程界面

14.6　连接 Oracle 数据库

前面介绍了 Oracle 数据库的安装和创建，那么下面就来看一下如何在 Linux 下使用 C 语言来操作 Oracle 数据库。

Oracle 公司宣布，现有的及未来所有的数据库产品和商业应用都将支持 Linux 平台。本文所述 OCI for Linux 的 C 语言库，正是 Linux 平台上 Oracle 的 C 语言接口。

在一个复杂的 Oracle 数据库应用中，C 程序代码由于其语言本身的灵活性、高效性，往往被加入到其商务逻辑的核心层模块中。Oracle 数据库对 C 语言的接口就是 OCI（Oracle Common Interface）C-Library，该库是一个功能十分强大的数据库操作模块。它支持事务处理，单事务中的多连接多数据源操作，支持数据的对象访问、存储过程的调用等一系列高级应用，并对 Oracle 下的多种附加产品提供接口。但是发现，为了使 OCI 库在多种平台上保持统一的风格并考虑向下兼容性，Oracle 对大量的 C 语言类型和代码进行了重新封装，这使得 OCI 库初看上去显得纷繁复杂，初用者不知从何下手。由 Kai Poitschke 开发的 Libsqlora8 库初步解决了这一问题，它使得在 Linux 下 Oracle 的非高端 C 语言开发变得比较方便易用。

Libsqlora8 for *nix 是 GNU/Linux 组织开发的针对 Oracle8 OCI library 的易用性 C 语言封装。它将大量的 OCI 数据类型表现为通用 C 语言数据类型，将 OCI 函数按类型重新分类封装，大大减少了函数的调用步骤和程序代码量。Libsqlora8 还有许多引人注目的特性：

（1）易于使用的动态 SQL 特性。

（2）同一连接中具有不同变量绑定的游标的重复打开。

（3）相同事务中的多数据库连接。

下面就来看一下如何安装和使用 Libsqlora8。

安装 Libsqlora8 库函数。该库函数当前版本为 Libsqlora8-2.1.5，可从许多 Linux 网站上得到，也可以从 http://www.poitschke.de 上下载，本文使用的是 libsqlora8-2.1.5.tar.gz 源程序包，按以下步骤安装：

```
$>tar -xzvf libsqlora8-2.1.5.tar.gz
$>cd libsqlora8-2.1.5
$>LD_LIBRARY_PATH=$ORACLE_HOME/lib
$>export LD_LIBRARY_PATH
$>./configure
$>make
$>make install
```

Libsqlora8 安装完成后，它的函数主要包含在 sqlora.h 头文件中，下面来看一下相关主要函数。

☑ int sqlo_init(int threaded_mode)：初始化程序库接口，读出环境变量，设置相应的全局变量。当前，threaded_mode 设为 0。

☑ int sqlo_connect(int * dbh, char * connect_str)：连接数据库，dbh 为数据库连接描述符，connect_str 为用户名/口令字符串。

☑ int sqlo_finish(int dbh)：断开数据库连接。

☑ int sqlo_open(int dbh, char * stmt, int argc, char *argv[])：打开由 stmt 确定的查询语句所返回的游标。Argc,argv 为查询的参数，后面将用更清晰的方法传递参数。

☑ int sqlo_close(int sth)：关闭由上一个函数打开的游标。

☑ int sqlo_fetch(int sth)：从打开的游标中获取一条记录，并将之存入一个已分配的内存空间中。

☑ const char **sqlo_values(int sth, int *numbalues, int dostrip)：从内存中返回上一次 sqlo_fetch 取得的值，是以字符串形式返回的。

☑ int sqlo_prepare(int dbh, char const *stmt)：返回一个打开的游标 sth。

☑ int sqlo_bind_by_name(int sth, const char * param_name, int param_type, const void * param_addr, unsigned int param_size, short * ind_arr, int is_array)：将查询语句的传入参数按照名字的形式与函数中的变量绑定。如果使用数组，那么参数 param_addr 和 ind_arr 必须指向该数组。

☑ int sqlo_bind_by_pos(int sth, int param_pos, int param_type, const void * param_addr, unsigned int param_size, short * ind_arr, int is_array)：将查询语句的传出值，按照位置顺序与函数中的变量绑定。

☑ int sqlo_execute (int sth, int iterations)：执行查询语句。iterations 可设为“1”。

在执行完数据库操作后，可用 int sqlo_commit (int dbh)提交操作，或用 int sqlo_rollback (int dbh)回滚操作。

上面讲述了 Libsqlora8 的相关函数，下面就来连接 Oracle 数据库。

【例 14.1】 连接 Oracle 数据库。（**实例位置：资源包\TM\sl\14\1**）

程序的代码如下：

```
#include<stdio.h>
#include<sqlora.h>                                   //包含 Oracle 数据库接口函数
static int _abort_flag = 0;                          //错误代码标志
int main()
{
```

```
    const char *cstr = "mrzx/mrzxoracle";                        //用户名和密码
    sqlo_db_handle_t dbh;                                        //该变量用于数据库标识符
    int status;
    char server_version[1024];                                   //用于保存服务器版本
    status = sqlo_init(SQLO_OFF, 1, 100);                        //初始化 libsqlora
    if (status != SQLO_SUCCESS) {
        puts("libsqlora 初始化失败。");
        return 1;
    }
    status = sqlo_connect(&dbh, cstr);                           //连接 Oracle 数据库服务器
    if (status != SQLO_SUCCESS) {
        printf("不能使用下列用户登录：%s\n", cstr);
        return 1;
    }
    RETURN_ON_ABORT;                                             //如果捕捉到信号则结束
    if (SQLO_SUCCESS != sqlo_server_version(dbh,
                                server_version,
                                sizeof(server_version))) {       //获得 Oracle 数据库服务器版本信息
      printf("无法获得版本信息：%s\n", sqlo_geterror(dbh));
      return 1;
    }
    printf("已连接到：\n%s\n\n", server_version);
    RETURN_ON_ABORT;
    sqlo_finish(dbh);                                            //断开连接
    puts("服务器连接已断开");
    return 0;
}
```

上面的代码只是连接本地 Oracal 数据库的服务器端，如果实现通信，系统中必须要有 Oracle 数据库的客户端程序，至于 Oracle 数据库的服务器位置可以在 Oracle 客户端中进行设定。

14.7　小　　结

本章讲解了如何在 Linux 系统下安装 MySQL 数据库和 Oracle 数据库，并且详细地介绍了如何使用 C 语言来连接 MySQL 数据库以及对 MySQL 数据库的操作，而对于 Oracle 数据库，只是讲到了如何使用 C 语言连接数据库。至于如何操作 Oracle 数据库，读者可以根据自己的兴趣进行研究。

14.8　实践与练习

1．在计算机上安装 MySQL 数据库和 Oracle 数据库。

2．写一个程序往 MySQL 数据库中插入一条数据。可参阅本章的 14.3.4 节。（**答案位置：资源包\TM\sl\14\02**）

第15章

集成开发环境

（视频讲解：13分钟）

集成开发环境是将一些开发工具集合到同一个操作界面的工具软件，它通常由项目管理器、文件管理器、文本编辑工具、语法纠正器、编译工具、调试工具组成。在 Linux 系统中开发 C/C++语言程序，可选择的集成开发环境有 Eclipse 和 Kdevelop，分别运行在 GNOME 桌面环境和 KDE 桌面环境。本章主要讲解 Eclipse 的集成开发环境。

通过阅读本章，您可以：

- 了解 Eclipse 和 CDT
- 掌握安装和配置 Eclipse 的方法
- 使用 Eclipse

15.1 Eclipse 与 CDT 简介

Eclipse 最初是由 IBM 公司开发，主要是用于 Java 语言的开发，随之不断地发展，扩展到了各种语言。2001 年 11 月，正式贡献给开源社区，现在由非营利软件供应商联盟 Eclipse 基金会管理。2003 年，OSGi 服务平台规范成为 Eclipse 运行的架构。最初，Eclipse 用于开发 Java 语言程序，但加入 CDT 插件后就能进行 C 和 C++语言程序开发，并具备如下特性。

☑ 显示提纲：Outline 窗口模块可显示源代码中的过程、变量、声明以及函数的位置。

☑ 源代码辅助：可结合上下文提示需要输入的源代码，并检查源代码中的语法错误。

☑ 源代码模板：扩展源代码辅助功能中使用的源代码标准，加入自定义的源代码段，可加快代码编辑速度。

☑ 源代码历史记录：在没有使用 CVS 等版本控制工具的情况下，也可以记录源代码的修改情况。

C 和 C++语言都是世界上最流行且使用最普遍的编程语言，因此 Eclipse 平台（Eclipse Platform）提供对 C/C++开发的支持一点都不足为奇。因为 Eclipse 平台只是用于开发者工具的一个框架，它不直接支持 C/C++，而是使用外部插件来提供支持。本文将演示如何使用 CDT（用于 C/C++开发的一组插件）。CDT 项目致力于为 Eclipse 平台提供功能完全的 C/C++集成开发环境（Integrated Development Environment，IDE）。虽然该项目的重点是 Linux，但它在可以使用 GNU 开发者工具的所有环境（包括 Windows、QNX Neutrino 和 Solaris 平台）中都能工作。

CDT 是完全用 Java 实现的开放源码项目（根据 Common Public License 特许的），它作为 Eclipse SDK 平台的一组插件。这些插件将 C/C++透视图添加到 Eclipse 工作台（Workbench）中，现在后者可以用许多视图和向导以及高级编辑和调试支持来支持 C/C++开发。

由于其复杂性，CDT 被分成几个组件，它们都采用独立插件的形式。每个组件都作为一个独立自主的项目进行运作，有它自己的一组提交者、错误类别和邮件列表。但是，所有插件都是 CDT 正常工作所必需的。下面是 CDT 插件/组件的完整列表：

☑ 主 CDT 插件（Primary CDT plug-in）是“框架”CDT 插件。

☑ CDT 功能 Eclipse（CDT Feature Eclipse）是 CDT 功能组件（Feature Component）。

☑ CDT 核心（CDT Core）提供了核心模型（Core Model）、CDOM 和核心组件（Core Component）。

☑ CDT UI 是核心 UI、视图、编辑器和向导。

☑ CDT 启动（CDT Launch）为诸如编译器和调试器之类的外部工具提供了启动机制。

☑ CDT 调试核心（CDT Debug Core）提供了调试功能。

☑ CDT 调试 UI（CDT Debug UI）为 CDT 调试编辑器、视图和向导提供了用户界面。

☑ CDT 调试 MI（CDT Debug MI）是用于与 MI 兼容的调试器的应用程序连接器。

视频讲解

15.2 安装和配置 Eclipse

前面对 Eclipse 和 CDT 进行了介绍，下面介绍如何安装和配置 Eclipse。

15.2.1 安装 Eclipse

在下载和安装 CDT 之前，首先必须确保 GNU C 编译器（GNU C Compiler，GCC）以及所有附带的工具（make、binutils 和 GDB）都是可用的。如果正在运行 Linux，只要通过使用适用于用户分发版的软件包管理器来安装开发软件包即可。Solaris 和 QNX 要求从互联网下载并安装其特定的 GCC、GNU Make binutils 和 GDB 移植。

Eclipse 安装需要 JRE 的支持，所以要想安装 Eclipse 必须保证系统中已经安装了 JRE。安装 JRE 的过程如下：

```
[root@localhost ~]#mkdir /usr/local/java
```

将档案 jre-8u65-linux-x64.gz 下载到/usr/local/java 目录下。

使用超级用户模式。

```
[root@localhost ~]#su
[root@localhost ~]#cd /usr/java
```

将所下载的档案权限更改为可执行。

```
[root@localhost java]#chmod a+x jre-8u65-linux-x64.gz
```

启动 JRE 安装过程。

```
[root@localhost java]#./jre-8u65-linux-x64.gz
```

此时将显示二进制许可协议，按空格键显示下一页，读完许可协议后，输入“yes”继续安装，如图 15.1 所示。此时会将其解压缩，产生 jre-8u65-linux-x64。

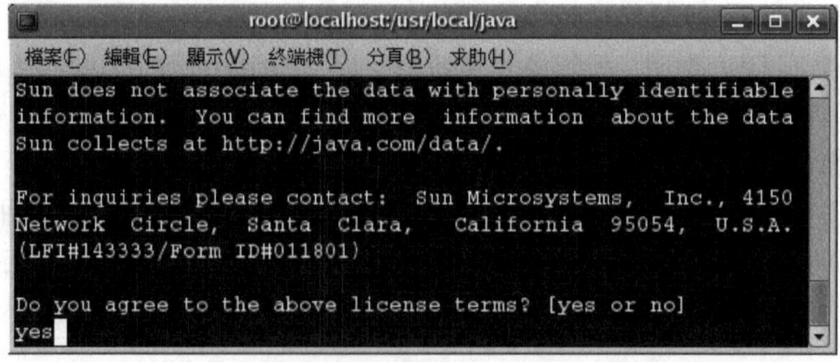

图 15.1 许可协议界面

安装 jre-8u65-linux-x64。

```
[root@localhost java]#rpm –ivh jre-8u65-linux-x64
```

程序的安装界面如图 15.2 所示。

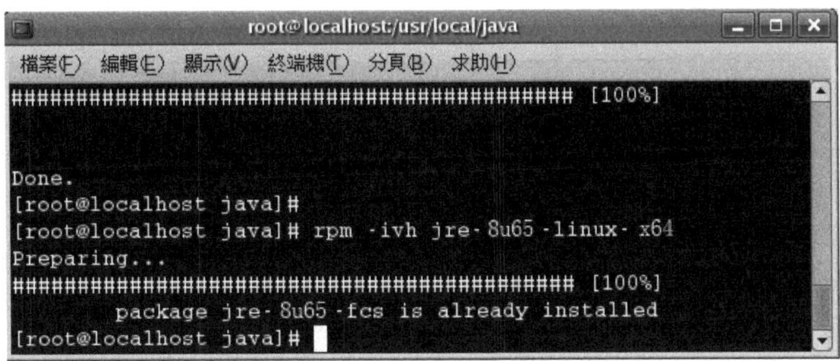

图 15.2　安装界面

此时会将 JRE 安装在/usr/java/jre8u65 目录下，设定环境变量，让 Linux 能找到 JRE。

```
[root@localhost java]#vi /etc/profile
```

将以下内容加入到档案后面：

```
PATH = $PATH: / usr / java / jre8u65 / bin
export JAVA_HOME =/ usr / java / jre8u65
export CLASSPATH = $JAVA_HOME / lib:.
```

存盘后，重新启动 Linux，测试 Java 是否安装成功。

```
[root@localhost ~]#java –version
```

程序的测试界面如图 15.3 所示。

图 15.3　测试界面

在安装完 JRE 后就可以安装 Eclipse 的 SDK。下面来看一下如何安装 SDK。

将安装文件 eclipse-SDK-3.7.2-linux-gtk.tar.gz 传到桌面，命令如下：

```
[root@localhost ~]#cd /usr/local
[root@localhost local]#cp ~Desktop/eclipse-SDK-3.7.2-linux-gtk.tar.gz .
```

将 eclipse-SDK-3.7.2-linux-gtk.tar.gz 解压缩，命令如下：

```
[root@localhost local]#tar –zxvf eclipse-SDK-3.7.2-linux-gtk.tar.gz
[root@localhost local]#cd eclipse
```

执行 Eclipse。

```
[root@localhost eclipse]#./eclipse
```

在执行了上面的命令后，就会出现 Eclipse 的初始界面，在设定源文件的存储位置后，就可以进入 Eclipse 的主界面，如图 15.4 所示。

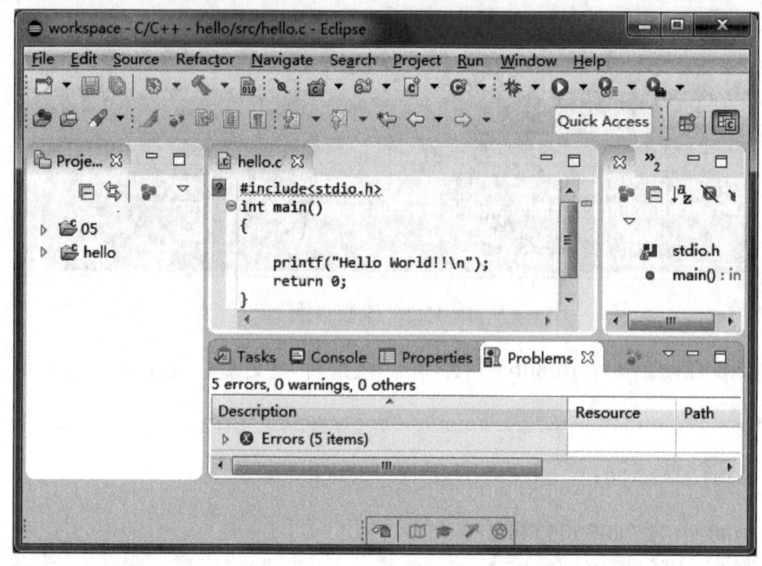

图 15.4　Eclipse 主界面

在安装完 Eclipse 之后即可配置 Eclipse 的 CDT。

15.2.2　配置 Eclipse 的 CDT

CDT 有两种“方式”可用：稳定的发行版和试运行版（nightly build）。试运行版未经完全测试，但它们提供了更多的功能并改正了当前错误。安装之前，请检查磁盘上是否存在先前版本的 CDT，如果存在，请确保完全去除它。因为 CDT 没有可用的卸载程序，所以需要手工去除。为了检查先前版本是否存在，转至 CDT 插件所驻留的目录：eclipse/plugins。接着，去除所有以 org.eclipse.cdt 名称开头的目录。需要做的最后一件事是从 workspace/.metadata/.plugins 和 features 去除 CDT 元数据目录 or.eclipse.cdt.*。

下一步就是下载 CDT 二进制文件。

注意

请下载适合于自己操作系统的正确的 CDT。遗憾的是，即使 CDT 是用 Java 编写的，它也不是与平台无关的。

接着将归档文件解压到临时目录，从临时目录中将所有插件目录内容都移到 Eclipse plugins 子目录。还需要将 features 目录内容移到 Eclipse features 子目录中，重新启动 Eclipse。

Eclipse 再次启动之后，更新管理器将告诉您它发现了更改并询问您是否确认这些更改。配置成功后，能够看到两个可用的新项目：C 和 C++，如图 15.5 所示。

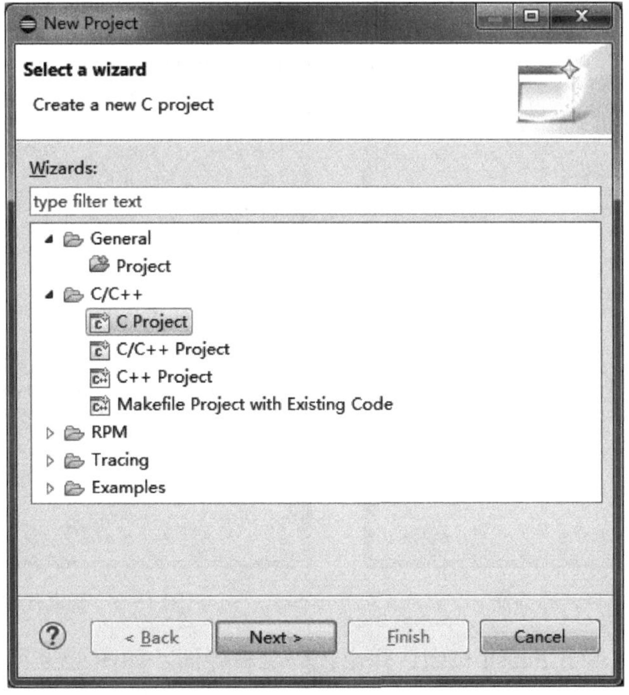

图 15.5　C 和 C++项目界面

15.3　使用 Eclipse 开发 C 代码

15.3.1　编写运行 Hello World

我们已经安装并配置了 Eclipse 和 CDT，下面就来写一个经典的测试代码“Hello World”。

在 Eclipse 中安装 CDT 之后，浏览至 File => New => Project。在那里将发现 3 个新的可用项目类型：C（Standard C Make Project）、C++（Standard C++ Make Project）和 Convert to C or C++ Projects。从 C Project 开始，为项目创建源代码文件，如图 15.6 所示。

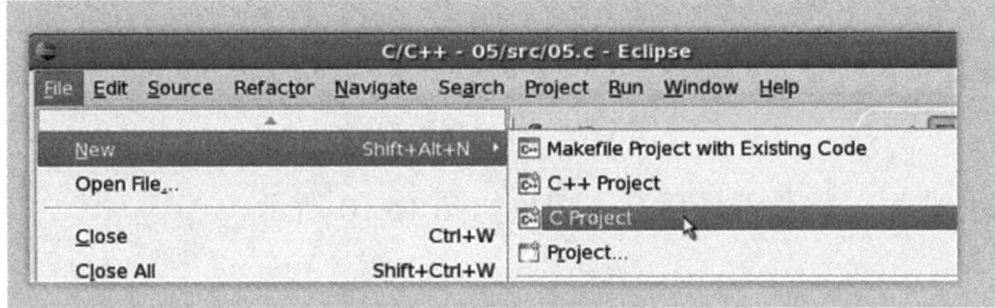

图 15.6　创建 C Project

在选择 C Project 子菜单后，进入项目名称界面，在其中输入项目名称，并且选择基本的 Hello World ANSI C Project 选项，如图 15.7 所示。单击 Next 按钮，进入基本代码信息界面，如图 15.8 所示。

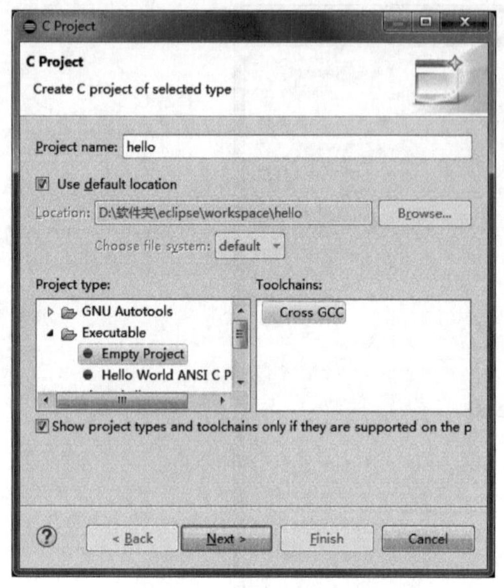

图 15.7　项目名称界面

图 15.8　基本代码信息界面

在图 15.8 所示的界面单击 Finish 按钮，弹出代码编辑界面，如图 15.9 所示。

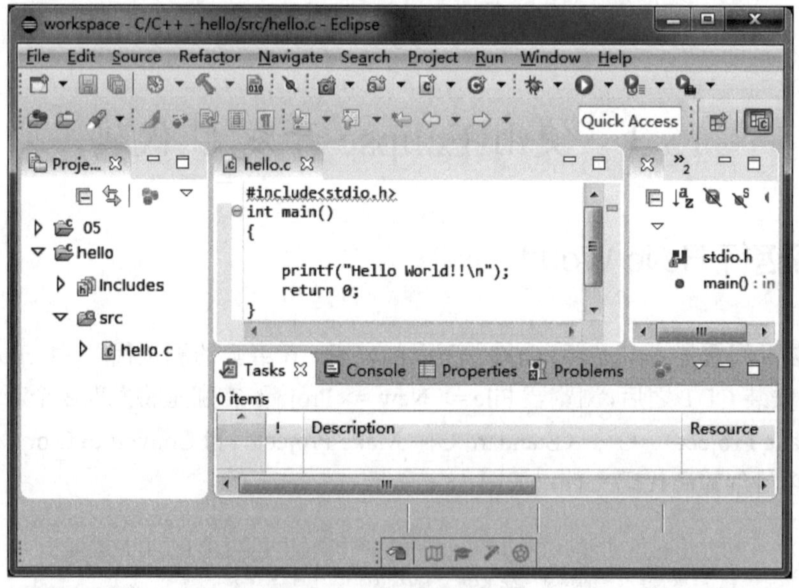

图 15.9　代码编辑界面

在基本代码编辑完成后，就是编译运行，效果如图 15.10 所示。

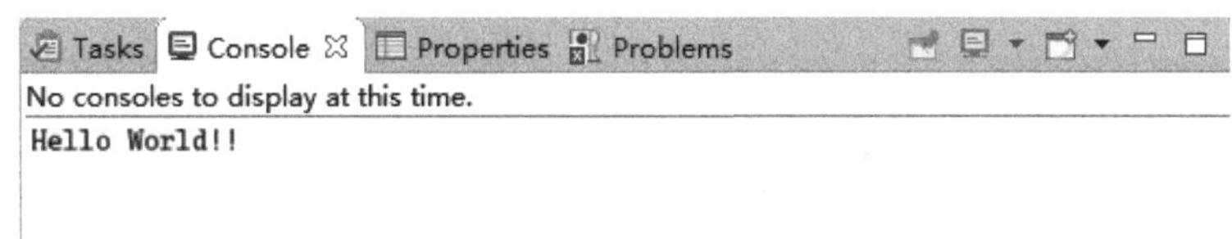

图 15.10　编译运行

以上就是一个基本的测试程序的整个编写和编译过程。

15.3.2　CDT 的相关功能

CDT IDE 是在 CDT UI 插件所提供的通用可扩展编辑器基础上构建的。然而，该模块仍处于开发阶段，所以它仍缺少一些重要的实用程序，如类浏览器或语言文档浏览器。CDT IDE 的主要功能如下。

☑ 语法突出显示：CDT IDE 识别 C/C++语法，并为语法突出显示提供了完全可配置的代码着色以及代码格式化功能。

☑ 提纲：Outline 窗口模块提供了有关出现在源代码中的过程、变量、声明以及函数的快速视图。利用 Outline，用户可以方便地找到源代码中的适当引用，甚至搜索所有项目的源代码。

☑ 代码辅助：这个代码完成功能类似于可在 Borland C++ Builder 或 MS Visual Studio 中找到的功能。它使用了代码模板，并且只有助于避免愚蠢的语法错误。

☑ 代码模板：由代码辅助功能使用的代码模板是标准 C/C++语言语法结构的定义。也可以定义自己的代码模板来扩展自己的快捷键，如用于 author 或 date 关键字的快捷键。在 Window => Preferences => C/C++ => Code Templates 中，可以添加新模板并查看完整的模板列表，也可以将模板作为 XML 文件导出和导入。

☑ 代码历史记录：即使没有使用 CVS 或其他源代码版本管理软件，也可以跟踪项目源代码中的本地更改。在选择的文件上单击鼠标右键，在弹出的快捷菜单中选择 Compare With => Local History 命令。

15.3.3　调试 C/C++的项目

CDT 扩展了标准的 Eclipse Debug 视图，使之具备了调试 C/C++代码的功能。Debug 视图允许在工作台中管理程序的调试或运行。要开始调试当前项目，只要切换到 Debug 视图，就能够在代码中设置（并在执行过程中随时更改）断点/监测点并跟踪变量和寄存器。Debug 视图显示正在调试的每个目标的暂挂线程的堆栈框架。程序中的每个线程都作为树中的一个节点出现，Debug 视图显示正在运行的每个目标的进程。

Eclipse 通过 CDT 调试 MI（CDT Debug MI）插件（其组件之一）支持与机器接口（Machine Interface，MI）兼容的调试器。但 MI 调试器究竟是什么呢？通常情况下，像 ddd 和 xxgdb 之类的第三方 GUI 调试器在实现调试功能时都依赖于 GDB 的命令行接口（Command Line Interface，CLI）。遗憾的是，经过证实，该接口非常不可靠，而 GDB/MI 提供了一种新的面向机器的接口，它非常适合于想要直接解析 GDB 输出的程序。

15.4 小　　结

本章介绍了 Eclipse 集成开发环境。这个集成开发环境也是当今大多数程序员所使用的工具，在开发一些大型软件项目时需要多位开发者协调工作，这时集成开发环境中的版本控制工具显得非常重要。它用于保障多位开发者同时编译一个文件的过程中，不会相互覆盖对方的工作成果。另外，如果前面进行的工作不小心在后面被删除，版本控制工具也能方便地回溯到某个时间点。读者在学习后面的章节时，可使用集成开发环境编辑和运行程序，在实际操作中积累经验。

高级应用

本篇主要介绍了界面开发基础、界面布局、界面构件开发、Glade 设计程序界面等 Linux 系统下的图像界面编程的高级应用，通过这一部分的学习，使读者能够进一步了解 Linux 系统中图形界面的丰富应用。

第16章

界面开发基础

（视频讲解：23 分钟）

在程序设计中，界面设计是很有难度的。本章就是要介绍在 Linux 系统中使用 C 语言设计界面的相关基本知识，其中包括 Linux 的桌面环境，这里主要介绍 GNOME 桌面环境、glib 库、GObject 对象、图形引擎以及多媒体库等。

通过阅读本章，您可以：

- 了解 GNOME 桌面环境
- 理解 glib 库
- 了解 GObject 对象
- 了解 Cairo 图形引擎
- 理解多媒体库

16.1　Linux 常用桌面环境

本章主要介绍的是 GNOME 桌面。用户成功登录系统后，进入 Linux 环境，在屏幕的最上方和最下方各看到一行面板，最上方看到一排系统菜单和快捷图标，与 Windows 的任务栏有些相似，不过位置不同，如图 16.1 所示，其面板左侧是系统菜单，右侧有时间和声音图标。

图 16.1　GNOME 面板（上）

桌面环境的最下方也有一个面板，面板上是回收站和显示桌面图标，如图 16.2 所示。

图 16.2　GNOME 面板（下）

在桌面环境中，除了面板以外的其他面积都是桌面，可以看到“计算机”“root 的主文件夹”“回收站”这 3 个桌面图标。

16.1.1　面板介绍

1．应用程序菜单介绍

上方面板最左边是应用程序菜单，主要是 Linux 环境中安装的一些程序，被分类整理显示在菜单中。

- ☑ 应用程序菜单的 Internet 子菜单中是 Linux 系统默认安装的一个 Firefox（火狐）浏览器，单击可以上网。
- ☑ 应用程序菜单的办公子菜单中是办公软件 OpenOffice，需要单独安装。
- ☑ 应用程序菜单的图像子菜单中是常用的图像浏览器，方便用户浏览图像。
- ☑ 应用程序菜单的影音子菜单中是 Linux 中常用的影音播放器，满足用户视听需要。
- ☑ 应用程序菜单的系统工具子菜单中是常用的系统工具。
- ☑ 应用程序菜单的附件子菜单中是常用的工具，有字典、抓图工具、计算器和终端等。
- ☑ 单击附件子菜单中的终端之后，会弹出终端输入窗口，可以输入 Linux 命令，并快速执行命令。
- ☑ 应用程序菜单中的添加/删除软件子菜单可以打开软件包管理器，对 Linux 系统的系统软件包进行添加、删除等管理操作。

2．位置菜单介绍

应用程序菜单右侧就是位置菜单，这个菜单中放置了用户经常用到的一些系统位置，可以快速访问文档、文件夹和网络位置。用户可以通过单击菜单中的菜单项，如主文件夹，快速打开主文件夹窗口进行操作。

3．系统菜单介绍

在面板上还有一个系统菜单，通过系统菜单可以更改系统外观和行为，获得帮助和注销或关闭系统。

4．其他

在系统菜单右侧有一个地球图标，这是系统默认的 Web 浏览器，可以通过单击图标快速打开浏览器。上方面板右侧有时间显示，单击时间，下方出现日期，可以查看当前年份和日期。

5．更改面板位置

Linux 环境中的面板是放在桌面环境的最上方和最下方的，位置不集中。特别是应用程序和系统菜单，作为经常使用 Windows 界面的用户，一开始接触 Linux 环境往往会很不习惯，其实这些面板的位置可以移动，可以通过拖动将所有面板放置在桌面环境的最下方。

16.1.2　桌面图标介绍

用户成功登录系统后，进入 Linux 桌面环境，在屏幕的中间位置会看到系统的桌面图标，默认情况下有“计算机”“root 的主文件夹”“回收站”这 3 个图标。

☑　双击“计算机”图标，可以打开“计算机”窗口，对当前计算机的文件系统及光盘等进行操作，如图 16.3 所示。在窗口中，可以看到“CD-ROM/DVD-ROM 驱动器”，也就是光盘驱动器的图标。光盘驱动器中如果放置有光盘或光盘镜像文件，双击该图标，可以打开光盘进行浏览。

☑　双击“文件系统”图标，可以打开文件系统窗口，浏览 Linux 系统文件夹，也可以在此新建文件和文件夹（在后续章节中会陆续介绍），如图 16.3 所示。

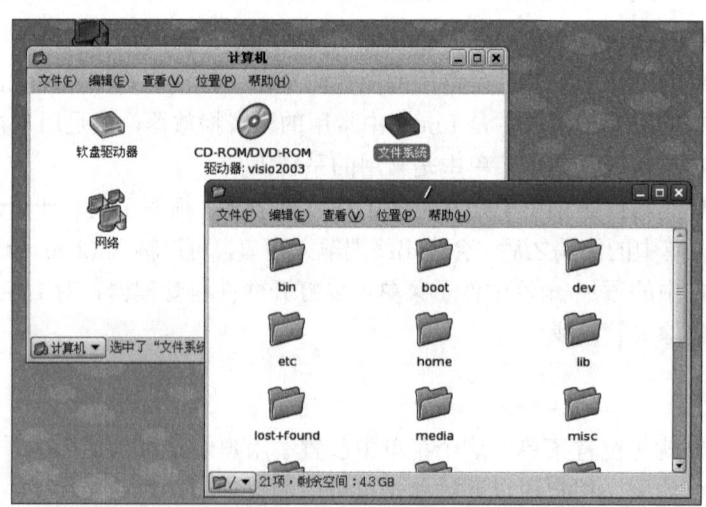

图 16.3　打开文件系统窗口

☑ 双击桌面的“root 的主文件夹”，可以快速进入到超级管理员 root 用户的主文件夹。在 Linux 系统中，每一个系统用户都有一个主文件夹，用于放置此用户的系统设置和一些文件，如图 16.4 所示。

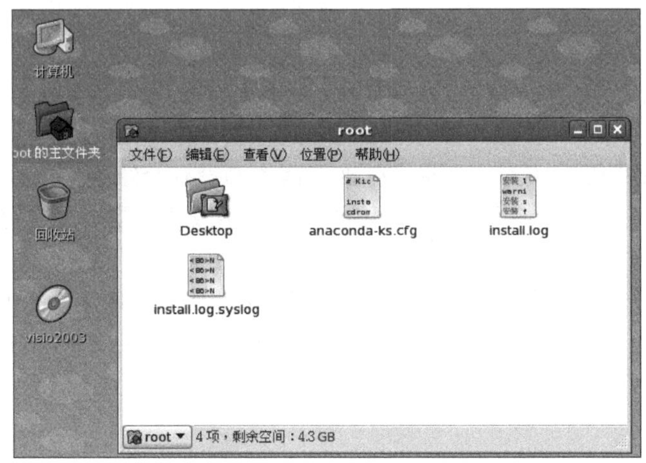

图 16.4 root 的主文件夹

16.1.3 桌面背景

进入 Linux 桌面环境中，第一眼看到的就是桌面的背景，用户可以更改桌面背景，满足不同的审美需要。Linux 桌面环境默认已经添加了一些桌面背景。在桌面上空白区域右击，在弹出的快捷菜单中选择“更改桌面背景”命令，打开“桌面背景首选项”窗口，如图 16.5 所示。

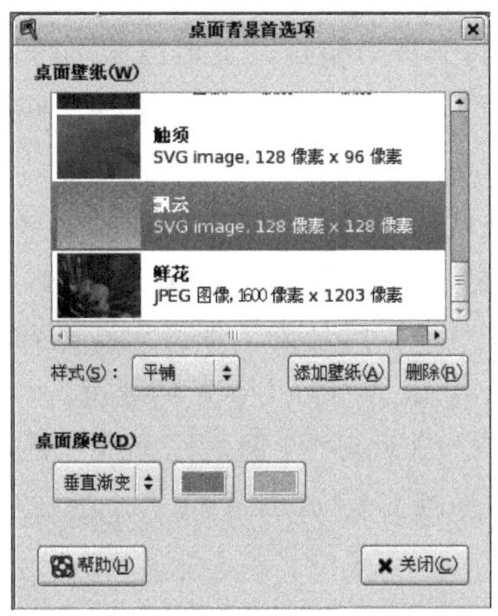

图 16.5 “桌面背景首选项”窗口

在“桌面背景首选项”窗口中，可以看到“桌面壁纸”列表框，拖动右侧滚动条，能够查看 Linux 系统默认的背景图片，也可以单击“添加壁纸”按钮，从系统文件夹中添加用户自己的图片作为背景图片，也可单击“删除”按钮删除背景图片。

从“桌面壁纸”列表框中选择一个背景，不用单击“关闭”按钮，桌面背景就可以生效。

16.2 glib 库介绍

glib 库是 Linux 平台下最常用的 C 语言函数库，它具有很好的可移植性和实用性。glib 是 GTK+库和 GNOME 的基础，可以在多个平台下使用，如 Linux、UNIX、Windows 等。glib 为许多标准的、常用的 C 语言结构提供了相应的替代物。如果有什么东西本书没有介绍到，请参考 glib 的头文件：glib.h。glib.h 头文件很容易理解，很多函数从字面上都能猜出它的用处和用法。如果有兴趣，glib 的源代码也是非常好的学习材料。

glib 的各种实用程序具有一致的接口。它的编码风格是半面向对象，标识符加了一个前缀“g”，这也是一种通行的命名约定。使用 glib 库的程序都应该包含 glib 的头文件 glib.h。如果程序已经包含了 gtk.h 或 gnome.h，则不需要再包含 glib.h。

16.2.1 类型定义

glib 的类型定义不是使用 C 的标准类型，它自己有一套类型系统。它们比常用的 C 语言的类型更丰富，也更安全可靠。引进这套系统有多种原因。例如，gint32 能保证是 32 位的整数，一些不是标准 C 的类型也能保证；有一些仅是为了输入方便，如 guint 比 unsigned 更容易输入；还有一些仅是为了保持一致的命名规则，如 gchar 和 char 是完全一样的。

以下是 glib 基本类型定义。

☑ 整数类型：gint8、guint8、gint16、guint16、gint32、guint32、gint64、guint64。其中 gint8 是 8 位的整数，guint8 是 8 位的无符号整数，其他以此类推。这些整数类型能够保证大小。不是所有的平台都提供 64 位整型，如果一个平台有这些，glib 会定义 G_HAVE_GINT64。整数类型 gshort、glong、gint 和 short、long、int 完全等价。

☑ 布尔类型 gboolean：它可使代码更易读，因为标准 C 没有布尔类型。gboolean 可以取两个值，即 TRUE 和 FALSE。实际上，FALSE 定义为 0，而 TRUE 定义为非零值。

☑ 字符型：gchar 和 char 完全一样，只是为了保持一致的命名。

☑ 浮点类型：gfloat、gdouble 和 float、double 完全等价。

☑ 指针：gpointer 对应于标准 C 的 void *，但是比 void *更方便。

☑ 指针：gconstpointer 对应于标准 C 的 const void *（注意，将 const void *定义为 const gpointer 是行不通的）。

16.2.2 glib 的宏

glib 定义了一些在 C 程序中常见的宏，详见下面的列表。TRUE/FALSE /NULL 就是 1 / 0 / ((void*) 0)。MIN()/MAX()返回更小或更大的参数。A B S()返回绝对值。对于 CLAMP(x, low,high)，若 x 在[low, high]

范围内，则等于 x；如果 x 小于 low，则返回 low；如果 x 大于 high，则返回 high。

常用的宏列表如下：

```
#include<glib.h>
TRUE
FALSE
NULL
MAX(a, b)
MIN(a, b)
A B S ( x )
CLAMP(x, low, high)
```

有些宏只有 glib 拥有，例如在后面要介绍的 gpointer-to-gint 和 gpointer-to-guint。

大多数 glib 的数据结构都设计成存储一个 gpointer。如果想存储指针来动态分配对象，可以这样做。然而，有时还是想存储一列整数而不想动态地分配它们。虽然 C 标准不能严格保证，但是在多数 glib 支持的平台上，在 gpointer 变量中存储 gint 或 guint 仍是可能的。在某些情况下，需要使用中间类型转换。

16.2.3　内存管理

glib 用自己的 g _变体包装了标准的 malloc()和 free()，即 g_malloc()和 g_free()。它们有以下几个优点：

（1）g_malloc()总是返回 gpointer，而不是 char *，所以不必转换返回值。

（2）如果低层的 malloc()失败，g_malloc()将退出程序，所以不必检查返回值是否是 NULL。

（3）g_malloc()对于分配 0 字节返回 NULL。

（4）g_free()忽略任何传递给它的 NULL 指针。

除此之外，g_malloc()和 g_free()还支持各种内存调试和剖析。如果将 enable-mem-check 选项传递给 glib 的 configure 脚本，在释放同一个指针两次时，g_free()将发出警告。

enable-mem-profile 选项使代码使用统计来维护内存。调用 g_mem_profile()时，信息会输出到控制台上。最后，还可以定义 USE_DMALLOC，glib 内存封装函数会使用 malloc()。调试宏在某些平台上在 dmalloc.h 中定义。

函数列表：glib 内存分配

```
#include<glib.h>
gpointer g_malloc(gulong size)
void g_free(gpointer mem)
gpointer g_realloc(gpointer mem,
gulong size)
gpointer g_memdup(gconstpointer mem,
guint bytesize)
```

用 g_free()和 g_malloc()、malloc()和 free()，以及（如果正在使用 C++）new 和 delete 匹配是很重

要的，否则，由于这些内存分配函数使用不同内存池（new/delete 调用构造函数和解构函数），不匹配将会发生很糟糕的事。

另外，g_realloc()和 realloc()是等价的。还有一个很方便的函数 g_malloc0()，它将分配的内存每一位都设置为 0；另一个函数 g_memdup()返回一个从 mem 开始的字节数为 bytesize 的备份。为了与 g_malloc()一致，g_realloc()和 g_malloc0()都可以分配 0 字节内存。不过，g_memdup()不能这样做。g_malloc0()在分配的原始内存中填充未设置的位，而不是设置为数值 0。偶尔会有人期望得到初始化为 0.0 的浮点数组，但这样是做不到的。

最后，还有一些指定类型内存分配的宏，见下面的宏列表。这些宏中的每一个 type 参数都是数据类型名，count 参数是指分配字节数。这些宏能节省大量的输入和操纵数据类型的时间，还可以减少错误。它们会自动转换为目标指针类型，所以试图将分配的内存赋给错误的指针类型，应该触发一个编译器警告。

宏列表：内存分配宏

```
#include<glib.h>
g_new(type, count)
g_new0(type, count)
g_renew(type, mem, count)
```

16.2.4 字符串处理

glib 提供了很丰富的字符串处理函数，其中有一些是 glib 独有的，一些用于解决移植问题。它们都能与 glib 内存分配例程很好地互操作。如果需要比 gchar*更好的字符串，glib 提供了一个 GString 类型。

函数列表：字符串操作

```
#include<glib.h>
gint g_snprintf(gchar* buf,
gulong n,
const gchar* format,
. . . )
gint g_strcasecmp(const gchar* s1,
const gchar* s2)
gint g_strncasecmp(const gchar* s1,
const gchar* s2,
guint n)
```

上面的函数列表显示了一些 ANSI C 函数的 glib 替代品，这些函数在 ANSI C 中是扩展函数，一般都已经实现，但不可移植。对普通的 C 函数库，其中的 sprintf()函数有安全漏洞，容易造成程序崩溃，而相对安全并得到充分实现的 snprintf()函数一般都是软件供应商的扩展版本。

在含有 snprintf()的平台上，g_snprintf()封装了一个本地的 snprintf()，并且比原有实现更稳定、安全。以往的 snprintf()不保证它所填充的缓冲是以 NULL 结束的，但 g_snprintf()保证了这一点。

g_snprintf()函数在 buf 参数中生成一个最大长度为 n 的字符串。其中 format 是格式字符串，后面的

“...”是要插入的参数。

g_strcasecmp()和 g_strncasecmp()实现两个字符串大小写不敏感的比较，后者可指定需比较的最大长度。strcasecmp()在多个平台上都是可用的，但是有的平台并没有，所以建议使用 glib 的相应函数。

下面的函数列表中的函数在合适的位置上修改字符串。第一个将字符串转换为小写，第二个将字符串全部转换为大写。g_strreverse()将字符串颠倒过来。g_strchug()和 g_strchomp()，前者去掉字符串前的空格，后者去掉结尾的空格。宏 g_strstrip()结合这两个函数，删除字符串前后的空格。

函数列表：修改字符串

```
#include<glib.h>
void g_strdown(gchar* string)
void g_strup(gchar* string)
void g_strreverse(gchar* string)
gchar* g_strchug(gchar* string)
gchar* g_strchomp(gchar* string)
```

下面的函数列表显示了几个半标准函数的 glib 封装。g_strtod 类似于 strtod()，它把字符串 nptr 转换为 gdouble。*endptr 设置为第一个未转换字符，如数字后的任何文本。如果转换失败，*endptr 设置为 nptr 值。*endptr 可以是 NULL，这样函数会忽略这个参数。g_strerror()和 g_strsignal()与前面没有“g_”的函数是等价的，但它们是可移植的，它们返回错误号或警告号的字符串描述。

函数列表：字符串转换

```
#include<glib.h>
gdouble g_strtod(const gchar* nptr,
gchar** endptr)
gchar* g_strerror(gint errnum)
gchar* g_strsignal(gint signum)
```

下面的函数列表显示了 glib 中的字符串分配函数。

g_strdup()和 g_strndup()返回一个已分配内存的字符串或字符串前 n 个字符的备份。为与 glib 内存分配函数一致，如果向函数中传递一个 NULL 指针，它们返回 NULL。

printf()返回带格式的字符串。g_strescape 在它的参数前面通过插入另一个“\”，将后面的字符转义，返回被转义的字符串。g_strnfill()根据 length 参数返回填充 fill_char 字符的字符串。

g_strdup_printf()值得特别注意，它是处理下面代码更简单的方法：

```
gchar* str = g_malloc(256);
g_snprintf(str, 256, "%d printf-style %s", 1, "format");
```

用下面的代码，不需计算缓冲区的大小：

```
gchar* str = g_strdup_printf("%d printf-style %", 1, "f o r m a t") ;
```

函数列表：分配字符串

```
#include<glib.h>
gchar *
g_strdup(const gchar* str)
```

```
gchar* g_strndup(const gchar* format,
guint n)
gchar* g_strdup_printf(const gchar* format,
. . . )
gchar* g_strdup_vprintf(const gchar* format,
va_list args)
gchar* g_strescape(gchar* string)
gchar* g_strnfill(guint length,
gchar fill_char)
```

g_strconcat()返回由连接每个参数字符串生成的新字符串，最后一个参数必须是 NULL，让 g_strconcat()知道何时结束。g_strjoin()与它类似，但是在每个字符串之间插入由 separator 指定的分隔符。如果 separator 是 NULL，则不会插入分隔符。

下面是 glib 提供的连接字符串的函数。

函数列表：连接字符串的函数

```
#include<glib.h>
gchar* g_strconcat(const gchar* string1,
. . . )
gchar* g_strjoin(const gchar* separator,
. . . )
```

下面的函数列表总结了几个处理以 NULL 结束的字符串数组的例程。g_strsplit()在每个分隔符处分割字符串，返回一个新分配的字符串数组。g_strjoinv()用可选的分隔符连接字符串数组，返回一个已分配好的字符串。g_strfreev()释放数组中的每个字符串，然后释放数组本身。

函数列表：处理以 NULL 结束的字符串向量

```
#include<glib.h>
gchar** g_strsplit(const gchar* string,
const gchar* delimiter,
gint max_tokens)
gchar* g_strjoinv(const gchar* separator,
gchar** str_array)
void g_strfreev(gchar** str_array)
```

16.2.5 数据结构

glib 实现了许多通用数据结构，如单向链表、双向链表、树和哈希表等。下面的内容将介绍 glib 链表。

glib 提供了普通的单向链表和双向链表，分别是 GSList 和 GList。这些是由 gpointer 链表实现的，可以使用 GINT_TO_POINTER 和 GPOINTER_TO_INT 宏在链表中保存整数。GSList 和 GList 有一样的 API 接口，除了有 g_list_previous()函数外，没有 g_slist_previous()函数。本节讨论 GSList 的所有函数，这些也适用于双向链表。

在 glib 实现中，空链表只是一个 NULL 指针。因为它是一个长度为 0 的链表，所以向链表函数传递 NULL 总是安全的。以下是创建链表、添加一个元素的代码：

```
GSList* list = NULL;
gchar* element = g_strdup("a string");
list = g_slist_append(list, element);
```

glib 的链表明显受 Lisp 的影响，因此，空链表是一个特殊的“空”值。g_slist_prepend()操作很像一个恒定时间的操作：把新元素添加到链表前面的操作所花的时间都是一样的。

注意，必须将链表用链表修改函数返回的值替换，以防链表头发生变化。Glib 会处理链表的内存问题，根据需要释放和分配链表链接。

例如，以下代码将删除上面添加的元素并清空链表：

```
list = g_slist_remove(list, element);
```

链表 list 现在是 NULL。当然，仍需要自己释放元素。为了清除整个链表，可使用 g _slist_free()，它会快速删除所有的链接。因为 g_slist_free()函数总是将链表置为 NULL，它不会返回值；并且，如果愿意，可以直接为链表赋值。显然，g_slist_free()函数只释放链表的单元，它并不知道怎样操作链表内容。

为了访问链表的元素，可以直接访问 GSList 结构，例如：

```
gchar* my_data = list->data;
```

为了遍历整个链表，可以进行如下操作：

```
GSList* tmp = list;
while (tmp != NULL)
{
printf("List data: %p\n", tmp->data);
tmp = g_slist_next(tmp);
}
```

下面的列表显示了用于操作 GSList 元素的基本函数。对所有这些函数，必须将函数返回值赋给链表指针，以防链表头发生变化。注意，glib 不存储指向链表尾的指针，所以前插（prepend）操作是一个恒定时间的操作，而追加（append）、插入和删除所需时间与链表大小成正比。

这意味着用 g_slist_append()构造一个链表是一个很糟糕的主意。当需要一个特殊顺序的列表项时，可以先调用 g_slist_prepend()前插数据，然后调用 g_slist_reverse()将链表颠倒过来。

如果预计会频繁向链表中追加列表项，就要为最后的元素保留一个指针。下面的代码可以用来有效地向链表中添加数据：

```
void efficient_append(GSList** list, GSList** list_end, gpointer data)
{
g_return_if_fail(list != NULL);
g_return_if_fail(list_end != NULL);
if (*list == NULL)
{
g_assert(*list_end == NULL);
```

```
*list = g_slist_append(*list, data);
*list_end = *list;
}
else
{
*list_end = g_slist_append(*list_end, data)->next;
}
}
```

要使用这个函数，应该在其他地方存储指向链表和链表尾的指针，并将地址传递给 efficient_append()函数，例如：

```
GSList* list = NULL;
GSList* list_end = NULL;
efficient_append(&list, &list_end, g_strdup("Foo"));
efficient_append(&list, &list_end, g_strdup("Bar"));
efficient_append(&list, &list_end, g_strdup("Baz"));
```

当然，应该尽量不使用任何改变链表尾，但不更新 list_end 的链表函数。

函数列表：改变链表内容

```
#include<glib.h>
/* 向链表最后追加数据，应将修改过的链表赋给链表指针* /
GSList* g_slist_append(GSList* list,
gpointer data)
/* 向链表最前面添加数据，应将修改过的链表赋给链表指针* /
GSList* g_slist_prepend(GSList* list,
gpointer data)
/* 在链表的 position 位置向链表插入数据，应将修改过的链表赋给链表指针* /
GSList* g_slist_insert(GSList* list,
gpointer data,
gint position)
/ *删除链表中的 data 元素，应将修改过的链表赋给链表指针* /
GSList* g_slist_remove(GSList* list,
gpointer data)
```

访问链表元素可以使用下面的函数列表中的函数，这些函数都不改变链表的结构。

g_slist_foreach()对链表的每一项调用 Gfunc 函数。Gfunc 函数是像下面这样定义的：

```
typedef void (*GFunc)(gpointer data, gpointer user_data);
```

在 g_slist_foreach()中，Gfunc 函数会对链表的每个 list-> data 调用一次，将 user_data 传递到 g_slist_foreach()函数中。

还有一些很方便的操纵链表的函数，列在下面的函数列表中。除了 g_slist_copy()函数，所有这些函数都影响相应的链表。也就是说，必须将返回值赋给链表或某个变量，就像向链表中添加和删除元素时所做的那样。而 g_slist_copy()函数返回一个新分配的链表，所以能够继续使用两个链表，最后必须将两个链表都释放。

16.3　GObject 对象介绍

大多数现代计算机语言都带有自己的数据类型和对象系统，并且附带算法结构，就像 GLib 提供基本类型和算法结构（如链表、哈希表等）一样。GObject 对象系统提供了多种灵活、可扩展，并容易映射到（其他语言）面向对象的 C 语言框架，它的实质可以概括为：

☑ 一个通用类型系统，用来注册任意的、轻便的、单根继承的，并能推导出任意深度结构类型界面。它照顾组合对象定制、初始化和内存管理、类结构、保持对象父子关系，处理这些类型动态实现，也就是说这些类型实现是在运行时重置和卸载。

☑ 一个基本类型实现集，如整型枚举型和结构型等。

☑ 一个基本对象体系上的基本对象类型实现例子——GObject 基本类型。

☑ 一个信号系统，允许用户非常灵活地自定义虚的或重载对象思路方法，并且能充当非常有效的通知机制。

☑ 一个可扩展参数/变量体系支持所有能被用作处理对象属性或其他参数化类型基本类型。

GLib 中最有特色的是它的对象系统——GObject，它是以 GType 为基础而实现的一套单根继承 C 语言面向对象的框架。GType 是 GLib 运行时类型认证和管理系统。GType API 是 GObject 的基础系统，所以理解 GType 是理解 GObject 的关键。GType 提供了注册和管理所有基本数据类型、用户定义对象和界面类型的技术实现（在运用任一 GType 和 GObject 之前必须运行 g_type_init 来初始化类型系统）。

为实现类型定制和注册这一目的，所有类型必须是静态或动态，而且这两者的静态类型永远不能在运行时加载或卸载，而动态类型则可以。静态类型由 g_type_register_创建，通过 GTypeInfo 结构来取得类型的特殊信息。动态类型则由 g_type_register_dynamic 创建，用 GTypePlugin 结构来取代 GTypeInfo，并且还包括 g_type_plugin_*系列 API。这些注册通常只运行一次，目的是取得它们返回的专有类类型标识，还可以用 g_type_register_fundamental 来注册基础类型，它同时需要 GTypeInfo 和 GTypeFundamentalInfo 两个结构。事实上大多数情况下这是不必要的，系统预先定义基础类型是优于用户自定义的。

在 GObject 系统中信号是一种定制对象行为手段，同时也是一种多种用途通知机制。初学者可能是在 GTK+中首先接触到信号这个概念，事实上在普通界面编程中也可以正常应用，这可能是很多初学者未曾想到的。

一个对象可以没有信号也可以有多个信号，当有一个或多个信号时，信号名称定义是必不可少的。此时 C 语言枚举类型功能就凸显出来了，用 LAST_SIGNAL 来表示最后一个信号（不用实现信号）是一种非常良好的编程风格，这里为 Boy 对象定义了一个信号 BOY_BORN 在对象创建时发出，表示 Boy 对象诞生。同时还需要定义静态整型指针来保存信号标识，以便于下一步处理信号时使用。

对象的类结构是所有对象的实例所共有的，将信号也定义在对象的类结构中，如此信号同样也是所有对象的实例所共有的，任意一个对象的实例都可以处理信号。因此有必要在类初始化函数中创建信号（这也可能是 GObject 设计者的初衷）。g_signal_new()函数用来创建一个新的信号，它的详细使用方法可以在 GObject 的 API 文档中找到。信号创建成功后，返回一个信号的标识 ID，如此就可以用发射信号函数 g_signal_emit()向指定对象的实例发射信号，从而执行相应的功能。

视频讲解

16.4 图形引擎 Cairo 介绍

使用 Cairo 绘图，必须首先创建 Cairo 环境（Context）。Cairo 环境保存着所有的图形状态参数，这些参数描述了图形的构成，如线条宽度、颜色、要绘制的外观（Surface）以及其他一些信息等。Cairo 环境允许真正的绘图函数使用很少的一部分参数，以此提高接口的易用性。调用 gdk_cairo_create()函数可为所绘制的图形创建一个 Cairo 环境。

```
cairo_t * cr;
cr = gdk_cairo_create(widget->window);
```

这两行代码创建了一个 Cairo 环境，并且这个 Cairo 环境是关联到 GdkDrawable 对象上的。cairo_t 结构体包含了当前渲染设备的状态，也包含了所绘制图形的坐标。从技术上来讲，cairo_t 就是所谓的 Cairo 环境。

Cairo 所有的绘图函数都要操作 cairo_t 对象。一个 Cairo 环境可以被关联到一种特定的外观，如 pdf、svg、png、GdkDrawable 等。

GDK 没有对 Cairo API 进行封装，它只允许创建一个可基于 GdkDrawable 对象绘制图形的 Cairo 环境。有一些 GDK 函数可以将 GDK 的矩形或填充区域转换为 Cairo Path（路径），然后使用 Cairo 绘图与渲染。

一条 Path（路径）通常是由一条或多条首尾相接的直线段构成的，也可以由直线段与曲线段构成。路径可分为 Open（开放）类型与 Closed（闭合）类型，前者的首尾端点不重合，后者的首尾端点重合。

在 Cairo 中，绘图要从一条空路径开始，首先定义一条路径，然后通过绘制/填充操作使之可见。要注意的是，每次调用 cairo_stroke()或 cairo_fill()函数之后，路径会被清空，不得不再定义新的路径。一条路径可由一些子路径构成。

源好比绘图中所使用的画笔/颜料，使用它来绘制/填充图形轮廓。基本的源有 4 种，即 color、gradient、pattern 与 image。

Surface 就是要绘制图形的最终体现形式，可使用 PDF 或 PostScript 外观实现文本内容的渲染，或者使用 Xlib、Win32 外观实现屏幕绘图。

Cairo 具体有哪些外观类型，可参考如下定义：

```
typedef enum _cairo_surface_type {
   CAIRO_SURFACE_TYPE_IMAGE,
   CAIRO_SURFACE_TYPE_PDF,
   CAIRO_SURFACE_TYPE_PS,
   CAIRO_SURFACE_TYPE_XLIB,
   CAIRO_SURFACE_TYPE_XCB,
   CAIRO_SURFACE_TYPE_GLITZ,
```

```
    CAIRO_SURFACE_TYPE_QUARTZ,
    CAIRO_SURFACE_TYPE_WIN32,
    CAIRO_SURFACE_TYPE_BEOS,
    CAIRO_SURFACE_TYPE_DIRECTFB,
    CAIRO_SURFACE_TYPE_SVG,
    CAIRO_SURFACE_TYPE_OS2
} cairo_surface_type_t;
```

在源作用于外观之前，可对其实现过滤，蒙版（mask）即是过滤器，它决定哪些源可被显示。蒙版不透明的部分允许复制源至外观，蒙版透明的部分则禁止复制源至外观。

图案表示被绘制到外观的源。在 Cairo 中，图案是一种可以读取的内容，可用作绘图操作的源或蒙版。图案可以是纯色模式、基于外观的模式以及渐变模式。

16.5　多媒体库介绍

视频讲解

GStreamer 是一个创建流媒体应用程序的框架。基于 GStreamer 的程序开发框架使得编写任意类型的流媒体应用程序成为可能。在编写处理音频、视频或者两者皆有的应用程序时，GStreamer 可以让工作变得简单。GStreamer 并不受限于音频和视频处理，它能够处理任意类型的数据流。管道的设计对于一般应用的滤镜（filter）绰绰有余。这使得 GStreamer 成为一个优秀的框架，它甚至可以用来设计出对延时有很高要求的高端音频应用程序。

GStreamer 最显著的用途是在构建一个播放器上。GStreamer 已经支持很多格式的文件，包括 MP3、Ogg/Vorbis、MPEG-1/2、AVI、Quicktime、mod 等。从这个角度看，GStreamer 更像是一个播放器。但是它主要的优点却在于：它的可插入组件能够很方便地接入到任意的管道当中。这个优点使得利用 GStreamer 编写一个万能的可编辑音视频应用程序成为可能。

GStreamer 框架是基于插件的，有些插件中提供了各种各样的多媒体数字信号编解码器，也有些提供了其他的功能。所有的插件都能够被链接到任意的已经定义了的数据流管道中。GStreamer 的管道能够被 GUI 编辑器编辑，能够以 XML 文件来保存。这样的设计使得管道程序库的消耗变得非常少。

GStreamer 核心库函数是一个处理插件、数据流和媒体操作的框架。GStreamer 核心库还提供了一个 API，这个 API 是开放给程序员使用的—— 当程序员需要使用其他插件来编写所需要的应用程序时可以使用它。

16.5.1　元件和插件

元件是 GStreamer 的核心。在插件的开发中，一个元件就是继承于 GstElement 的一个对象。元件在与其他元件连接时提供了如下一些功能：一个源元件为一个流提供数据，一个滤镜元件对流中的数据进行操作。没有了元件，GStreamer 只是一堆概念性的管道，没有任何东西可供连接。GStreamer 已经自带了一大堆元件，但是我们仍然可以编写额外的元件。

然而，仅写一个新的元件并不够，为了使 GStreamer 能够使用它，必须将元件封装到一个插件中。一个插件是一块可以加载的代码，通常被称为共享对象文件（shared object file）或动态链接库（dynamically linked library）。一个插件中可以包含一个或若干个 element。为简单起见，本书主要涉及只包含一个 element 的插件。

滤镜是一类处理流数据的重要插件。数据的生产者和消费者分别被称为 source 和 sink 元件。箱柜（bin）元件可以包含其他元件。箱柜的主要职责是调度它包含的元件并使数据流更平滑。热插拔（autoplugger）元件是另一种箱柜，它可以动态地加载其他元件，并将它们连接起来形成一个可以处理两个任意流的滤镜。

GStreamer 充斥着插件的概念—— 即使只使用到一些标准的包。核心库中只有少量基本函数，其他所有的功能都由插件来实现。一个 XML 文件被用来保存所有注册的插件的详细信息。这样，使用 GStreamer 的程序可以只在需要时加载插件，而不必事先全部加载。插件也只在需要它们的元件时才被加载。

16.5.2 衬垫

在 GStreamer 中，衬垫是用来在元件间协商连接和数据流的。衬垫可以看作元件间互相连接的“接口”，数据流通过这些接口流入/流出元件，它具有特殊的数据处理能力：衬垫可以限制通过它的数据类型。只有当两个衬垫允许通过的数据类型兼容时，才可以将它们连接起来。

也许打一个比方可以有助于理解这些概念。衬垫类似于物理设备上的插头和接口。就像一个包含功放、DVD 播放器和一个视频投影仪器的家庭影院系统，将投影仪和 DVD 播放器相连是允许的，因为这两个设备具有兼容的视频接口。而要将投影仪和功放连起来也许就行不通了，因为它们之间的接口不同。GStreamer 中的衬垫具有和家庭影院系统中的接口相同的功能。

大部分情况下，所有在 GStreamer 中流经的数据都遵循一个原则。数据从 element 的一个或多个源衬垫流出，从一个或多个 sink 衬垫流入。源和 sink 元件分别只有源和 sink 衬垫。

16.5.3 数据、缓冲区和事件

GStreamer 中的所有数据流被分割成一块一块，并从一个元件的源衬垫传到另一个元件的 sink 衬垫。数据就是用来承载一块一块数据的数据结构。

数据包含以下重要组成部分：

☑ 一个类型域标识该数据的准确类型（control,content,...）。

☑ 一个指示当前有多少元件引用缓冲区的引用计数器。当计数器的值为 0 时，缓冲区将被销毁，内存被释放。

当前存在两种数据类型：事件（control）和缓冲区（content）。

缓冲区可以包含两个相连接的衬垫所能处理的任何数据。通常，一个缓冲区包含一块音频或视频数据块，该数据块从一个元件流向另一个元件。

缓冲区同样包含描述缓冲区内容的元数据（metadata）。一些重要的元数据类型有：

☑ 一个指向缓冲区数据的指针。
☑ 一个标识缓冲区数据大小的整型变量。
☑ 一个指示缓冲区的最佳显示时间的时间戳。

事件包含两个相连的衬垫间的流的状态信息。只有事件被元件显式地支持时它们才会被发送，否则核心层将（尝试）自动处理事件。举例来说，事件会被用来表示一个时钟中断，媒体流的结束或高速缓冲区（cache）需要刷新。

事件结构可能会包含如下成员：

☑ 一个用来标明事件类型的子类型。
☑ 事件类型相关的其他部分。

16.5.4　缓冲区的分配

缓冲区是一块可以存放各种数据的内存。缓冲区的内存一般用 malloc()函数分配。这样虽然很方便，但不总是最高效，因为数据经常需要被显式地复制缓冲区。

有些特殊的元件创建指向特殊内存的缓冲区。例如，filesrc 元件通常（使用 mmap()）会将一个文件映射到应用程序的地址空间，并创建指向那个地址范围的缓冲区。这些由 filesrc 创建的缓冲区具有和其他通用的缓冲区一样的行为，唯一的区别是它们是只读的。释放缓冲区的代码将自动检测内存类型并使用正确的方法释放内存。

另一种可能得到特殊缓冲区的途径是向下游伙伴（downstream peer）发出请求，这样得到的缓冲区称为 downstream-allocated 缓冲区。元件可以请求一个连接到源衬垫的伙伴创建一个指定大小的空缓冲区。如果下游元件可以创建一个正确大小的特殊缓冲区，它将会这样做。否则，GStreamer 将会自动创建一个通用缓冲区。接着请求缓冲区的元件就可以将数据复制到缓冲区，并将缓冲区推（push）给创建它的源衬垫。

许多 sink 元件将数据复制到硬件的函数都经过了优化，或者可以直接操作硬件。这些元件为它们的上游伙伴创建 downstream-allocated 缓冲区是很平常的事，如 ximagesink。它创建包含 XImage 的缓冲区，因此当一个上游伙伴将数据复制到缓冲区时，数据被直接复制到 XImage，这样 ximagesink 可以直接将图像画到屏幕上，而不用先将数据复制到一个 XImage 中。

滤镜元件通常有机会可以直接作用于缓冲区，或者在将数据从源缓冲区复制到目标缓冲区时发生作用。最佳方案是两种算法都予以实现，因为 GStreamer 框架会在可能的时候选择最快的算法。当然，这只在元件的源和 sink 衬垫完全一致的情况下才有效果。

16.5.5　MIME 类型和属性

GStreamer 使用一个类型系统来保障流经元件的数据格式是可识别的。当连接元件中的衬垫时，类型系统对于确保特定的参数有着非常重要的作用，这些参数对正连接的元件间的衬垫的格式匹配有着特定作用。元件间的每一个连接有一个指定的类型和可选的属性集。

16.6 小　　结

本章主要介绍了 Linux 环境下的 GNOME 桌面环境，并且介绍了在这一环境下进行 GTK 开发所需要了解和使用的基本知识，读者对于本章介绍的内容可以查阅相关资料进一步了解，以便更好地理解和处理后面的开发。

16.7 实践与练习

在自己安装的 Linux 系统中逐一打开桌面图标，查看相应图标下对应的内容是什么。

第17章

界面布局

（视频讲解：34 分钟）

本章讨论GTK+界面布局的相关编程技术，其中主要内容包括3个方面，如何创建一个窗体、容器的基本概念和使用容器进行布局的方法。容器的运用所带来的最大优势在于，它以一定比例有效地分配应用程序界面的可视区域，因此它是一种先进的界面设计思想。

通过阅读本章，您可以：

- 掌握窗体的创建
- 了解组装盒构件
- 掌握组装盒的使用
- 理解表组装
- 了解容器概念
- 理解容器的使用

视频讲解

17.1 窗　　体

17.1.1 初始化

无论写哪一个 GTK+程序，都需要调用 gtk_init()函数对 GTK+()库函数进行初始化。gtk_init()函数的具体介绍如表 17.1 所示。

表 17.1　gtk_init()函数

名称	gtk_init()
功能	初始化 GTK+库
头文件	#include<gtk/gtk.h>
函数原型	void gtk_init(int*argc,char***argv);
参数	argc：指向主函数 argc 的指针；argv：指向主函数 argv 的指针
返回值	无

在程序使用到 GTK+工具库之前，必须对它进行初始化。gtk_init()函数可以初始化 GTK+工具库。gtk_init()函数的参数指向主函数 argc、argv 的指针，它可以改变一些不满足 GTK+函数要求的命令行参数。

因为 gtk_init()函数没有返回值，所以如果在初始化过程中发生错误，程序就会立即退出。

还有一个 GTK+库初始化函数 gtk_init_check()，它的作用和 gtk_init()函数完全相同。唯一的区别是 gtk_init_check()函数有返回值，可以判断初始化是否成功。gtk_init_check()函数如表 17.2 所示。

表 17.2　gtk_init_check()函数

名称	gtk_init_check()
功能	初始化 GTK+库
头文件	#include<gtk/gtk.h>
函数原型	gboolean gtk_init_check(int*argc,char***argv);
参数	argc：指向主函数 argc 的指针；argv：指向主函数 argv 的指针
返回值	成功返回 TRUE，出错返回 FALSE

17.1.2 建立窗口

GTK+的构件是 GUI 的组成部分。窗口、检查框、按钮和编辑字段都属于构件。通常将构件和窗口定义为指向 GtkWidget 结构的指针。在 GTK+中，GtkWidget 是用于所有构件和窗口的通用数据类型。

GTK+库进行初始化后，大多数应用建立一个主窗口。在 GTK+中，主窗口常常被称为顶层窗口。顶层窗口不被包含在任何其他窗口内，所以它没有父窗口。在 GTK+中，构件具有父子关系，其中父构件是容器，而子构件则是包含在容器中的构件。顶层窗口没有父窗口，但可能成为其他构件的容器。

在 GTK+中，建立构件分两步：建立构件，然后使它可以被看见。gtk_window_new()函数负责建立窗口，如表 17.3 所示，gtk_widget_show()函数负责使它成为可见的窗体，如表 17.4 所示。

表 17.3　gtk_window_new()函数

名称	gtk_window_new()
功能	建立窗口
头文件	#include<gtk/gtk.h>
函数原型	GtkWidget *gtk_window_new(GtkWindowType type)
参数	无
返回值	无

表 17.4　gtk_widget_show()函数

名称	gtk_widget_show()
功能	显示窗口
头文件	#include<gtk/gtk.h>
函数原型	gtk_widget_show(GtkWidget*window)
参数	无
返回值	无

对 GTK+进行初始化并将窗口和构件置于屏幕以后，程序就调用 get_main()函数等待某种事件的执行。gtk_main()函数如表 17.5 所示。

表 17.5　gtk_main()函数

名称	gtk_main()
功能	等待事件的发生
头文件	#include<gtk/gtk.h>
函数原型	void gtk_main(void);
参数	无
返回值	无

上面介绍了建立一个窗体的基本函数，下面就来看一下这些函数是如何创建一个完整的窗体的。

【例 17.1】　建立一个基本窗体。（**实例位置：资源包\TM\sl\17\1**）

程序的代码如下：

```
/#include<gtk/gtk.h>
int main(int argc,char*argv[])
{
GtkWidget*window;
gtk_init(&argc,&argv);
window=gtk_window_new(GTK_WINDOW_TOPLEVEL);
gtk_widget_show(window);
gtk_main();
return FALSE;
}
```

在编辑器中编写完上述代码后，将其保存为名称为 base1.c 的文件，然后执行如下命令进行编译运行：

```
$gcc-obase1base1.c'pkg-config--cflags--libsgtk+-2.0'
$./base1
```

执行后出现如图 17.1 所示的窗体。

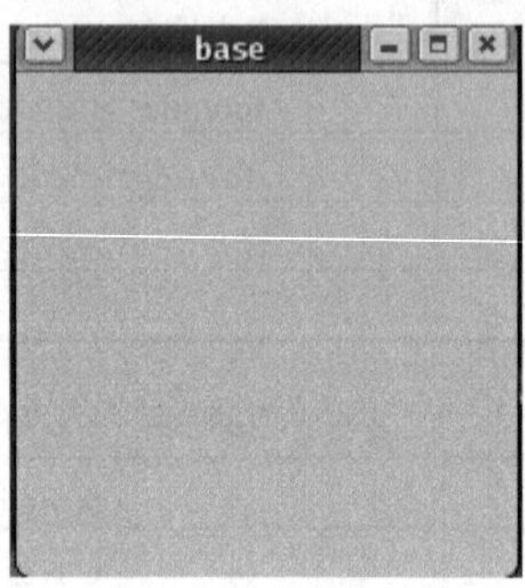

图 17.1　基本窗体

程序开始定义了一个窗体，然后用 gtk_init()函数初始化 GTK+库。用 gtk_window_new()函数创建一个窗体，用 get_widget_show()函数显示该窗体。程序最后调用 gtk_main()函数进入主循环，等待各种事件的发生。

注意

该程序不能正常退出，原因是程序没有回调函数。

17.1.3　结束应用程序

窗体程序在创建之后需要退出，而 gtk_main_quit()函数可以结束程序，它通常在回调函数中被调用。函数的具体内容如表 17.6 所示。

表 17.6　gtk_main_quit()函数

名称	gtk_main_quit()
功能	结束应用程序
头文件	#include<gtk/gtk.h>
函数原型	void gtk_main_quit(void);
参数	无
返回值	无

17.1.4　回调函数

由于程序必须能够对用户的操作做出响应，所以在基于 GUI 的程序设计中，信号是必要的。移动

鼠标、单击按钮、输入正文或者关闭窗口，都将给应用软件的回调函数提供信号。信号可能需要应用软件来加以处理。例如，文字处理软件有使字体变黑的按钮。如果用户单击了该按钮，就需要调用使字体变黑的程序。与此类似，如果用户关闭了主窗口，在实际关闭窗口以前要进行某些处理（如保存文件、清除等）。

在 GTK+中经常产生各种信号，多数情况下信号被忽略。以按钮构件为例，应用软件有专门用于按钮的信号。当用户按下鼠标或释放鼠标按键时、当用户单击鼠标时、当鼠标移过按钮或离开按钮时都产生各自的信号。应用程序可以忽略掉一些信号，只对感兴趣的事件加以处理。

当需要对信号进行处理时，需要用 GTK+登记回调函数，并将它和构件联系在一起。构件可以登记回调函数，回调函数可与多个构件联系在一起。

g_signal_connect()函数用于登记一个 GTK+信号，其功能有点像普通信号登记函数 signal()。当某个空间发出信号，程序就会去执行由 g_signal_connect()登记的回调函数。函数内容如表 17.7 所示。

表 17.7　g_signal_connect()函数

名称	g_signal_connect()
功能	信号登记函数
头文件	#include<gtk/gtk.h>
函数原型	gulong g_signal_connect(gpointer*object,constgchar*name,GCallback func,gpointer data);
参数	object：发出信号的控件；name：信号名称；func：回调函数（对信号要采取的动作）；data：传给回调函数的数据
返回值	无

下面将例 17.1 稍微改动一下，使它可以正常退出，如下所示：

```
/*base2.c*/
#include<gtk/gtk.h>
int main(int argc,char*argv[])
{
GtkWidget*window;
gtk_init(&argc,&argv);
window=gtk_window_new(GTK_WINDOW_TOPLEVEL);
g_signal_connect(GTK_OBJECT(window),"destroy",G_CALLBACK(gtk_main_quit),NULL);
gtk_widget_show(window);
gtk_main();
return FALSE;
}
```

其中 destroy 为 GTK+最基本的信号之一，当关闭窗口时，发出该信号。还有一个是 delete_event，当将要关闭窗口时，发出该信号。

程序中添加了 gtk_signal_connect()函数，当用户关闭窗口时 gtk_signal_connect()函数调用 gtk_main_quit()函数来关闭程序。

大家也可以编写回调函数，在回调函数中结束程序。这样做的好处是当用户试图退出一个程序时，程序可以提示你是否真的要退出，例如：

```
/*base2.c*/
```

```
#include<gtk/gtk.h>
gint destroy(GtkWidget*,gpointer)

int main(int argc,char*argv[])
{
GtkWidget*window;
gtk_init(&argc,&argv);
window=gtk_window_new(GTK_WINDOW_TOPLEVEL);
g_signal_connect(GTK_OBJECT(window),"destroy",G_CALLBACK(destroy),NULL);
gtk_widget_show(window);
gtk_main();
return 0;
}

gint destroy(GtkWidget*widget,gpointergdata)
{
g_print("Quitting!\n");
gtk_main_quit();
return(FALSE);
}
```

当关闭窗口时，将在启动应用程序的控制台上显示 Quitting 消息。这是由回调函数显示的。

从上面的程序可以看到，g_signal_connect()函数对应的回调函数形式为 gint destroy(GtkWidget* widget,gpointergdata)，有两个参数。GTK+还有一个信号登记函数。g_signal_connect_swapped()函数如表 17.8 所示，它的作用和 gtk_signal_connect()函数相同。不同的是，g_signal_connect_swapped()函数对应的回调函数只有一个参数（形式为 gint destroy(GtkWidget*widget)），因为 GTK+有一些只接收一个参数的函数（如 gtk_widget_destroy()）。

表 17.8　g_signal_connect_swapped()函数

名称	g_signal_connect_swapped()
功能	信号登记函数
头文件	#include<gtk/gtk.h>
函数原型	gulong g_signal_connect_swapped(gpointer*object,constgchar*name,GCallback func,gpointer*widget);
参数	object：发出信号的控件；name：信号名称；func：回调函数（对信号要采取的动作）；winget：传给回调函数的数据
返回值	无

17.1.5　其他窗体函数

前面已经介绍了怎样去建立一个窗体，下面来介绍其他的窗体函数。

gtk_window_set_title()函数可以修改程序的标题。窗口的标题会出现在标题栏中。在 X 窗体系统中，标题栏被窗体管理器管理，并由程序员指定。标题应该帮助用户区分当前窗体与其他窗体。函数内容如表 17.9 所示。

表 17.9　gtk_window_set_title()函数

名称	gtk_window_set_title()
功能	修改窗体标题
头文件	#include<gtk/gtk.h>
函数原型	void gtk_window_set_title(GtkWindow*window,constgchar*title);
参数	window：窗体名；title：窗体标题
返回值	无

如果想把一个程序的标题修改为 MainWindow，那么可以在程序中写入如下代码：

```
gtk_window_set_title(GTK_WINDOW(window),"MainWindow");
```

gtk_window_get_resizable()函数可以获得窗体的伸缩属性，系统默认窗体是可伸缩的。

gtk_window_get_resizable()函数有一个返回值，如果可以伸缩，则返回 TRUE；如果不可以伸缩，则返回 FALSE。

gtk_window_set_resizable()函数可以修改窗体的伸缩属性，由第二个参数指定。以上两个函数的具体内容如表 17.10 所示。

表 17.10　gtk_window_set_resizable()和 gtk_window_get_resizable()函数

名称	gtk_window_set_resizable()和 gtk_window_get_resizable()
功能	获得/修改窗体的伸缩属性
头文件	#include<gtk/gtk.h>
函数原型	void gtk_window_set_resizable(GtkWindow*window,gboolean resizable); gboolean gtk_window_get_resizable(GtkWindow*window);
参数	window：窗体名；resizable：窗体是否可以伸缩
返回值	无（gtk_window_set_resizable） 如果可以伸缩，则返回 TRUE；如果不可以伸缩，则返回 FALSE（gtk_window_get_resizable）

如果想把一个窗体指定为不可伸缩的，则可以在程序中添加：

```
gtk_window_set_resizable(GTK_WINDOW(window),FALSE);
```

17.2　组装盒构件

视频讲解

创建一个应用软件时，可能希望在窗口中放置超过一个以上的构件。第一个 helloworld 示例仅用了一个构件，因此能够简单地使用 gtk_container_add()函数来“组装”这个构件到窗口中。但当想要放置更多构件到一个窗口中时，如何控制各个构件的定位呢？这时就要用到组装（Packing）。

17.2.1 组装盒的原理

多数组装是通过创建一些“盒（boxes）”来达成的，这是些不可见的构件容器，它们有两种形式：一种是横向盒（horizontalbox），一种是纵向盒（verticalbox）。当组装构件到横向盒中时，这些构件就依着调用的顺序从左至右或从右到左水平地插入进去。在纵向盒中，则从顶部到底部或相反地组装构件，可以使用任意的盒组合，如盒套盒或者盒挨着盒，用以产生想要的效果。

要创建一个新的横向盒，调用 gtk_hbox_new()函数；对于纵向盒，则调用 gtk_vbox_new()函数。gtk_box_pack_start()和 gtk_box_pack_end()函数用来将对象组装到这些容器中。gtk_box_pack_start()函数将对象从上到下组装到纵向盒中，或者从左到右组装到横向盒中；gtk_box_pack_end()函数则相反，它是从下到上组装到纵向盒中，或者从右到左组装到横向盒中。使用这些函数，允许调整自己的构件向左或向右对齐，同时也可以混入一些其他方法来达到想要的设计效果。本书的示例多数使用 gtk_box_pack_start()函数。被组装的对象可以是另一个容器或构件。事实上，许多构件本身就是容器，包括按钮，只不过通常在按钮中只放入一个标签。

通过使用这些调用，GTK 就会知道要把构件放到哪里去，并且会自动做调整大小及其他美化的事情。至于如何组装构件，这里还有一些选项。正如用户能想到的，在放置和创建构件时，这些方法带来了很多的弹性。

17.2.2 盒的细节

由于存在这样的弹性，所以在一开始使用 GTK 中的组装盒（packingbox）时会有些让人迷惑。这里有许多选项，并且不容易一眼看出它们是如何组合在一起的。然而到最后，这里基本上只有 5 种不同的风格。

每一行包含一个带有若干按钮的横向盒。gtk_box_pack 是组装每个按钮到横向盒（hbox）的简写。每个按钮都是以同样的方式组装到横向盒中的（例如，以同样的参数调用 gtk_box_pack_start()函数）。gtk_box_pack_start()函数的声明如下：

```
void gtk_box_pack_start(GtkBox*box,
GtkWidget*child,
gboolean expand,
gboolean fill,
guint padding);
```

第一个参数是要把对象组装进去的盒，第二个就是该对象。目前这些对象都是按钮，即要将这些按钮组装到盒中。

gtk_box_pack_start()和 gtk_box_pack_end()函数中的 expand 参数用来控制构件在盒中是充满所有多余空间（这样盒会扩展到充满所有分配给它的空间，参数为 TURE），还是收缩到仅符合构件的大小，参数为 FALSE。设置 expand 为 FALSE 将允许向左或向右对齐构件，否则它们会在盒中展开。同样的效果只要用 gkt_box_pack_start()或 gtk_box_pack_end()函数之一就能实现。

fill 参数在 gtk_box_pack()函数中控制多余空间是分配给对象本身（TRUE），还是让多余空间围绕在这些对象周围分布（FALSE）。它只有在 expand 参数也为 TRUE 时才会生效。

当创建一个新盒时，函数看起来像下面这样：

```
GtkWidget*gtk_hbox_new(gboolean homogeneous,gint spacing);
```

gtk_hbox_new()函数的 homogeneous 参数（对于 gtk_vbox_new()函数也是一样）控制盒中的每个对象是否具有相同的大小（例如，在横向盒中等宽或在纵向盒中等高）。若它被设置，gtk_box_pack()常规函数的 expand 参数就被忽略，它本质上总是被开启的。

17.2.3　组装盒程序

spacing（当盒被创建时设置）和 padding（当元素被组装时设置）有什么区别呢？spacing 是加在对象之间，而 padding 加在对象的每一边。

上面介绍了组装盒的相关原理和细节，下面是一个组装盒的示例程序，运行效果如图 17.2 所示。

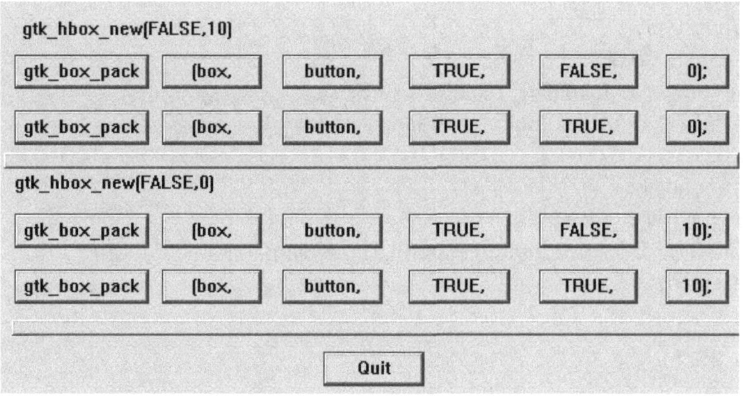

图 17.2　组装盒效果图

【例 17.2】　综合应用组装盒。（**实例位置：资源包\TM\sl\17\2**）

程序的代码如下：

```
#include<stdio.h>
#include<stdlib.h>
#include "gtk/gtk.h"
gintdelete_event(GtkWidget*widget,GdkEvent*event,gpointerdata)
{
gtk_main_quit();
return FALSE;
}
/*生成一个填满按钮-标签的横向盒。将感兴趣的参数传递进这个函数。不显示这个盒，但显示它内部的所有东西*/
GtkWidget*make_box(gbooleanhomogeneous,gintspacing,gbooleanexpand,gbooleanfill,guintpadding)
{
GtkWidget*box;
GtkWidget*button;
```

```
charpadstr[80];
/*以合适的 homogeneous 和 spacing 设置创建一个新的横向盒*/
box=gtk_hbox_new(homogeneous,spacing);
/*以合适的设置创建一系列的按钮*/
button=gtk_button_new_with_label("gtk_box_pack");
gtk_box_pack_start(GTK_BOX(box),button,expand,fill,padding);
gtk_widget_show(button);
button=gtk_button_new_with_label("(box,");
gtk_box_pack_start(GTK_BOX(box),button,expand,fill,padding);
gtk_widget_show(button);
button=gtk_button_new_with_label("button,");
gtk_box_pack_start(GTK_BOX(box),button,expand,fill,padding);
gtk_widget_show(button);
/*根据 expand 的值创建一个带标签的按钮*/
if(expand==TRUE)
button=gtk_button_new_with_label("TRUE,");
else
button=gtk_button_new_with_label("FALSE,");
gtk_box_pack_start(GTK_BOX(box),button,expand,fill,padding);
gtk_widget_show(button);
/*这个和上面根据 expand 创建按钮一样，不过用了简化的形式*/
button=gtk_button_new_with_label(fill?"TRUE,":"FALSE,");
gtk_box_pack_start(GTK_BOX(box),button,expand,fill,padding);
gtk_widget_show(button);
sprintf(padstr,"%d);",padding);
button=gtk_button_new_with_label(padstr);
gtk_box_pack_start(GTK_BOX(box),button,expand,fill,padding);
gtk_widget_show(button);
return box;
}
int main(int argc,char*argv[])
{
GtkWidget*window;
GtkWidget*button;
GtkWidget*box1;
GtkWidget*box2;
GtkWidget*separator;
GtkWidget*label;
GtkWidget*quitbox;
intwhich;
/*初始化*/
gtk_init(&argc,&argv);
if(argc!=2){
fprintf(stderr,"usage:packboxnum,wherenumis1,2,or3.\n");
/*这个在对 GTK 进行收尾处理后以退出状态为 1 退出*/
exit(1);
}
which=atoi(argv[1]);
/*创建窗口*/
```

```
window=gtk_window_new(GTK_WINDOW_TOPLEVEL);
/*连接 delete_event 信号到主窗口*/
g_signal_connect(G_OBJECT(window),"delete_event",
G_CALLBACK(delete_event),NULL);
gtk_container_set_border_width(GTK_CONTAINER(window),10);
/*创建一个纵向盒（vbox）把横向盒组装进来，这样可以将填满按钮的横向盒一个个堆叠到这个纵向盒里*/
box1=gtk_vbox_new(FALSE,0);
/*显示哪个示例。这些对应于上面的图片*/
switch(which){
case1:
/*创建一个新标签*/
label=gtk_label_new("gtk_hbox_new(FALSE,0);");
/*使标签靠左排列。我们将在构件属性部分讨论这个函数和其他函数*/
gtk_misc_set_alignment(GTK_MISC(label),0,0);
/*将标签组装到纵向盒（vboxbox1）里。记住加到纵向盒里的构件将依次一个放在另一个上面组装*/
gtk_box_pack_start(GTK_BOX(box1),label,FALSE,FALSE,0);
/*显示标签*/
gtk_widget_show(label);
/*调用生成盒的函数-homogeneous=FALSE,spacing=0,
*expand=FALSE,fill=FALSE,padding=0*/
box2=make_box(FALSE,0,FALSE,FALSE,0);
gtk_box_pack_start(GTK_BOX(box1),box2,FALSE,FALSE,0);
gtk_widget_show(box2);
/*调用生成盒的函数-homogeneous=FALSE,spacing=0,
*expand=TRUE,fill=FALSE,padding=0*/
box2=make_box(FALSE,0,TRUE,FALSE,0);
gtk_box_pack_start(GTK_BOX(box1),box2,FALSE,FALSE,0);
gtk_widget_show(box2);
/*参数是：homogeneous,spacing,expand,fill,padding*/
box2=make_box(FALSE,0,TRUE,TRUE,0);
gtk_box_pack_start(GTK_BOX(box1),box2,FALSE,FALSE,0);
gtk_widget_show(box2);
/*创建一个分隔线，以后会更详细地学习这些，但它们确实很简单*/
separator=gtk_hseparator_new();
/*组装分隔线到纵向盒。记住这些构件每个都被组装进一个纵向盒，所以它们被垂直地堆叠*/
gtk_box_pack_start(GTK_BOX(box1),separator,FALSE,TRUE,5);
gtk_widget_show(separator);
/*创建另一个新标签，并显示它*/
label=gtk_label_new("gtk_hbox_new(TRUE,0);");
gtk_misc_set_alignment(GTK_MISC(label),0,0);
gtk_box_pack_start(GTK_BOX(box1),label,FALSE,FALSE,0);
gtk_widget_show(label);
/*参数是：homogeneous,spacing,expand,fill,padding*/
box2=make_box(TRUE,0,TRUE,FALSE,0);
gtk_box_pack_start(GTK_BOX(box1),box2,FALSE,FALSE,0);
gtk_widget_show(box2);
/*参数是：homogeneous,spacing,expand,fill,padding*/
box2=make_box(TRUE,0,TRUE,TRUE,0);
gtk_box_pack_start(GTK_BOX(box1),box2,FALSE,FALSE,0);
```

```
gtk_widget_show(box2);
/*另一个新分隔线*/
separator=gtk_hseparator_new();
/*gtk_box_pack_start 的最后 3 个参数是：expand、fill、padding*/
gtk_box_pack_start(GTK_BOX(box1),separator,FALSE,TRUE,5);
gtk_widget_show(separator);
break;
case2:
/*创建一个新标签，记住 box1 是一个纵向盒，它在 main()前面部分创建*/
label=gtk_label_new("gtk_hbox_new(FALSE,10);");
gtk_misc_set_alignment(GTK_MISC(label),0,0);
gtk_box_pack_start(GTK_BOX(box1),label,FALSE,FALSE,0);
gtk_widget_show(label);
/*参数是：homogeneous,spacing,expand,fill,padding*/
box2=make_box(FALSE,10,TRUE,FALSE,0);
gtk_box_pack_start(GTK_BOX(box1),box2,FALSE,FALSE,0);
gtk_widget_show(box2);
/*参数是：homogeneous,spacing,expand,fill,padding*/
box2=make_box(FALSE,10,TRUE,TRUE,0);
gtk_box_pack_start(GTK_BOX(box1),box2,FALSE,FALSE,0);
gtk_widget_show(box2);
separator=gtk_hseparator_new();
/*gtk_box_pack_start 的最后 3 个参数是：expand、fill、padding*/
gtk_box_pack_start(GTK_BOX(box1),separator,FALSE,TRUE,5);
gtk_widget_show(separator);
label=gtk_label_new("gtk_hbox_new(FALSE,0);");
gtk_misc_set_alignment(GTK_MISC(label),0,0);
gtk_box_pack_start(GTK_BOX(box1),label,FALSE,FALSE,0);
gtk_widget_show(label);
/*参数是：homogeneous,spacing,expand,fill,padding*/
box2=make_box(FALSE,0,TRUE,FALSE,10);
gtk_box_pack_start(GTK_BOX(box1),box2,FALSE,FALSE,0);
gtk_widget_show(box2);
/*参数是：homogeneous,spacing,expand,fill,padding*/
box2=make_box(FALSE,0,TRUE,TRUE,10);
gtk_box_pack_start(GTK_BOX(box1),box2,FALSE,FALSE,0);
gtk_widget_show(box2);
separator=gtk_hseparator_new();
/*gtk_box_pack_start 的最后 3 个参数是：expand、fill、padding*/
gtk_box_pack_start(GTK_BOX(box1),separator,FALSE,TRUE,5);
gtk_widget_show(separator);
break;
case3:
/*用 gtk_box_pack_end()函数来右对齐构件。首先，像前面一样创建一个新盒*/
box2=make_box(FALSE,0,FALSE,FALSE,0);
/*创建将放在末端的标签*/
label=gtk_label_new("end");
/*用 gtk_box_pack_end()函数组装它，这样它被放到在 make_box()函数调用里创建的横向盒的右端*/
gtk_box_pack_end(GTK_BOX(box2),label,FALSE,FALSE,0);
```

```
/*显示标签*/
gtk_widget_show(label);
/*将 box2 组装进 box1*/
gtk_box_pack_start(GTK_BOX(box1),box2,FALSE,FALSE,0);
gtk_widget_show(box2);
/*放在底部的分隔线*/
separator=gtk_hseparator_new();
/*这个明确地设置分隔线的宽度为 400 像素、高度为 5 像素，这样创建
*的横向盒也将为 400 像素点宽，并且"end"标签将和横向盒里其他的标签
*分开。否则，横向盒里的所有构件将尽量紧密地组装在一起*/
gtk_widget_set_size_request(separator,400,5);
/*将分隔线组装到在 main()前面部分创建的纵向盒（box1）里*/
gtk_box_pack_start(GTK_BOX(box1),separator,FALSE,TRUE,5);
gtk_widget_show(separator);
}
/*创建另一个新的横向盒，记住我们要用多少就能用多少*/
quitbox=gtk_hbox_new(FALSE,0);
/*退出按钮*/
button=gtk_button_new_with_label("Quit");
/*设置这个信号以在按钮被单击时终止程序*/
g_signal_connect_swapped(G_OBJECT(button),"clicked",
G_CALLBACK(gtk_main_quit),
window);
/*将按钮组装进 quitbox。
*gtk_box_pack_start 的最后 3 个参数是：expand、fill、padding*/
gtk_box_pack_start(GTK_BOX(quitbox),button,TRUE,FALSE,0);
/*packthequitboxintothevbox(box1)*/
gtk_box_pack_start(GTK_BOX(box1),quitbox,FALSE,FALSE,0);
/*将现在包含了所有构件的纵向盒（box1）组装进主窗口*/
gtk_container_add(GTK_CONTAINER(window),box1);
/*并显示剩下的所有东西*/
gtk_widget_show(button);
gtk_widget_show(quitbox);
gtk_widget_show(box1);
/*最后显示窗口，这样所有东西一次性出现*/
gtk_widget_show(window);
/*当然，还有主函数*/
gtk_main();
/*当 gtk_main_quit()函数被调用时控制权（Control）返回到这里，但当 exit()函数被使用时并不会*/
return 0;
}
```

17.2.4　用表组装

下面看看另一种组装的方法——表（Tables）。在某些情况下，表是极其有用的。使用表时，通过建立表格来放入构件。构件可以占满指定的所有空间，第一个要看的当然是 gtk_table_new()函数：

```
GtkWidget*gtk_table_new(guint rows,guint columns,gboolean homogeneous);
```

第一个参数是表中要安排的行的数量，而第二个显然就是列的数量。homogeneous 参数与表格框（table's boxes）的大小处理有关。如果 homogeneous 是 TRUE，所有表格框的大小都将调整为表中最大构件的大小。如果 homogeneous 参数为 FALSE，每个表格框将会按照同行中最高的构件与同列中最宽的构件来设定自身的大小。行与列为 0～n 编号，而 n 是在调用 gtk_table_new()函数时所指定的值。

其中，坐标系统开始于左上角。要向框中放置一个构件，可以使用下面的函数：

```
void gtk_table_attach(GtkTable*table,
GtkWidget   *child,
guint   left_attach,
guint   right_attach,
guint   top_attach,
guint   bottom_attach,
GtkAttachOptions   xoptions,
GtkAttachOptions   yoptions,
guint xpadding,
guint ypadding);
```

第一个参数（table）是已经创建的表，第二个参数（child）是想放进表里的构件。

left_attach 和 right_attach 参数指定构件放置的位置，并使用多少框来放。如果想在 2×2 的表中的右下表项（tableentry）处放入一个按钮，并且让它只充满这个项，则应该为 left_attach=1,right_attach=2, top_attach=1,bottom_attach=2。

现在，如果想让一个构件占据这个 2×2 表的整个顶行，就要用 left_attach=0,right_attach=2,top_attach=0,bottom_attach=1。

xoptions 和 yoptions 是用来指定组装时的选项，可以通过使用“位或”运算以允许多重选项。这些选项如下。

- ☑ GTK_FILL：如果表框大于构件，同时 GTK_FILL 被指定，该构件会扩展开以使用所有可用的空间。
- ☑ GTK_SHRINK：如果表构件分配到的空间比需求的小（通常是用户在改变窗口大小时），那么构件将会推到窗口的底部以外的区域，无法看见。如果 GTK_SHRINK 被指定，构件将和表一起缩小。
- ☑ GTK_EXPAND：这会导致表扩展以用完窗口中所有的保留空间。

padding 和在盒（boxes）中的一样，在构件的周围产生一个指定像素的空白区域。

gtk_table_attach()有很多选项，这里有一个简写：

```
void gtk_table_attach_defaults(GtkTable   *table,
GtkWidget   *widget,
guint   left_attach,
guint   right_attach,
guint   top_attach,
guint   bottom_attach);
```

X 及 Y 选项默认为 GTK_FILL 和 GTK_EXPAND，X 和 Y 的 padding 则设为 0，其余的参数与前面的函数一样。

gtk_table_set_row_spacing()和 gtk_table_set_col_spacing()函数在指定的行或列之间插入空白。

```
void gtk_table_set_row_spacing(GtkTable      *table,
guint   row,
guint   spacing);
```

和

```
void gtk_table_set_col_spacing(GtkTable    *table,
guint   column,
guint   spacing);
```

对列来说，空白插到列的右边；对行来说，空白插入行的下边。也可以为所有的行或列设置相同的间隔，例如：

```
void gtk_table_set_row_spacings(GtkTable    *table,guint    spacing);
```

和

```
void gtk_table_set_col_spacings(GtkTable    *table,
guint     spacing);
```

用这些调用，在最后一行和最后一列并不会有任何空白存在。

17.2.5　表组装程序

这里创建一个包含一个 2×2 表的窗口，表中放入 3 个按钮。前两个按钮将放在上面一行，而第 3 个（Quit 按钮）放在下面一行，并占据两列宽。运行效果如图 17.3 所示。

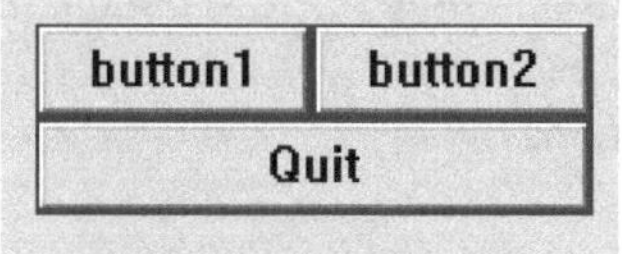

图 17.3　表组装效果图

【例 17.3】　创建表组装。（**实例位置：资源包\TM\sl\17\3**）

程序的代码如下：

```
#include<gtk/gtk.h>
/*传到这个函数的数据被打印到标准输出*/
void callback(GtkWidget*widget,gpointer data)
{g_print("Helloagain-%swaspressed\n",(char*)data);
}
/*这个回调退出程序*/
gint delete_event(GtkWidget*widget,GdkEvent*event,gpointer data)
{gtk_main_quit();
return FALSE;
}
```

```
int main(int argc,char*argv[])
{GtkWidget*window;
GtkWidget*button;
GtkWidget*table;
gtk_init(&argc,&argv);
/*创建一个新窗口*/
window=gtk_window_new(GTK_WINDOW_TOPLEVEL);
/*设置窗口标题*/
gtk_window_set_title(GTK_WINDOW(window),"Table");
/*为 delete_event 设置一个立即退出 GTK 的处理函数*/
g_signal_connect(G_OBJECT(window),"delete_event",
G_CALLBACK(delete_event),NULL);
/*设置窗口的边框宽度*/
gtk_container_set_border_width(GTK_CONTAINER(window),20);
/*创建一个 2×2 的表*/

table=gtk_table_new(2,2,TRUE);
/*将表放进主窗口*/
gtk_container_add(GTK_CONTAINER(window),table);
/*创建第一个按钮*/
button=gtk_button_new_with_label("button1");
/*当这个按钮被单击时，调用 callback 函数，并将一个指向 button1 的指针作为它的参数*/
g_signal_connect(G_OBJECT(button),"clicked",
G_CALLBACK(callback),(gpointer)"button1");
/*将 button1 插入表的左上象限（quadrant）*/
gtk_table_attach_defaults(GTK_TABLE(table),button,0,1,0,1);
gtk_widget_show(button);
/*创建第二个按钮*/
button=gtk_button_new_with_label("button2");
/*当这个按钮被单击时，调用 callback 函数，并将一个指向 button2 的指针作为它的参数*/
g_signal_connect(G_OBJECT(button),"clicked",
G_CALLBACK(callback),(gpointer)"button2");
/*将 button2 插入表的右上象限*/
gtk_table_attach_defaults(GTK_TABLE(table),button,1,2,0,1);
gtk_widget_show(button);
/*创建 Quit 按钮*/
button=gtk_button_new_with_label("Quit");
/*当这个按钮被单击时，调用 delete_event 函数，接着程序就退出了*/
g_signal_connect(G_OBJECT(button),"clicked",
G_CALLBACK(delete_event),NULL);
/*将 Quit 按钮插入表的下面两个象限*/
gtk_table_attach_defaults(GTK_TABLE(table),button,0,2,1,2);
gtk_widget_show(button);
gtk_widget_show(table);
gtk_widget_show(window);
gtk_main();
return 0;
}
```

17.3　容　　器

一些 GTK 构件没有与之相关联的 X 窗口，所以它们只在其父构件上显示其外观。由于这个原因，它们不能接收任何事件，并且当它们的尺寸设置不正确时，也不会自动裁剪，这样可能会把界面弄得很乱。

17.3.1　事件盒

初一看，事件盒构件好像完全没有什么作用。它在屏幕上什么也不画，并且对事件不做任何响应，但是它有一个功能，即为它的子构件提供一个 X 窗口。因为许多 GTK 构件并没有相关联的 X 窗口，所以这一点显得很重要。虽然没有 X 窗口会节省内存，提高系统性能，但它也有一些弱点。没有 X 窗口的构件不能接收事件，并且对它的任何内容不能实施裁剪。虽然事件盒构件的名称事件盒强调了它的事件处理功能，它也能用于裁剪构件（更多的信息请看下面的示例）。例如，用以下函数创建一个新的事件盒构件：

```
GtkWidget*gtk_event_box_new(void);
```

然后子构件就可以添加到这个事件盒里面，代码如下：

```
gtk_container_add(GTK_CONTAINER(event_box),child_widget);
```

17.3.2　对齐构件

对齐（alignment）构件允许将一个构件放在相对于对齐构件窗口的某个位置和尺寸上。例如，将一个构件放在窗口的正中间时，就要使用对齐构件。只有如下两个函数与对齐构件相关，第一个函数用指定的参数创建新的对齐构件，第二个函数用于改变对齐构件的参数。

```
GtkWidget*gtk_alignment_new(gfloatxalign,
gfloatyalign,
gfloatxscale,
gfloatyscale);

void gtk_alignment_set(GtkAlignment*alignment,
gfloatxalign,
gfloatyalign,
gfloatxscale,
gfloatyscale);
```

上面函数的 4 个参数都是介于 0.0～1.0 的浮点数。xalign 和 yalign 参数影响放在对齐构件里的构件的位置。xscale 和 yscale 参数影响分配给构件的空间总数。

可以用下面的函数将子构件添加到对齐构件中：

```
gtk_container_add(GTK_CONTAINER(alignment),child_widget);
```

17.3.3 固定容器

固定容器（TheFixedcontainer）允许将构件放在窗口的固定位置，这个位置是相对于固定容器的左上角的，构件的位置可以动态地改变。只有少数几个与固定容器构件相关的函数，例如：

- ☑ gtk_fixed_new()函数用于创建新的固定容器。
- ☑ gtk_fixed_put()函数将 widget 放在 fixed 的 x 和 y 指定的位置。
- ☑ gtk_fixed_move()函数将指定构件移动到新位置。

```
voidgtk_fixed_set_has_window(GtkFixed*fixed,gbooleanhas_window);
gbooleangtk_fixed_get_has_window(GtkFixed*fixed);
```

通常，固定容器没有它们自己的 X 窗口。这点在早期版本的 GTK 中是不同的。

gtk_fixed_set_has_window()函数可以使创建的固定容器有它们自己的窗口，但它必须在构件实例化（realizing）之前调用。下面通过实例演示怎样使用固定容器，运行效果如图 17.4 所示。

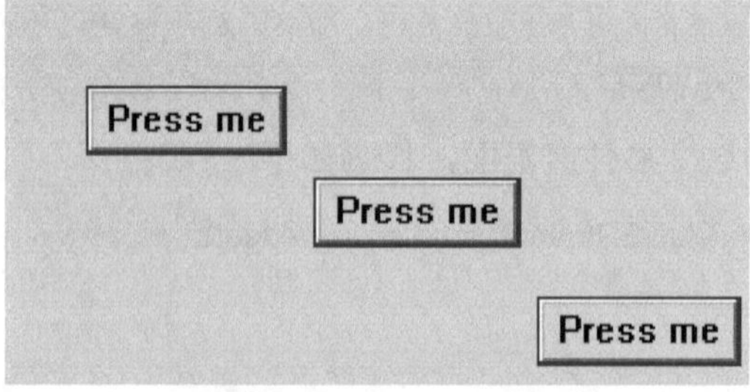

图 17.4 固定容器效果图

【例 17.4】 使用固定容器。（**实例位置：资源包\TM\sl\17\4**）

程序的代码如下：

```
#include<gtk/gtk.h>
/*用一些全局变量储存固定容器里构件的位置*/
gint x=50;
gint y=50;
/*这个回调函数将按钮移动到固定容器的新位置*/
void move_button(GtkWidget*widget,GtkWidget*fixed)
{
x=(x+30)%300;
y=(y+50)%300;
gtk_fixed_move(GTK_FIXED(fixed),widget,x,y);
}
int main(int argc,char*argv[])
{
/*GtkWidget 是构件的存储类型*/
```

```
GtkWidget*window;
GtkWidget*fixed;
GtkWidget*button;
gint i;
/*初始化*/
gtk_init(&argc,&argv);
/*创建一个新窗口*/
window=gtk_window_new(GTK_WINDOW_TOPLEVEL);
gtk_window_set_title(GTK_WINDOW(window),"FixedContainer");
/*为窗口的 destroy 事件设置一个信号处理函数*/
g_signal_connect(G_OBJECT(window),"destroy",
G_CALLBACK(gtk_main_quit),NULL);
/*设置窗口的边框宽度*/
gtk_container_set_border_width(GTK_CONTAINER(window),10);
/*创建一个固定容器*/
fixed=gtk_fixed_new();
gtk_container_add(GTK_CONTAINER(window),fixed);
gtk_widget_show(fixed);
for(i=1;i<=3;i++){
/*创建一个标签为 Pressme 的新按钮*/
button=gtk_button_new_with_label("Pressme");
/*当按钮接收到 clicked 信号时，调用 move_button()函数，并把这个固定容器作为参数传给它*/
g_signal_connect(G_OBJECT(button),"clicked",
G_CALLBACK(move_button),fixed);
/*将按钮组装到一个固定容器的窗口中*/
gtk_fixed_put(GTK_FIXED(fixed),button,i*50,i*50);
/*最后一步是显示新建的构件*/
gtk_widget_show(button);
}
/*显示窗口*/
gtk_widget_show(window);
/*进入事件循环*/
gtk_main();
return 0;
}
```

17.3.4　布局容器

布局容器（The Layoutcontainer）与固定容器（The Fixedcontainer）类似，不过它可以在一个无限的滚动区域定位构件（其实也不能大于 2^{32} 像素）。在 X 系统中，窗口的宽度和高度只能限于 32767 像素以内。布局容器构件使用一些特殊的技巧越过这种限制。所以，即使在滚动区域内有很多子构件，也可以平滑地滚动。例如，可以用以下函数创建布局容器：

```
GtkWidget*gtk_layout_new(GtkAdjustment*hadjustment, GtkAdjustment*vadjustment);
```

可以看到，我们可以有选择地指定布局容器滚动时要使用的调整对象。例如，可以用下面的两个函数在布局容器构件内添加和移动构件：

```
void gtk_layout_put(GtkLayout*layout, GtkWidget*widget, gint x, gint y);
void gtk_layout_move(GtkLayout*layout, GtkWidget*widget, gint x, gint y);
```

布局容器构件的尺寸可以用下面的这个函数指定：

```
void gtk_layout_set_size(GtkLayout*layout, guint width, guint height);
```

下面这 4 个函数用于操纵垂直和水平的调整对象：

```
GtkAdjustment*gtk_layout_get_hadjustment(GtkLayout*layout);
GtkAdjustment*gtk_layout_get_vadjustment(GtkLayout*layout);
void gtk_layout_set_hadjustment(GtkLayout*layout, GtkAdjustment*adjustment);
void gtk_layout_set_vadjustment(GtkLayout*layout, GtkAdjustment*adjustment);
```

17.3.5 框架

框架（Frames）可以用于在盒子中封装一个或一组构件，它本身还可以有一个标签，标签的位置和盒子的风格可以灵活改变。框架可以用下面的函数创建：

```
GtkWidget*gtk_frame_new(constgchar*label);
```

标签默认放在框架的左上角。传递 NULL 值作为 label 参数时，框架不显示标签。标签文本可以用下面的函数改变：

```
void gtk_frame_set_label(GtkFrame*frame, constgchar*label);
```

标签的位置可以用下面的函数改变：

```
void gtk_frame_set_label_align(GtkFrame*frame, gfloatxalign, gfloatyalign);
```

xalign 和 yalign 参数取值范围介于 0.0～1.0。xalign 指定标签在框架构件上部水平线上的位置。yalign 目前还没有被使用。xalign 的默认值为 0.0，它将标签放在框架构件的最左端。

下面的函数可以改变盒子的风格，用于显示框架的轮廓。

```
void gtk_frame_set_shadow_type(GtkFrame*frame, GtkShadowTypetype);
```

type 参数可以取以下值之一：

☑ GTK_SHADOW_NONE。

☑ GTK_SHADOW_IN。

☑ GTK_SHADOW_OUT。

☑ GTK_SHADOW_ETCHED_IN（默认值）。

☑ GTK_SHADOW_ETCHED_OUT。

下面的代码就是如何构建一个框架。

【例 17.5】 构建框架。（**实例位置：资源包\TM\sl\17\5**）

程序的代码如下：

```
#include<gtk/gtk.h>
```

```
int main(int argc, char*argv[]) {
/*GtkWidget 是构件的存储类型*/
GtkWidget*window; GtkWidget*frame;
/*初始化*/
gtk_init(&argc,&argv);
/*创建一个新窗口*/
window=gtk_window_new(GTK_WINDOW_TOPLEVEL);
gtk_window_set_title(GTK_WINDOW(window),"FrameExample");
/*将 destroy 事件连接到一个回调函数*/
g_signal_connect(G_OBJECT(window),"destroy", G_CALLBACK(gtk_main_quit),NULL);
 gtk_widget_set_size_request(window,300,300);
/*设置窗口的边框宽度*/
gtk_container_set_border_width(GTK_CONTAINER(window),10);
/*创建一个框架*/
frame=gtk_frame_new(NULL);
gtk_container_add(GTK_CONTAINER(window),frame);
/*设置框架的标签*/
gtk_frame_set_label(GTK_FRAME(frame),"GTKFrameWidget");
/*将标签定位在框架的右边*/
gtk_frame_set_label_align(GTK_FRAME(frame),1.0,0.0);
/*设置框架的风格*/
gtk_frame_set_shadow_type(GTK_FRAME(frame),GTK_SHADOW_ETCHED_OUT);
gtk_widget_show(frame);
/*显示窗口*/
gtk_widget_show(window);
/*进入事件循环*/
gtk_main();
return0;
}
```

比例框架构件（The Aspect Frame Widget）和框架构件（Frame Widget）差不多，它除了可以使子构件的外观比例（也就是宽和长的比例）保持一定的值，还可以在构件中增加额外的可用空间。例如，想预览一个大的图片。当用户改变窗口的尺寸时，预览器的尺寸应该随之改变，但是外观比例要与原来图片的尺寸保持一致。这时，可以用下面的函数创建一个新的比例框架：

```
GtkWidget*gtk_aspect_frame_new(constgchar*label, gfloatxalign, gfloatyalign, gfloatratio, gbooleanobey_child);
```

xalign 和 yalign 参数的作用和创建对齐构件（Alignment Widgets）时的一样。如果 obey_child 参数设置为 TRUE，子构件的长宽比例会和它所请求的理想长宽比例相匹配。否则，比例值由 ratio 参数指定。

用以下函数可以改变已有比例框架构件的选项：

```
void gtk_aspect_frame_set(GtkAspectFrame*aspect_frame, gfloatxalign, gfloatyalign, gfloatratio, gbooleanobey
_ child);
```

在下面的实例中，程序用一个比例框架构件显示一个绘图区，纵横比例总是 2:1，而不管用户如何改变顶层窗口的尺寸，效果如图 17.5 所示。

图 17.5　比例框架

【例 17.6】　比例框架。（**实例位置：资源包\TM\sl\17\6**）

程序的代码如下：

```
#include<gtk/gtk.h>
int main(int argc, char*argv[]) {
GtkWidget*window;
GtkWidget*aspect_frame;
GtkWidget*drawing_area;
gtk_init(&argc,&argv);
window=gtk_window_new(GTK_WINDOW_TOPLEVEL);
gtk_window_set_title(GTK_WINDOW(window),"AspectFrame");
g_signal_connect(G_OBJECT(window),"destroy",
G_CALLBACK(gtk_main_quit),NULL);
gtk_container_set_border_width(GTK_CONTAINER(window),10);
/*创建一个比例框架，将它添加到顶层窗口中*/
aspect_frame=gtk_aspect_frame_new("2x1",0.5,0.5, 2, FALSE);
gtk_container_add(GTK_CONTAINER(window),aspect_frame);
gtk_widget_show(aspect_frame);
/*添加一个子构件到比例框架中*/
drawing_area=gtk_drawing_area_new();
/*要求一个 200×200 的窗口，但是比例框架会给出一个 200×100 的窗口，因为已经指定了 2×1 的比例值*/
gtk_widget_set_size_request(drawing_area,200,200);
gtk_container_add(GTK_CONTAINER(aspect_frame),drawing_area);
gtk_widget_show(drawing_area); gtk_widget_show(window); gtk_main();
return 0;
}
```

17.3.6　分栏窗口构件

如果想要将一个窗口分成两个部分，可以使用分栏窗口构件（The Paned Window Widgets）。窗口两部分的尺寸由用户控制，在它们之间有一个凹槽，上面有一个手柄，用户可以拖动此手柄改变两部分的比例。窗口划分可以是水平（hpaned）或垂直的（vpaned）。用以下函数之一可以创建一个新的分栏窗口：

```
GtkWidget*gtk_hpaned_new(void); GtkWidget*gtk_vpaned_new(void);
```

创建了分栏窗口构件后，可以在它的两边添加子构件：

```
void gtk_paned_add1(GtkPaned*paned,GtkWidget*child);
void gtk_paned_add2(GtkPaned*paned,GtkWidget*child);
```

gtk_paned_add1()函数将子构件添加到分栏窗口的左边或顶部。gtk_paned_add2()函数将子构件添加到分栏窗口的右边或下部。

17.3.7　视角

一般很少直接使用视角（Viewport）构件，多数情况下是使用滚动窗口构件，因为在它的内部也使用了视角。视角构件允许在其中放置一个超过自身大小的构件，这样用户可以一次看构件的一部分。它用调整对象定义当前显示的区域。可以用下面的函数创建一个视角。

```
GtkWidget*gtk_viewport_new(GtkAdjustment*hadjustment, GtkAdjustment*vadjustment);
```

可以看到，创建构件时能够指定构件使用的水平和垂直调整对象。如果给函数传递 NULL 参数，构件会自己创建调整对象。创建构件后，可以用下面 4 个函数取得和设置它的调整对象：

```
GtkAdjustment*gtk_viewport_get_hadjustment(GtkViewport*viewport);
GtkAdjustment*gtk_viewport_get_vadjustment(GtkViewport*viewport);
void gtk_viewport_set_hadjustment(GtkViewport*viewport, GtkAdjustment*adjustment);
void gtk_viewport_set_vadjustment(GtkViewport*viewport, GtkAdjustment*adjustment);
```

剩下的这个函数用于改变视角的外观：

```
void gtk_viewport_set_shadow_type(GtkViewport*viewport, GtkShadowType type);
```

type 参数可以取以下值：GTK_SHADOW_NONE、GTK_SHADOW_IN、GTK_SHADOW_OUT、GTK_SHADOW_ETCHED_IN 和 GTK_SHADOW_ETCHED_OUT。

17.3.8　滚动窗口

滚动窗口（Scrolled Windows）用于创建一个可滚动区域，并将其他构件放入其中。可以在滚动窗口中插入任何其他构件，在其内部的构件不论尺寸大小，都可以通过滚动条访问到。可以用下面的函数创建新的滚动窗口：

```
GtkWidget*gtk_scrolled_window_new(GtkAdjustment*hadjustment, GtkAdjustment*vadjustment);
```

第一个参数是水平方向的调整对象，第二个参数是垂直方向的调整对象。它们一般都设置为 NULL。

```
void gtk_scrolled_window_set_policy(GtkScrolledWindow*scrolled_window,GtkPolicyType hscrollbar_policy,
GtkPolicyType vscrollbar_policy);
```

这个函数可以设置滚动条出现的方式。第一个参数是要设置的滚动窗口，第二个参数设置水平滚动条出现的方式，第三个参数设置垂直滚动条出现的方式。滚动条的方式取值可以为 GTK_POLICY_

AUTOMATIC 或 GTK_POLICY_ALWAYS。当要求滚动条根据需要自动出现时，可设为 GTK_POLICY_AUTOMATIC；若设为 GTK_POLICY_ALWAYS，滚动条会一直出现在滚动窗口上。

可以用下面的函数将构件放到滚动窗口内：

```
void gtk_scrolled_window_add_with_viewport(GtkScrolledWindow*scrolled_window,GtkWidget*child);
```

下面是一个简单实例：在滚动窗口构件中放置一个表格构件，并在表格中放入 100 个开关按钮，效果如图 17.6 所示。

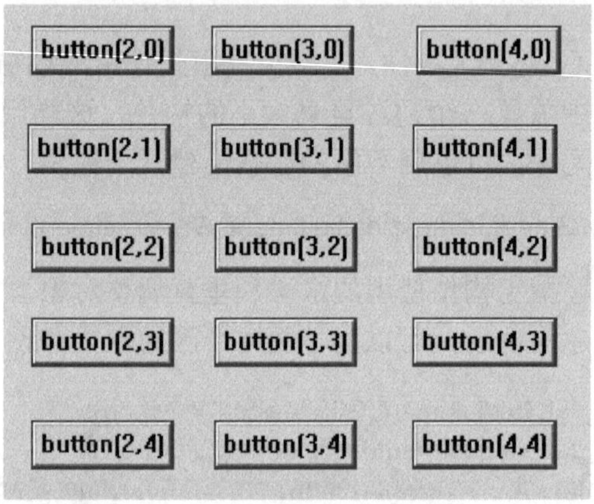

图 17.6　滚动窗口构件中放置表格构件

【例 17.7】　滚动窗口。（**实例位置：资源包\TM\sl\17\7**）

程序的代码如下：

```
#include<stdio.h>
#include<gtk/gtk.h>
void destroy(GtkWidget*widget, gpointerdata) {
gtk_main_quit(); }
int main(intargc,char*argv[]) {
static GtkWidget*window;
GtkWidget*scrolled_window;
GtkWidget*table;
GtkWidget*button; charbuffer[32];
int i,j;
gtk_init(&argc,&argv);
/*创建一个新的对话框窗口，滚动窗口就放在这个窗口上*/
window=gtk_dialog_new();
g_signal_connect(G_OBJECT(window),"destroy", G_CALLBACK(destroy),NULL);
gtk_window_set_title(GTK_WINDOW(window),"GtkScrolledWindowexample");
gtk_container_set_border_width(GTK_CONTAINER(window),0);
gtk_widget_set_size_request(window,300,300);
/*创建一个新的滚动窗口*/
scrolled_window=gtk_scrolled_window_new(NULL,NULL);
gtk_container_set_border_width(GTK_CONTAINER(scrolled_window),10);
/*滚动条的出现方式设为 GTK_POLICY_AUTOMATIC，将自动设定是否需要出现滚动条而设为
GTK_POLICY_ALWAYS，将一直显示一个滚动条*/
```

```
gtk_scrolled_window_set_policy(GTK_SCROLLED_WINDOW(scrolled_window),
GTK_POLICY_AUTOMATIC,GTK_POLICY_ALWAYS);
/*对话框窗口内部包含一个 vbox 构件*/
gtk_box_pack_start(GTK_BOX(GTK_DIALOG(window)->vbox),scrolled_window, TRUE,TRUE,0);
gtk_widget_show(scrolled_window);
/*创建一个包含 10×10 个格子的表格*/
table=gtk_table_new(10,10,FALSE);
/*设置 x 和 y 方向的行间间距为 10 像素*/
gtk_table_set_row_spacings(GTK_TABLE(table),10);
gtk_table_set_col_spacings(GTK_TABLE(table),10);
/*将表格组装到滚动窗口中*/
gtk_scrolled_window_add_with_viewport( GTK_SCROLLED_WINDOW(scrolled_window),table);
gtk_widget_show(table);
/*简单地在表格中添加许多开关按钮以展示滚动窗口*/
for(i=0;i<10;i++)
for(j=0;j<10;j++){
sprintf(buffer,"button(%d,%d)\n",i,j);
        button=gtk_toggle_button_new_with_label(buffer);
gtk_table_attach_defaults(GTK_TABLE(table),button, i,i+1,j,j+1);
        gtk_widget_show(button);
}
/*在对话框的底部添加一个 close 按钮*/
button=gtk_button_new_with_label("close");
g_signal_connect_swapped(G_OBJECT(button),"clicked",
G_CALLBACK(gtk_widget_destroy), window);
/*让按钮能被默认*/
GTK_WIDGET_SET_FLAGS(button,GTK_CAN_DEFAULT);
gtk_box_pack_start(GTK_BOX(GTK_DIALOG(window)->action_area),button,TRUE,TRUE,0);
/*将按钮固定为默认按钮，只要按回车键就相当于单击了这个按钮*/
gtk_widget_grab_default(button);
gtk_widget_show(button);
gtk_widget_show(window);
gtk_main();
return 0;

}
```

尝试改变窗口的大小，可以看到滚动条是如何起作用的。还可以用 gtk_widget_set_size_request() 函数设置窗口或其他构件的默认尺寸。

17.3.9　按钮盒

按钮盒（Button Boxes）可以很方便地快速布置一组按钮，它有水平和垂直两种样式。可以用以下函数创建水平或垂直按钮盒：

```
GtkWidget*gtk_hbutton_box_new(void);
GtkWidget*gtk_vbutton_box_new(void);
```

可以用下面这个常用的函数将按钮添加到按钮盒中：

```
gtk_container_add(GTK_CONTAINER(button_box),child_widget);
```

下面的实例演示了按钮盒的不同布局设置。

【例 17.8】　按钮盒的实现。（**实例位置：资源包\TM\sl\17\8**）

程序的代码如下：

```
#include<gtk/gtk.h>
/*用指定的参数创建一个按钮盒*/
GtkWidget*create_bbox(ginthorizontal, char*title, gintspacing, gintchild_w, gintchild_h, gintlayout) {
GtkWidget*frame;
GtkWidget*bbox;
GtkWidget*button;
frame=gtk_frame_new(title);
if(horizontal)
bbox=gtk_hbutton_box_new();
else
bbox=gtk_vbutton_box_new();
gtk_container_set_border_width(GTK_CONTAINER(bbox),5);
gtk_container_add(GTK_CONTAINER(frame),bbox);
/*设置按钮盒的外观*/
gtk_button_box_set_layout(GTK_BUTTON_BOX(bbox),layout);
gtk_box_set_spacing(GTK_BOX(bbox),spacing);
button=gtk_button_new_from_stock(GTK_STOCK_OK);
gtk_container_add(GTK_CONTAINER(bbox),button);
button=gtk_button_new_from_stock(GTK_STOCK_CANCEL);
gtk_container_add(GTK_CONTAINER(bbox),button);
button=gtk_button_new_from_stock(GTK_STOCK_HELP);
gtk_container_add(GTK_CONTAINER(bbox),button);
return frame;
}
int main(intargc, char*argv[]) {
staticGtkWidget*window=NULL;
GtkWidget*main_vbox;
GtkWidget*vbox;
GtkWidget*hbox;
GtkWidget*frame_horz;
GtkWidget*frame_vert;
/*初始化*/
gtk_init(&argc,&argv);
window=gtk_window_new(GTK_WINDOW_TOPLEVEL);
gtk_window_set_title(GTK_WINDOW(window),"ButtonBoxes");
g_signal_connect(G_OBJECT(window),"destroy", G_CALLBACK(gtk_main_quit), NULL);
gtk_container_set_border_width(GTK_CONTAINER(window),10);
main_vbox=gtk_vbox_new(FALSE,0);
gtk_container_add(GTK_CONTAINER(window),main_vbox);
frame_horz=gtk_frame_new("HorizontalButtonBoxes");
gtk_box_pack_start(GTK_BOX(main_vbox),frame_horz,TRUE,TRUE,10);
vbox=gtk_vbox_new(FALSE,0);
```

```
gtk_container_set_border_width(GTK_CONTAINER(vbox),10);
gtk_container_add(GTK_CONTAINER(frame_horz),vbox);
gtk_box_pack_start(GTK_BOX(vbox),create_bbox(TRUE,"Spread(spacing40)",
40,85,20,GTK_BUTTONBOX_SPREAD), TRUE,TRUE,0);
gtk_box_pack_start(GTK_BOX(vbox),create_bbox(TRUE,"Edge(spacing30)",
30,85,20,GTK_BUTTONBOX_EDGE), TRUE,TRUE,5);
gtk_box_pack_start(GTK_BOX(vbox),create_bbox(TRUE,"Start(spacing20)",
20,85,20,GTK_BUTTONBOX_START), TRUE,TRUE,5);
gtk_box_pack_start(GTK_BOX(vbox),create_bbox(TRUE,"End(spacing10)",
10,85,20,GTK_BUTTONBOX_END), TRUE,TRUE,5);
frame_vert=gtk_frame_new("VerticalButtonBoxes");
gtk_box_pack_start(GTK_BOX(main_vbox),frame_vert,TRUE,TRUE,10);
hbox=gtk_hbox_new(FALSE,0);
gtk_container_set_border_width(GTK_CONTAINER(hbox),10);
gtk_container_add(GTK_CONTAINER(frame_vert),hbox);
gtk_box_pack_start(GTK_BOX(hbox),create_bbox(FALSE,"Spread(spacing5)",
5,85,20,GTK_BUTTONBOX_SPREAD),TRUE,TRUE,0);
gtk_box_pack_start(GTK_BOX(hbox),create_bbox(FALSE,"Edge(spacing30)",
30,85,20,GTK_BUTTONBOX_EDGE), TRUE,TRUE,5);
gtk_box_pack_start(GTK_BOX(hbox),create_bbox(FALSE,"Start(spacing20)",
20,85,20,GTK_BUTTONBOX_START), TRUE,TRUE,5);
gtk_box_pack_start(GTK_BOX(hbox),create_bbox(FALSE,"End(spacing20)",
20,85,20,GTK_BUTTONBOX_END), TRUE,TRUE,5);
gtk_widget_show_all(window);
/*进入事件循环*/
gtk_main(); return 0;
}
```

17.3.10　工具栏

工具栏（Toolbars）常用来将一些构件分组，这样能够简化定制它们的外观和布局。典型情况下，工具栏由图标和标签以及工具提示的按钮组成。不过，其他构件也可以放在工具栏内。各工具栏组件可以水平或垂直排列，还可以显示图标或标签，或者两者都显示。可以用下面的函数创建一个工具栏：

```
GtkWidget*gtk_toolbar_new(void);
```

创建工具栏后，可以向其中追加、前插和插入工具栏项（指简单文本字符串）或元素（指任何构件类型）。

要想描述一个工具栏上的对象，需要一个标签文本、一个工具提示文本、一个私有工具提示文本、一个图标和一个回调函数。例如，要前插或追加一个按钮，应该使用下面的函数：

```
GtkWidget*gtk_toolbar_append_item(GtkToolbar*toolbar, const char*text, constchar*tooltip_text,
const char*tooltip_private_text, GtkWidget*icon, GtkSignalFunccallback, gpointer user_data);
GtkWidget*gtk_toolbar_prepend_item(GtkToolbar*toolbar, const char*text, const char*tooltip_text,
const char*tooltip_private_text, GtkWidget*icon, GtkSignalFunc callback, gpointer user_data);
```

如果要使用 gtk_toolbar_insert_item()函数，除上面函数中要指定的参数以外，还要指定插入对象的位置，形式如下：

```
GtkWidget*gtk_toolbar_insert_item(GtkToolbar*toolbar, const char*text, const char*tooltip_text,
const char*tooltip_private_text, GtkWidget*icon, GtkSignalFunc callback, gpointer user_data, gint position);
```

要简单地在工具栏项之间添加空白区域，可以使用下面的函数：

```
void gtk_toolbar_append_space(GtkToolbar*toolbar);
void gtk_toolbar_prepend_space(GtkToolbar*toolbar);
void gtk_toolbar_insert_space(GtkToolbar*toolbar,gint position);
```

如果需要，工具栏的放置方向和它的样式可以在运行时用下面的函数设置：

```
void gtk_toolbar_set_orientation(GtkToolbar*toolbar,GtkOrientation orientation);
void gtk_toolbar_set_style(GtkToolbar*toolbar,GtkToolbarStyle style);
void gtk_toolbar_set_tooltips(GtkToolbar*toolbar,gint enable);
```

orientation 参数取 GTK_ORIENTATION_HORIZONTAL 或 GTK_ORIENTATION_VERTICAL。

style 参数用于设置工具栏项的外观，可以取 GTK_TOOLBAR_ICONS、GTK_TOOLBAR_TEXT 或 GTK_TOOLBAR_BOTH。

下面的程序可以说明工具栏的另一些作用：

```
 #include<gtk/gtk.h>
/*这个函数连接到 Close 按钮或者从窗口管理器关闭窗口的事件上*/
 gintdelete_event(GtkWidget*widget,GdkEvent*event,gpointerdata) {
gtk_main_quit();
return FALSE;
}
```

上面的代码和其他的 GTK 应用程序差别不大，不同的是包含了一个漂亮的 XPM 图片，用作所有按钮的图标。

```
GtkWidget*close_button;
/*这个按钮将引发一个信号以关闭应用程序*/
GtkWidget*tooltips_button;
/*启用/禁用工具提示*/
GtkWidget*text_button,*icon_button,*both_button;
/*切换工具栏风格的单选按钮*/
GtkWidget*entry;/*一个文本输入构件，用于演示任何构件都可以组装到工具栏内*/
```

事实上，不是上面所有的构件都是必需的，把它们放在一起，是为了让结构更清晰。

```
/*当按钮进行状态切换时，检查哪一个按钮是活动的，依此设置工具栏的式样。注意，工具栏是作为用户数据传递到回调函数的*/
void radio_event(GtkWidget*widget,gpointer data) {
if(GTK_TOGGLE_BUTTON(text_button)->active)
gtk_toolbar_set_style(GTK_TOOLBAR(data),GTK_TOOLBAR_TEXT);
else if(GTK_TOGGLE_BUTTON(icon_button)->active)
gtk_toolbar_set_style(GTK_TOOLBAR(data),GTK_TOOLBAR_ICONS);
else if(GTK_TOGGLE_BUTTON(both_button)->active)
gtk_toolbar_set_style(GTK_TOOLBAR(data),GTK_TOOLBAR_BOTH);
```

```
}
/*更简单，检查给定开关按钮的状态，依此启用或禁用工具提示*/
void toggle_event(GtkWidget*widget,gpointer data) {
gtk_toolbar_set_tooltips(GTK_TOOLBAR(data), GTK_TOGGLE_BUTTON(widget)->active);
}
```

上面只是当工具栏上的一个按钮被单击时要调用的两个回调函数。

```
int main(int argc,char*argv[]) {
/*下面是主窗口（一个对话框）和一个把柄盒（handlebox）*/
GtkWidget*dialog;
GtkWidget*handlebox;
GtkWidget*toolbar;
GtkWidget*iconw;
/*这个在所有的 GTK 程序中都被调用*/
gtk_init(&argc,&argv);
/*用给定的标题和尺寸创建一个新窗口*/
dialog=gtk_dialog_new();
gtk_window_set_title(GTK_WINDOW(dialog),"GTKToolbarTutorial");
gtk_widget_set_size_request(GTK_WIDGET(dialog),600,300);
GTK_WINDOW(dialog)->allow_shrink=TRUE;
/*在关闭窗口时退出*/
g_signal_connect(G_OBJECT(dialog),"delete_event", G_CALLBACK(delete_event),NULL);
/*需要实例化窗口，因为要在它的内容中为工具栏设置图片*/
gtk_widget_realize(dialog);
/*将工具栏放在一个手柄构件上，这样它可以从主窗口上移开*/
handlebox=gtk_handle_box_new();
gtk_box_pack_start(GTK_BOX(GTK_DIALOG(dialog)->vbox),handlebox,FALSE,FALSE,5);
```

上面的代码和任何其他 GTK 应用程序都差不多，它们进行 GTK 初始化、创建主窗口等。唯一需要解释的是：手柄盒只是一个可以在其中组装构件的盒子。它和普通盒子的区别在于它能从一个父窗口移开（事实上，手柄盒保留在父窗口上，但是它缩小为一个非常小的矩形，同时它的所有内容重新放在一个新的可自由移动的浮动窗口上）。拥有一个可浮动工具栏给人感觉非常好，所以这两种构件经常同时使用。

```
/*工具栏设置为水平的，同时带有图标和文本在每个项之间有 5 像素的间距，并且将它放在手柄盒上*/
toolbar=gtk_toolbar_new();
gtk_toolbar_set_orientation(GTK_TOOLBAR(toolbar),GTK_ORIENTATION_HORIZONTAL);
gtk_toolbar_set_style(GTK_TOOLBAR(toolbar),GTK_TOOLBAR_BOTH);
gtk_container_set_border_width(GTK_CONTAINER(toolbar),5);
gtk_toolbar_set_space_size(GTK_TOOLBAR(toolbar),5);
gtk_container_add(GTK_CONTAINER(handlebox),toolbar);
上面的代码初始化工具栏构件。
/*工具栏上第一项是 close 按钮*/
iconw=gtk_image_new_from_file("gtk.xpm");
/*图标构件*/
close_button=gtk_toolbar_append_item(GTK_TOOLBAR(toolbar),
/*工具栏*/ "Close",
/*按钮标签*/ "Closesthisapp",
```

```
/*按钮的工具提示*/ "Private",
/*工具提示的私有信息*/ iconw,
/*图标构件*/ GTK_SIGNAL_FUNC(delete_event),
/*一个信号*/NULL);
gtk_toolbar_append_space(GTK_TOOLBAR(toolbar));
/*工具栏项后的空白*/
```

在上面的代码中，可以看到最简单的情况，在工具栏上增加一个按钮。在追加一个新的工具栏项前，必须构造一个图片（image）构件用作该项的图标，这个步骤要对每一个工具栏项重复一次。在工具栏项之间还要增加间隔空间，这样后面的工具栏项就不会一个接一个地紧挨着。可以看到，gtk_toolbar_append_item()函数返回一个指向新创建的按钮构件的指针，所以可以用正常的方式使用它。

```
/*创建单选按钮组*/
iconw=gtk_image_new_from_file("gtk.xpm");
icon_button=gtk_toolbar_append_element(GTK_TOOLBAR(toolbar),
GTK_TOOLBAR_CHILD_RADIOBUTTON,/*元素类型*/
NULL,/*指向构件的指针*/
"Icon",/*标签*/
"Onlyiconsintoolbar",/*工具提示*/
"Private",/*工具提示的私有字符串*/
iconw,/*图标*/
GTK_SIGNAL_FUNC(radio_event),/*信号*/
toolbar);/*信号传递的数据*/
gtk_toolbar_append_space(GTK_TOOLBAR(toolbar));
```

这里开始创建一个单选按钮组，用 gtk_toolbar_append_element()函数即可。事实上，使用这个函数，能够添加简单的工具栏项或空白间隔（类型为 GTK_TOOLBAR_CHILD_SPACE 或 GTK_TOOLBAR_CHILD_BUTTON）。在上面的示例中，先创建了一个单选按钮组。要为这个组创建其他单选按钮，需要一个指向前一个按钮的指针，这样按钮的清单可以很容易地组织起来（请参看本文档前面的单选按钮部分）。

```
/*后面的单选按钮引用前面创建的*/
iconw=gtk_image_new_from_file("gtk.xpm");
text_button=gtk_toolbar_append_element(GTK_TOOLBAR(toolbar),
GTK_TOOLBAR_CHILD_RADIOBUTTON,icon_button,"Text","Onlytextsintoolbar","Private",iconw,
GTK_SIGNAL_FUNC(radio_event),toolbar);

gtk_toolbar_append_space(GTK_TOOLBAR(toolbar));
iconw=gtk_image_new_from_file("gtk.xpm");
both_button=gtk_toolbar_append_element(GTK_TOOLBAR(toolbar),GTK_TOOLBAR_CHILD_RADIOBUTTO
N,text_button,=gtk_toolbar_append_element(GTK_TOOLBAR(toolbar),
                              GTK_TOOLBAR_CHILD_RADIOBUTTON, icon_button, "Text", "Only texts in
                              toolbar", "Private", iconw, GTK_SIGNAL_FUNC(radio_event), toolbar);
gtk_toolbar_append_space(GTK_TOOLBAR(toolbar));
iconw = gtk_image_new_from_file("gtk.xpm");
both_button = gtk_toolbar_append_element(GTK_TOOLBAR(toolbar),
                                      GTK_TOOLBAR_CHILD_RADIOBUTTON,
                                      text_button,   "Both", "Icons and text in toolbar",
```

```
                                        "Private", iconw,
                                        GTK_SIGNAL_FUNC(radio_event), toolbar);

gtk_toolbar_append_space(GTK_TOOLBAR(toolbar));
gtk_toggle_button_set_active(GTK_TOGGLE_BUTTON(both_button), TRUE);
```

最后，必须手工设置其中一个按钮的状态（否则它们全部处于活动状态，并阻止在它们之间做出选择）。

```
/* 下面只是一个简单的开关按钮 */
iconw = gtk_image_new_from_file("gtk.xpm");
tooltips_button = gtk_toolbar_append_element(GTK_TOOLBAR(toolbar),
                                    GTK_TOOLBAR_CHILD_TOGGLEBUTTON,
                                     NULL,
                                    "Tooltips",
                                    "Toolbar with or without tips",
                                    "Private",
                                     iconw,
                                    GTK_SIGNAL_FUNC(toggle_event),
                                    toolbar);
gtk_toolbar_append_space(GTK_TOOLBAR(toolbar));
gtk_toggle_button_set_active(GTK_TOGGLE_BUTTON(tooltips_button), TRUE);
```

开关按钮的创建方法与创建单选按钮的方法相似，请读者自行体会。

```
/* 要将一个构件组装到工具栏上，只需创建它，然后将它追加到工具栏上，同时设置合适的工具提示 */
entry = gtk_entry_new();
    gtk_toolbar_append_widget(GTK_TOOLBAR(toolbar),
                                   entry,
                                   "This is just an entry",
                                   "Private");
/* 因为它不是工具栏自己创建的，所以还需要显示它 */
gtk_widget_show(entry);
```

可以看到，将任何构件添加到工具栏上都是非常简单的。唯一要记住的是，这个构件必须手工显示（与此相反，工具栏自己创建的工具栏项随工具栏一起显示）。

```
  /* 现在可以显示所有的东西 */
 gtk_widget_show(toolbar);
 gtk_widget_show(handlebox);
 gtk_widget_show(dialog);
/* 进入主循环，等待用户的操作 */
 gtk_main();
 return 0;
 }
```

这样，就到了工具栏教程的末尾。当然，还需要一个漂亮的 XPM 图标。

17.3.11 笔记本

笔记本构件（The NoteBook Widget）是互相重叠的页面集合，每一页都包含不同的信息，且一次只有一个页面是可见的，该构件在 GUI（图形用户接口）编程中很常用。要显示大量的相似信息，同时把它们分别显示时，使用这种构件是一个很好的方法。

下面的函数调用是用来创建一个新的笔记本构件。

```
GtkWidget *gtk_notebook_new( void );
```

一旦创建了笔记本构件，就可以使用一系列的函数操作该构件。下面将对它们分别进行讨论。

先看一下怎样定位页面指示器（或称页标签），可以有 4 种位置：上、下、左或右。

```
void gtk_notebook_set_tab_pos(GtkNotebook *notebook, GtkPositionType    pos );
```

GtkPositionType 参数可以取以下几个值（从字面上很容易理解它们的含义）：

☑ GTK_POS_LEFT。

☑ GTK_POS_RIGHT。

☑ GTK_POS_TOP。

☑ GTK_POS_BOTTOM 是默认值。

下面是向笔记本中添加页面。有如下 3 种方法，前两种方法是非常相似的。

```
void gtk_notebook_append_( GtkNotebook *notebook, GtkWidget    *child, GtkWidget     *tab_label );
void gtk_notebook_prepend_( GtkNotebook *notebook, GtkWidget     *child, GtkWidget     *tab_label );
```

这些函数通过向插入页面到笔记本的后端（append）或前端（prepend）来添加页面。child 是放在笔记本页面中的子构件，tab_label 是要添加的页面的标签。child 构件必须另外创建，一般是一个包含一套选项设置的容器构件，如一个表格。

最后一个添加页面的函数与前两个函数类似，不过允许指定页面插入的位置。

```
void gtk_notebook_insert_( GtkNotebook *notebook, GtkWidget    *child, GtkWidget    *tab_label, gint position );
```

其中的参数与_append_()和_prepend_()函数一样，还包含一个额外参数 position。该参数指定页面应该插入到哪一页（注意，第一页位置为 0）。

前面介绍了怎样添加一个页面，接下来介绍怎样从笔记本中删除一个页面。

```
void gtk_notebook_remove_( GtkNotebook *notebook, gint _num );
```

函数 notebook 从笔记本中删除_num 参数指定的页面。

用这个函数找出笔记本的当前页面：

```
gint gtk_notebook_get_current_( GtkNotebook *notebook );
```

下面两个函数将笔记本的页面向前或向后移动。对要操作的笔记本构件使用以下函数即可。当笔记本正处在最后一页时，调用 gtk_notebook_next_()函数，笔记本会跳到第一页。同样，如果笔记本在第一页时，调用了 gtk_notebook_prev_()函数，笔记本构件就会跳到最后一页。

```
void gtk_notebook_next_( GtkNoteBook *notebook );
void gtk_notebook_prev_( GtkNoteBook *notebook );
```

下面这个函数可以设置“活动”页面。如果想让笔记本的第 5 页被打开，则可以使用这个函数。在不使用这个函数时，笔记本默认显示的是第一页。

```
void gtk_notebook_set_current_( GtkNotebook *notebook, gint _num );
```

下面两个函数分别显示或隐藏了笔记本的页标签以及它的边框。

```
void gtk_notebook_set_show_tabs( GtkNotebook *notebook, gboolean   show_tabs );
void gtk_notebook_set_show_border( GtkNotebook *notebook, gboolean   show_border );
```

如果页面较多，标签页在页面上排列不下时，可以用下面这个函数，它允许用两个箭头按钮来滚动标签页。

```
void gtk_notebook_set_scrollable( GtkNotebook *notebook, gboolean scrollable );
```

show_tabs、show_border 和 scrollable 参数可以为 TRUE 或 FALSE。

下面看一个示例，它是由 GTK 发布版附带的 testgtk.c 扩展而来的。这个小程序创建了含有一个笔记本构件和 6 个按钮的窗口。笔记本包含 11 页，由 3 种方式添加进来：追加、插入、前插。单击按钮可以改变页标签的位置、显示/隐藏页标签和边框、删除一页、向前或向后移动标签页，以及退出程序，效果如图 17.7 所示。

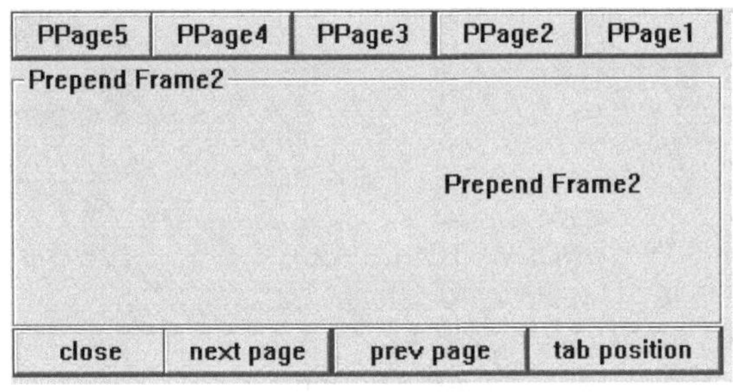

图 17.7　笔记本构件

【例 17.9】　笔记本构件。(**实例位置：资源包\TM\sl\17\9**)

程序的代码如下：

```
#include<stdio.h>
#include<gtk/gtk.h>
 /* 这个函数旋转页标签的位置 */
 void rotate_book( GtkButton      *button, GtkNotebook *notebook )     {
gtk_notebook_set_tab_pos (notebook, (notebook->tab_pos + 1) % 4);
 }
/* 显示/隐藏页标签和边框 */
void tabsborder_book( GtkButton      *button, GtkNotebook *notebook )     {
gint tval = FALSE;
gint bval = FALSE;
  if (notebook->show_tabs == 0)
tval = TRUE;
```

```
if (notebook->show_border == 0)
                    bval = TRUE;
gtk_notebook_set_show_tabs (notebook, tval);
    gtk_notebook_set_show_border (notebook, bval);
 }
/* 从笔记本上删除一个页面 */
void remove_book( GtkButton     *button, GtkNotebook *notebook )     {
gint page;
page= gtk_notebook_get_current_(notebook);
 gtk_notebook_remove_(notebook, );
  /* 需要刷新构件，这会迫使构件重绘自身 */
  gtk_widget_queue_draw (GTK_WIDGET (notebook));
 }
 gint delete(GtkWidget *widget, GtkWidget *event, gpointer     data)     {
gtk_main_quit();
return FALSE;
}
 int main( int argc, char *argv[] )   {
GtkWidget *window;
GtkWidget *button;
GtkWidget *table;
GtkWidget *notebook;
GtkWidget *frame;
GtkWidget *label;
GtkWidget *checkbutton;
  int i;
char bufferf[32];
 char bufferl[32];
 gtk_init(&argc, &argv);
 window = gtk_window_new(GTK_WINDOW_TOPLEVEL);
      g_signal_connect(G_OBJECT(window), "delete_event",
                       G_CALLBACK(delete), NULL);
 gtk_container_set_border_width(GTK_CONTAINER(window), 10);
 table = gtk_table_new(3, 6, FALSE);
 gtk_container_add(GTK_CONTAINER(window), table);
 /* 创建一个新的笔记本，将标签页放在顶部 */
 notebook = gtk_notebook_new();
 gtk_notebook_set_tab_pos(GTK_NOTEBOOK(notebook), GTK_POS_TOP);
gtk_table_attach_defaults(GTK_TABLE(table), notebook, 0, 6, 0, 1);
 gtk_widget_show(notebook);
/* 在笔记本后面追加几个页面 */
 for(i = 0; i < 5; i++) {
sprintf(bufferf, "Append Frame %d", i + 1);
 sprintf(bufferl, " %d", i + 1);
  frame = gtk_frame_new(bufferf);
 gtk_container_set_border_width(GTK_CONTAINER(frame), 10);
 gtk_widget_set_size_request(frame, 100, 75);
 gtk_widget_show(frame);
label = gtk_label_new(bufferf);
```

```
gtk_container_add(GTK_CONTAINER(frame), label);
gtk_widget_show(label);
label = gtk_label_new(bufferl);
gtk_notebook_append_(GTK_NOTEBOOK(notebook), frame, label);
   }
/* 在指定位置添加页面 */
checkbutton = gtk_check_button_new_with_label("Check me please!");
gtk_widget_set_size_request(checkbutton, 100, 75);
gtk_widget_show(checkbutton);
label = gtk_label_new("Add ");
gtk_notebook_insert_(GTK_NOTEBOOK(notebook), checkbutton, label, 2);
/* 最后向笔记本前插页面 */
for(i = 0; i < 5; i++) {
sprintf(bufferf, "Prepend Frame %d", i + 1);
sprintf(bufferl, "P %d", i + 1);
frame = gtk_frame_new(bufferf);
gtk_container_set_border_width(GTK_CONTAINER(frame), 10);
gtk_widget_set_size_request(frame, 100, 75);
gtk_widget_show(frame);
label = gtk_label_new(bufferf);
gtk_container_add(GTK_CONTAINER(frame), label);
gtk_widget_show(label);
label = gtk_label_new(bufferl);
gtk_notebook_prepend_(GTK_NOTEBOOK(notebook), frame, label);
}
   /* 设置起始页（第 4 页）*/
     gtk_notebook_set_current_(GTK_NOTEBOOK(notebook), 3);
   /* 创建一排按钮 */
   button = gtk_button_new_with_label("close");
     g_signal_connect_swapped(G_OBJECT(button), "clicked", G_CALLBACK(delete), NULL);
     gtk_table_attach_defaults(GTK_TABLE(table), button, 0, 1, 1, 2);
     gtk_widget_show(button);
     button = gtk_button_new_with_label("next ");
g_signal_connect_swapped(G_OBJECT(button), "clicked", G_CALLBACK(gtk_notebook_next_), notebook);
     gtk_table_attach_defaults(GTK_TABLE(table), button, 1, 2, 1, 2);
     gtk_widget_show(button);
     button = gtk_button_new_with_label("prev ");
     g_signal_connect_swapped (G_OBJECT(button), "clicked",   G_CALLBACK(gtk_notebook_prev_), notebook);
     gtk_table_attach_defaults(GTK_TABLE(table), button, 2, 3, 1, 2);
       gtk_widget_show(button);
            button = gtk_button_new_with_label("tab position");
g_signal_connect(G_OBJECT(button), "clicked",   G_CALLBACK(rotate_book),   notebook);
gtk_table_attach_defaults(GTK_TABLE(table), button, 3, 4, 1, 2);
     gtk_widget_show(button);
button = gtk_button_new_with_label("tabs/border on/off");
g_signal_connect(G_OBJECT(button), "clicked", G_CALLBACK(tabsborder_book), notebook);
     gtk_table_attach_defaults(GTK_TABLE(table), button, 4, 5, 1, 2);
gtk_widget_show(button);
button = gtk_button_new_with_label("remove ");
```

```
g_signal_connect(G_OBJECT(button), "clicked", G_CALLBACK(remove_book), notebook);
     gtk_table_attach_defaults(GTK_TABLE(table), button, 5, 6, 1, 2);
gtk_widget_show(button);
gtk_widget_show(table);
gtk_widget_show(window);
gtk_main();
return 0;
 }
```

17.4　小　　结

本章讲述从创建一个窗体开始，然后讲解了组装盒构件的相关内容，最后讲解了容器的相关知识。读者可以在此基础上综合应用，但是不要过多地使用容器，容易影响整个布局。

17.5　实践与练习

1．创建一个 3×2 的比例框架。（**答案位置：资源包\TM\sl\17\10**）

2．创建一个假想的 email 程序的用户界面。窗口被垂直划分为两个部分，上面部分显示一个 email 信息列表，下面部分显示 email 文本信息。（**答案位置：资源包\TM\sl\17\11**）

第18章

界面构件开发

（视频讲解：1 小时 3 分钟）

第 16 章已初步介绍了 Linux 的图形界面，图形界面通常由窗体和安置在窗体上的多个界面构件组成，本章将以 GTK+为例讲解界面构件。界面构件具有特定输入/输出功能，并具备独特操作特性和视觉外观，以及独立输入/输出接口的一类可重用组合单元。通过使用界面构件，可快速开发出图形界面，并使图形界面保持统一风格，从而易于操作。

通过阅读本章，您可以：

- **了解基本界面构件**
- **了解除基本构件外的一些杂项构件**
- **了解 RC 文件**

18.1 基本界面构件

基本界面构件包括按钮构件、调整对象、范围构件和一些杂项构件，这些构件基本可满足大多应用程序的需要。使用界面构件包含以下几个步骤：

（1）声明界面构件。

（2）指定界面构件类型。

（3）设置界面构件属性。

（4）将界面构件放置到窗体。

（5）显示界面构件。

（6）捕获界面构件发出信号并连接到回调函数。

（7）在回调函数中读取界面构件数值。

下面就来介绍一下基本构件的特性。

18.1.1 按钮构件

按钮构件（GtkButton）是窗体中使用最频繁的构件之一，它分为一般按钮、开关按钮、复选按钮、单选按钮 4 个子类。

1．一般按钮

一般按钮指的是当用户使用鼠标或键盘按下并释放后，按钮状态便会立即回到原状的按钮。根据需要的不同，按钮的形式有多种，那么创建按钮的函数也就不一样。如果创建一个空白的按钮，使用的函数是 gtk_button_new()；而如果需要使用标签对按钮进行说明，那么就需要使用 gtk_button_new_with_label()或 gtk_button_new_with_mnemonic()函数。如果要使用带图片的按钮，GTK+也提供了相应的函数，如 gtk_button_new_from_stock()函数。这些函数的一般形式如下：

```
GtkWidget *gtk_button_new();
GtkWidget *gtk_button_new_with_label(const gchar *labeln);
GtkWidget *gtk_button_new_with_mnemonic(const gchar *labeln);
GtkWidget *gtk_button_new_from_stock(const gchar *stock_id);
```

在创建了按钮构件之后，可以调用显示界面的 gtk_widget_show()函数。如果要对界面构件进行操作，那么就可以通过连接信号和回调函数来实现。一般使用 g_signal_connect()函数来连接信号和回调函数，最常见的就是在按下按钮时产生的 clicked 信号。下面来看一个退出按钮的实现代码：

```
GtkWidget *window，*button；
window=gtk_window_new();
gtk_widget_set_size_request(window,300,150);
gtk_widget_set_title(GTK_WINDOW(window),"I like GTK!");
```

```
button=gtk_button_new_from_stock(GTK_STOCK_CLOSE);
gtk_widget_show(button);
gtk_container_add(GTK_CONTAINER(window),button);
g_signal_connect((gpointer)button,"clicked",G_CALLBACK(gtk_main_quit));
```

上面的代码就是在窗体中加入一个标准的退出按钮，GTK_STOCK_CLOSE 是图形库中退出按钮的名称。g_signal_connect()函数用于连接 clicked 信号和回调函数 gtk_main_quit()，从而关闭窗体和 GTK+主循环。如果 GTK+主循环之后没有语句需要执行，那么程序就会直接退出。

2. 开关按钮

由一般按钮派生而来并且非常相似，只是开关按钮有两个状态，通过单击可以切换。它们可以是被按下的，再单击一下，它们会弹起来；再单击一下，它们又会再弹下去。开关按钮是复选按钮和单选按钮的基础，所以单选按钮和复选按钮继承了许多开关按钮的函数调用。

创建一个新的开关按钮，方法如下：

```
GtkWidget *gtk_toggle_button_new( void );
GtkWidget *gtk_toggle_button_new_with_label( const gchar *label );
GtkWidget *gtk_toggle_button_new_with_mnemonic( const gchar *label );
```

创建开关按钮应该和一般按钮构件相同。第一个函数是创建一个空白的开关按钮，后面两个函数创建带标签的开关按钮。其中_mnemonic()函数处理标签中的以“_”为前缀的助记语法符，是通过读取开关构件（包括单选按钮和复选按钮）结构的 active 域来检测开关按钮的状态。之前要用 GTK_TOGGLE_ BUTTON 宏把构件指针转换为开关构件指针。大家关心的各种开关按钮（开关按钮、复选按钮和单选按钮构件）的信号是“toggled”信号。为了检测这些按钮的状态，设置一个处理函数以捕获“toggled”信号，并且通过读取结构测定它的状态。该回调函数如下：

```
void toggle_button_callback(GtkWidget *widget, gpointer data) {
    if(gtk_toggle_button_get_active(GTK_TOGGLE_BUTTON(widget))) {
    /* 如果运行到这里，开关按钮是按下的 */
  } else {
    /* 如果运行到这里，开关按钮是弹起的 */
  }
}
```

设置开关按钮、单选按钮和复选按钮的状态，使用如下函数：

```
void gtk_toggle_button_set_active( GtkToggleButton *toggle_button, gboolean is_active );
```

上面的调用可以用来设置开关按钮，以及单选按钮和复选按钮的状态。将所创建的按钮作为第一个参数传入，以及一个 TRUE 或 FALSE 值作为第二个状态参数来指定它应该是下（按下）还是上（弹起）。默认是上，即 FALSE。

注意

当使用 gtk_toggle_button_set_active()函数且状态也实际发生改变时，它会导致按钮发出“clicked”和“toggled”信号。“gboolean gtk_toggle_button_get_active(GtkToggleButton *toggle_button);”语句的返回值是开关按钮的当前状态。

3．复选按钮和单选按钮

复选按钮继承了开关按钮的许多属性和功能，但看起来有一点点不同。不像开关按钮那样文字在按钮内部，复合按钮左边是一个小的方框，文字在其右边，常用在应用程序中以切换各选项的开和关。创建函数与普通按钮类似，如下所示：

```
GtkWidget *gtk_check_button_new( void );
GtkWidget *gtk_check_button_new_with_label( const gchar *label );
GtkWidget *gtk_check_button_new_with_mnemonic( const gchar *label );
```

gtk_check_button_new_with_label()函数创建一个带标签的复选按钮。检测复选按钮状态的方法与开关按钮是完全相同的。

单选按钮与复选按钮相似，只是单选按钮是分组的，在一组中只有一个处于选中/按下状态。这在需要从几个选项中选一个应用程序时可以用到，可以用这些调用之一来创建一个新的单选按钮：

```
GtkWidget *gtk_radio_button_new( GSList *group );
GtkWidget *gtk_radio_button_new_from_widget( GtkRadioButton *group );
GtkWidget *gtk_radio_button_new_with_label( GSList *group, const gchar   *label );
GtkWidget* gtk_radio_button_new_with_label_from_widget( GtkRadioButton *group,const gchar   *label );
GtkWidget *gtk_radio_button_new_with_mnemonic( GSList *group, const gchar   *label );
GtkWidget *gtk_radio_button_new_with_mnemonic_from_widget( GtkRadioButton *group,const gchar *label );
```

值得注意的是，这些调用有个额外的参数。它们需要一个组以正常运作。第一次调用 gtk_radio_button_new()或 gtk_radio_button_new_with_label()时，应该传递 NULL 值作为第一个参数，接着用如下函数创建一个组：

```
GSList *gtk_radio_button_get_group( GtkRadioButton *radio_button );
```

有一点很重要，必须为每个添加到组的新按钮调用 gtk_radio_button_get_group()，并把前一个按钮作为参数，返回的结果再传给下一个 gtk_radio_button_new()或 gtk_radio_button_new_with_label()，这样才能建立连锁的按钮。可以使用下面的语法来稍微缩短上面的步骤，不需要变量来存储按钮列表：

```
button2 = gtk_radio_button_new_with_label(gtk_radio_button_get_group(
GTK_RADIO_BUTTON(button1)), "button2");
```

而_from_widget()创建函数可以做得更简洁些，它完全省略了 gtk_radio_button_get_group()调用。下面示例的第 3 个按钮就是用这种方法创建的：

```
button2=gtk_radio_button_new_with_label_from_widget(GTK_RADIO_BUTTON(button1),"button2");
```

明确地指定哪个按钮应该被默认按下也是个好主意，即：

```
void gtk_toggle_button_set_active( GtkToggleButton *toggle_button, gboolean   state );
```

这在开关按钮部分描述过，在这里它也确切地以同样的方式工作。多个单选按钮组合到一起后，组中一次只能有一个被激活。如果用户单击一个单选按钮，接着单击另一个，第一个单选按钮会首先发出“toggled”信号（以报告变得不激活了），然后第二个也会发出“toggled”信号。下面来创建一个含 3 个按钮的单选按钮组，如图 18.1 所示。

图 18.1　单选按钮组

【例 18.1】　创建一个含 3 个按钮的单选按钮组。（**实例位置：资源包\TM\sl\18\1**）

程序的代码如下：

```
#include<glib.h>
#include<gtk/gtk.h>
gint close_application( GtkWidget *widget, GdkEvent   *event,gpointer   data ) {
      gtk_main_quit();
      return FALSE;
 }
 int main( int argc, char *argv[] )    {
      GtkWidget *window = NULL;
      GtkWidget *box1;
      GtkWidget *box2;
      GtkWidget *button;
      GtkWidget *separator;
      GSList *group;
      gtk_init(&argc, &argv);
      window = gtk_window_new(GTK_WINDOW_TOPLEVEL);
      g_signal_connect(G_OBJECT(window), "delete_event", G_CALLBACK(close_application), NULL);
      gtk_window_set_title(GTK_WINDOW(window), "radio buttons");
      gtk_container_set_border_width(GTK_CONTAINER(window), 0);
      box1 = gtk_vbox_new(FALSE, 0);
      gtk_container_add(GTK_CONTAINER(window), box1);
      gtk_widget_show(box1);
      box2 = gtk_vbox_new(FALSE, 10);
      gtk_container_set_border_width(GTK_CONTAINER(box2), 10);
      gtk_box_pack_start(GTK_BOX(box1), box2, TRUE, TRUE, 0);
      gtk_widget_show(box2);
      button = gtk_radio_button_new_with_label(NULL, "button1");
      gtk_box_pack_start(GTK_BOX(box2), button, TRUE, TRUE, 0);
      gtk_widget_show(button);
      group = gtk_radio_button_get_group(GTK_RADIO_BUTTON(button));
      button = gtk_radio_button_new_with_label(group, "button2");
      gtk_toggle_button_set_active(GTK_TOGGLE_BUTTON(button), TRUE);
      gtk_box_pack_start(GTK_BOX (box2), button, TRUE, TRUE, 0);
      gtk_widget_show(button);
      button = gtk_radio_button_new_with_label_from_widget(GTK_RADIO_BUTTON(button), "button3");
      gtk_box_pack_start(GTK_BOX(box2), button, TRUE, TRUE, 0);
      gtk_widget_show(button);
      separator = gtk_hseparator_new ();
```

```
    gtk_box_pack_start(GTK_BOX(box1), separator, FALSE, TRUE, 0);
    gtk_widget_show(separator);
    box2 = gtk_vbox_new(FALSE, 10);
    gtk_container_set_border_width(GTK_CONTAINER(box2), 10);
    gtk_box_pack_start(GTK_BOX(box1), box2, FALSE, TRUE, 0);
    gtk_widget_show(box2);
    button = gtk_button_new_with_label ("close");
    g_signal_connect_swapped(G_OBJECT(button), "clicked",G_CALLBACK(close_application), window);
    gtk_box_pack_start(GTK_BOX(box2), button, TRUE, TRUE, 0);
    GTK_WIDGET_SET_FLAGS(button, GTK_CAN_DEFAULT);
    gtk_widget_grab_default(button);
    gtk_widget_show(button);
    gtk_widget_show(window);
    gtk_main ();
    return 0;
}
```

18.1.2 调整对象

GTK 有多种构件能够通过鼠标或键盘进行调整，如范围构件。还有一些构件，如 GtkText 和 GtkViewport，内部都有一些可调整的属性。

当用户调整范围构件的值时，应用程序需要对值的变化进行响应。一种办法就是当构件的调整值发生变化时，让每个构件引发自己的信号，将新值传递到信号处理函数中，或者让它在构件的内部数据结构中查找构件的值。但是，也许需要将这个调整值同时连接到几个构件上，使得调整一个值时，其他构件都随之响应。最明显的示例就是将一个滚动条连接到一个视角构件（viewport）或者滚动的文本区（text area）上。如果每个构件都有自己的设置或获取调整值的方法，程序员或许需要自己编写很复杂的信号处理函数，以便将这些不同构件之间的变化同步或相关联。

GTK 用一个调整对象解决了这个问题。调整对象不是构件，但是为构件提供了一种抽象、灵活的方法来传递调整值信息。调整对象最明显的用处就是为范围构件（如滚动条和比例构件）存储配置参数和值。然而，因为调整对象是从 Object 派生的，在其正常的数据结构之外，它还具有一些特殊的功能。最重要的是，它们能够引发信号，就像构件一样，这些信号不仅能够让程序对用户在可调整构件上的输入进行响应，还能在可调整构件之间透明地传播调整值。

在许多其他构件中都能够看到调整对象的用处，如进度条、视角、滚动窗口等。

1. 创建一个调整对象

许多使用调整对象的构件都能够自动创建它，但是有些情况下必须自己手工创建。用下面的函数创建调整对象：

```
GtkObject *gtk_adjustment_new( gdouble value, gdouble lower, gdouble upper, gdouble step_increment,
                               gdouble _increment, gdouble _size );
```

其中，value 参数是要赋给调整对象的初始值，通常对应于一个可调整构件的最高或最低位置；lower 参数指定调整对象能取的最低值；step_increment 参数指定用户能小幅增加的值；_increment 是用户能

大幅调整的值；_size 参数通常用于设置分栏构件（panning widget）的可视区域；upper 参数用于表示分栏构件的子构件的最底部或最右边的坐标，因而，它不一定总是 value 能取的最大值，因为这些构件的_size 通常是非零值（value 能取的最大值一般是 upper-_size）。

2．轻松使用调整对象

可调整构件大致可以分为两组：一组对这些值使用特定的单位，另一组将这些值当作任意数值。后一组包括范围构件有滚动条、比例构件（scales）、进度条以及微调按钮（spin button）。这些构件的值都可以使用鼠标和键盘直接进行调整。它们将调整对象的 lower 和 upper 值当作用户能够操纵的调整值的范围。默认时，它们只会修改调整对象的 value 参数，也就是说，它们的范围一般都是不变的。

另一组包含文本构件、视角构件、复合列表框（compound list）以及滚动窗口构件。所有这些构件都是间接通过滚动条来进行调整的。所有使用调整对象的构件都可以使用自己的调整对象，或者使用用户创建的调整对象，但是最好让这一类构件都使用它们自己的调整对象。一般它们都对 value 以外的参数作了新的解释，对这些值的解释各个构件都有所不同，需要阅读它们的源代码。

文本构件和视角构件中的调整对象除了 value 参数以外，其他参数都是由它们自己控制的，而滚动条就只修改调整对象的 value 参数。如果在滚动条和文本构件之间共享调整对象，操纵滚动条会自动调整文本构件，代码如下：

```
/* 视角构件会自动为自己创建一个调整对象 */
viewport = gtk_viewport_new(NULL, NULL);
/* 让垂直滚动条使用视角构件已经创建的调整对象*/
vscrollbar = gtk_vscrollbar_new(gtk_viewport_get_vadjustment(viewport));
```

3．调整对象的内部机制

如果想创建一个信号处理函数，当用户调整范围构件或微调按钮时，让这个处理函数进行响应，应该从调整对象中取什么值？要解决这个问题，先看一下_GtkAdjustment 结构的定义：

```
struct _GtkAdjustment   {
            GtkObject parent_instance;
            gdouble   lower;
            gdouble   upper;
            gdouble value;
            gdouble step_increment;
            gdouble _increment;
            gdouble _size;
};
```

如果不喜欢直接从结构中取值，那么可以使用下面的函数来获取调整对象的 value 参数值：

```
gdouble gtk_adjustment_get_value( GtkAdjustment *adjustment);
```

因为设置调整对象的值时，通常想让每个使用这个调整对象的构件对值的改变作出响应，GTK 提供了下面的函数：

```
void gtk_adjustment_set_value( GtkAdjustment *adjustment, gdouble   value );
```

与其他构件一样，调整对象是 Object 的子类，因而，它也能够引发信号。这也是为什么当滚动条和其他可调整构件共享调整对象时它们能够自动更新的原因。所有的可调整构件都为它们的调整对象的 value_changed 信号设置了一个信号处理函数。下面是这个信号在_GtkAdjustmentClass 结构中的定义：

```
void (* value_changed) (GtkAdjustment *adjustment);
```

各种使用调整对象的构件都会在值发生变化时引发调整对象的信号。这种情况发生在当用户用鼠标使范围构件的滑块移动时和当程序使用 gtk_adjustment_set_value()函数显式地改变调整对象的值时。所以，如果有一个比例构件，想在它的值改变时改变一幅画的旋转角度，应该创建这样的回调函数：

```
void cb_rotate_picture(GtkAdjustment *adj, GtkWidget *picture)   {
            set_picture_rotation(picture, gtk_adjustment_get_value(adj));   ...
```

再将这个回调函数连接到构件的调整对象上：

```
g_signal_connect(G_OBJECT(adj), "value_changed", G_CALLBACK(cb_rotate_picture), picture);
```

当构件重新配置了它的调整对象的 upper 或 lower 参数时（如用户向文本构件添加了更多的文本时），在这种情况下，它会引发一个 changed 信号：

```
void (* changed) (GtkAdjustment *adjustment);
```

范围构件一般会为这个信号设置回调函数，构件会改变它们的外观以反映变化。例如，滚动条上的滑块会根据它的调整对象的 lower 和 upper 参数之间的差值的变化而伸长或缩短。

一般不需要处理这个信号，除非要写一个新的范围构件。不过，如果直接改变了调整对象的任何参数，应该引发这个信号，以便相关构件能够重新配置。可以用下面的函数引发这个信号：

```
g_signal_emit_by_name(G_OBJECT(adjustment), "changed");
```

18.1.3 范围构件

1．范围构件的分类

范围构件（Range Widgets）是一大类构件，包含常见的滚动条构件（Scrollbar Widgets）和较少见的比例构件（Scale Widgets）。尽管这两种构件是用于不同的目的，它们在功能和实现上都是非常相似的。所有范围构件共用一套图形元素，每一个都有自己的 X 窗口，并能接收事件。它们都包含一个“滑槽（trough）”和一个“滑块（slider）”（在一些其他 GUI 环境下又称 thumbwheel）。用鼠标拖动滑块可以在滑槽中前后移动，在滑块前后的滑槽中单击，根据不同的鼠标按键，滑块就会向接近单击处的方向移动一点，或完全到位，或移动特定的距离。

在前面的调整对象中提到过，所有范围构件都是与一个调整对象相关联的。该对象会计算滑块的长度和在滑槽中的位置。当用户操纵滑块时，范围构件会改变调整对象的值。

（1）滚动条构件

滚动条一般只用于滚动其他构件，如列表、文本构件或视角构件（在很多情况下使用滚动窗口构件更方便）等。对其他目的，应该使用比例构件，因为它更友好，而且有更多的特性。

滚动条构件有水平和垂直滚动条两种类型，可以用下面的函数创建滚动条：

```
GtkWidget *gtk_hscrollbar_new( GtkAdjustment *adjustment );
GtkWidget *gtk_vscrollbar_new( GtkAdjustment *adjustment );
```

这就是它们所有的相关函数。adjustment 参数可以是一个指向已有调整对象的指针或 NULL，当为 NULL 时会自动创建一个。如果希望将新创建的调整对象传递给其他构件的构建函数，如文本构件的构建函数，在这种情况下指定 NULL 是很有用的。

（2）比例构件

比例构件一般用于允许用户在一个指定的取值范围，可视地选择和操纵一个值。例如，在图片的缩放预览中调整放大倍数，或控制一种颜色的亮度，或在指定屏幕保护启动之前不活动的时间间隔时，可能需要用到比例构件。

像滚动条一样，比例构件有水平和垂直两种不同类型，下面的函数实现分别创建垂直和水平的比例构件：

```
GtkWidget *gtk_vscale_new( GtkAdjustment *adjustment );
GtkWidget *gtk_vscale_new_with_range( gdouble min, gdouble max,gdouble step );
GtkWidget *gtk_hscale_new( GtkAdjustment *adjustment );
GtkWidget *gtk_hscale_new_with_range( gdouble min, gdouble max, gdouble step );
```

adjustment 参数可以是一个已经用 gtk_adjustment_new()创建了的调整对象或 NULL，此时，会创建一个匿名的调整对象，所有的值都设为 0.0（在此处用处不大）。为了避免把自己搞糊涂，你可能想要创建一个_size 值设为 0.0 的调整对象，让它的 upper 值与用户能选择的最高值相对应。而_new_with_range()函数会创建一个适当的调整对象。

比例构件可以在滑槽的旁边以数字形式显示其当前值。默认行为是显示值，但是可以用下面这个函数改变其行为：

```
void gtk_scale_set_draw_value( GtkScale *scale, gboolean draw_value );
```

draw_value 的取值为 TRUE 或 FALSE，结果是显示或不显示。

默认情况下，比例构件显示的值，也就是它的调整对象定义中的 value 域，圆整到一位小数。可以用以下函数改变显示的小数位数：

```
void gtk_scale_set_digits( GtkScale *scale, gint digits );
```

digits 是要显示的小数位数。可以将 digits 设置为任意位数，但是实际上屏幕上最多只能显示 13 位小数。

最后，显示的值可以放在滑槽附近的不同位置：

```
void gtk_scale_set_value_pos( GtkScale *scale, GtkPositionType pos );
```

参数 pos 是 GtkPositionType 类型，可以取以下值之一：

☑　GTK_POS_LEFT。

☑　GTK_POS_RIGHT。

☑　GTK_POS_TOP。

☑　GTK_POS_BOTTOM。

如果将值显示在滑槽的“侧面”（例如，在水平比例构件的滑槽的顶部和底部），则显示的值将跟随滑块上下移动。

所有前面讲的函数都在 gtk/gtkscale.h 中定义。当包含了 gtk/gtk.h 文件时，所有 GTK 构件的头文件都被自动包含。但应该去察看一下所有你感兴趣的构件的头文件，这样才能学到它们更多的功能和特性。

2．常用的范围函数

范围构件本质上来说都是相当复杂的，不过，几乎所有它定义的函数和信号都只在用它们写派生构件时才会真正用到。然而，在 gtk/gtkrange.h 中还是有一些很有用的函数，它们对所有范围构件都起作用。

3．设置更新方式

范围构件的“更新方式”定义了用户与构件交互时它的调整对象的 value 值如何变化，以及如何引发“value_changed”信号给调整对象。更新方式在 gtk/gtkenums.h 中定义为 enum GtkUpdateType 类型，有以下取值：

- ☑ GTK_UPDATE_CONTINUOUS：这是默认值。“value_changed”信号是连续引发的，例如，每当滑块移动，甚至移动最小数量时都会引发。
- ☑ GTK_UPDATE_DISCONTINUOUS：只有滑块停止移动，用户释放鼠标时才引发“value_changed” 信号。
- ☑ GTK_UPDATE_DELAYED：当用户释放鼠标，或者滑块短期停止移动时才引发“value_changed”信号。

范围构件的更新方式可以用以下方法设置：用 GTK_RANGE(widget)宏将构件转换，并将它传递给如下函数：

```
void gtk_range_set_update_policy( GtkRange *range, GtkUpdateType    policy);
```

4．获得和设置调整对象

用以下函数“快速”取得和设置调整对象：

```
GtkAdjustment* gtk_range_get_adjustment( GtkRange *range );
void gtk_range_set_adjustment( GtkRange *range,GtkAdjustment *adjustment );
```

gtk_range_get_adjustment()函数返回一个指向 range 所连接的调整对象的指针。

如果将 range 正在使用的调整对象传递给 gtk_range_set_adjustment()函数，什么也不会发生，不管是否改变了其内部的值。如果是将一个新的调整对象传递给它，它会将旧的调整对象（如果存在）解除引用（unreference）（可能会销毁它），将适当的信号连接到新的调整对象，并且调用私有函数 gtk_range_ adjustment_changed()，该函数将重新计算滑块的尺寸和位置，并在需要时重新绘出该构件。正如在调整对象部分所提到的，如果想重新使用同一个调整对象，当直接修改它的值时，应该引发一个“changed”信号给它，例如：

```
g_signal_emit_by_name(G_OBJECT(adjustment), "changed");
```

5. 键盘和鼠标绑定

所有的 GTK 范围构件在单击鼠标时的交互方式基本相同。在滑槽上单击鼠标左键（button-1）使调整对象的 value 值加上或减去一个_increment，滑块也移动相应的距离。在滑槽上单击鼠标中键（button-2）将使滑块跳到鼠标单击处。在滑槽上单击鼠标右键（button-3）或在滚动条的箭头上单击鼠标任意键会使它的调整对象的 value 值一次改变一个 step_increment 值。滚动条是不能获得焦点的，因此没有按键绑定。对其他范围构件（当然，只在该构件获得焦点时有效）来说，水平和垂直范围构件两者的按键绑定没有一点区别。

所有范围构件都可以用左、右、上和下方向键操作，Up 和 Down 键也一样。方向键以 step_increment 为单位向上或向下移动滑块，而 Up 和 Down 以_increment 为单位移动它。还可以使用 Home 和 End 键让滑块在滑槽的两端之间自由移动。

下面用一个实例来综合应用一下，本例在一个窗口上放置了 3 个范围构件，都连接到同一个调整对象，并使用一些调整参数的控制方法，观察它们怎样影响这些构件的使用效果，如图 18.2 所示。

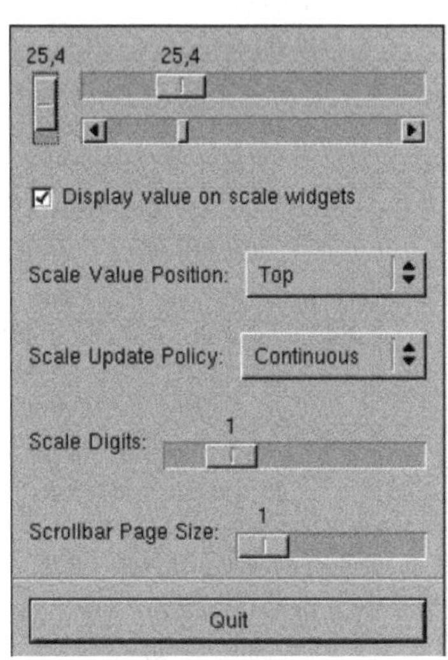

图 18.2　范围构件综合应用

【例 18.2】　综合应用范围构件。（**实例位置：资源包\TM\sl\18\2**）

程序的代码如下：

```
#include<gtk/gtk.h>
GtkWidget *hscale, *vscale;
void cb_pos_menu_select(GtkWidget   *item, GtkPositionType pos) {
/* 设置两个比例构件的比例值的显示位置 */
    gtk_scale_set_value_pos(GTK_SCALE(hscale), pos);
    gtk_scale_set_value_pos(GTK_SCALE(vscale), pos);
}
void cb_update_menu_select(GtkWidget *item, GtkUpdateType   policy) {
/* 设置两个比例构件的更新方式 */
     gtk_range_set_update_policy(GTK_RANGE(hscale), policy);
     gtk_range_set_update_policy(GTK_RANGE(vscale), policy);
}
void cb_digits_scale(GtkAdjustment *adj) {
/* 设置 adj->value 圆整的小数位数 */
      gtk_scale_set_digits(GTK_SCALE(hscale), (gint) adj->value);
      gtk_scale_set_digits(GTK_SCALE(vscale), (gint) adj->value);
}
void cb__size( GtkAdjustment *get, GtkAdjustment *set ) {
/* 将示例调整对象的 size 和 increment size 设置为" Size"比例构件指定的值 */
      set->_size = get->value;
      set->_increment = get->value;
      /* 设置调整对象的值并使它引发一个 "changed" 信号，以重新配置所有已经连接到这个调整对象的构件*/
      gtk_adjustment_set_value(set, CLAMP(set->value, set->lower,(set->upper - set->_size)));
}
 void cb_draw_value( GtkToggleButton *button )   {
```

```
/* 根据复选按钮的状态设置在比例构件上是否显示比例值 */
    gtk_scale_set_draw_value(GTK_SCALE(hscale), button->active);
    gtk_scale_set_draw_value(GTK_SCALE(vscale), button->active);
}
/* 方便的函数 */
 GtkWidget *make_menu_item(gchar   *name, GCallback   callback,   gpointer   data)  {
        GtkWidget *item;
        item = gtk_menu_item_new_with_label(name);
        g_signal_connect(G_OBJECT(item), "activate", callback, data);
        gtk_widget_show(item);
        return item;
}
void scale_set_default_values( GtkScale *scale ) {
       gtk_range_set_update_policy(GTK_RANGE(scale), GTK_UPDATE_CONTINUOUS);
       gtk_scale_set_digits(scale, 1);
       gtk_scale_set_value_pos(scale, GTK_POS_TOP);
       gtk_scale_set_draw_value(scale, TRUE);
}
/* 创建示例窗口 */
 void create_range_controls( void )  {
    GtkWidget *window;
    GtkWidget *box1, *box2, *box3;
    GtkWidget *button;
    GtkWidget *scrollbar;
    GtkWidget *separator;
    GtkWidget *opt, *menu, *item;
    GtkWidget *label;
    GtkWidget *scale;
    GtkObject *adj1, *adj2;
    /* 标准的创建窗口代码 */
     window = gtk_window_new(GTK_WINDOW_TOPLEVEL);
     g_signal_connect(G_OBJECT(window), "destroy",G_CALLBACK(gtk_main_quit), NULL);
     gtk_window_set_title(GTK_WINDOW(window), "range controls");
     box1 = gtk_vbox_new(FALSE, 0);
     gtk_container_add(GTK_CONTAINER (window), box1);
     gtk_widget_show(box1);
     box2 = gtk_hbox_new(FALSE, 10);
     gtk_container_set_border_width(GTK_CONTAINER(box2), 10);
     gtk_box_pack_start(GTK_BOX(box1), box2, TRUE, TRUE, 0);
     gtk_widget_show(box2);
     /* value, lower, upper, step_increment, _increment, _size */
     /* _size 值只对滚动条构件有区别，并且实际上能取得的最高值是(upper - _size) */
     adj1 = gtk_adjustment_new(0.0, 0.0, 101.0, 0.1, 1.0, 1.0);
     vscale = gtk_vscale_new(GTK_ADJUSTMENT(adj1));
     scale_set_default_values(GTK_SCALE(vscale));
     gtk_box_pack_start(GTK_BOX(box2), vscale, TRUE, TRUE, 0);
     gtk_widget_show(vscale);
    box3 = gtk_vbox_new(FALSE, 10);
    gtk_box_pack_start(GTK_BOX(box2), box3, TRUE, TRUE, 0);
```

```
gtk_widget_show(box3);
/* 重新使用同一个调整对象 */
hscale = gtk_hscale_new(GTK_ADJUSTMENT(adj1));
gtk_widget_set_size_request(GTK_WIDGET(hscale), 200, -1);
scale_set_default_values(GTK_SCALE(hscale));
gtk_box_pack_start(GTK_BOX(box3), hscale, TRUE, TRUE, 0);
gtk_widget_show(hscale);
/* 再次重用同一个调整对象 */
scrollbar = gtk_hscrollbar_new(GTK_ADJUSTMENT(adj1));
/* 注意，这导致当滚动条移动时，比例构件总是连续更新 */
gtk_range_set_update_policy(GTK_RANGE(scrollbar), GTK_UPDATE_CONTINUOUS);
gtk_box_pack_start(GTK_BOX(box3), scrollbar, TRUE, TRUE, 0);
gtk_widget_show(scrollbar);
box2 = gtk_hbox_new(FALSE, 10);
gtk_container_set_border_width(GTK_CONTAINER(box2), 10);
gtk_box_pack_start(GTK_BOX(box1), box2, TRUE, TRUE, 0);
gtk_widget_show(box2);
/* 用一个复选按钮控制是否显示比例构件的值 */
button = gtk_check_button_new_with_label("Display value on scale widgets");
gtk_toggle_button_set_active(GTK_TOGGLE_BUTTON(button), TRUE);
g_signal_connect(G_OBJECT(button), "toggled",   G_CALLBACK(cb_draw_value), NULL);
gtk_box_pack_start(GTK_BOX(box2), button, TRUE, TRUE, 0);
gtk_widget_show(button);
box2 = gtk_hbox_new(FALSE, 10);
gtk_container_set_border_width(GTK_CONTAINER(box2), 10);
/* 用一个选项菜单以改变显示值的位置 */
label = gtk_label_new("Scale Value Position:");
gtk_box_pack_start(GTK_BOX(box2), label, FALSE, FALSE, 0);
gtk_widget_show(label);
opt = gtk_option_menu_new();
menu=gtk_menu_new();item=make_menu_item("Top",G_CALLBACK(cb_pos_menu_select),
                                GINT_TO_POINTER(GTK_POS_TOP));
gtk_menu_shell_append(GTK_MENU_SHELL(menu), item);
item = make_menu_item("Bottom", G_CALLBACK(cb_pos_menu_select),
                    GINT_TO_POINTER(GTK_POS_BOTTOM));
gtk_menu_shell_append(GTK_MENU_SHELL(menu), item);
item = make_menu_item("Left", G_CALLBACK(cb_pos_menu_select),
                GINT_TO_POINTER(GTK_POS_LEFT));
gtk_menu_shell_append(GTK_MENU_SHELL(menu), item);
item = make_menu_item("Right", G_CALLBACK(cb_pos_menu_select),
               GINT_TO_POINTER(GTK_POS_RIGHT));
gtk_menu_shell_append(GTK_MENU_SHELL(menu), item);
gtk_option_menu_set_menu(GTK_OPTION_MENU(opt), menu);
gtk_box_pack_start(GTK_BOX(box2), opt, TRUE, TRUE, 0);
gtk_widget_show(opt);
gtk_box_pack_start(GTK_BOX(box1), box2, TRUE, TRUE, 0);
gtk_widget_show(box2);
 box2 = gtk_hbox_new(FALSE, 10);
 gtk_container_set_border_width(GTK_CONTAINER(box2), 10);
```

```
/* 另一个选项菜单，这里是用于设置比例构件的更新方式 */
label = gtk_label_new("Scale Update Policy:");
gtk_box_pack_start(GTK_BOX(box2), label, FALSE, FALSE, 0);
gtk_widget_show(label);
opt = gtk_option_menu_new();
menu = gtk_menu_new();
item = make_menu_item("Continuous",G_CALLBACK(cb_update_menu_select),
            GINT_TO_POINTER(GTK_UPDATE_CONTINUOUS));
gtk_menu_shell_append(GTK_MENU_SHELL(menu), item);
  item = make_menu_item("Discontinuous",G_CALLBACK(cb_update_menu_select),
             GINT_TO_POINTER(GTK_UPDATE_DISCONTINUOUS));
gtk_menu_shell_append(GTK_MENU_SHELL(menu), item);
item = make_menu_item("Delayed",G_CALLBACK(cb_update_menu_select),
               GINT_TO_POINTER(GTK_UPDATE_DELAYED));
gtk_menu_shell_append(GTK_MENU_SHELL(menu), item);
gtk_option_menu_set_menu(GTK_OPTION_MENU(opt), menu);
gtk_box_pack_start(GTK_BOX(box2), opt, TRUE, TRUE, 0);
gtk_widget_show(opt);
gtk_box_pack_start(GTK_BOX(box1), box2, TRUE, TRUE, 0);
gtk_widget_show(box2);
box2 = gtk_hbox_new(FALSE, 10);
gtk_container_set_border_width(GTK_CONTAINER(box2), 10);
 /* 一个水平比例构件，用于调整示例比例构件的显示小数位数 */
label = gtk_label_new("Scale Digits:");
gtk_box_pack_start(GTK_BOX(box2), label, FALSE, FALSE, 0);
gtk_widget_show(label);
adj2 = gtk_adjustment_new(1.0, 0.0, 5.0, 1.0, 1.0, 0.0);
g_signal_connect(G_OBJECT(adj2), "value_changed", G_CALLBACK(cb_digits_scale), NULL);
scale = gtk_hscale_new(GTK_ADJUSTMENT(adj2));
gtk_scale_set_digits(GTK_SCALE(scale), 0);
gtk_box_pack_start(GTK_BOX(box2), scale, TRUE, TRUE, 0);
gtk_widget_show(scale);
gtk_box_pack_start(GTK_BOX(box1), box2, TRUE, TRUE, 0);
gtk_widget_show(box2);
box2 = gtk_hbox_new(FALSE, 10);
gtk_container_set_border_width(GTK_CONTAINER(box2), 10);
/* 最后一个水平比例构件用于调整滚动条的 size */
label = gtk_label_new("Scrollbar   Size:");
gtk_box_pack_start(GTK_BOX(box2), label, FALSE, FALSE, 0);
gtk_widget_show(label);
adj2 = gtk_adjustment_new(1.0, 1.0, 101.0, 1.0, 1.0, 0.0);
g_signal_connect(G_OBJECT(adj2), "value_changed",   G_CALLBACK(cb__size), adj1);
scale = gtk_hscale_new(GTK_ADJUSTMENT(adj2));
gtk_scale_set_digits(GTK_SCALE(scale), 0);
gtk_box_pack_start(GTK_BOX(box2), scale, TRUE, TRUE, 0);
gtk_widget_show(scale);
gtk_box_pack_start(GTK_BOX(box1), box2, TRUE, TRUE, 0);
gtk_widget_show(box2);
separator = gtk_hseparator_new();
```

```
        gtk_box_pack_start(GTK_BOX(box1), separator, FALSE, TRUE, 0);
        gtk_widget_show(separator);
        box2 = gtk_vbox_new(FALSE, 10);
        gtk_container_set_border_width(GTK_CONTAINER(box2), 10);
        gtk_box_pack_start(GTK_BOX(box1), box2, FALSE, TRUE, 0);
        gtk_widget_show(box2);
        button = gtk_button_new_with_label("Quit");
        g_signal_connect_swapped(G_OBJECT(button), "clicked", G_CALLBACK(gtk_main_quit), NULL);
       gtk_box_pack_start(GTK_BOX(box2), button, TRUE, TRUE, 0);
       GTK_WIDGET_SET_FLAGS(button, GTK_CAN_DEFAULT);
       gtk_widget_grab_default(button);
       gtk_widget_show(button);
       gtk_widget_show(window);
  }
int main(int   argc, char *argv[]) {
       gtk_init(&argc, &argv);
       create_range_controls();
       gtk_main();
       return 0;
}
```

上面程序没有对 delete_event 事件调用 g_signal_connect()函数，仅对 destroy 信号调用了该函数。但是 destroy 函数一样会执行，因为未经处理的 delete_event 事件会引发一个 destroy 信号给窗口。

18.1.4　标签

标签（Labels）是 GTK 中最常用的构件，实际上它很简单，因为没有相关联的 X 窗口，标签不能引发信号。如果需要获取或引发信号，则可以将它放在一个事件盒中，或放在按钮构件里。

用以下函数创建一个新标签：

```
GtkWidget *gtk_label_new( const char *str );
GtkWidget *gtk_label_new_with_mnemonic( const char *str );
```

唯一的参数是要标签显示的字符串。

创建标签后，要改变标签中的文本，可以用以下函数：

```
void gtk_label_set_text( GtkLabel *label, const char *str );
```

第一个参数是前面创建的标签（用 GTK_LABEL()宏转换），第二个参数是新的字符串。

如果需要，新字符串需要的空间会做自动调整。在字符串中放置换行符，可以创建多行标签。

可以用以下函数取得标签的当前文本：

```
const gchar* gtk_label_get_text( GtkLabel   *label );
```

不要释放返回的字符串，因为 GTK 内部要使用它。

标签的文本可以用以下函数设置对齐方式：

```
void gtk_label_set_justify( GtkLabel *label, GtkJustification jtype );
```

jtype 可以取以下值。

- ☑ GTK_JUSTIFY_LEFT：左对齐。
- ☑ GTK_JUSTIFY_RIGHT：右对齐。
- ☑ GTK_JUSTIFY_CENTER：居中对齐（默认）。
- ☑ GTK_JUSTIFY_FILL：充满。

标签构件的文本会自动换行。可以用以下函数激活“自动换行”：

```
void gtk_label_set_line_wrap(GtkLabel *label, gboolean wrap);
```

wrap 参数可取 TRUE 或 FALSE 。

如果想要在标签中加下划线，可以在标签中设置显示模式：

```
void gtk_label_set_pattern(GtkLabel *label, const gchar *pattern);
```

pattern 参数指定下划线的外观，它由一串下划线和空格组成。下划线指示标签的相应字符应该加一个下划线，例如，“__ __”将在标签的第一、第二个字符和第八、第九个字符加下划线。

如果只是想创建一个用下划线代表快捷键（mnemonic）的标签，应该用 gtk_label_new_with_mnemonic()或 gtk_label_set_text_with_mnemonic()函数，而不是用 gtk_label_set_pattern()函数。

下面是一个说明这些函数的短示例。这个示例用框架构件（Frame Widget）能更好地示范标签的风格，框架构件以后再做介绍。在 GTK+2.0 中，标签文本中能包含改变字体等文本属性的标记，并且标签能设置为可以被选择，这些高级特性在这里不一一介绍。下面看一个标签的实例，效果如图 18.3 所示。

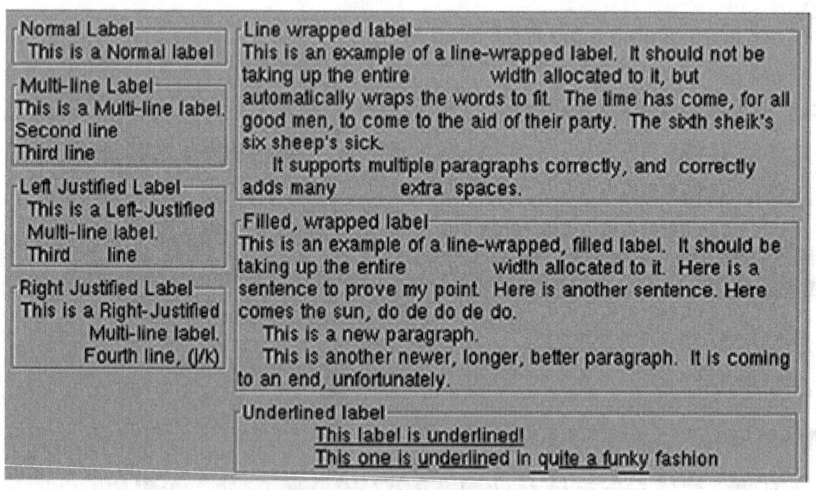

图 18.3　标签构件应用

【例 18.3】　标签构件应用。（**实例位置：资源包\TM\sl\18\3**）

程序的代码如下：

```
#include<gtk/gtk.h>
  int main(int argc, char *argv[])   {
        static GtkWidget *window = NULL;
        GtkWidget *hbox;
```

```
    GtkWidget *vbox;
    GtkWidget *frame;
    GtkWidget *label;
    /* 初始化 */
    gtk_init(&argc, &argv);
    window = gtk_window_new(GTK_WINDOW_TOPLEVEL);
    g_signal_connect(G_OBJECT(window), "destroy",    G_CALLBACK(gtk_main_quit), NULL);
    gtk_window_set_title(GTK_WINDOW(window), "Label");
    vbox = gtk_vbox_new(FALSE, 5);
    hbox = gtk_hbox_new(FALSE, 5);
    gtk_container_add(GTK_CONTAINER(window), hbox);
    gtk_box_pack_start(GTK_BOX(hbox), vbox, FALSE, FALSE, 0);
    gtk_container_set_border_width(GTK_CONTAINER(window), 5);
    frame = gtk_frame_new("Normal Label");
    label = gtk_label_new("This is a Normal label");
    gtk_container_add(GTK_CONTAINER(frame), label);
    gtk_box_pack_start(GTK_BOX(vbox), frame, FALSE, FALSE, 0);
    frame = gtk_frame_new("Multi-line Label");
    label = gtk_label_new("This is a Multi-line label.\nSecond line\n" \
                "Third line");
   gtk_container_add(GTK_CONTAINER(frame), label);
   gtk_box_pack_start(GTK_BOX(vbox), frame, FALSE, FALSE, 0);
   frame = gtk_frame_new("Left Justified Label");
   label = gtk_label_new("This is a Left-Justified\n" \
                              "Multi-line label.\nThird line");
   gtk_label_set_justify(GTK_LABEL(label), GTK_JUSTIFY_LEFT);
   gtk_container_add(GTK_CONTAINER(frame), label);
   gtk_box_pack_start(GTK_BOX(vbox), frame, FALSE, FALSE, 0);
   frame = gtk_frame_new("Right Justified Label");
   label = gtk_label_new("This is a Right-Justified\nMulti-line label.\n" \
                "Fourth line, (j/k)");
   gtk_label_set_justify(GTK_LABEL(label), GTK_JUSTIFY_RIGHT);
   gtk_container_add(GTK_CONTAINER(frame), label);
   gtk_box_pack_start(GTK_BOX(vbox), frame, FALSE, FALSE, 0);
   vbox = gtk_vbox_new(FALSE, 5);
   gtk_box_pack_start(GTK_BOX(hbox), vbox, FALSE, FALSE, 0);
   frame = gtk_frame_new("Line wrapped label");
   label = gtk_label_new("This is an example of a line-wrapped label.   It " \
                "should not be taking up the entire              "
                /* 用一段较长的空白字符来测试空白的自动排列 */\
                "width allocated to it, but automatically " \
                "wraps the words to fit.   " \
                "The time has come, for all good men, to come to " \
                "the aid of their party.   " \
                "The sixth sheik's six sheep's sick.\n" \
                "It supports multiple paragraphs correctly, " \
                "and    correctly     adds "\
                "many          extra    spaces. ");
    gtk_label_set_line_wrap(GTK_LABEL(label), TRUE);
```

```
    gtk_container_add(GTK_CONTAINER(frame), label);
    gtk_box_pack_start(GTK_BOX(vbox), frame, FALSE, FALSE, 0);
    frame = gtk_frame_new("Filled, wrapped label");
    label = gtk_label_new("This is an example of a line-wrapped, filled label.   " \
            "It should be taking "\
            "up the entire              width allocated to it.   " \
            "Here is a sentence to prove "\
            "my point.   Here is another sentence. "\
            "Here comes the sun, do de do de do.\n"\
            "     This is a new paragraph.\n"\
            "     This is another newer, longer, better " \
            "paragraph.   It is coming to an end, "\
            "unfortunately.");
    gtk_label_set_justify(GTK_LABEL(label), GTK_JUSTIFY_FILL);
    gtk_label_set_line_wrap(GTK_LABEL(label), TRUE);
    gtk_container_add(GTK_CONTAINER(frame), label);
    gtk_box_pack_start(GTK_BOX(vbox), frame, FALSE, FALSE, 0);
    frame = gtk_frame_new("Underlined label");
    label = gtk_label_new("This label is underlined!\n"
            "This one is underlined in quite a funky fashion");
    gtk_label_set_justify(GTK_LABEL(label), GTK_JUSTIFY_LEFT);
    gtk_label_set_pattern(GTK_LABEL(label),
              "_________________________ _ _________ _ ______     __ _______ ___");
     gtk_container_add(GTK_CONTAINER(frame), label);
     gtk_box_pack_start(GTK_BOX(vbox), frame, FALSE, FALSE, 0);
     gtk_widget_show_all(window);
     gtk_main();
     return 0;
}
```

18.1.5 箭头

箭头构件（Arrow Widget）可以画一个箭头，面向几种不同的方向，并有几种不同的风格。在许多应用程序中，箭头构件常用于创建带箭头的按钮。与标签构件一样，它不能引发信号。

只有两个函数用来操纵箭头构件，即：

```
GtkWidget *gtk_arrow_new( GtkArrowType     arrow_type,
                  GtkShadowType   shadow_type );
void gtk_arrow_set( GtkArrow    *arrow,   GtkArrowType    arrow_type,
             GtkShadowType   shadow_type );
```

第一个函数创建新的箭头构件，指明构件的类型和外观；第二个函数用来改变箭头构件类型和外观。arrow_type 参数可以取下列值。

☑ GTK_ARROW_UP：向上。

☑ GTK_ARROW_DOWN：向下。

☑ GTK_ARROW_LEFT：向左。

☑　GTK_ARROW_RIGHT：向右。

显然，这些值指示箭头指向哪个方向，shadow_type 参数可以取下列值：

☑　GTK_SHADOW_IN。

☑　GTK_SHADOW_OUT（默认值）。

☑　GTK_SHADOW_ETCHED_IN。

☑　GTK_SHADOW_ETCHED_OUT。

图 18.4　箭头类型和外观

下面是说明这些类型和外观的实例，效果如图 18.4 所示。

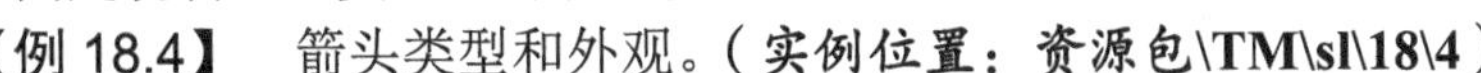

【例 18.4】　箭头类型和外观。（**实例位置：资源包\TM\sl\18\4**）

程序的代码如下：

```
#include<gtk/gtk.h>
/* 用指定的参数创建一个箭头构件并将它组装到按钮中 */
GtkWidget *create_arrow_button(GtkArrowType    arrow_type,GtkShadowType shadow_type) {
GtkWidget *button;
GtkWidget *arrow;
button = gtk_button_new();
arrow = gtk_arrow_new(arrow_type, shadow_type);
gtk_container_add(GTK_CONTAINER(button), arrow);
gtk_widget_show(button);
gtk_widget_show(arrow);
return button;
}
int main(int argc, char *argv[]) {
/* GtkWidget 是构件的存储类型 */
GtkWidget *window;
GtkWidget *button;
GtkWidget *box;
/* 初始化 */
gtk_init(&argc, &argv);
/* 创建一个新窗口 */
window = gtk_window_new(GTK_WINDOW_TOPLEVEL);
gtk_window_set_title(GTK_WINDOW(window), "Arrow Buttons");
/* 对所有的窗口都这样做是一个好主意 */
g_signal_connect(G_OBJECT(window), "destroy", G_CALLBACK(gtk_main_quit), NULL);
/* 设置窗口的边框的宽度 */
gtk_container_set_border_width(GTK_CONTAINER(window), 10);
/* 建一个组装盒以容纳箭头/按钮 */
box = gtk_hbox_new(FALSE, 0);
gtk_container_set_border_width(GTK_CONTAINER(box), 2);
gtk_container_add(GTK_CONTAINER(window), box);
/* 组装、显示所有的构件 */
gtk_widget_show(box);
button = create_arrow_button(GTK_ARROW_UP, GTK_SHADOW_IN);
gtk_box_pack_start(GTK_BOX(box), button, FALSE, FALSE, 3);
button = create_arrow_button(GTK_ARROW_DOWN, GTK_SHADOW_OUT);
gtk_box_pack_start(GTK_BOX(box), button, FALSE, FALSE, 3);
button = create_arrow_button(GTK_ARROW_LEFT, GTK_SHADOW_ETCHED_IN);
```

```
gtk_box_pack_start(GTK_BOX(box), button, FALSE, FALSE, 3);
button = create_arrow_button(GTK_ARROW_RIGHT, GTK_SHADOW_ETCHED_OUT);
gtk_box_pack_start(GTK_BOX(box), button, FALSE, FALSE, 3);
gtk_widget_show(window);
/* 进入主循环，等待用户的动作 */
gtk_main ();
return 0;
}
```

18.1.6 工具提示对象

工具提示对象（Tooltips）就是当鼠标移到按钮或其他构件上并停留几秒时弹出的文本串。工具提示对象很容易使用。它不接收事件的构件（没有自己的 X 窗口的构件），不能和工具提示对象一起工作。

可以使用 gtk_tooltips_new()函数创建工具提示对象。因为 GtkTooltips 对象可以重复使用，一般在应用程序中仅需要调用一次这个函数。

```
GtkTooltips *gtk_tooltips_new( void );
```

一旦已创建新的工具提示对象，并且希望在某个构件上应用它，可调用以下函数来设置：

```
void gtk_tooltips_set_tip( GtkTooltips *tooltips, GtkWidget *widget, const gchar *tip_text, const gchar
                *tip_private );
```

第一个参数是已经创建的工具提示对象；第二个参数是希望弹出工具提示的构件；第 3 个参数是要弹出的文本；最后一个参数是作为标识符的文本串，当用 GtkTipsQuery 实现上下文敏感的帮助时要引用该标识符，可以把它设置为 NULL。

还有其他与工具提示有关的函数，下面仅列出一些函数的简要描述。

☑ void gtk_tooltips_enable(GtkTooltips *tooltips);：激活已经禁用的工具提示对象。

☑ void gtk_tooltips_disable(GtkTooltips *tooltips);：禁用已经激活的工具提示对象。

18.1.7 进度条

进度条用于显示正在进行的操作的状态。下面的内容从创建一个新进度条开始。

```
GtkWidget *gtk_progress_bar_new( void );
```

创建进度条后就可以使用了。

```
void gtk_progress_bar_set_fraction( GtkProgressBar *pbar,
                gdouble fraction );
```

第一个参数是希望操作的进度条；第二个参数是“已完成”的百分比，意思是进度条 0～100%已经填充的数量。它以 0～1 范围的实数传递给函数。

GTK 1.2 版给进度条添加了一个新的功能，那就是允许以不同的方法显示它的值，并通知用户当前值和范围。

进度条可以用以下函数来设置它的移动方向：

```
void gtk_progress_bar_set_orientation( GtkProgressBar *pbar,
                              GtkProgressBarOrientation orientation );
```

orientation 参数可以取下列值之一，以指示进度条的移动方向。

- ☑ GTK_PROGRESS_LEFT_TO_RIGHT：从左向右。
- ☑ GTK_PROGRESS_RIGHT_TO_LEFT：从右向左。
- ☑ GTK_PROGRESS_BOTTOM_TO_TOP：从下向上。
- ☑ GTK_PROGRESS_TOP_TO_BOTTOM：从上向下。

除了指示进度以外，进度条还可以设置为仅指示有活动在继续，即活动状态。这在进度无法按数值度量的情况下很有用。可以用下面的函数来表明进度有进展：

```
void gtk_progress_bar_pulse(GtkProgressBar *progress);
```

活动指示的步数由以下函数设置：

```
void    gtk_progress_bar_set_pulse_step(GtkProgressBar *pbar,
                              gdouble fraction );
```

在非活动状态下，进度条可以用下列函数在滑槽中显示一个可配置的文本串：

```
void    gtk_progress_bar_set_text( GtkProgressBar *progress, const gchar *text );
```

gtk_progress_set_text()不再支持 GTK+ 1.2 版进度条中类似 printf()的格式参数。

可以通过调用 gtk_progress_bar_set_text()并把 NULL 作为第二个参数来关闭文本串的显示。进度条的当前文本设置能由下面的函数取得，不要释放返回的字符串。

```
const gchar *gtk_progrress_bar_get_text(GtkProgressBar *pbar);
```

进度条通常和 timeouts 或其他类似函数同时使用，使应用程序就像是多任务一样。一般都以同样的方式调用 gtk_progress_bar_set_fraction()或 gtk_progress_bar_pulse()函数。

下面是一个进度条的实例，用 timeout 函数更新进度条的值或者将进度条复位，效果如图 18.5 所示。

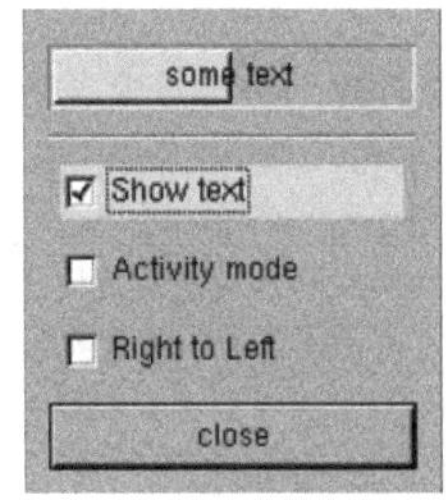

图 18.5　进度条效果图

【例 18.5】　进度条实例。(**实例位置：资源包\TM\sl\18\5**)

程序的代码如下：

```
#include<gtk/gtk.h>
typedef struct _ProgressData {
GtkWidget *window;
GtkWidget *pbar;
int timer;
gboolean activity_mode;
}
ProgressData;
/* 更新进度条，这样就能够看到进度条的移动 */
gint progress_timeout(gpointer data){
ProgressData *pdata =(ProgressData *)data;
```

```
gdouble new_val;
if(pdata->activity_mode)
   gtk_progress_bar_pulse(GTK_PROGRESS_BAR(pdata->pbar));
   else {
   /* 使用在调整对象中设置的取值范围计算进度条的值 */
new_val = gtk_progress_bar_get_fraction(GTK_PROGRESS_BAR(pdata->pbar)) + 0.01;
if(new_val > 1.0)
  new_val = 0.0;
/* 设置进度条的新值 */
gtk_progress_bar_set_fraction(GTK_PROGRESS_BAR(pdata->pbar), new_val);
}
/* 这是一个 timeout 函数，返回 TRUE ，这样它就能够继续被调用 */
return TRUE;
}
/* 回调函数，切换在进度条的滑槽上的文本显示 */
void toggle_show_text(GtkWidget *widget,   ProgressData *pdata)   {
const gchar *text;
text = gtk_progress_bar_get_text(GTK_PROGRESS_BAR(pdata->pbar));
if(text && *text)
 gtk_progress_bar_set_text(GTK_PROGRESS_BAR(pdata->pbar), "");
else
 gtk_progress_bar_set_text(GTK_PROGRESS_BAR(pdata->pbar), "some text");
}
/* 回调函数，切换进度条的活动模式 */
void toggle_activity_mode(GtkWidget      *widget, ProgressData *pdata)   {
 pdata->activity_mode = !pdata->activity_mode;
if(pdata->activity_mode)
 gtk_progress_bar_pulse(GTK_PROGRESS_BAR (pdata->pbar));
else
 gtk_progress_bar_set_fraction(GTK_PROGRESS_BAR(pdata->pbar), 0.0);
}
/* 回调函数，切换进度条的移动方向 */
void toggle_orientation(GtkWidget *widget,   ProgressData *pdata)   {
 switch(gtk_progress_bar_get_orientation(GTK_PROGRESS_BAR(pdata->pbar))) {
     case GTK_PROGRESS_LEFT_TO_RIGHT:
           gtk_progress_bar_set_orientation(GTK_PROGRESS_BAR(pdata->pbar),
                                   GTK_PROGRESS_RIGHT_TO_LEFT);
            break;
     case GTK_PROGRESS_RIGHT_TO_LEFT:
            gtk_progress_bar_set_orientation(GTK_PROGRESS_BAR(pdata->pbar),
                                   GTK_PROGRESS_LEFT_TO_RIGHT);
            break;
            default:        //什么也不做
 }
}
 /* 清除分配的内存，删除定时器（timer）*/
void destroy_progress( GtkWidget *widget, ProgressData *pdata)   {
     gtk_timeout_remove(pdata->timer);
     pdata->timer = 0;
     pdata->window = NULL;
```

```
    g_free(pdata);
    gtk_main_quit();
}
int main(int argc, char *argv[])  {
    ProgressData *pdata;
    GtkWidget *align;
    GtkWidget *separator;
    GtkWidget *table;
    GtkWidget *button;
    GtkWidget *check;
    GtkWidget *vbox;
    gtk_init(&argc, &argv);
    /* 为传递到回调函数中的数据分配内存 */
    pdata = g_malloc(sizeof (ProgressData));
    pdata->window = gtk_window_new(GTK_WINDOW_TOPLEVEL);
    gtk_window_set_resizable(GTK_WINDOW(pdata->window), TRUE);
    g_signal_connect(G_OBJECT(pdata->window), "destroy", G_CALLBACK(destroy_progress), pdata);
    gtk_window_set_title(GTK_WINDOW(pdata->window), "GtkProgressBar");
    gtk_container_set_border_width(GTK_CONTAINER(pdata->window), 0);
    vbox = gtk_vbox_new(FALSE, 5);
    gtk_container_set_border_width(GTK_CONTAINER(vbox), 10);
    gtk_container_add(GTK_CONTAINER(pdata->window), vbox);
    gtk_widget_show(vbox);
    /* 创建一个居中对齐的对象 */
    align = gtk_alignment_new(0.5, 0.5, 0, 0);
    gtk_box_pack_start(GTK_BOX(vbox), align, FALSE, FALSE, 5);
    gtk_widget_show(align);
    /* 创建进度条 */
    pdata->pbar = gtk_progress_bar_new();
    gtk_container_add(GTK_CONTAINER(align), pdata->pbar);
    gtk_widget_show(pdata->pbar);
    /* 加一个定时器（timer），以更新进度条的值 */
    pdata->timer = gtk_timeout_add(100, progress_timeout, pdata);
    separator = gtk_hseparator_new();
    gtk_box_pack_start(GTK_BOX(vbox), separator, FALSE, FALSE, 0);
    gtk_widget_show(separator);
    /* 行数、列数、同质性（homogeneous）*/
    table = gtk_table_new(2, 2, FALSE);
    gtk_box_pack_start(GTK_BOX(vbox), table, FALSE, TRUE, 0);
    gtk_widget_show(table);
    /* 添加一个复选按钮，以选择是否显示在滑槽里的文本 */
     check = gtk_check_button_new_with_label("Show text");
     gtk_table_attach(GTK_TABLE(table), check, 0, 1, 0, 1, GTK_EXPAND |
               GTK_FILL, GTK_EXPAND | GTK_FILL, 5, 5);
     g_signal_connect(G_OBJECT(check), "clicked", G_CALLBACK(toggle_show_text), pdata);
     gtk_widget_show(check);
     /* 添加一个复选按钮，切换活动状态 */
     check = gtk_check_button_new_with_label("Activity mode");
     gtk_table_attach(GTK_TABLE(table), check, 0, 1, 1, 2, GTK_EXPAND |
               GTK_FILL, GTK_EXPAND | GTK_FILL, 5, 5);
```

```
        g_signal_connect(G_OBJECT(check),"clicked",G_CALLBACK(toggle_activity_mode), pdata);
        gtk_widget_show(check);
        /* 添加一个复选按钮，切换移动方向 */
        check = gtk_check_button_new_with_label("Right to Left");
        gtk_table_attach(GTK_TABLE(table), check, 0, 1, 2, 3, GTK_EXPAND |GTK_FILL,
                  GTK_EXPAND | GTK_FILL, 5, 5);
        g_signal_connect(G_OBJECT(check), "clicked",G_CALLBACK(toggle_orientation), pdata);
        gtk_widget_show(check);
        /* 添加一个按钮，用来退出应用程序 */
        button = gtk_button_new_with_label("close");
        g_signal_connect_swapped(G_OBJECT(button), "clicked",
                          G_CALLBACK(gtk_widget_destroy), pdata->window);
        gtk_box_pack_start(GTK_BOX(vbox), button, FALSE, FALSE, 0);
        /* 将按钮设置为默认的构件 */
        GTK_WIDGET_SET_FLAGS(button, GTK_CAN_DEFAULT);
        /* 将默认焦点设置到这个按钮上，使之成为默认按钮，只要按回车键*/
    gtk_widget_grab_default (button);
    gtk_widget_show (button);
    gtk_widget_show (pdata->window);
    gtk_main ();
return 0;
}
```

18.1.8 对话框

对话构件非常简单，事实上它仅是一个预先组装了几个构件在里面的窗口。对话框的数据结构如下：

```
struct GtkDialog     {
        GtkWindow window;
        GtkWidget *vbox;
        GtkWidget *action_area;
};
```

从上面可以看到，对话框只是简单地创建了一个窗口，并在顶部组装一个纵向盒（vbox），然后在这个纵向盒中组装一个分隔线（separator），再加一个称为“活动区（action_area）”的横向盒（hbox）。对话框构件可以用于弹出消息，或者完成其他类似的任务。这里用两个函数来创建一个新的对话框：

```
GtkWidget *gtk_dialog_new( void );
GtkWidget *gtk_dialog_new_with_buttons( const gchar       *title,
                          GtkWindow     *parent,
                          GtkDialogFlags   flags,
                          const   gchar
                          *first_button_text, ... );
```

第一个函数将创建一个空的对话框，现在就可以使用它了，可以组装一个按钮到它的活动区（action_area），就像下面这样：

```
button = ...
gtk_box_pack_start(GTK_BOX(GTK_DIALOG(window)->action_area),button, TRUE, TRUE, 0);
gtk_widget_show(button);
```

可以通过组装来扩充活动区，如增加一个标签，可以像下面这样做：

```
label = gtk_label_new("Dialogs are groovy");
gtk_box_pack_start(GTK_BOX(GTK_DIALOG(window)-> vbox), label, TRUE, TRUE, 0);
gtk_widget_show(label);
```

作为一个示例，可以在活动区里面组装“取消”和“确定”两个按钮，然后在纵向盒（vbox）里组装一个标签，以便向用户提出疑问，或显示一个错误信息等，可以把不同信号连接到每个按钮，对用户的选择进行响应。

如果对话框提供的纵向和横向盒的简单功能不能满足用户的需要，可以简单地在组装盒中添加其他布局构件，如可以在纵向盒中添加一个组装表（table）。

更复杂的 gtk_dialog_new_with_buttons()函数允许用户设置下面的一个或多个参数。

☑ GTK_DIALOG_MODAL：使对话框使用独占模式。

☑ GTK_DIALOG_DESTROY_WITH_PARENTS：保证对话框在指定父窗口被关闭时也一起关闭。

☑ GTK_DIALOG_NO_SEPARATOR：省略纵向盒与活动区之间的分隔线。

18.1.9 标尺

标尺构件（Ruler Widgets）一般用于在给定窗口中指示鼠标指针的位置。一个窗口可以有一个横跨整个窗口宽度的水平标尺和一个占据整个窗口高度的垂直标尺。标尺上有一个小三角形的指示器标出鼠标指针相对于标尺的精确位置。

首先，必须创建标尺。水平和垂直标尺可以用下面的函数创建：

```
GtkWidget *gtk_hruler_new( void );
/* 水平标尺 */
GtkWidget *gtk_vruler_new( void );
/* 垂直标尺 */
```

一旦创建了标尺，就能指定它的度量单位。标尺的度量单位可以是 GTK_PIXELS、GTK_INCHES 或 GTK_CENTIMETERS，可以用下面的函数设置：

```
void gtk_ruler_set_metric( GtkRuler      *ruler, GtkMetricType    metric );
```

默认的度量单位是 GTK_PIXELS。

```
gtk_ruler_set_metric( GTK_RULER(ruler), GTK_PIXELS );
```

标尺构件的另一个重要属性是怎样标志刻度单位以及指针指示器的初始位置，可以用下面的函数设置：

```
void gtk_ruler_set_range( GtkRuler *ruler,gdouble lower,   gdouble upper,   gdouble position,
                          gdouble    max_size );
```

其中，lower 和 upper 参数定义标尺的范围，max_size 是要显示的最大可能数值，position 定义了标尺的指针指示器的初始位置。

下面的代码使垂直标尺能跨越 800 像素宽的窗口：

```
gtk_ruler_set_range( GTK_RULER(vruler), 0, 800, 0, 800);
```

标尺上显示标志是 0～800，每 100 个像素一个数字。如果想让标尺的范围为 7～16，可以使用下面的代码：

```
gtk_ruler_set_range( GTK_RULER(vruler), 7, 16, 0, 20);
```

标尺上的指示器是一个小三角形的标记，指示鼠标指针相对于标尺的位置。如果标尺是用于跟踪鼠标器指针的，应该将 motion_notify_event 信号连接到标尺的 motion_notify_event 方法（method）。要跟踪鼠标在整个窗口区域的移动，应该这样做：

```
#define EVENT_METHOD(i, x) GTK_WIDGET_GET_CLASS(i)->x
g_signal_connect_swapped(G_OBJECT(area),
                    "motion_notify_event",
                     G_CALLBACK(EVENT_METHOD(ruler, motion_notify_event)),
                     G_OBJECT(ruler));
```

下列示例创建一个绘图区（drawing area），上面加一个水平标尺，左边加一个垂直标尺。绘图区的大小是 600 像素（宽）×400 像素（高）。水平标尺范围是 7～13，每 100 像素加一个刻度；垂直标尺范围是 0～400，每 100 像素加一个刻度，效果如图 18.6 所示。

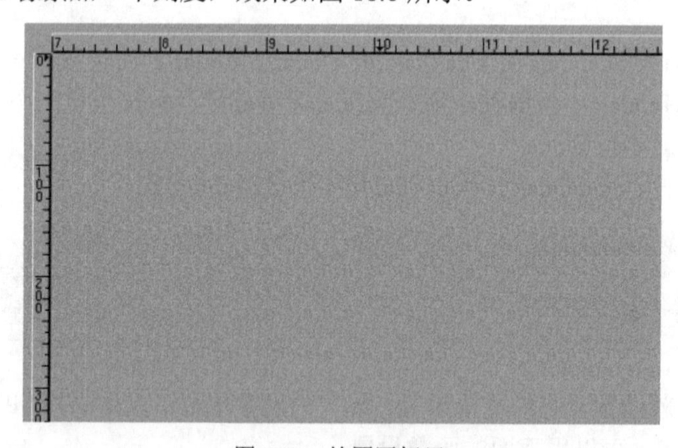

图 18.6　绘图区标尺

【例 18.6】　绘图区标尺应用。（**实例位置：资源包\TM\sl\18\6**）

程序的代码如下：

```
#include<gtk/gtk.h>
#define EVENT_METHOD(i, x) GTK_WIDGET_GET_CLASS(i)->x
#define XSIZE    600    #define YSIZE    400
/*  当单击 close 按钮时，退出应用程序  */
    gint close_application(GtkWidget *widget,    GdkEvent    *event,    gpointer     data) {
    gtk_main_quit();
```

```
    return FALSE;
 }
/* 主函数 */
int main(int argc, char *argv[]) {
        GtkWidget *window, *table, *area, *hrule, *vrule;
 /* 初始化，创建主窗口 */
        gtk_init(&argc, &argv);
        window = gtk_window_new(GTK_WINDOW_TOPLEVEL);
        g_signal_connect(G_OBJECT(window), "delete_event",
                G_CALLBACK(close_application), NULL);
      gtk_container_set_border_width(GTK_CONTAINER(window), 10);
      /* 创建一个组装表，绘图区和标尺放在里面 */
      table = gtk_table_new(3, 2, FALSE);
      gtk_container_add(GTK_CONTAINER(window), table);
      area = gtk_drawing_area_new();
      gtk_widget_set_size_request(GTK_WIDGET(area), XSIZE, YSIZE);
      gtk_table_attach (GTK_TABLE(table), area, 1, 2, 1, 2,
              GTK_EXPAND|GTK_FILL, GTK_FILL, 0, 0);
      gtk_widget_set_events(area, GDK_POINTER_MOTION_MASK
              GDK_POINTER_MOTION_HINT_MASK);
      /* 水平标尺放在顶部。鼠标移动穿过绘图区时，一个 motion_notify_event 被传递给标尺相应的事件处理函
数 */
      hrule = gtk_hruler_new();
      gtk_ruler_set_metric(GTK_RULER(hrule), GTK_PIXELS);
      gtk_ruler_set_range(GTK_RULER(hrule), 7, 13, 0, 20);
      g_signal_connect_swapped(G_OBJECT(area), "motion_notify_event",
                  G_CALLBACK(EVENT_METHOD(hrule, motion_notify_event)),
                  hrule);
       gtk_table_attach(GTK_TABLE(table), hrule, 1, 2, 0, 1,
              GTK_EXPAND|GTK_SHRINK|GTK_FILL, GTK_FILL, 0, 0);
       /* 垂直标尺放在左边。当鼠标移动穿过绘图区时，一个 motion_notify_event 被传递到标尺相应的事件处
理函数中 */
      vrule = gtk_vruler_new();
      gtk_ruler_set_metric(GTK_RULER(vrule), GTK_PIXELS);
      gtk_ruler_set_range(GTK_RULER(vrule), 0, YSIZE, 10, YSIZE );
      g_signal_connect_swapped(G_OBJECT(area), "motion_notify_event",
              G_CALLBACK(EVENT_METHOD(vrule, motion_notify_event)),
              vrule);
      gtk_table_attach(GTK_TABLE(table), vrule, 0, 1, 1, 2,
              GTK_FILL, GTK_EXPAND|GTK_SHRINK|GTK_FILL, 0, 0);
       /* 现在显示所有的构件 */
      gtk_widget_show(area);
      gtk_widget_show(hrule);
      gtk_widget_show(vrule);
      gtk_widget_show(table);
      gtk_widget_show(window);
      gtk_main();
      return 0;
  }
```

18.2 杂项构件

18.2.1 状态栏

状态栏（Status Bars）是一些简单的构件，一般用于显示文本消息。它将文本消息压入到一个栈中，当弹出当前消息时，将重新显示前一条文本消息。

为了让应用程序的不同部分使用同一个状态栏显示消息，状态栏构件使用上下文标识符（Context Dentifiers）来识别不同“用户”。在栈顶部的消息就是要显示的消息，不管它的上下文是什么。消息在栈中是以后进先出（last-in-first-out）的方式保存的，而不是按上下文标识符顺序保存的。

状态栏构件可以用下面的函数创建：

```
GtkWidget *gtk_statusbar_new( void );
```

用一个上下文的简短文本描述调用下面的函数，可以获得新的上下文标识符：

```
guint gtk_statusbar_get_context_id( GtkStatusbar *statusbar, const gchar    *context_description );
```

有 3 个函数可以用来操作状态栏：

```
guint gtk_statusbar_push(GtkStatusbar *statusbar,guint context_id, const gchar    *text );
void    gtk_statusbar_pop( GtkStatusbar *statusbar) guint    context_id );
void gtk_statusbar_remove( GtkStatusbar *statusbar, guint context_id, guint    message_id );
```

第一个函数 gtk_statusbar_push()用于将新消息加到状态栏中，它返回一个消息标识符（Message Identifier）。这个标识符可以和上下文标识符一起传给 gtk_statusbar_remove()函数，以将该消息从状态栏的栈中删除。

gtk_statusbar_pop()函数用来删除在栈中给定上下文标识符的最上面的一条消息。

除了显示消息，状态栏还可以显示一个大小改变把柄（resize grip），用户可以用鼠标拖动它来改变窗口的大小，就像拖动窗口边框一样。下面的函数用于控制大小改变把柄的显示：

```
void    gtk_statusbar_set_has_resize_grip( GtkStatusbar *statusbar, gboolean            setting );
gboolean gtk_statusbar_get_has_resize_grip( GtkStatusbar *statusbar );
```

下面的实例创建了一个状态栏和两个按钮，一个将消息压入到状态栏栈中；另一个将最上面一条消息弹出，效果如图 18.7 所示。

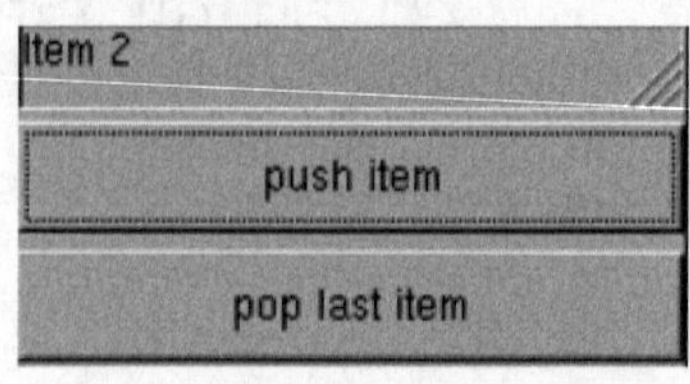

图 18.7　状态栏和按钮效果图

【例 18.7】　状态栏和按钮实现。（**实例位置：资源包\TM\sl\18\7**）

程序的代码如下：

```
#include<stdlib.h>
#include<gtk/gtk.h>
```

```
#include<glib.h>
    GtkWidget *status_bar;
    void push_item(GtkWidget *widget, gpointer     data) {
    static int count = 1;
    char buff[20];
    g_snprintf(buff, 20, "Item %d", count++);
    gtk_statusbar_push(GTK_STATUSBAR(status_bar), GPOINTER_TO_INT(data), buff);
    return ;
 }
void pop_item(GtkWidget *widget, gpointer data) {
    gtk_statusbar_pop(GTK_STATUSBAR(status_bar), GPOINTER_TO_INT(data));
    return;
}
int main(int argc, char *argv[]) {
       GtkWidget *window;
       GtkWidget *vbox;
       GtkWidget *button;
       gint context_id;
       gtk_init (&argc, &argv);
       /* 创建新窗口 */
       window = gtk_window_new(GTK_WINDOW_TOPLEVEL);
       gtk_widget_set_size_request(GTK_WIDGET(window), 200, 100);
       gtk_window_set_title(GTK_WINDOW(window), "GTK Statusbar Example");
        g_signal_connect(G_OBJECT(window), "delete_event",
                    G_CALLBACK(exit), NULL);
        vbox = gtk_vbox_new(FALSE, 1);
        gtk_container_add(GTK_CONTAINER(window), vbox);
        gtk_widget_show(vbox);
        status_bar = gtk_statusbar_new();
        gtk_box_pack_start(GTK_BOX(vbox), status_bar, TRUE, TRUE, 0);
        gtk_widget_show(status_bar);
        context_id=gtk_statusbar_get_context_id(GTK_STATUSBAR(status_bar),
                                    "Statusbar example");
        button = gtk_button_new_with_label("push item");
        g_signal_connect(G_OBJECT(button), "clicked", G_CALLBACK(push_item),
                    GINT_TO_POINTER(context_id));
        gtk_box_pack_start(GTK_BOX(vbox), button, TRUE, TRUE, 2);
        gtk_widget_show(button);
        button = gtk_button_new_with_label("pop last item");
        g_signal_connect(G_OBJECT(button), "clicked", G_CALLBACK(pop_item),
                  GINT_TO_POINTER(context_id));
        gtk_box_pack_start(GTK_BOX(vbox), button, TRUE, TRUE, 2);
        gtk_widget_show(button);
        /* 将窗口最后显示，让整个窗口一次性出现在屏幕上 */
        gtk_widget_show (window);
        gtk_main ();
 return 0;
 }
```

18.2.2 文本输入构件

文本输入构件（Entry Widget）允许在一个单行文本框中输入和显示一行文本。文本可以用函数进行操作，如将新的文本替换、前插、追加到文本输入构件的当前内容中。

可以用下面的函数创建一个文本输入构件：

```
GtkWidget *gtk_entry_new( void );
```

下面的函数可以改变文本输入构件当前的文本内容：

```
void gtk_entry_set_text(GtkEntry      *entry, const gchar *text);
```

gtk_entry_set_text()函数用新的内容（contents）取代文本输入构件当前的内容。可以注意到，文本输入构件的类（class entry）体现了可编辑的接口（editable interface）（GObject 提供了类似 Java 的接口），它包含更多的函数来操作内容。

文本输入构件的内容可以用下面的函数获取，在后面介绍的回调函数中也会用到。

```
const gchar *gtk_entry_get_text( GtkEntry *entry );
```

函数的返回值在其内部被使用，不要用 free()或 g_free()释放它。

如果不想用户通过输入文字改变文本输入构件的内容，则可以改变它的可编辑状态。

```
void gtk_editable_set_editable( GtkEditable *entry, gboolean   editable );
```

上面的函数可以通过传递一个 TRUE 或 FALSE 值作为 editable 参数，来改变文本输入构件的可编辑状态。

如果想让文本输入构件输入的文本不回显（如用于接收口令），可以使用下面的函数，取一个布尔值作为参数：

```
void gtk_entry_set_visibility(GtkEntry *entry, gboolean   visible);
```

文本的某一部分可以用下面的函数设置为被选中，常在为文本输入构件设置了一个默认值时使用，以方便用户删除它。

```
void gtk_editable_select_region(GtkEditable *entry, gint start, gint end);
```

如果想在用户输入文本时进行响应，可以为 activate 或 changed 信号设置回调函数。当用户在文本输入构件内部按回车键时，引发 activate 信号；在每次文本输入构件的文本发生变化时，引发 changed 信号，都进行响应。

下面的代码是一个使用文本输入构件的实例，效果如图 18.8 所示。

图 18.8　文本输入框

【例 18.8】　文本输入框。（**实例位置：资源包\TM\sl\18\8**）

程序的代码如下：

```
#include<stdio.h>
#include<stdlib.h>
```

```
#include<gtk/gtk.h>
void enter_callback(GtkWidget *widget, GtkWidget *entry) {
const gchar *entry_text;
entry_text = gtk_entry_get_text(GTK_ENTRY(entry));
 printf("Entry contents: %s\n", entry_text);
}
void entry_toggle_editable(GtkWidget *checkbutton, GtkWidget *entry) {
     gtk_editable_set_editable(GTK_EDITABLE(entry),
                    GTK_TOGGLE_BUTTON(checkbutton)->active);
}
void entry_toggle_visibility(GtkWidget *checkbutton,GtkWidget *entry) {
    gtk_entry_set_visibility(GTK_ENTRY(entry), GTK_TOGGLE_BUTTON(checkbutton)->active);
}
int main(int argc, char *argv[]) {
      GtkWidget *window;
      GtkWidget *vbox, *hbox;
      GtkWidget *entry;
      GtkWidget *button;
      GtkWidget *check;
      gint tmp_pos;
      gtk_init(&argc, &argv);
      /* 创建一个新窗口 */
      window = gtk_window_new(GTK_WINDOW_TOPLEVEL);
      gtk_widget_set_size_request(GTK_WIDGET(window), 200, 100);
      gtk_window_set_title(GTK_WINDOW(window), "GTK Entry");
      g_signal_connect(G_OBJECT(window), "destroy", G_CALLBACK(gtk_main_quit), NULL);
      g_signal_connect_swapped(G_OBJECT(window), "delete_event",
                      G_CALLBACK(gtk_widget_destroy),
                      window);
      vbox = gtk_vbox_new(FALSE, 0);
      gtk_container_add(GTK_CONTAINER(window), vbox);
      gtk_widget_show(vbox);
      entry = gtk_entry_new();
      gtk_entry_set_max_length(GTK_ENTRY(entry), 50);
      g_signal_connect(G_OBJECT(entry), "activate",
                  G_CALLBACK(enter_callback),
                  entry);
      gtk_entry_set_text(GTK_ENTRY(entry), "hello");
      tmp_pos = GTK_ENTRY(entry)->text_length;
      gtk_editable_insert_text(GTK_EDITABLE(entry), " world", -1, &tmp_pos);
      gtk_editable_select_region(GTK_EDITABLE(entry), 0, GTK_ENTRY(entry)->text_length);
      gtk_box_pack_start(GTK_BOX(vbox), entry, TRUE, TRUE, 0);
      gtk_widget_show(entry);
      hbox = gtk_hbox_new(FALSE, 0);
      gtk_container_add(GTK_CONTAINER(vbox), hbox);
      gtk_widget_show(hbox);
      check = gtk_check_button_new_with_label("Editable");
      gtk_box_pack_start(GTK_BOX(hbox), check, TRUE, TRUE, 0);
      g_signal_connect(G_OBJECT(check), "toggled",
```

```
                G_CALLBACK(entry_toggle_editable), entry);
    gtk_toggle_button_set_active(GTK_TOGGLE_BUTTON(check), TRUE);
    gtk_widget_show(check);
    check = gtk_check_button_new_with_label("Visible");
    gtk_box_pack_start(GTK_BOX(hbox), check, TRUE, TRUE, 0);
    g_signal_connect(G_OBJECT(check), "toggled",
                G_CALLBACK(entry_toggle_visibility), entry);
    gtk_toggle_button_set_active(GTK_TOGGLE_BUTTON(check), TRUE);
    gtk_widget_show(check);
    button = gtk_button_new_from_stock(GTK_STOCK_CLOSE);
    g_signal_connect_swapped(G_OBJECT(button), "clicked",
                    G_CALLBACK(gtk_widget_destroy),
                    window);
     gtk_box_pack_start(GTK_BOX(vbox), button, TRUE, TRUE, 0);
    GTK_WIDGET_SET_FLAGS(button, GTK_CAN_DEFAULT);
    gtk_widget_grab_default(button);
    gtk_widget_show(button);
    gtk_widget_show(window);
    gtk_main();
    return 0;
}
```

18.2.3 微调按钮

微调按钮（Spin Button）构件通常用于让用户从一个取值范围内选择一个值。它由一个文本输入框和旁边的向上和向下两个按钮组成。单击某一个按钮会让文本输入框中的数值大小在一定范围内改变。文本输入框中也可以直接输入一个特定值。

微调按钮构件允许其中的数值没有小数位或具有指定的小数位，并且数值可以按一种可配置的方式增加或减小。在按钮较长时间呈按下状态时，构件的数值会根据工具按下时间的长短加速变化。

微调按钮用一个调整对象来维护该按钮能够取值的范围。微调按钮构件因此而具有了很强大的功能。下面是创建调整对象的函数，这里的用意是展示其中所包含的数值的意义：

```
GtkObject *gtk_adjustment_new(gdouble value, gdouble lower, gdouble upper, gdouble step_increment, gdouble _increment, gdouble _size);
```

调整对象的这些属性在微调按钮构件中有如下用处。

- ☑ value：微调按钮构件的初始值。
- ☑ lower：构件允许的最小值。
- ☑ upper：构件允许的最大值。
- ☑ step_increment：当鼠标左键按下时，构件一次增加/减小的值。
- ☑ _increment：当鼠标右键按下时，构件一次增加/减小的值。
- ☑ _size：没有用到。

当用鼠标中键单击按钮时，可以直接跳到构件的 upper 或 lower 值。下面看看怎样创建一个微调按钮构件：

```
GtkWidget *gtk_spin_button_new(GtkAdjustment *adjustment, gdouble climb_rate, guint digits);
```

其中，climb_rate 参数是介于 0.0～1.0 的值，指明构件数值变化的加速度（长时间按住按钮，数值会加速变化）；digits 参数指定要显示的值的小数位数。

创建微调按钮构件之后，还可以用下面的函数对其重新配置：

```
void gtk_spin_button_configure(GtkSpinButton *spin_button, GtkAdjustment *adjustment,gdouble climb_rate,
guint digits);
```

其中，spin_button 参数就是要重新配置的构件，其他参数与创建时的意思相同。使用下面的两个函数可以设置或获取构件内部使用的调整对象：

```
void gtk_spin_button_set_adjustment(GtkSpinButton   *spin_button, GtkAdjustment   *adjustment);
GtkAdjustment *gtk_spin_button_get_adjustment(GtkSpinButton *spin_button);
```

显示数值的小数位数可以用下面的函数改变：

```
void gtk_spin_button_set_digits(GtkSpinButton *spin_button,guint     digits) ;
```

微调按钮上当前显示的数值可以用下面的函数改变：

```
void gtk_spin_button_set_value(GtkSpinButton    *spin_button, gdouble    value);
```

微调按钮构件的当前值可以以浮点数或整数的形式获得：

```
gdouble gtk_spin_button_get_value(GtkSpinButton *spin_button);
gint gtk_spin_button_get_value_as_int(GtkSpinButton *spin_button);
```

如果想以当前值为基数改变微调按钮的值，可以使用下面的函数：

```
void gtk_spin_button_spin(GtkSpinButton *spin_button,    GtkSpinType    direction,gdouble    increment);
```

其中，direction 参数可以取下面的值：

- ☑ GTK_SPIN_STEP_FORWARD。
- ☑ GTK_SPIN_STEP_BACKWARD。
- ☑ GTK_SPIN__FORWARD。
- ☑ GTK_SPIN__BACKWARD。
- ☑ GTK_SPIN_HOME。
- ☑ GTK_SPIN_END。
- ☑ GTK_SPIN_USER_DEFINED。

这个函数中包含的一些功能将在下面详细介绍。其中的许多设置都使用了与微调按钮构件相关联的调整对象的值。

- ☑ GTK_SPIN_STEP_FORWARD 和 GTK_SPIN_STEP_BACKWARD 将构件的值按 increment 参数指定的数值增大或减小，除非 increment 参数是 0。这种情况下，构件的值将按与其相关联的调整对象的 step_increment 值改变。
- ☑ GTK_SPIN__FORWARD 和 GTK_SPIN__BACKWARD 只是简单地按 increment 参数改变微调按钮构件的值。

☑ GTK_SPIN_HOME 将构件的值设置为相关联调整对象的范围的最小值。
☑ GTK_SPIN_END 将构件的值设置为相关联调整对象的范围的最大值。
☑ GTK_SPIN_USER_DEFINED 简单地按指定的数值改变构件的数值。

介绍了设置和获取微调按钮的范围属性的函数，下面再介绍影响微调按钮构件的外观和行为的函数。

要介绍的第一个函数就是限制微调按钮构件的文本框只能输入数值，这样就阻止了用户输入任何非法的字符：

```
void gtk_spin_button_set_numeric(GtkSpinButton *spin_button, gboolean numeric);
```

可以设置让微调按钮构件在 upper 和 lower 之间循环。也就是当达到最大值后，再向上调整回到最小值；当达到最小值后再向下调整变为最大值。可以用下面的函数实现：

```
void gtk_spin_button_set_wrap(GtkSpinButton *spin_button, gboolean wrap);
```

可以设置让微调按钮构件将其值圆整到最接近 step_increment 的值（在该微调按钮构件使用的调整对象中设置的）。可以用下面的函数实现：

```
void gtk_spin_button_set_snap_to_ticks(GtkSpinButton   *spin_button, gboolean snap_to_ticks);
```

微调按钮构件的更新方式可以用下面的函数改变：

```
void gtk_spin_button_set_update_policy(GtkSpinButton   *spin_button, GtkSpinButtonUpdatePolicy policy);
```

其中 policy 参数可以取 GTK_UPDATE_ALWAYS 或 GTK_UPDATE_IF_VALID。

这些更新方式影响微调按钮构件在解析插入文本并将其值与调整对象的值同步时的行为。

在 GTK_UPDATE_IF_VALID 方式下，微调按钮构件只有在输入文本是其调整对象指定范围内合法的值时才进行更新，否则文本会被重置为当前的值。

在 GTK_UPDATE_ALWAYS 方式下，将忽略文本转换为数值时产生的错误。

最后，可以强行要求微调按钮构件更新自己：

```
void gtk_spin_button_update(GtkSpinButton   *spin_button);
```

下面是一个使用微调按钮构件的实例，具体效果如图 18.9 所示。

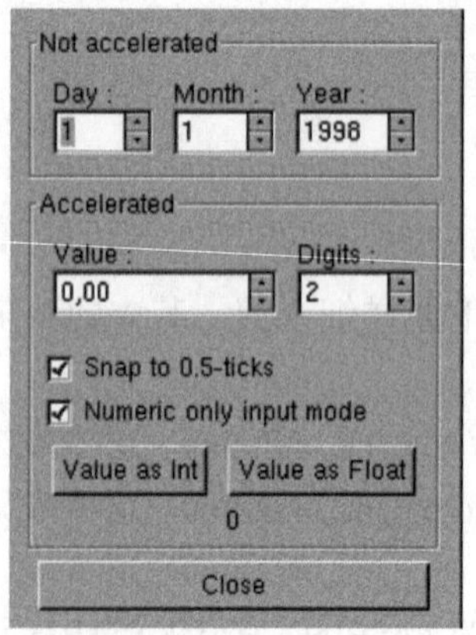

图 18.9　微调按钮效果图

【例 18.9】　微调按钮。（**实例位置：资源包\TM\sl\18\9**）

程序的代码如下：

```
#include<stdio.h>
#include<gtk/gtk.h>
static GtkWidget *spinner1;
    void toggle_snap(GtkWidget *widget, GtkSpinButton *spin){
gtk_spin_button_set_snap_to_ticks(spin, GTK_TOGGLE_BUTTON(widget)->active);
}
void toggle_numeric(GtkWidget *widget, GtkSpinButton *spin) {
gtk_spin_button_set_numeric(spin, GTK_TOGGLE_BUTTON(widget)->active);
}
void change_digits(GtkWidget *widget, GtkSpinButton *spin)   {
gtk_spin_button_set_digits(GTK_SPIN_BUTTON(spinner1),
                    gtk_spin_button_get_value_as_int(spin));
}
void get_value(GtkWidget *widget, gpointer data) {
gchar buf[32];
GtkLabel *label;
GtkSpinButton *spin;
spin = GTK_SPIN_BUTTON(spinner1);
label = GTK_LABEL(g_object_get_data(G_OBJECT(widget), "user_data"));
     if(GPOINTER_TO_INT(data) == 1)
sprintf(buf, "%d", gtk_spin_button_get_value_as_int(spin));
else
sprintf(buf, "%0.*f", spin->digits, gtk_spin_button_get_value(spin));
    gtk_label_set_text(label, buf);
}
int main(int argc, char *argv[]) {
GtkWidget *window;
GtkWidget *frame;
GtkWidget *hbox;
GtkWidget *main_vbox;
GtkWidget *vbox;
GtkWidget *vbox2;
GtkWidget *spinner2;
GtkWidget *spinner;
GtkWidget *button;
GtkWidget *label;
GtkWidget *val_label;
GtkAdjustment *adj;
/* 初始化 */
gtk_init(&argc, &argv);
window = gtk_window_new(GTK_WINDOW_TOPLEVEL);
g_signal_connect(G_OBJECT(window), "destroy", G_CALLBACK(gtk_main_quit), NULL);
gtk_window_set_title(GTK_WINDOW(window), "Spin Button");
main_vbox = gtk_vbox_new(FALSE, 5);
gtk_container_set_border_width(GTK_CONTAINER(main_vbox), 10);
gtk_container_add(GTK_CONTAINER(window), main_vbox);
```

```
frame = gtk_frame_new("Not accelerated");
gtk_box_pack_start(GTK_BOX(main_vbox), frame, TRUE, TRUE, 0);
vbox = gtk_vbox_new(FALSE, 0);
gtk_container_set_border_width(GTK_CONTAINER(vbox), 5);
gtk_container_add(GTK_CONTAINER(frame), vbox);
/*  日、月、年微调器 */
hbox = gtk_hbox_new(FALSE, 0);
gtk_box_pack_start(GTK_BOX(vbox), hbox, TRUE, TRUE, 5);
vbox2 = gtk_vbox_new(FALSE, 0);
gtk_box_pack_start(GTK_BOX(hbox), vbox2, TRUE, TRUE, 5);
label = gtk_label_new("Day :");
gtk_misc_set_alignment(GTK_MISC(label), 0, 0.5);
gtk_box_pack_start(GTK_BOX(vbox2), label, FALSE, TRUE, 0);
adj =(GtkAdjustment *) gtk_adjustment_new(1.0, 1.0, 31.0, 1.0, 5.0, 0.0);
spinner = gtk_spin_button_new(adj, 0, 0);
gtk_spin_button_set_wrap(GTK_SPIN_BUTTON(spinner), TRUE);
gtk_box_pack_start(GTK_BOX(vbox2), spinner, FALSE, TRUE, 0);
vbox2 = gtk_vbox_new(FALSE, 0);
gtk_box_pack_start(GTK_BOX(hbox), vbox2, TRUE, TRUE, 5);
label = gtk_label_new("Month :");
gtk_misc_set_alignment(GTK_MISC(label), 0, 0.5);
gtk_box_pack_start(GTK_BOX(vbox2), label, FALSE, TRUE, 0);
adj =(GtkAdjustment *) gtk_adjustment_new(1.0, 1.0, 12.0, 1.0, 5.0, 0.0);
spinner = gtk_spin_button_new(adj, 0, 0);
gtk_spin_button_set_wrap(GTK_SPIN_BUTTON(spinner), TRUE);
gtk_box_pack_start(GTK_BOX(vbox2), spinner, FALSE, TRUE, 0);
vbox2 = gtk_vbox_new(FALSE, 0);
gtk_box_pack_start(GTK_BOX(hbox), vbox2, TRUE, TRUE, 5);
label = gtk_label_new("Year :");
gtk_misc_set_alignment(GTK_MISC(label), 0, 0.5);
gtk_box_pack_start(GTK_BOX(vbox2), label, FALSE, TRUE, 0);
adj =(GtkAdjustment *) gtk_adjustment_new(1998.0, 0.0, 2100.0, 1.0, 100.0, 0.0);
spinner = gtk_spin_button_new(adj, 0, 0);
gtk_spin_button_set_wrap(GTK_SPIN_BUTTON(spinner), FALSE);
gtk_widget_set_size_request(spinner, 55, -1);
gtk_box_pack_start(GTK_BOX (vbox2), spinner, FALSE, TRUE, 0);
frame = gtk_frame_new("Accelerated");
gtk_box_pack_start(GTK_BOX(main_vbox), frame, TRUE, TRUE, 0);
vbox = gtk_vbox_new(FALSE, 0);
gtk_container_set_border_width(GTK_CONTAINER(vbox), 5);
gtk_container_add(GTK_CONTAINER(frame), vbox);
hbox = gtk_hbox_new(FALSE, 0);
gtk_box_pack_start(GTK_BOX(vbox), hbox, FALSE, TRUE, 5);
vbox2 = gtk_vbox_new (FALSE, 0);
gtk_box_pack_start(GTK_BOX(hbox), vbox2, TRUE, TRUE, 5);
label = gtk_label_new("Value :");
gtk_misc_set_alignment(GTK_MISC(label), 0, 0.5);
gtk_box_pack_start(GTK_BOX(vbox2), label, FALSE, TRUE, 0);
adj =(GtkAdjustment *) gtk_adjustment_new(0.0, -10000.0, 10000.0, 0.5, 100.0, 0.0);
```

```
spinner1 = gtk_spin_button_new(adj, 1.0, 2);
gtk_spin_button_set_wrap(GTK_SPIN_BUTTON(spinner1), TRUE);
gtk_widget_set_size_request(spinner1, 100, -1);
gtk_box_pack_start(GTK_BOX(vbox2), spinner1, FALSE, TRUE, 0);
vbox2 = gtk_vbox_new(FALSE, 0);
gtk_box_pack_start(GTK_BOX(hbox), vbox2, TRUE, TRUE, 5);
label = gtk_label_new("Digits :");
gtk_misc_set_alignment(GTK_MISC(label), 0, 0.5);
gtk_box_pack_start(GTK_BOX(vbox2), label, FALSE, TRUE, 0);
adj =(GtkAdjustment *) gtk_adjustment_new(2, 1, 5, 1, 1, 0);
spinner2 = gtk_spin_button_new(adj, 0.0, 0);
gtk_spin_button_set_wrap(GTK_SPIN_BUTTON(spinner2), TRUE);
g_signal_connect(G_OBJECT(adj), "value_changed",G_CALLBACK(change_digits), spinner2);
gtk_box_pack_start(GTK_BOX(vbox2), spinner2, FALSE, TRUE, 0);
hbox = gtk_hbox_new(FALSE, 0);
gtk_box_pack_start(GTK_BOX(vbox), hbox, FALSE, TRUE, 5);
button = gtk_check_button_new_with_label("Snap to 0.5-ticks");
g_signal_connect(G_OBJECT(button), "clicked",    G_CALLBACK(toggle_snap),spinner1);
gtk_box_pack_start(GTK_BOX(vbox), button, TRUE, TRUE, 0);
gtk_toggle_button_set_active(GTK_TOGGLE_BUTTON(button), TRUE);
button = gtk_check_button_new_with_label("Numeric only input mode");
g_signal_connect(G_OBJECT(button), "clicked", G_CALLBACK(toggle_numeric), spinner1);
gtk_box_pack_start(GTK_BOX(vbox), button, TRUE, TRUE, 0);
gtk_toggle_button_set_active(GTK_TOGGLE_BUTTON(button), TRUE);
val_label = gtk_label_new("");
hbox = gtk_hbox_new(FALSE, 0);
gtk_box_pack_start(GTK_BOX(vbox), hbox, FALSE, TRUE, 5);
button = gtk_button_new_with_label("Value as Int");
g_object_set_data(G_OBJECT(button), "user_data", val_label);
g_signal_connect(G_OBJECT (button), "clicked", G_CALLBACK(get_value),
GINT_TO_POINTER(1));
gtk_box_pack_start(GTK_BOX(hbox), button, TRUE, TRUE, 5);
button = gtk_button_new_with_label("Value as Float");
g_object_set_data(G_OBJECT(button), "user_data", val_label);
g_signal_connect(G_OBJECT(button), "clicked",G_CALLBACK(get_value),
            GINT_TO_POINTER(2));
gtk_box_pack_start(GTK_BOX(hbox), button, TRUE, TRUE, 5);
gtk_box_pack_start(GTK_BOX(vbox), val_label, TRUE, TRUE, 0);
gtk_label_set_text(GTK_LABEL(val_label), "0");
hbox = gtk_hbox_new(FALSE, 0);
gtk_box_pack_start(GTK_BOX(main_vbox), hbox, FALSE, TRUE, 0);
button = gtk_button_new_with_label("Close");
g_signal_connect_swapped(G_OBJECT(button), "clicked",
                G_CALLBACK(gtk_widget_destroy), window);
gtk_box_pack_start(GTK_BOX(hbox), button, TRUE, TRUE, 5);
gtk_widget_show_all(window);
/* 进入事件循环 */
gtk_main ();
return 0;
}
```

18.2.4 组合框

组合框（Combo Box）是另一个很简单的构件，实际上它仅是其他构件的集合。从用户的角度来说，这个构件是由一个文本输入构件和一个下拉菜单组成的，用户可以从一个预先定义的列表中选择一个选项，同时，用户也可以直接在文本框中输入文本。

下面是从定义组合框构件的结构中摘取出来的，从中可以看到组合框构件是由什么构件组合形成的：

```
struct _GtkCombo {
        GtkHBox hbox;
        GtkWidget *entry;
        GtkWidget *button;
        GtkWidget *popup;
        GtkWidget *popwin;
        GtkWidget *list;
 ...  };
```

可以看到，组合框构件有两个主要部分，即一个输入框和一个列表。

可以用下面的函数创建组合框构件：

```
GtkWidget *gtk_combo_new(void);
```

现在，如果想设置显示在输入框部分中的字符串，可以直接操纵组合框构件内部的文本输入构件：

```
gtk_entry_set_text(GTK_ENTRY(GTK_COMBO(combo)->entry), "My String.");
```

要设置下拉列表中的值，可以使用下面的函数：

```
void gtk_combo_set_popdown_strings( GtkCombo *combo, GList      *strings );
```

在使用这个函数之前，先将要添加的字符串组合成一个 GList 链表。GList 是一个双向链表，是 GLib 的一部分，而 GLib 是 GTK 的基础。可以先设置一个 GList 指针，其值设为 NULL，然后用下面的函数将字符串追加到链表当中：

```
GList *g_list_append(GList *glist, gpointer data);
```

要注意的是，一定要将 GList 链表的初值设为 NULL，必须将 g_list_append()函数返回的值赋给要操作的链表本身。

下面是一段典型的代码，用于创建一个选项列表：

```
GList *glist = NULL;
glist = g_list_append(glist, "String 1");
glist = g_list_append(glist, "String 2");
glist = g_list_append(glist, "String 3");
glist = g_list_append(glist, "String 4");
gtk_combo_set_popdown_strings(GTK_COMBO(combo), glist);
 /* 现在可以释放 glist 了，组合框已经复制了一份 */
```

组合框将传给它的 glist 结构中的字符串复制了一份。因此，在恰当的情况下，应该确认释放了链表所使用的内存。

到这里为止，已经有了一个可以使用的组合框构件。有几个行为是可以改变的，下面是相关的函数：

```
void gtk_combo_set_use_arrows(GtkCombo *combo, gboolean    val);
void gtk_combo_set_use_arrows_always(GtkCombo *combo, gboolean    val);
void gtk_combo_set_case_sensitive(GtkCombo *combo, gboolean    val);
```

gtk_combo_set_use_arrows()函数让用户用上/下方向键改变文本输入构件内的值。这并不会弹出列表框，只是用列表中的下一个列表项替换了文本输入框中的文本（向上则取上一个值，向下则取下一个值）。这是通过搜索当前项在列表中的位置并选择前一项/下一项来实现的。通常，在一个输入框中，方向键是用来改变焦点的（也可以用 Tab 键）。注意，如果当前项是列表的最后一项，按向下的方向键会改变焦点的位置（这对当前项为列表的第一项时，按向上方向键也适用）。

如果当前值并不在列表中，则 gtk_combo_set_use_arrows()函数的功能会失效。

同样，gtk_combo_set_use_arrows_always()函数允许使用上/下方向键在下拉列表中选取列表项，但它在列表项中循环，也就是当列表项位于第一个表项时按向上方向键，会跳到最后一个，当列表项位于最后一个表项时，按向下方向键会跳到第一个，这样可以完全禁止使用方向键改变焦点。

gtk_combo_set_case_sensitive()函数设置 GTK 是否以大小写敏感的方式搜索其中的列表项，这在组合框根据内部文本输入构件中的文本查找列表值时使用。如果用户同时按下 MOD-1 和 Tab 键，组合框构件还可以简单地补全当前输入。MOD-1 一般被 xmodmap 工具映射为 Alt 键。注意，一些窗口管理器也要使用这种组合键方式，这将覆盖 GTK 中这个组合键的使用。

我们使用的是组合框构件，它能够从一个下拉列表中选择一个选项。通常，想要从其中的文本输入构件中获取数据，要使用组合框构件内部的文本输入构件才可以用 GTK_ ENTRY(GTK_COMBO(combo)->entry)访问，一般要做的两个主要工作：一个是连接到 activate 信号，另一个就是用户按回车键时就能够进行响应，读出其中的文本。

第一件工作可以用下面的方法实现：

```
g_signal_connect(G_OBJECT(GTK_COMBO(combo)->entry), "activate",
             G_CALLBACK(my_callback_function), my_data);
```

可以使用下面的函数在任意时候取得文本输入构件中的文本：

```
gchar *gtk_entry_get_text(GtkEntry *entry);
```

具体做法如下：

```
gchar *string;
string = gtk_entry_get_text(GTK_ENTRY(GTK_COMBO(combo)->entry));
```

这就是取得文本输入框中字符串的方法，例如：

```
void gtk_combo_disable_activate(GtkCombo *combo);
```

它将屏蔽组合框构件内部的文本输入构件的 activate 信号。

18.2.5 日历

日历（Calendar）构件是显示和获取每月日期等信息的高效方法。它是一个很容易创建和使用的构件。创建日历构件的方法和其他构件类似：

```
GtkWidget *gtk_calendar_new( void );
```

有时需要同时对构件的外观和内容做很多修改，这时可能会引起构件的多次更新，导致屏幕闪烁。可以在修改之前使用一个函数将构件“冻结”，在修改完成之后，再用一个函数将构件“解冻”，这样构件在整个过程中只做一次更新。例如：

```
void gtk_calendar_freeze( GtkCalendar *Calendar );
void gtk_calendar_thaw( GtkCalendar *Calendar );
```

这两个函数和其他构件的冻结/解冻（freeze/thaw）函数作用完全一样。

日历构件有几个选项，可以用来改变构件的外观和操作方式。使用下面的函数可以改变这些选项：

```
void gtk_calendar_display_options( GtkCalendar    *calendar,
                                   GtkCalendarDisplayOptions    flags );
```

函数中的 flags 参数可以将下面的 5 种选项中的一个或者多个用逻辑位或（|）操作符组合起来。

- ☑ GTK_CALENDAR_SHOW_HEADING：该选项指定在绘制日历构件时，应该显示月份和年份。
- ☑ GTK_CALENDAR_SHOW_DAY_NAMES：该选项指定用 3 个字母的缩写显示每一天是星期几（如 Mon、Tue 等）。
- ☑ GTK_CALENDAR_NO_MONTH_CHANGE：该选项指定用户不应该也不能够改变显示的月份。如果只想显示某个特定的月份，则可以使用这个选项。例如，在窗口上同时为一年的 12 个月分别设置一个日历构件时。
- ☑ GTK_CALENDAR_SHOW_WEEK_NUMBERS：该选项指定应该在日历的左边显示每一周在全年的周序号（例如，1 月 1 日是第 1 周，12 月 31 日是第 52 周）。
- ☑ GTK_CALENDAR_WEEK_START_MONDAY：该选项指定在日历构件中每一周是星期一开始，而不是星期天开始。默认设置是星期天开始。此选项只影响日期在构件中从左到右的排列顺序。

下面的函数用于设置当前要显示的日期：

```
gint gtk_calendar_select_month( GtkCalendar *calendar, guint    month, guint    year );
void gtk_calendar_select_day( GtkCalendar *calendar, guint    day );
```

gtk_calendar_select_month()函数的返回值是一个布尔值，指示设置是否成功。

使用 gtk_calendar_select_day()函数，如果指定的日期是合法的，会在日历构件中选中该日期。如果 day 参数的值是 0，将清除当前的选择。

除了可以选中一个日期外，在一个月中可以有任意个日期被“标记”。被“标记”的日期会在日历构件中高亮显示。下面的函数用于标记日期和取消标记：

```
gint gtk_calendar_mark_day(GtkCalendar *calendar, guint   day);
gint gtk_calendar_unmark_day(GtkCalendar *calendar,guint    day);
void gtk_calendar_clear_marks(GtkCalendar   *calendar);
```

当前标记的日期存储在一个 GtkCalendar 结构的数组中，数组的长度是 31。这样，要想知道某个特定的日期是否被标记，可以访问数值中相应的元素（注意，在 C 语言中，数值是从 0 开始编号的）。例如：

```
GtkCalendar *calendar;          calendar = gtk_calendar_new();          ...
/* 当月 7 日被标记了吗？ */
if(calendar->marked_date[7-1])
/* 若执行此处的代码，表明 7 日已经被标记 */
```

注意，在月份和年份变化时，被标记的日期是不会变化的。

```
/*日历构件的最后一个函数用于取得当前选中的日/月/年值 */
 void gtk_calendar_get_date( GtkCalendar *calendar,   guint   *year,guint   *month, guint   *day );
```

使用这个函数时，需要先声明几个 guint 类型的变量，再把变量地址传递给函数，所需要的返回值就存放在这几个变量中。

如果将某一个参数设置为 NULL，则不返回该值。日历构件能够引发许多信号，用于指示日期被选中以及选择发生的变化。信号的意义很容易理解。信号名称如下：

- ☑ month_changed。
- ☑ day_selected。
- ☑ day_selected_double_click。
- ☑ prev_month。
- ☑ next_month。
- ☑ prev_yea。
- ☑ next_year。

上面介绍了日历构件的各种特性，下面是一个日历构件的实例，运行后效果如图 18.10 所示。

图 18.10 日历构件

【例 18.10】 日历构件显示时间。（**实例位置：资源包\TM\sl\18\10**）

程序的代码如下：

```
#include<gtk/gtk.h>
#include<stdio.h>
#include<string.h>
#include<time.h>
#define DEF_PAD 10
#define DEF_PAD_SMALL 5
#define TM_YEAR_BASE 1900
typedef struct _CalendarData {
GtkWidget *flag_checkboxes[5];
gboolean   settings[5];
gchar   *font;
GtkWidget *font_dialog;
```

```
GtkWidget *window;
GtkWidget *prev2_sig;
GtkWidget *prev_sig;
GtkWidget *last_sig;
GtkWidget *month;
} CalendarData;
enum {
calendar_show_header,
calendar_show_days,
calendar_month_change,
calendar_show_week,
calendar_monday_first   };
/* GtkCalendar   日历构件 */
void calendar_date_to_string(CalendarData *data, char *buffer, gint   buff_len)   {
            struct tm tm;
            time_t time;
            memset(&tm, 0, sizeof(tm));
      gtk_calendar_get_date(GTK_CALENDAR(data->window),
                        &tm.tm_year, &tm.tm_mon, &tm.tm_mday);
            tm.tm_year -= TM_YEAR_BASE;
            time = mktime(&tm);
            strftime(buffer, buff_len-1, "%x", gmtime(&time));
 }
void calendar_set_signal_strings(char   *sig_str,   CalendarData*data)   {
    const gchar *prev_sig;
    prev_sig = gtk_label_get_text(GTK_LABEL(data->prev_sig));
    gtk_label_set_text(GTK_LABEL(data->prev2_sig), prev_sig);
    prev_sig = gtk_label_get_text(GTK_LABEL(data->last_sig));
    gtk_label_set_text(GTK_LABEL(data->prev_sig), prev_sig);
    gtk_label_set_text(GTK_LABEL(data->last_sig), sig_str);
 }
void calendar_month_changed(GtkWidget*widget, CalendarData *data )   {
      char buffer[256] = "month_changed: ";
      calendar_date_to_string(data, buffer+15, 256-15);
      calendar_set_signal_strings(buffer, data);
 }
void calendar_day_selected(GtkWidget   *widget, CalendarData *data)   {
      char buffer[256] = "day_selected: ";
      calendar_date_to_string(data, buffer+14, 256-14);
      calendar_set_signal_strings(buffer, data);
  }
void calendar_day_selected_double_click(GtkWidget   *widget,   CalendarData *data)   {
      struct tm tm;
      char buffer[256] = "day_selected_double_click: ";
      calendar_date_to_string(data, buffer+27, 256-27);
      calendar_set_signal_strings(buffer, data);
      memset(&tm, 0, sizeof(tm));
      gtk_calendar_get_date(GTK_CALENDAR(data->window), &tm.tm_year, &tm.tm_mon, &tm.tm_mday);
      tm.tm_year -= TM_YEAR_BASE;
```

```
        if (GTK_CALENDAR(data->window)->marked_date[tm.tm_mday-1] == 0) {
            gtk_calendar_mark_day(GTK_CALENDAR(data->window), tm.tm_mday);
        }
    else{
            gtk_calendar_unmark_day(GTK_CALENDAR(data->window), tm.tm_mday);
      }
 }
void calendar_prev_month(GtkWidget      *widget,   CalendarData *data)   {
        char buffer[256] = "prev_month: ";
        calendar_date_to_string(data, buffer+12, 256-12);
        calendar_set_signal_strings(buffer, data);
 }
void calendar_next_month(GtkWidget      *widget, CalendarData *data)   {
         char buffer[256] = "next_month: ";
         calendar_date_to_string(data, buffer+12, 256-12);
         calendar_set_signal_strings(buffer, data);
 }
void calendar_prev_year(GtkWidget      *widget,   CalendarData *data)   {
      char buffer[256] = "prev_year: ";
      calendar_date_to_string(data, buffer+11, 256-11);
      calendar_set_signal_strings(buffer, data);
 }
void calendar_next_year(GtkWidget      *widget, CalendarData *data)   {
      char buffer[256] = "next_year: ";
      calendar_date_to_string(data, buffer+11, 256-11);
      calendar_set_signal_strings(buffer, data);
}
void calendar_set_flags(CalendarData *calendar)   {
      gint i;     gint options = 0;
      for(i = 0; i < 5; i++)
      if(calendar->settings[i]) {
      options=options +(1<<i);
}
 if(calendar->window)
      gtk_calendar_display_options(GTK_CALENDAR(calendar->window), options);
 }
void calendar_toggle_flag(GtkWidget      *toggle,   CalendarData *calendar)   {
       gint i;      gint j;      j = 0;
       for(i = 0; i < 5; i++)
       if(calendar->flag_checkboxes[i] == toggle)
         j = i;       calendar->settings[j] = !calendar->settings[j];
       calendar_set_flags(calendar);
 }
void calendar_font_selection_ok(GtkWidget *button, CalendarData *calendar)   {
       GtkStyle *style;
       PangoFontDescription *font_desc;
       calendar->font = gtk_font_selection_dialog_get_font_name(
                     GTK_FONT_SELECTION_DIALOG(calendar->font_dialog));
   if(calendar->window) {
```

```
        font_desc = pango_font_description_from_string(calendar->font);
        if(font_desc) {
       style = gtk_style_copy(gtk_widget_get_style(calendar->window));
                    style->font_desc = font_desc;
       gtk_widget_set_style(calendar->window, style);
       }
    }
 }
void calendar_select_font(GtkWidget     *button,    CalendarData *calendar)    {
                    GtkWidget *window;
      if(!calendar->font_dialog) {
            window = gtk_font_selection_dialog_new("Font Selection Dialog");
     g_return_if_fail(GTK_IS_FONT_SELECTION_DIALOG(window));
     calendar->font_dialog = window;
        gtk_window_set_position(GTK_WINDOW(window), GTK_WIN_POS_MOUSE);
        g_signal_connect(G_OBJECT(window), "destroy",
                    G_CALLBACK(gtk_widget_destroyed),
                   &calendar->font_dialog);
        g_signal_connect(G_OBJECT(GTK_FONT_SELECTION_DIALOG(window)->ok_button),
                     "clicked",G_CALLBACK(calendar_font_selection_ok), calendar);
        g_signal_connect_swapped(G_OBJECT(GTK_FONT_SELECTION_DIALOG
                                    (window)->cancel_button), "clicked",
                                    G_CALLBACK(gtk_widget_destroy),
                                     calendar->font_dialog);
}
        window=calendar->font_dialog;
        if(!GTK_WIDGET_VISIBLE(window))
       gtk_widget_show(window);
        else
       gtk_widget_destroy(window);
 }
void create_calendar()    {
       GtkWidget *window;
       GtkWidget *vbox, *vbox2, *vbox3;
       GtkWidget *hbox;
       GtkWidget *hbbox;
       GtkWidget *calendar;
       GtkWidget *toggle;
       GtkWidget *button;
       GtkWidget *frame;
       GtkWidget *separator;
       GtkWidget *label;
       GtkWidget *bbox;
      static CalendarData calendar_data;       gint i;
      struct {
         char *label;
      }
flags[] ={
      { "Show Heading" },
```

```
    { "Show Day Names" },
    { "No Month Change" },
    { "Show Week Numbers" },
    { "Week Start Monday" }
  };
      calendar_data.window = NULL;
      calendar_data.font = NULL;
      calendar_data.font_dialog = NULL;
for (i = 0; i < 5; i++) {
    calendar_data.settings[i] = 0;
}
    window = gtk_window_new(GTK_WINDOW_TOPLEVEL);
    gtk_window_set_title(GTK_WINDOW(window), "GtkCalendar Example");
    gtk_container_set_border_width(GTK_CONTAINER(window), 5);
    g_signal_connect(G_OBJECT(window), "destroy",     G_CALLBACK (gtk_main_quit),NULL);
    g_signal_connect(G_OBJECT(window), "delete-event",
              G_CALLBACK(gtk_false), NULL);
    gtk_window_set_resizable(GTK_WINDOW(window), FALSE);
    vbox = gtk_vbox_new(FALSE, DEF_PAD);
    gtk_container_add(GTK_CONTAINER(window), vbox);
    /*顶层窗口，其中包含日历构件，设置日历各参数的复选按钮和设置字体的按钮*/
    hbox = gtk_hbox_new(FALSE, DEF_PAD);
    gtk_box_pack_start(GTK_BOX(vbox), hbox, TRUE, TRUE, DEF_PAD);
    hbbox = gtk_hbutton_box_new();
    gtk_box_pack_start(GTK_BOX(hbox), hbbox, FALSE, FALSE, DEF_PAD);
    gtk_button_box_set_layout(GTK_BUTTON_BOX(hbbox), GTK_BUTTONBOX_SPREAD);
    gtk_box_set_spacing(GTK_BOX(hbbox), 5);
    /* 日历构件 */
    frame = gtk_frame_new("Calendar");
    gtk_box_pack_start(GTK_BOX (hbbox), frame, FALSE, TRUE, DEF_PAD);
    calendar=gtk_calendar_new();
    calendar_data.window = calendar;
    calendar_set_flags(&calendar_data);
    gtk_calendar_mark_day(GTK_CALENDAR(calendar), 19);
    gtk_container_add(GTK_CONTAINER(frame), calendar);
    g_signal_connect(G_OBJECT(calendar), "month_changed",
                G_CALLBACK(calendar_month_changed),
              &calendar_data);
    g_signal_connect(G_OBJECT(calendar), "day_selected",
                G_CALLBACK(calendar_day_selected),
              &calendar_data);
    g_signal_connect(G_OBJECT(calendar), "day_selected_double_click",
                G_CALLBACK(calendar_day_selected_double_click),
               &calendar_data);
    g_signal_connect(G_OBJECT(calendar), "prev_month",
               G_CALLBACK(calendar_prev_month),
              &calendar_data);
    g_signal_connect(G_OBJECT(calendar), "next_month",
               G_CALLBACK(calendar_next_month),
```

```
                &calendar_data);
    g_signal_connect(G_OBJECT(calendar), "prev_year",
                 G_CALLBACK(calendar_prev_year),
                &calendar_data);
    g_signal_connect(G_OBJECT(calendar), "next_year",
                 G_CALLBACK(calendar_next_year),
                &calendar_data);
    separator = gtk_vseparator_new();
    gtk_box_pack_start(GTK_BOX(hbox), separator, FALSE, TRUE, 0);
    vbox2 = gtk_vbox_new(FALSE, DEF_PAD);
    gtk_box_pack_start(GTK_BOX(hbox), vbox2, FALSE, FALSE, DEF_PAD);
    /* 创建一个框架，放入设置各种参数的复选按钮 */
    frame = gtk_frame_new("Flags");
    gtk_box_pack_start(GTK_BOX(vbox2), frame, TRUE, TRUE, DEF_PAD);
    vbox3 = gtk_vbox_new(TRUE, DEF_PAD_SMALL);
    gtk_container_add(GTK_CONTAINER(frame), vbox3);
    for(i = 0; i < 5; i++) {
    toggle = gtk_check_button_new_with_label (flags[i].label);
      g_signal_connect(G_OBJECT(toggle), "toggled", G_CALLBACK(calendar_toggle_flag),
                                &calendar_data);
      gtk_box_pack_start(GTK_BOX(vbox3), toggle, TRUE, TRUE, 0);
      calendar_data.flag_checkboxes[i] = toggle;
    }
    /* 创建一个按钮，用于设置字体 */
    button = gtk_button_new_with_label("Font...");
    g_signal_connect(G_OBJECT (button),
                 "clicked",
                G_CALLBACK(calendar_select_font),
                &calendar_data);
    gtk_box_pack_start(GTK_BOX(vbox2), button, FALSE, FALSE, 0);
    /*      *  创建“信号-事件”部分      */
    frame = gtk_frame_new("Signal events");
    gtk_box_pack_start(GTK_BOX(vbox), frame, TRUE, TRUE, DEF_PAD);
    vbox2 = gtk_vbox_new(TRUE, DEF_PAD_SMALL);
    gtk_container_add(GTK_CONTAINER(frame), vbox2);
    hbox = gtk_hbox_new(FALSE, 3);
    gtk_box_pack_start(GTK_BOX(vbox2), hbox, FALSE, TRUE, 0);
    label = gtk_label_new("Signal:");
    gtk_box_pack_start(GTK_BOX(hbox), label, FALSE, TRUE, 0);
    calendar_data.last_sig = gtk_label_new("");
    gtk_box_pack_start(GTK_BOX(hbox), calendar_data.last_sig, FALSE, TRUE, 0);
    hbox = gtk_hbox_new(FALSE, 3);
    gtk_box_pack_start(GTK_BOX(vbox2), hbox, FALSE, TRUE, 0);
    label = gtk_label_new("Previous signal:");
    gtk_box_pack_start(GTK_BOX(hbox), label, FALSE, TRUE, 0);
    calendar_data.prev_sig = gtk_label_new("");
    gtk_box_pack_start(GTK_BOX(hbox), calendar_data.prev_sig, FALSE, TRUE, 0);
    hbox = gtk_hbox_new(FALSE, 3);
    gtk_box_pack_start(GTK_BOX(vbox2), hbox, FALSE, TRUE, 0);
```

```
label = gtk_label_new("Second previous signal:");
gtk_box_pack_start(GTK_BOX(hbox), label, FALSE, TRUE, 0);
calendar_data.prev2_sig = gtk_label_new("");
gtk_box_pack_start(GTK_BOX(hbox), calendar_data.prev2_sig, FALSE, TRUE, 0);
bbox = gtk_hbutton_box_new();
gtk_box_pack_start(GTK_BOX(vbox), bbox, FALSE, FALSE, 0);
gtk_button_box_set_layout(GTK_BUTTON_BOX(bbox), GTK_BUTTONBOX_END);
button = gtk_button_new_with_label("Close");
g_signal_connect(G_OBJECT(button), "clicked",
          G_CALLBACK(gtk_main_quit), NULL);
gtk_container_add(GTK_CONTAINER(bbox), button);
GTK_WIDGET_SET_FLAGS(button, GTK_CAN_DEFAULT);
gtk_widget_grab_default(button);
gtk_widget_show_all(window);
}
int main(int argc, char *argv[])    {
gtk_init(&argc, &argv);
create_calendar();
gtk_main();
return 0;
}
```

18.2.6　颜色选择

颜色选择构件是一个用来交互式地选择颜色的构件。这个组合构件使用户可以通过操纵 RGB 值（红绿蓝）和 HSV 值（色度、饱和度、纯度）来选择颜色（这是通过调整滑动条（sliders）的值或者文本输入构件的值，或者从一个色度/饱和度/纯度条上选择相应的颜色来实现的），还可以通过它来设置颜色的透明性。

目前，颜色选择构件只能引发一种信号，即 color_changed。它是在构件内的颜色值发生变化时，或者是通过 gtk_color_selection_set_color()函数显式设置构件的颜色值时引发的。

现在看一下颜色选择构件能够为我们提供一些什么。这个构件有两种风格，即 GtkColorSelection 和 GtkColorSelectionDialog。

```
GtkWidget *gtk_color_selection_new(void);
```

一般很少直接使用这个函数。它创建一个孤立的颜色选择构件，并需要将其放在某个窗口上。颜色选择构件是 VBox 构件派生的。

```
GtkWidget *gtk_color_selection_dialog_new(const gchar *title);
```

这是最常用的颜色选择构件的构建函数，它创建一个颜色选择对话框，内部有一个框架构件，框架构件中包含了一个颜色选择构件，一个垂直分隔线构件，一个包含了 OK、Cancel、Help 3 个按钮的横向盒，可以通过访问颜色选择对话框构件结构中的 ok_button、cancel_button 和 help_button 构件来访问它们。

```
void gtk_color_selection_set_has_opacity_control(GtkColorSelection*colorsel,gboolean   has_opacity);
```

颜色选择构件支持调整颜色的不透明性（一般也称为 alpha 通道）。默认值是禁用这个特性。调用下面的函数，将 has_opacity 设置为 TRUE 时启用该特性。同样，has_opacity 设置为 FALSE 时禁用此特性。

```
void gtk_color_selection_set_current_color(GtkColorSelection *colorsel, GdkColor   *color);
void gtk_color_selection_set_current_alpha(GtkColorSelection*colorsel,   guint16   alpha);
```

可以调用 gtk_color_selection_set_current_color()函数显式地设置颜色选择构件的当前颜色，其中的 color 参数是一个指向 GdkColor 的指针。gtk_color_selection_set_current_alpha()函数用来设置不透明度（alpha 通道）。其中的 alpha 值应该在 0（完全透明）～65636（完全不透明）之间。

```
void gtk_color_selection_get_current_color(GtkColorSelection *colorsel, GdkColor *color);
void gtk_color_selection_get_current_alpha(GtkColorSelection *colorsel, guint16   *alpha);
```

当需要查询当前颜色值时，典型情况是接收一个 color_changed 信号时，使用这些函数。

18.2.7 文件选择

文件选择构件是一种快速、简单地显示文件对话框的方法。它带有 OK、Cancel、Help 按钮，可以极大地减少编程时间。

可以用下面的方法创建文件选择构件：

```
GtkWidget *gtk_file_selection_new( const gchar *title );
```

要设置文件名（例如要在打开时指向指定目录，或者给定一个默认文件名），可以使用下面的函数：

```
voidgtk_file_selection_set_filename(GtkFileSelection*filesel, const gchar *filename );
```

要获取用户输入或单击选中的文本，可以使用下面的函数：

```
gchar *gtk_file_selection_get_filename( GtkFileSelection *filesel );
```

还有以下几个指向文件选择构件内部的构件的指针：

- ☑ dir_list。
- ☑ file_list。
- ☑ selection_entry。
- ☑ selection_text。
- ☑ main_vbox。
- ☑ ok_button。
- ☑ cancel_button。
- ☑ help_button。

在为文件选择构件的信号设置回调函数时，极有可能用到 ok_button、cancel_button 和 help_button 指针。

以下为创建一个文件选择构件的实例，Help 按钮出现在屏幕上，但是它什么也不做，因为没有为它的信号设置回调函数，如图 18.11 所示。

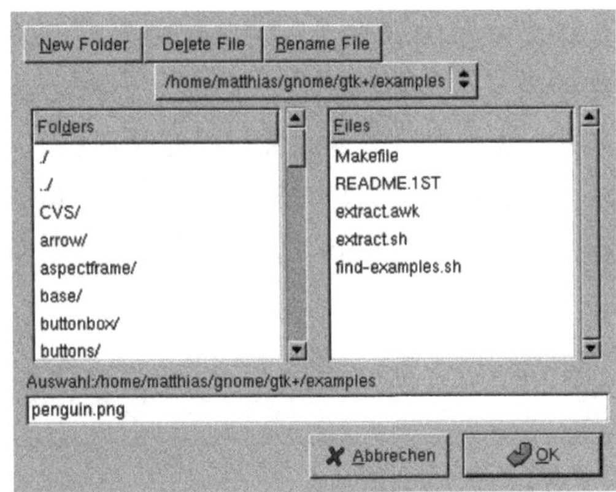

图 18.11　文件选择构件

【例 18.11】　文件选择构件。(**实例位置：资源包\TM\sl\18\11**)

程序的代码如下：

```
#include<gtk/gtk.h>
/* 获得文件名，并将它打印到控制台（console）上 */
void file_ok_sel(GtkWidget *w, GtkFileSelection *fs){
 g_print("%s\n", gtk_file_selection_get_filename(GTK_FILE_SELECTION(fs)));
}
int main(int argc, char *argv[]) {
GtkWidget *filew;
gtk_init(&argc, &argv);
/* 创建一个新的文件选择构件 */
 filew = gtk_file_selection_new("File selection");
 g_signal_connect(G_OBJECT(filew), "destroy", G_CALLBACK(gtk_main_quit), NULL);
/* 为 ok_button 按钮设置回调函数，连接到 file_ok_sel function()函数 */
g_signal_connec(G_OBJECT(GTK_FILE_SELECTION(filew)->ok_button),
            "clicked",G_CALLBACK(file_ok_sel), filew);
/* 为 cancel_button 设置回调函数，销毁构件 */
g_signal_connect_swapped(G_OBJECT(GTK_FILE_SELECTION(filew)->cancel_button),
            "clicked", G_CALLBACK(gtk_widget_destroy), filew);
/* 设置文件名，如这是一个文件保存对话框，这里给了一个默认文件名 */
gtk_file_selection_set_filename(GTK_FILE_SELECTION(filew), "penguin.png");
  gtk_widget_show(filew);
gtk_main();
return 0;
}
```

18.3　RC 文件

RC 文件（Resource Files）是用来定义界面构件的字体、颜色、背景图等样式风格的配置文件。它与网页设计中使用的 CSS 样式表非常相似，都是以符号语言来描述对象的样式风格。这样做的优势在于，可以很容易地为一个程序提供多种不同类型的界面样式风格，以满足不同用户的审美需求。另一个优势是能够为同一类型的程序使用同一风格的界面。例如，为移动设备设计的程序需要大字体和深色背景，那么将其写入 RC 文件后，就不用反复为此类程序定义风格。

一个 RC 文件被称为 gtkrc，存放的地方取决于系统的配置，通常放在/usr/share/themes/themename 目录下，存在 gtk-2.0/gtkrc 文件，此文件是一个 RC 文件，里面定义了 Gtk 中各种组件的配置。它们的一般样式如下：

```
style "样式名称"{
    样式定义细节
}//描述构件样式细节
class "界面构件名称"   style"样式名称"
```

修改构件的如下属性。

☑ fg：设置一个构件的前景色。
☑ bg：设置一个构件的背景色。
☑ text：可编辑文本构件的前景色。
☑ base：可编辑文本构件的背景色。
☑ bg_pixmap：显示像素图的构件的背景色。
☑ font_name：设置字体风格。
☑ xthickness：设置左右边界的宽度。
☑ ythickness：设置上下边界的宽度。

每一个构件都分为以下 5 种状态。

☑ NORMAL：鼠标没有覆盖，单击的状态。
☑ PRELIGHT：鼠标在组件之上。
☑ ACTIVE：鼠标被按下或单击的状态。
☑ INSENSITIVE：不能被激活，或单击的状态。
☑ SELECTED：被选对象可以修改属性。

18.4 小　结

本章主要介绍了在开发 GTK+程序时使用到的一些常用的界面构件。界面构件可以使开发应用程序时的图形界面更加简洁，而且在开发时如果提供的原始构件不够用，还可以自行组合一些新的构件。读者可以在此基础上大量发挥自己的想法，多加练习。

18.5 实践与练习

编写一个 GTK+程序，实现简单的计算器。（**答案位置：资源包\TM\sl\18\12**）

第19章

Glade 设计程序界面

（视频讲解：23 分钟）

Glade 是 Linux 系统中设计 GTK+程序界面的所见即所得工具。开发者可将窗体构件作为画布，通过向画布添加界面构件设计程序界面，这种方式最大的优势在于设计的同时能直观地看到界面构件，并且可以随时调整界面的设计，设计界面如同画图一般。Glade 所设计的界面以 XML 格式保存，因此界面和程序逻辑是完全分离的，使程序界面设计更为轻松。本章将介绍 Glade 的使用方法，以及 C 语言接口函数库。

通过阅读本章，您可以：

- **了解 Glade 的概念**
- **理解如何构造图形界面**
- **理解 C 语言代码联编**

19.1 Glade 简介

Glade 界面设计软件是 GNOME 桌面环境的子项目，为 GNOME 桌面环境上运行的程序提供图形用户界面。Glade 使用 GPL 协议发布，虽然是开源软件，但它的设计思想和易用性都领先于大多数商业集成开发环境中的界面设计软件。

安装 Glade 可在其官方网站下载源代码编译，地址为 http://glade.gnome.org，或者在终端输入下列命令：

```
yum install glade3 libglade2-devel glade3-libgladeui glade3-libgladeui-devel
```

安装成功后，可选择 GNOME 桌面的“应用程序”|“编程”| Glade 命令启动 Glade 程序。libglade 函数库头文件的路径为/usr/include/libglade-2.0/glade。

在 Glade 的界面中，大部分常用的 GTK+界面构件被作为图标放在工具栏中。开发者如果需要向界面中添加某一个构件，只需从工具栏上选择即可，如图 19.1 所示。

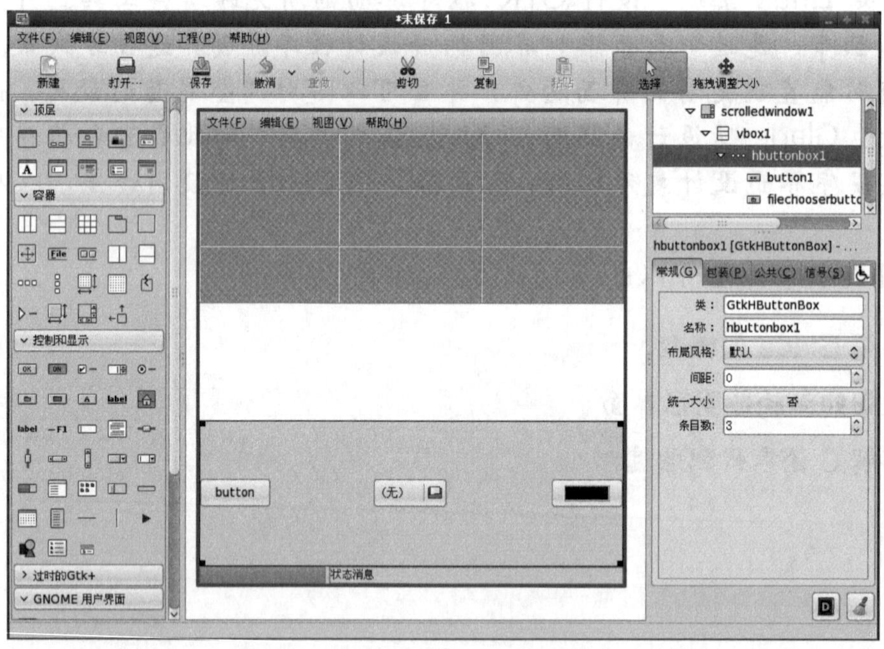

图 19.1　Glade 主界面

添加界面构件后，可直接在 Glade 中为界面构件设置属性，以及连接回调函数。设计的结果可保存为一个 Glade 界面项目文件，实际该文件是 XML 文件。例如。

```
<?xml version="1.0" encoding="UTF-8" standalone="no"?>
<!DOCTYPE glade-interface SYSTEM "glade-2.0.dtd">
<!--Generated with glade3 3.4.5 on Thu Mar 26 21:13:51 2009 -->
<glade-interface>
```

```
    <widget class="GtkWindow" id="window">
      <child>
        <widget class="GtkButton" id="button">
          <property name="visible">True</property>
          <property name="can_focus">True</property>
          <property name="receives_default">True</property>
          <property name="label" translatable="yes">button</property>
          <property name="response_id">0</property>
          <signal name="clicked" handler="gtk_main_quit"/>
        </widget>
      </child>
    </widget>
</glade-interface>
```

这段代码是用 Glade 生成的，它实现了创建一个窗体构件和窗体中放置的一个按钮构件。代码第一行定义了 XML 格式版本和字符编码，第二行是实际用途的说明，从第 5 行开始定义窗体构件，而按钮构件是作为窗体构件的子构件定义的。其中，还为按钮构件的 clicked 信号连接了 gtk_main_quit()函数，实现了按钮构件的功能。

XML 格式的引入是 Glade 最主要的特性，它使程序的界面部分完全独立。在大部分情况下，开发者不用去修改 XML 格式的内容，只需要通过 libglade()函数库将程序逻辑部分与界面项目文件连接起来即可。Glade 的另一特性是能够直接显示容器的层次，而阅读源程序很难理解复杂的容器结构。

说明

对于 Glade，也可以在安装系统套件之初一起安装。

19.2　构造图形界面

视频讲解

任何复杂的图形界面都可以使用 Glade 构造，它可以缩短图形界面设计的周期，并在最大程度上保证代码的正确性。在使用 Glade 前，开发者需要对 GTK+有初步的认识，本书前一部分的内容已介绍了这些知识。Glade 可成为首选的界面设计软件，替代 C 语言中繁复的编码过程。本节将介绍使用 Glade 构造图形界面的方法。

19.2.1　添加窗体

Glade 提供了 10 种窗体构件供用户选择，这些都是在 GTK+中所预定义的。开发者可在 Glade 主界面的左侧“顶层”选项卡中选择所需的窗体构件，如图 19.2 所示。

选项卡中每一个按钮对应着一种窗体构件，这些构件的名称依次如下。

1．通用窗体构件

通用窗体构件，即 gtk_window_new()函数所创建的窗体，单击该构件可在 Glade 主界面的编辑区域创建一个新窗体，如图 19.3 所示。

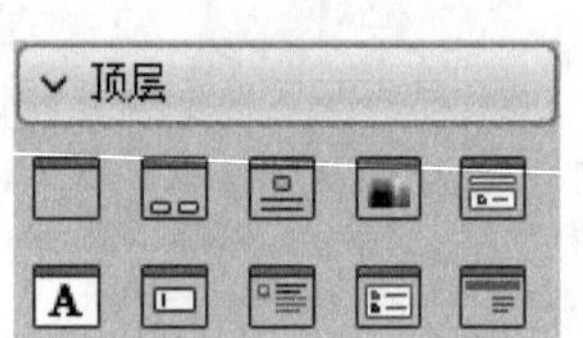

图 19.2 “顶层”选项卡

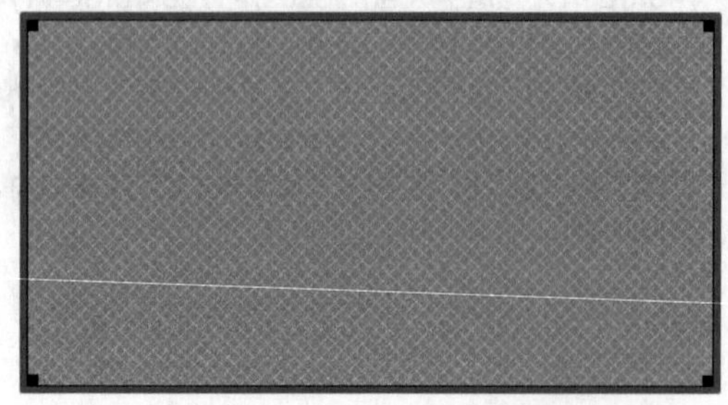

图 19.3 通用窗体构件

Glade 中所显示的是窗体的主体部分，窗体的标题栏和边框不会显示，其蓝色边框所界定的范围为实际窗体的尺寸，可以用鼠标拖动蓝色边框改变窗体的大小。窗体主体中间的网格区域表示的是未添加界面构件的容器区域，该部分可以放置界面构件。

一个 Glade 项目中可以建立多个窗体构件，每个窗体构件都作为一个顶层容器被显示在 Glade 主界面右上方的“容器”列表中，如图 19.4 所示。

可以在“容器”列表中双击窗体构件的名称打开窗体进行编辑，或者右击窗体名称，在弹出的快捷菜单中选择“删除”命令，从项目中删除一个窗体构件。Glade 支持窗体的复制、剪切和粘贴操作，用于在同一个项目内创建窗体的副本，或者将窗体复制到不同项目中。

2．通用对话框构件

通用对话框构件对应 gtk_dialog_new_with_button()函数所创建的窗体，它的内部由一个纵向组装盒容器和一个按钮盒容器组成。通用对话框在程序运行时不显示“最小化”和“最大化”按钮，所以用户不能通过拖拉操作改变其大小。通用对话框构件如图 19.5 所示。

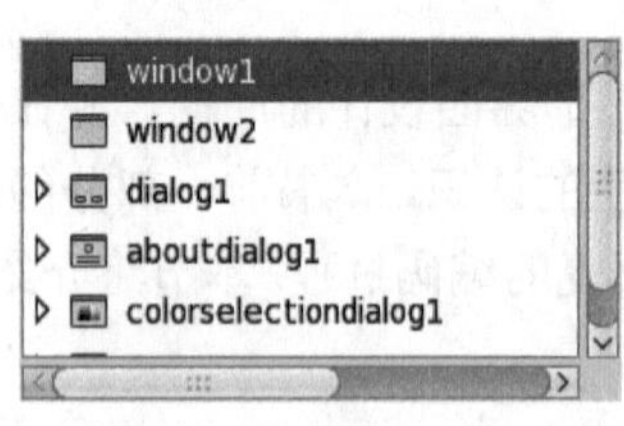

图 19.4 “容器”列表

图 19.5 通用对话框构件

通用对话框的纵向组装盒内可放置其他容器或窗体构件，而按钮盒预留了两个按钮的位置，该位置只能放置按钮构件或者按钮构件的子类。如果按钮的个数少于或多于按钮盒预留的位置，可在“常规”选项卡中修改按钮的个数，如图 19.6 所示。

3．关于对话框

关于对话框是通过 gtk_about_dialog_new()函数建立的，用于显示当前应用程序的信息。关于对话框继承了通用对话框的特性，只是预先定义了一些界面构件在其内，如图 19.7 所示。

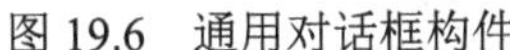
图 19.6　通用对话框构件

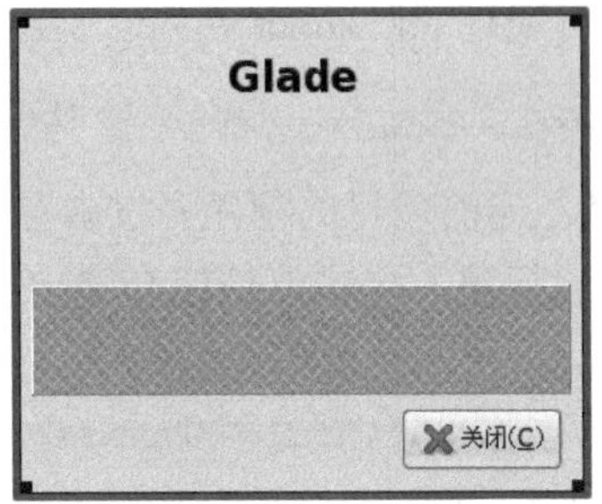

图 19.7　关于对话框构件

关于对话框中显示的内容可直接在“常规”选项卡中设置，这些内容对应所有应用程序的特性，并遵循通用版式，这些通用版式分别介绍如下。

（1）名称：对话框构件在程序中的名称，对应 gtk_about_dialog_set_name()函数的功能，该函数的一般形式为：

```
void gtk_about_dialog_set_name(GtkAboutDialog *about, const gchar *name);
```

（2）程序名称：当前项目所建立应用程序的名称，程序名称用大字号显示在关于对话框中心区域，对应 gtk_about_dialog_set_program_name()函数的功能，该函数的一般形式为：

```
void gtk_about_dialog_set_program_name(GtkAboutDialog *about, const gchar *name);
```

（3）程序版本：当前项目的版本号，显示在程序名称之后，使用与程序名称相同的字号，对应 gtk_about_dialog_set_version()函数的功能，该函数的一般形式为：

```
void gtk_about_dialog_set_version(GtkAboutDialog *about, const gchar *version);
```

（4）版权字符串：当前项目的版权信息，显示在程序名称下方，使用较小的字号，对应 gtk_about_dialog_set_copyright()函数的功能，该函数的一般形式为：

```
void gtk_about_dialog_set_copyright(GtkAboutDialog *about, const gchar *copyright);
```

（5）评论字符串：是当前应用程序主要功能的表述，显示在程序名称和版权字符串之间，对应 gtk_about_dialog_set_comments()函数的功能，该函数的一般形式为：

```
void gtk_about_dialog_set_comments(GtkAboutDialog *about, const gchar *comments);
```

（6）网站 URL：当前项目发行者的网站地址，显示在版权信息下方，字符串有下划线。单击该地址将在浏览器中打开所指向的网页。对应 gtk_about_dialog_set_website()函数的功能，该函数的一般形式为：

```
void gtk_about_dialog_set_website(GtkAboutDialog *about, const gchar *website);
```

（7）网站标签：如果设置了网站标签，那么网站地址不会直接显示在关于对话框上，而是用网站标签内的字符串代替，对应 gtk_about_dialog_set_website_label()函数的功能，该函数的一般形式为：

```
void gtk_about_dialog_set_website_label(GtkAboutDialog *about, const gchar *website_label);
```

（8）许可：设置许可信息后，关于对话框的左下角将出现一个许可按钮，单击该按钮会在一个新对话框中列出许可信息的内容，许可信息的内容通常为 GPL 协议相关信息，如图 19.8 所示。

许可信息可通过 gtk_about_dialog_set_license()函数设置，该函数的一般形式为：

```
void gtk_about_dialog_set_license(GtkAboutDialog *about, const gchar *license);
```

（9）作者：当前项目的程序开发者名称，可输入多个作者的信息。设置作者信息后，界面左下角将增加一个致谢按钮，单击该按钮会弹出“致谢”对话框，并在“编写者”选项卡中列出作者信息，如图 19.9 所示。

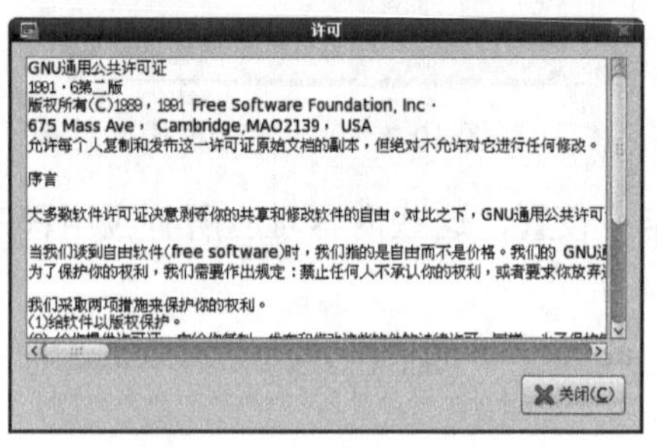

图 19.8　显示许可信息

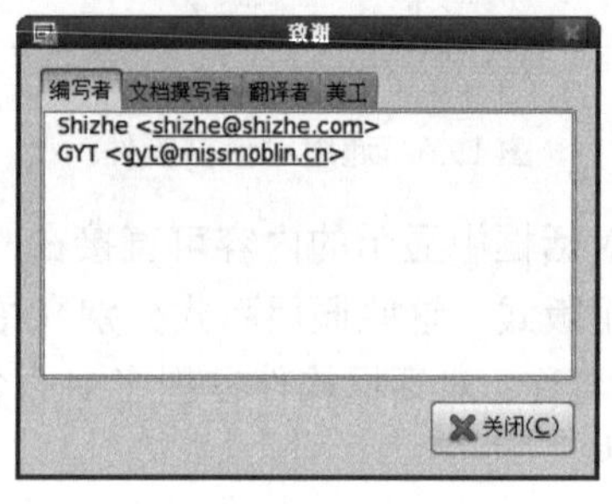

图 19.9　显示作者信息

如果要在作者名称后插入电子邮件地址或网络地址，并且使它们成为超链接，可通过尖括号“< >”包围地址信息实现。作者信息可通过 gtk_about_dialog_set_authors()函数设置，该函数的一般形式为：

```
void gtk_about_dialog_set_authors(GtkAboutDialog *about, const gchar **authors);
```

（10）文档撰写者：当前项目的说明书等文档撰写者的名称，该信息显示在“致谢”对话框中，对应 gtk_about_dialog_set_documenters()函数的功能，该函数的一般形式为：

```
void gtk_about_dialog_set_documenters(GtkAboutDialog *about, const gchar **documenters);
```

（11）翻译者：当前项目的翻译工作者名称，该信息显示在“致谢”对话框中，对应 gtk_about_dialog_set_translator_credits()函数的功能，该函数的一般形式为：

```
void gtk_about_dialog_set_translator_credits(GtkAboutDialog *about, const gchar *translator_credits);
```

（12）美工：当前项目的美工名称，该信息显示在“致谢”对话框中，对应 gtk_about_ dialog_set_artists()函数的功能，该函数的一般形式为：

```
void gtk_about_dialog_set_artists(GtkAboutDialog *about, const gchar **artists);
```

（13）标志：用于设置当前项目的标志，可以是 GTK+支持的任何图形格式文件，显示在标题栏下方，如图 19.10 所示。设置标志文件可通过 gtk_about_dialog_set_logo()函数实现，该函数的一般形式为：

```
void gtk_about_dialog_set_logo(GtkAboutDialog *about, GdkPixbuf *logo);
```

4．颜色选择对话框

颜色选择对话框对应 GTK+库中 gtk_color_selection_dialog_new()函数所建立的对话框，用于选择

颜色。窗体中的大部分内容是固定的，不可被用户修改，用户只能在其中的纵向组装盒容器中添加界面构件，如图 19.11 所示。

图 19.10　项目标志

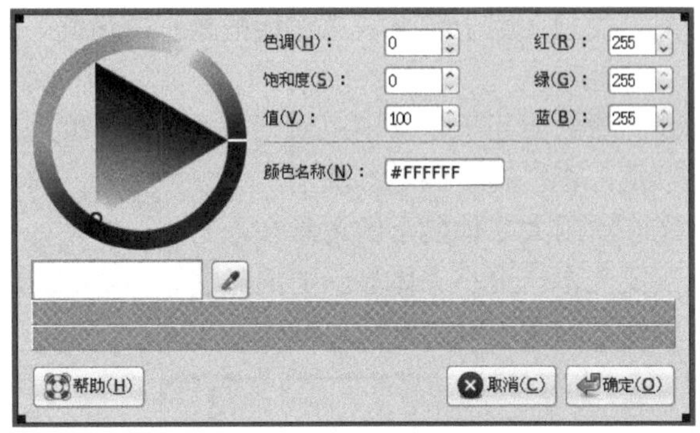

图 19.11　颜色选择对话框

5. 文件选择对话框

文件选择对话框可以通过 gtk_file_chooser_dialog_new()函数创建，它有一个纵向组装盒可用于放置界面构件，另外还提供了一个按钮盒放置按钮。如果没有指定按钮，那么 Glade 会为其自动从按钮库添加 GTK_STOCK_CANCEL 和 GTK_STOCK_OPEN。

文件选择对话框有一个重要属性，即“动作”属性，该属性可以在“常规”选项卡中设置，它有 4 个选项，默认为“打开”，其他选项依次为“保存”“选择目录”和“创建目录”，这 4 个选项用于设置对话框的功能特性。与此同时，对话框的标题和外观也会跟随设置改变，如图 19.12 所示。

6. 字体选择对话框

字体选择对话框对应 gtk_font_selection_dialog_new()函数的功能，它的大部分组件不能被修改，只是提供了一个纵向组装盒用于添加界面构件，如图 19.13 所示。

图 19.12　文件选择对话框（动作为打开）

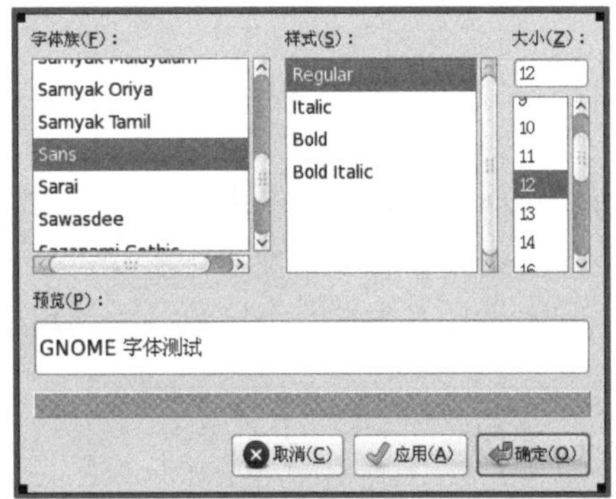

图 19.13　字体选择对话框

7. 输入对话框

输入对话框对应 gtk_input_dialog_new()函数的功能，用于为鼠标、游戏操纵杆、画板等平面定位输入设备进行设置，在很多程序中是非常重要的。输入对话框的大部分功能都是在 GTK+内部实现的，所以并不需要对其进行额外的设置，如图 19.14 所示。

8．消息对话框

消息对话框对应 gtk_message_dialog_new()函数的功能，所有内容均可在“常规”选项卡中设置。

- ☑ 消息类型：用于定义消息对话框显示的风格，选项依次为“信息”“警告”“问题”“错误”和“其他”。
- ☑ 消息按钮：用于定义消息对话框中所显示的按钮，选项依次为“无”“确定”“关闭”“取消”“是，否”和“确定，取消”。
- ☑ 文字：用大字体显示的消息文本。
- ☑ 次要文本：用小字体显示的消息文本。

消息对话框如图 19.15 所示。

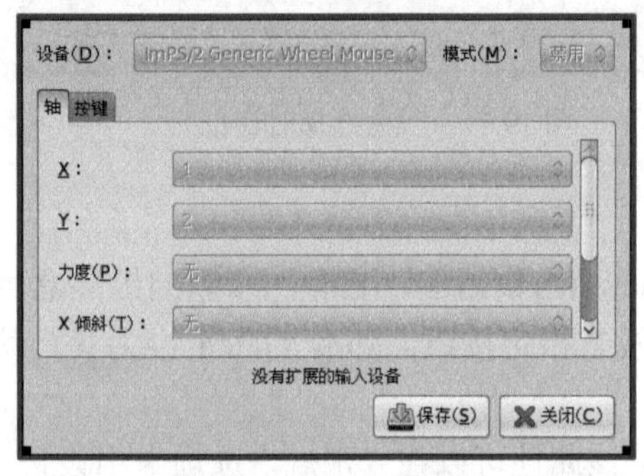

图 19.14　输入对话框

图 19.15　消息对话框

9．最近选择对话框

最近选择对话框对应 gtk_recent_chooser_dialog_new()函数的功能，用于显示最近用户编辑过的文件。使用该对话框时，可以在“常规”选项卡的“限制”微调框中设置文件显示的最多个数，在“排序类型”下拉列表框中设置文件列表的排序方法，依次为“无”“最近使用最多的一个”“最近使用最少的一个”和“定制”4 项。最近选择对话框中有一个按钮盒构件，可装入要显示的按钮，如图 19.16 所示。

10．辅助

辅助是一种分为多页显示内容的向导窗体，在 GTK+库中可以使用 gtk_assistant_new()函数创建。每一页中都默认放置着一个文本标签构件，用于显示文本信息。如果需要放置其他构件，可将文本标签删除。窗体的右下方有两个按钮，分别用于向前翻页和向后翻页，如图 19.17 所示。

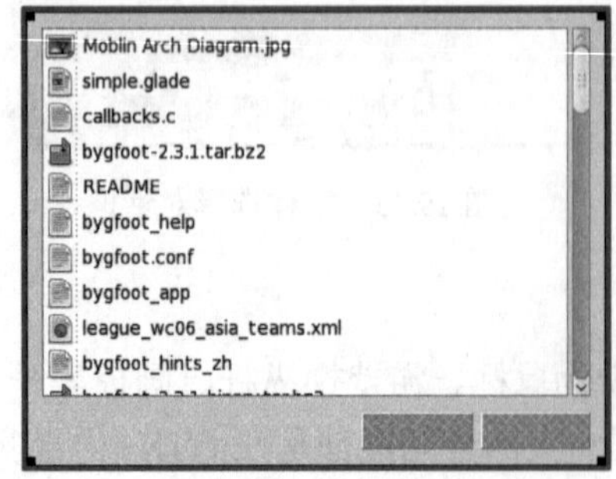

图 19.16　最近选择对话框

图 19.17　辅助窗口

说明

如果当前页面是第一页，“后退”按钮将被隐藏。如果是最后一页，“前进”按钮会被“应用”按钮替代。

19.2.2 添加容器

Glade 提供了 19 种容器构件供用户选择，这些构件都是在 GTK+中所预定义的。开发者可以在 Glade 主界面左侧的“容器”选项卡中选择所需的容器构件，如图 19.18 所示。

“容器”选项卡中每一个按钮对应着一种容器构件，根据使用方法和作用的不同，可以将这些容器构件依次分为下列类别。

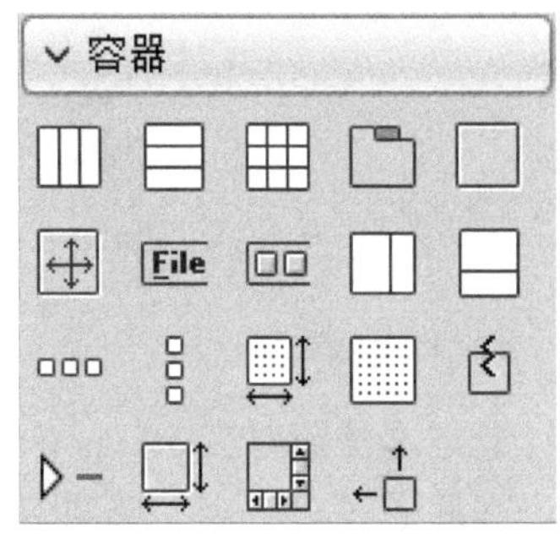

图 19.18 “容器”选项卡

1. 横向与纵向组装盒

单击“横向组装盒”与“纵向组装盒”按钮时，Glade 会提示输入条目数，该数值是容器中单元格的个数。设置单元格的个数是为了便于可视化编辑。另外，设置完成后，还可以在“常规”选项卡中修改单元格的个数，如图 19.19 所示。

在容器中可继续装入其他容器，容器的层次并没有限制。Glade 对容器的管理非常灵活，其主界面右上方的“容器”列表内将根据容器名称显示出容器的层次，如图 19.20 所示。

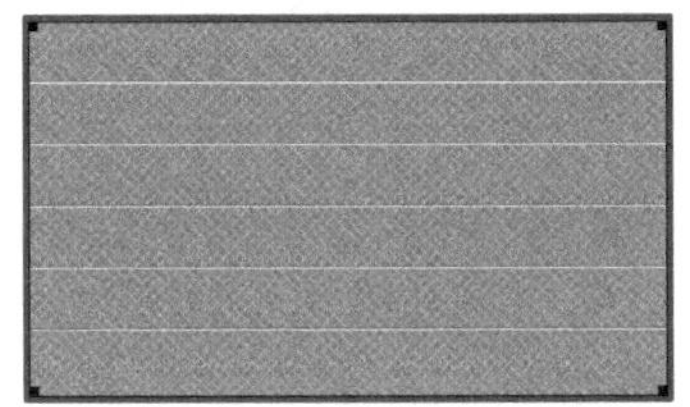

图 19.19 修改单元格的个数

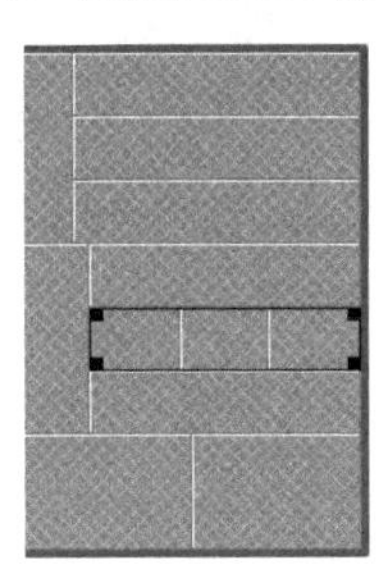

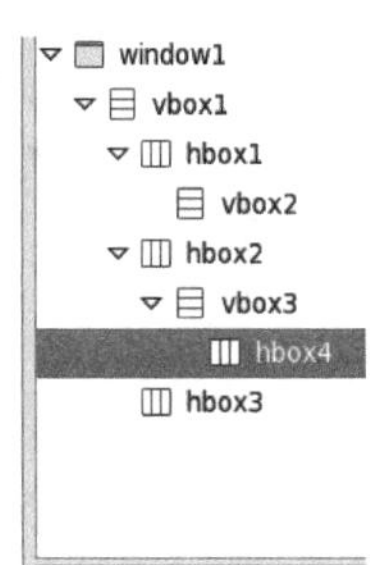

图 19.20 容器的层次

如果需要在容器的上一级增加一个容器，可右击编辑区内的容器，或者右击“容器”列表中的容器名，在弹出的快捷菜单的“添加上一级”子菜单中选择要添加的容器，如图 19.21 所示。

删除容器有两种方式，第一种是右击编辑区中的容器或“容器”列表中的容器名，在弹出的快捷菜单中选择“删除”命令，这种方式将删除容器本身，以及容器内的所有界面构件；另一种方式是在弹出的快捷菜单中选择“清除上一级”命令，使用这种方式时，只有容器的上一级容器被删除，容器本身的层次向前移一位。

复制、剪切和粘贴等操作也可以用于容器，影响的将是容器内的所有界面构件，Glade 会为这些构件的副本重新命名。

2. 表格

表格按钮对应 gtk_table_new()函数的功能，按下时将提示输入表格的行数和列数。另外，也可以在创建表格后，通过“常规”选项卡中的“行数”和“列数”微调框修改，如图 19.22 所示。

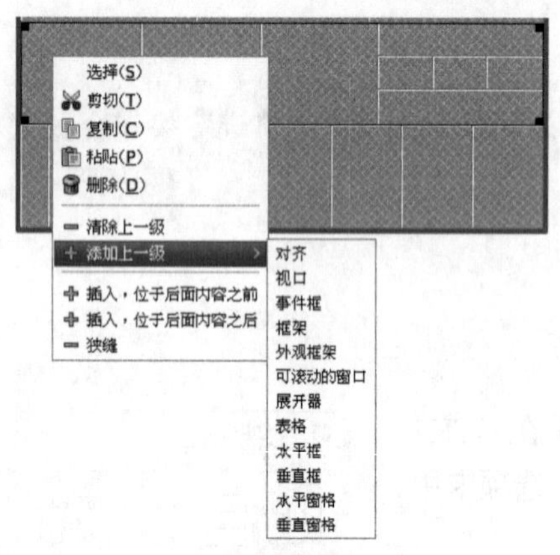

图 19.21　添加上一级容器

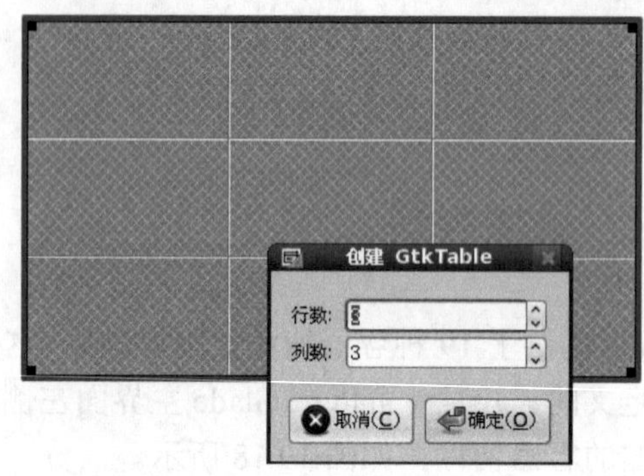

图 19.22　创建表格

3. 笔记本

笔记本按钮对应 gtk_notebook_new()函数，按下时将提示输入笔记本的页数，该页数还可以在创建笔记本后通过“常规”选项卡的“页”微调框进行修改。笔记本构件中选项卡的名称作为文本标签构件列在“容器”列表内，可单击该名称，在“常规”选项卡的“标签”文本框中修改，如图 19.23 所示。

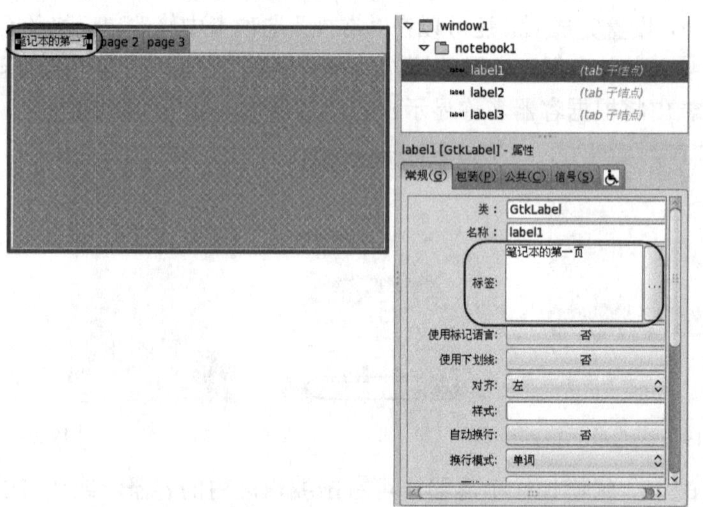

图 19.23　修改选项卡名称

4. 框架和外观框架

创建框架构件所对应的是 gtk_frame_new()函数，使用 Glade 创建框架构件时会自动添加一个对齐构件和一个标签构件。对齐构件是框架内的下一层容器，标签构件显示在框架的右上方。框架构件如图 19.24 所示。

框架的边框风格可在“常规”选项卡的“框架阴影”下拉列表框中设置，选项依次为“无”“里面”“突出”“向内蚀刻”和“向外蚀刻”5 项。

外观框架又称比例框架构件，所对应的是 gtk_aspect_frame_new()函数。外观框架的比例属性可在“常规”选项卡的“比率”微调框内设置。外观框架如图 19.25 所示。

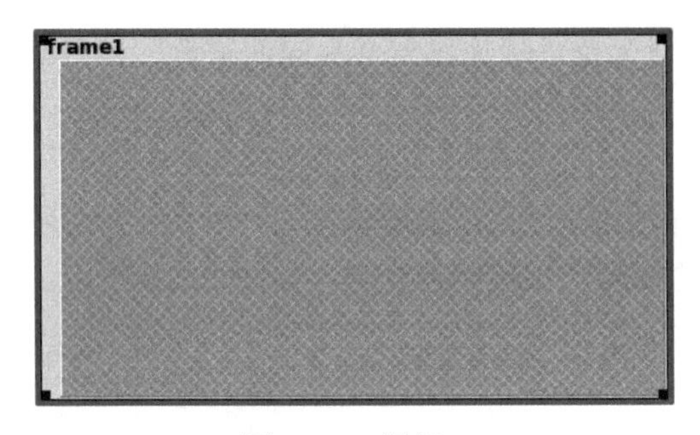

图 19.24　框架

图 19.25　外观框架

5．菜单条

Glade 添加菜单条的功能远比 gtk_menu_bar_new()函数所实现的功能要丰富，它能同时添加菜单容器和菜单项。Glade 没有将菜单容器和菜单项作为独立的界面构件，而是提供了菜单编辑器专门用于设计菜单。右击编辑区中的菜单，在弹出的快捷菜单中选择“编辑”命令，将打开菜单编辑器，如图 19.26 所示。

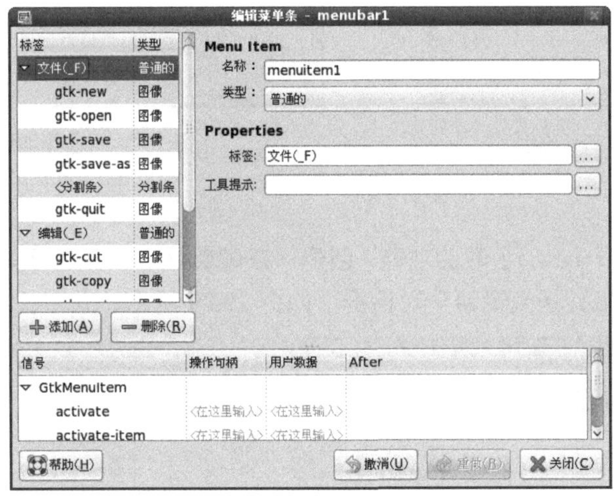

图 19.26　菜单编辑器

在菜单编辑器左侧的标签列表中选择菜单项名称后，可编辑该菜单项。菜单编辑器右侧有如下几个属性可以设置。

☑　名称：在代码中访问该菜单项的名称。

☑　类型：根据 GTK+对菜单项的定义，可选取的值有“普通的”“图像”“复选”“单选”和“分割条”。

☑　标签：显示在菜单中的字符串。

☑　工具提示：鼠标悬停时显示的文本，菜单编辑器会为菜单项自动添加工具提示对象。

☑　库存条目：该选项在“类型”设置为“图像”时才显示，可从图像库中选择菜单项的图形。

如果要添加一个菜单项，可单击“添加”按钮，新菜单项将在菜单项列表中所选菜单项后一位，且处于同一层。或者右击列表中的菜单项，在弹出的快捷菜单中选择“添加子项目”命令，创建所选菜单项的下一级菜单。

菜单编辑器的下方是信号与事件的列表，可直接在此为菜单项连接事件与回调函数。如果要为菜单项添加快捷方式，操作步骤如下：

（1）在“容器”列表内选择菜单项。

（2）选择“容器”列表下的“公共”选项卡，单击“加速键”后的编辑按钮，如图 19.27 所示。

（3）在弹出的“选择加速键”对话框中选择对应的信号、按键和控制键，如图 19.28 所示。

图 19.27　加速键

图 19.28　选择加速键

6. 工具条

工具条对应 gtk_toolbar_new()函数的功能，创建后在编辑区右击工具条，在弹出的快捷菜单中选择“编辑”命令，可打开“工具条编辑器”对话框，如图 19.29 所示。

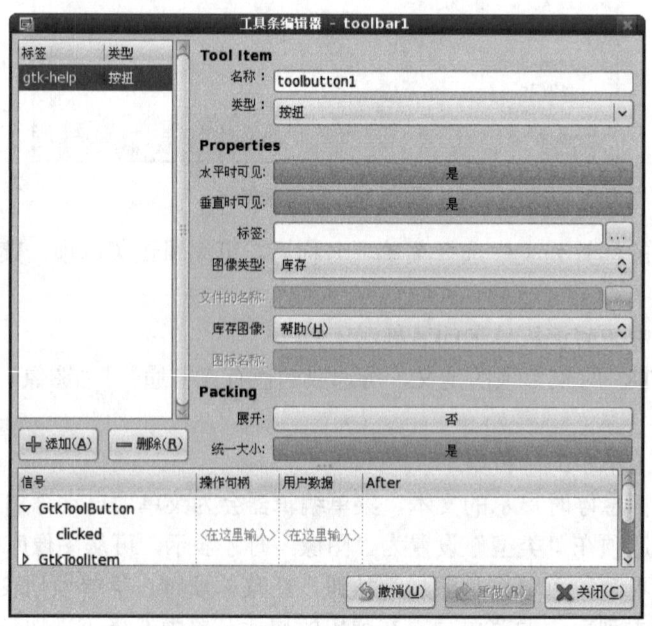

图 19.29　“工具条编辑器”对话框

在“工具条编辑器”对话框中，可以单击“添加”按钮添加一个工具构件。另外，“类型”下拉列表框用于定义工具构件的类型，默认为“按钮”。工具构件的信号与事件可以在对话框下侧的信号列表中设置。

7. 水平窗格和垂直窗格

水平窗格和垂直窗格对应 gtk_hpaned_new()和 gtk_vpaned_new()函数的功能，初始位置可以在“常规”选项卡的“位置”微调框中设置，并且需要将“位置设置”属性的值设为“是”才能在程序中生效。水平窗格和垂直窗格的效果如图 19.30 所示。

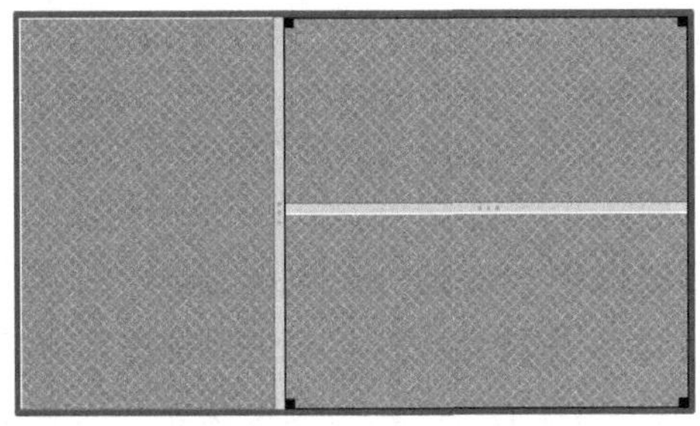

图 19.30　水平窗格和垂直窗格

8. 横向与纵向按钮盒

横向按钮盒与纵向按钮盒对应 gtk_hbutton_box_new()和 gtk_vbutton_box_new()函数的功能。为了方便编辑，需要在“常规”选项卡的“条目数”微调框中指定按钮盒内单元格的个数，默认值为 3。如图 19.31 所示为一个横向按钮盒。

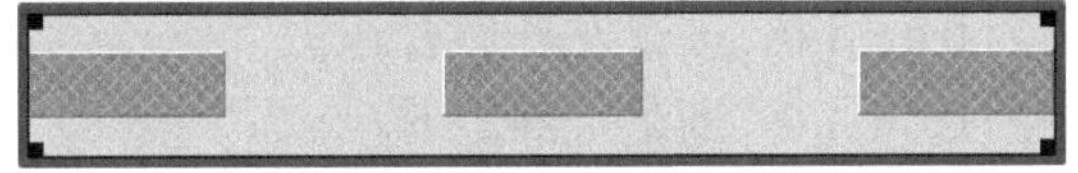

图 19.31　横向按钮盒

9. 陈列

陈列是指布局容器，对应 gtk_layout_new()函数的功能。布局容器最大尺寸可在“常规”选项卡的“宽度”和“高度”微调框中设置。

10. 固定

固定容器对应 gtk_fixed_new()函数的功能。

11. 事件框

事件框对应 gtk_event_box_new()函数的功能。

12. 展开器

展开器对应 gtk_expander_new()函数的功能，由一个箭头构件、一个标签和一个容器组成。单击箭头可改变箭头的方向。当箭头构件指向下时，展开器内的容器构件将显示，而在箭头指向右方时，展开器内的容器将被隐藏，如图 19.32 所示。

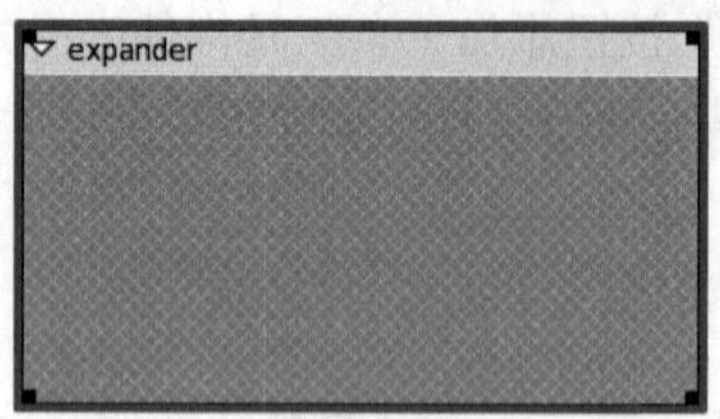

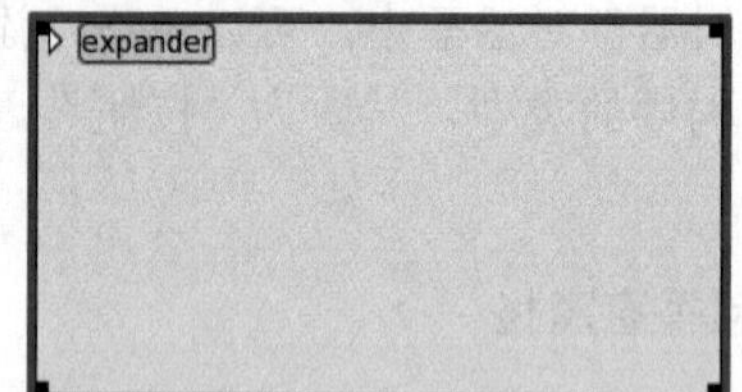

图 19.32　展开器的展开与收缩状态

13．视口

视口即视见区，对应 gtk_viewport_new()函数的功能。在“常规”选项卡的“阴影类型”下拉列表框可以设置其边框的类型，选项依次为“无”“里面”“突出”“向内蚀刻”和“向外蚀刻”5 项。

14．可滚动的窗口

可滚动的窗口即滚动条窗体构件，对应 gtk_scrolled_window_new()函数的功能，它包括一组滚动条构件和一个视见区，但在 Glade 中不能直接访问其子构件的属性。如果要设置滚动条构件的显示状态，可以通过“常规”选项卡的“水平滚动条策略”和“垂直滚动条策略”下拉列表框进行设置。可滚动的窗口效果如图 19.33 所示。

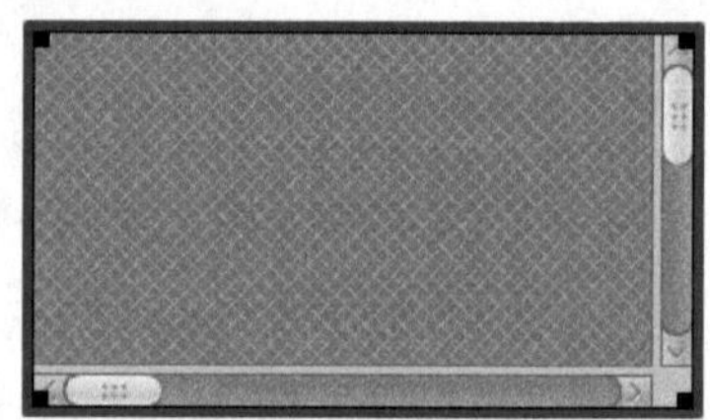

图 19.33　可滚动的窗口

15．对齐

对齐容器对应 gtk_alignment_new()函数的功能，在“常规”选项卡中可以设置以下属性。

- ☑ 水平排列：取值范围为 0.0～1.0，即最左到最右。
- ☑ 垂直排列：取值范围为 0.0～1.0，即最上到最下。
- ☑ 水平缩放比率：如果水平方向可用的空间比子构件所需要的多，设置子部件将使用多少。0.0 表示不用，1.0 表示全部。
- ☑ 垂直缩放比率：如果垂直方向可用的空间比子构件所需要的多，设置子部件将使用多少。0.0 表示不用，1.0 表示全部。
- ☑ 顶部留空：上方的边界值。
- ☑ 底部留空：下方的边界值。
- ☑ 左部留空：左面的边界值。
- ☑ 右部留空：右面的边界值。

19.2.3　添加构件

Glade 提供了两组界面构件，分别位于“控制和显示”选项卡与“过时的 Gtk+”选项卡中，如图 19.34 所示。

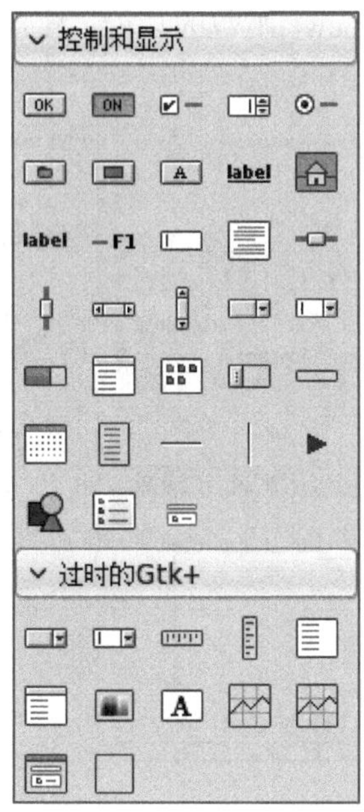

图 19.34　构件选项卡

说明

“过时的 Gtk+”选项卡是 GTK+为了保持与旧版本兼容，所以仍然在使用的界面构件。这些界面构件均已被其他构件所替代，并且不再被更新，甚至可能会被将来的版本抛弃，应谨慎选择这些构件。

常用的界面构件可分为如下几类。

1. 按钮

按钮构件共有 9 种。单击代表构件的按钮后，将鼠标指针移动到编辑区的容器上方，可见指针变为一个加号外加构件图标的形状，再次按下鼠标左键，构件将被添加到容器以内。这些按钮依次为：

- ☑ 普通按钮对应 gtk_button_new()函数的功能。
- ☑ 开关按钮对应 gtk_toggle_button_new()函数的功能。
- ☑ 复选按钮对应 gtk_check_button_new()函数的功能。
- ☑ 微调按钮对应 gtk_spin_button_new()函数的功能。
- ☑ 单选按钮对应 gtk_radio_button_new()函数的功能，Glade 可以自动为单选按钮添加 GSList 链表，如果要使多个单选按钮使用同一个链表，即划为同一组，可单击“常规”选项卡“组”后的“编辑”按钮，弹出“在工程中选择 单选按钮”对话框，然后选择该组中第一个单选按钮的名称，如图 19.35 所示。
- ☑ 文件选择按钮对应 gtk_file_chooser_button_new()函数的功能。
- ☑ 颜色按钮对应 gtk_color_button_new()函数的功能。
- ☑ 字体按钮对应 gtk_font_button_new()函数的功能。

☑ 连接按钮对应 gtk_link_button_new()函数的功能，连接的网络地址可在“常规”选项卡的 URL 文本框中输入。

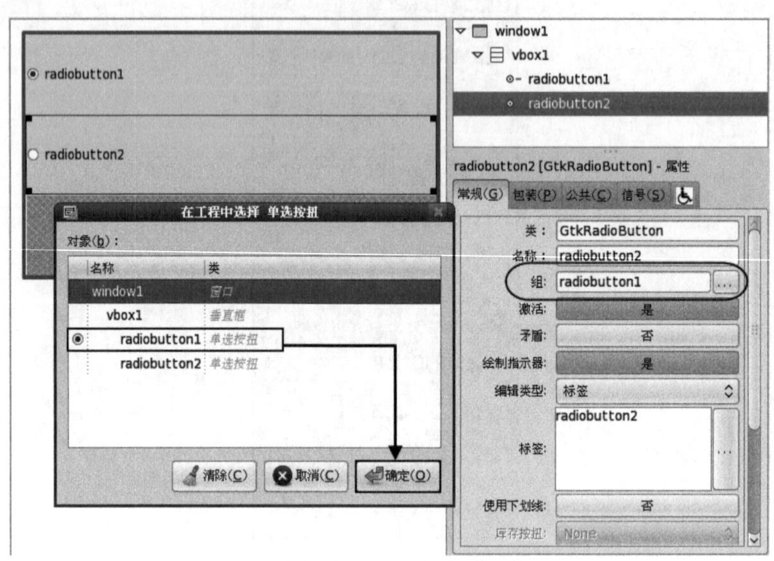

图 19.35　为单选按钮分组

2．图像

图像对应 gtk_image_new_from_stock()函数的功能，可以在“常规”选项卡的“库存图像”下拉列表框中设置图像。默认情况下使用的是图像库内的 GTK_MISSING_IMAGE。图像的尺寸可在“图标大小”微调框内设置，取值对应 GtkIconSize 枚举类型，有效取值范围为 0～6。如果要在图像构件中使用文件，可以将“编辑类型”设置为文件名，然后在“文件的名称”中进行设置。

3．标签和加速键列表

标签对应 gtk_label_new()函数的功能，“常规”选项卡的“标签”文本框用于编辑显示的文字，“对齐”下拉列表框用于定义对齐方式。

加速键列表即快捷标签，对应 gtk_accel_label_new()函数的功能。快捷键在“公共”选项卡的“加速键”文本框中设置。

4．文本条目和文本视图

文本条目即文本框，对应 gtk_entry_new()函数的功能。文本视图对应 gtk_text_view_new()函数的功能。“常规”选项卡的“可编辑”属性用于决定是否锁定文本框，“可见状态”属性用于设置是否显示文本框中的文本，“文字”属性文本框中可以设置初始文本。

5．范围构件

范围构件共有 4 种，分别是水平比例、垂直比例、水平滚动条和垂直滚动条，在“常规”选项卡的“调整部件”中可以设置范围构件的属性。

6．组合框与组合框条目

组合框对应 gtk_combo_box_new()函数的功能，组合框条目对应 gtk_combo_box_entry_new()函数的功能，后者比前者多出一个文本框子构件。单击“常规”选项卡内“条目”文本框后的“编辑”按钮，在弹出的“编辑文本”对话框中可以编辑需要显示的条目和多个条目用回车键分隔，如图 19.36 所示。

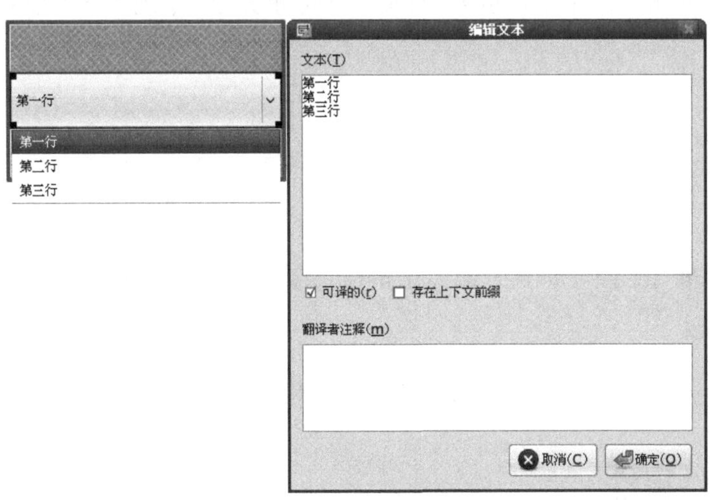

图 19.36　“编辑文本”对话框

7．进度条

进度条对应 gtk_progress_bar_new()函数的功能。进度条中已完成的进度比例可以在“常规”选项卡的“完成比例”微调框中设置。

8．树视图和图标视图

树视图对应 gtk_tree_view_new()函数的功能，图标视图对应 gtk_icon_view_new()函数的功能。

9．可移动的框

可移动的框对应 gtk_handle_box_new()函数的功能。

10．状态栏

状态栏对应 gtk_statusbar_new()函数的功能。

11．日历

日历构件对应 gtk_calendar_new()函数的功能，可以在“常规”选项卡的“年”“月”“日”微调框中设置。其中，“月份”的取值范围为 0～11，如果“日”的值设置为 0，则不指定具体天数。

12．弹出式菜单

弹出式菜单并不会直接在编辑区中显示，添加后会列出在“容器”列表中，开发人员可以使用菜单编辑器进行编辑。

13．水平分割条和垂直分割条

水平分割条对应 gtk_hseparator_new()函数的功能，垂直分割条对应 gtk_vseparator_new()函数的功能。

14．箭头

箭头对应 gtk_arrow_new()函数的功能。箭头的方向可以在“常规”选项卡的“箭头方向”下拉列表框中设置。

15．绘图区域

绘图区域对应 gtk_drawing_area_new()函数的功能。

16．最近选择器

最近选择器对应 gtk_recent_chooser_widget_new()函数的功能，其设置方法与最近选择对话框类似。

17．文件选择部件

文件选择部件对应 gtk_file_chooser_widget_new()函数的功能，其设置方法与文件选择对话框类似。

19.2.4 设置构件属性

在 Glade 中，界面构件的属性被分为 3 类，分别位于“常规”“包装”和“公共”选项卡中。

“常规”选项卡主要是构件基本信息和特有的属性，基本信息包括以下内容。

☑ 类：构件对应 GTK+库的类名，该值不可修改。

☑ 名称：在程序中访问构件的名称，添加构件时 Glade 会为其自动指定一个。

“包装”选项卡用于设置构件在容器中的位置，对于窗体和顶级容器不可用。其中的属性设置如下。

☑ 位置：如果上一级容器内有多个单元格，那么第一个单元格的位置为 0，以此类推。

☑ 留空：用于设置构件与上一级容器的上下间距。

☑ 展开：用于设置是否展开界面构件。

☑ 填充：用于设置是否让界面构件占满整个容器。

☑ 包裹类型：可设置为“开始”或“结束”，用于定义界面装入容器时的顺序。

“公共”选项卡用于设置构件的公共属性，这些属性均为 GtkWidget 类中定义的，因此可用于所有界面构件。公共属性的设置如下。

☑ 宽度请求：设置构件最小需求尺寸中宽度的数值。

☑ 高度请求：设置构件最小需求尺寸中高度的数值。

☑ 可见：设置构件是否在界面中显示出来。

☑ 敏感：设置构件是否接受用户的输入。

☑ 工具提示：鼠标指针在构件上方悬停时所显示的文本，Glade 会自动创建工具提示对象。

☑ 不全部显示：用于屏蔽 gtk_widget_show_all()函数对该构件的影响。

☑ 可绘图：设置应用程序是否可以直接在此构件上绘图。

☑ 接受焦点：设置构件是否可以接受输入焦点。对于按钮类构件，默认为“是”；对于容器类构件，默认为“否”。

☑ 有焦点：设置构件是否已经拥有输入焦点，对于“接受焦点”设置为“是”的构件有效。如果多个构件设置为“是”，只有第一个有效。

☑ 为焦点：设置构件是否是顶级容器内的聚焦部件。如果设置为“是”，当构件上一级容器获得焦点时，那么焦点会落在该构件上。对于“接受焦点”设置为“是”的构件有效。如果多个构件设置为“是”，只有第一个有效。

☑ 可成为默认：设置构件是否可以成为默认的构件，用于接受 Enter 键的响应。

☑ 接受默认动作：设置构件在成为焦点时是否可以接受默认动作，即对于空格键的响应。对于“接受焦点”设置为“是”的构件有效。如果多个构件设置为“是”，只有第一个有效。

☑ 事件：用于决定界面构件可接受哪些 GtkEvent 事件类型的响应。单击其右侧编辑按钮，将弹出“选择区域”对话框，可以在“选择独立区域”列表框中选择需要响应的事件，如图 19.37 所示。

图 19.37　“选择区域”对话框

☑ 扩展事件：用于决定构件可接受哪些扩展事件。

☑ 有工具提示：用于决定是否显示工具提示对象中的文本。

☑ 工具提示标记：工具提示对象显示的文本，在“有工具提示”设置为“是”时显示。

☑ 工具提示文本：如果设置了“工具提示文本”，那么“工具提示标记”将无效。

☑ 加速键：用于设置构件的快捷方式，单击右侧编辑按钮将弹出“选择加速键”对话框，可在其中编辑多组快捷方式。

19.2.5　添加事件和回调

Glade 主界面的“信号”选项卡中可以为界面构件连接事件、信号和回调函数，所选构件可用的事件将以该构件对应的类的继承关系显示信号，如图 19.38 所示。

图 19.38 是文本输入框所对应的信号，最底层为 GObject 类定义的信号，最顶层则是文本输入框所属的 GtkEntry 类定义的信号。单击类名称左侧的展开器，将显示出该类定义的所有信号，如图 19.39 所示。

注意

GtkWidget 类中定义与 GDK 底层事件相关的信号必须选择“公共”选项卡中的“事件”框才能生效。

选择信号名称后，可以为该信号连接回调函数和数据，该功能对应 g_signal_connect()函数。回调函数可单击对应单元格中的下拉列表选择，如图 19.40 所示。

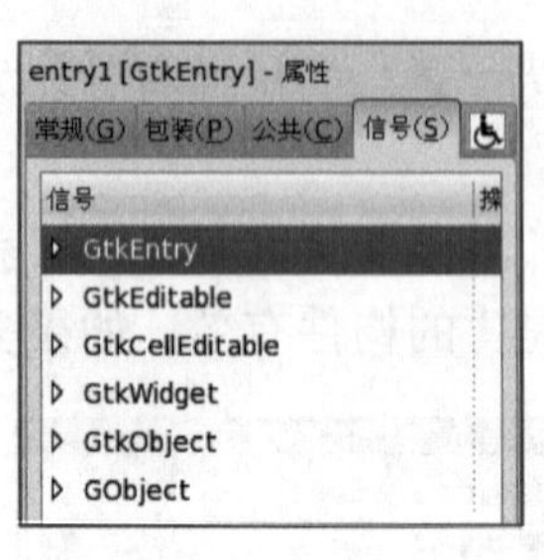

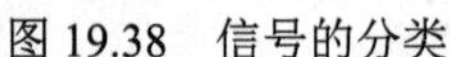
图 19.38　信号的分类

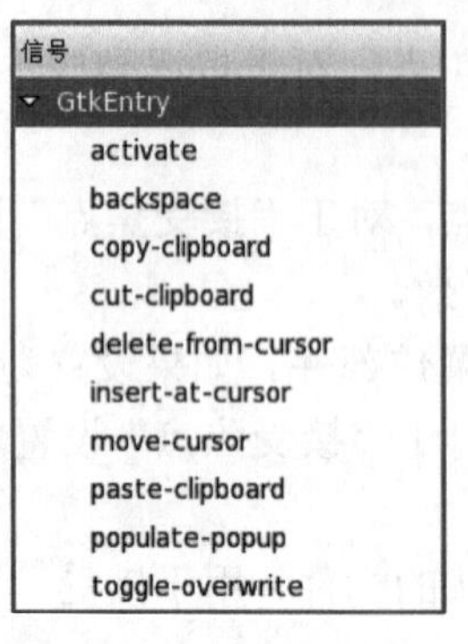

图 19.39　展开分类中的信号

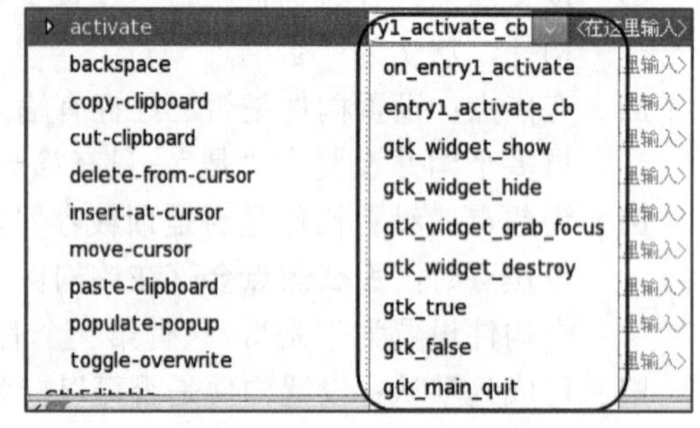

图 19.40　选择回调函数

回调函数列表中的前两列函数是 Glade 根据构件名称命名的，其余为可用的 GTK+函数。如果需要自定义回调函数名称，可在单元格内直接输入。

回调函数后可设置传递给回调函数的用户数据，该数据通常是回调函数中最后一个实际参数的名称，可以为变量名或常量，如图 19.41 所示。

在图 19.41 中，为一个按钮构件的 clicked 信号连接了 gtk_widget_show()函数，用户数据设置为 window2。在实际开发中，单击该按钮即能显示项目中名为 window2 的构件。

如果回调函数并非 GTK+中提供的函数，那么回调函数的实现必须在具体 C 语言代码中进行，两者使用的名称必须一致。

信号列表中有一项 After 复选框，选择后将使用 g_signal_connect_after()函数连接信号与回调函数。当为信号设置回调函数后，信号名的左侧会多出一个展开器。如果需要为同一个信号连接更多的回调函数，可单击该展开器添加更多的回调函数，如图 19.42 所示。

图 19.41　设置回调函数数据

图 19.42　添加更多的回调函数

19.3　C 语言代码联编

Glade 的项目文件是一个单独的“.glade”文件，GTK+可以使用 Libglade 和 GtkBuilder 两种方式连接 C 语言代码。

Libglade 库用来解析 glade 文件并创建 widgets 对象实例。使用 Libglade 库是最常用的方式，在其他一些开发向导或教程中都能看到。然而，自从 GTK+ 2.12 以来，就包含了一个叫 GtkBuilder 的对象，它是 GTK+自身的一部分并用来取代 Libglade 库。也因此，在开发向导中我们将使用 GtkBuilder。不过，在网络上看到的教程中凡是使用 Libglade 库的，都可以使用 GtkBuilder 来代替。

只需要两行代码，GtkBuilder 就能解析 tutorial.xml 文件，创建所有定义的 widgets 并应用其属性，以及建立 widgets 之间的包容父子关系。然后，就可以利用 GtkBuilder 引用 widgets 并控制其行为特性。

19.3.1　GtkBuilder 代码连接基础

1．创建 GtkBuilder 对象

```
builder = gtk_builder_new();
gtk_builder_add_from_file(builder, "tutorial.xml", NULL);
```

第一个变量是在 main()中定义的 GtkBuilder 类对象指针。这里使用 gtk_builder_new()来创建实例，所有的 GTK+对象都以这种方式创建。

这时 builder 还没有任何 UI 元素，我们使用 gtk_builder_add_from_file()来解析 XML 文件，并把其内容添加到 builder 对象。此函数的第 3 个参数传递了 NULL，因为现在不需要使用 GError。我们没有进行任何异常和错误处理，一旦有任何异常或错误出现，程序只能崩溃。异常与错误处理将在后面进行讲解。

在调用 gtk_builder_new()创建了对象实例之后，所有的其他 gtk_builder_xxx 函数都是以创建好的 builder 对象作为第一个参数，这就是 GTK+用 C 实现的面向对象技术。其他所有 GTK+对象都是这种方式。

2．从 GtkBuilder 获取界面元素 widgets 的引用

创建好所有的 widgets 之后即可引用它们。我们只需要引用一部分，因为其他的已经能很好地完成它们的工作，不再需要更多的处理。例如，GtkVBox 容纳了菜单、文本编辑框和状态栏，已经完成了布局工作，不需要代码处理。我们可以在应用程序生命期引用任意一个 widgets 并保存在变量中以备用。在此开发向导中仅仅需要引用命名为"window"的 GtkWindow 对象，以便显示它。

```
Window=GTK_WIDGET(gtk_builder_get_object(builder, "window"));
```

首先，gtk_builder_get_object()的第一个参数是获取对象所在的 builder 对象，第二个参数是获取对象的名称，这个名称必须与在 Glade 中的 name 属性一致。函数返回一个 GObject 对象指针，保存在 window 变量中。参考文档中对象的层次结构指出 GtkWidget 从 GObject 继承，因此一个 GtkWindow 就是一个 GObject，也是一个 GtkWidget。这是 OOP 的基本概念，对于 GTK+编程很重要。

因此 GTK_WIDGET()宏用来进行类型转换。可以用转换宏把 GTK+的 widgets 转换为其任意一个子类型，所有 GTK+类都有相应的类型转换宏。GTK_WIDGET(something)就如同(GtkWidget*)something 所起的作用一样。

最后，在 main()函数中声明一个 GtkWidget 类型的 window 变量而不是 GtkWidget 类型，也可以把它声明为 GtkWindow*。所有 GTK+的 widgets 都继承自 GtkWidget，因此可以声明指向任何 widgets 的指针为 GtkWidget 类型。许多函数都传递 GtkWidget*类型的参数，并且许多函数返回的也是 GtkWidget*类型指针。所以声明为 GtkWidget 类型，然后必要时使用转换宏转换为其他 widgets 类型。

3．链接回调函数和信号

在 19.2.5 节指定了许多信号的处理函数，当有事件发生时 GTK+就发送相应的信号，这是 GUI 编程的基础概念。我们的应用程序需要知道用户何时做了何事，然后对此进行响应。这时将会看到，我们的程序就是循环等待事件的发生。这里使用 GtkBuilder 来连接在 Glade 中定义的信号和相应的回调函数。GtkBuilder 会自动查询程序符号表然后正确地连接信号与处理函数。

这里可以先定义 on_window_destroy 函数来响应 window 的 destroy 信号。当一个 GObject 对象销毁时，它会发送 destroy 信号，应用程序就无限循环等待事件发生，当用户关闭主窗口（单击主窗口标题栏中的“关闭”按钮）应用程序需要能够终止循环并退出。连接一个回调函数到 GtkWindow 的 destroy 信号，就能知道何时终止程序。因此，destroy 信号是几乎所有的 GTK+应用程序中都会处理的。

注意

本实例中用来连接信号与处理程序的函数与 Libglade 中的 glade_xml_signal_autoconnect()函数等价。

```
gtk_builder_connect_signals(builder, NULL);
```

该函数总是需要传递 builder 对象作为第一个参数，第二个参数是用户数据，设为 NULL 即可。该函数会使用 GModule，它是 GLib 的一部分，动态加载模块来查询应用程序符号表（函数名、变量名等），寻找应用程序中能够与 Glade 中指定的回调函数名相符的函数，然后连接到信号。

在 Glade 中为 GtkWindow 的 destroy 信号指定回调函数名为 on_window_destroy，因此 gtk_builder_connect_signals()会在程序中寻找名为 on_window_destroy 的处理函数，如果找到则连接到 signal 信号。函数原型必须一致才能连接，包括函数名、参数个数类型、返回类型等。destroy 信号属于 GtkObject 类，因此可以在开发文档中查找 GtkObject 目录下的"destroy"signal 找到相应的回调函数原型，根据此原型可以定义如下处理函数：

```
void on_window_destroy (GtkObject *object, gpointer user_data)
{
        gtk_main_quit();
}
```

现在，gtk_builder_connect_signals()将会找到它并确认与 Glade 中指定的函数匹配，因此就把该函数与 destroy 信号连接。当 GtkWindow 对象的 window 销毁时将会调用上述函数。该函数仅仅是调用了 gtk_main_quit()来结束循环并退出应用程序。

因为这里不再使用 GtkBuilder 对象，所以可以将其销毁并释放为 XML 文件分配的空间：g_object_unref(G_OBJECT(builder))。

需要注意的是，使用 G_OBJECT 宏将 GtkBuilder*转换为 GOblet*是必需的，因为函数 g_object_unref()接受 GOblet*类型参数。而 GtkBuilder 是从 GOblet 继承的。

4．显示界面

在进入 GTK+主循环之前，显示 GtkWindow 类 widget，否则它是不可见的。

```
gtk_widget_show(window);
```

该函数设置了 widgets 的 GTK_VISIBLE 标识，告诉 GTK+可以显示此 widget。

5. 进入主循环

GTK+的主循环是一个无限循环，一旦创建了 GUI 并设置好应用程序，就可以进入主循环等待事件的发生。在主循环中发生了很多魔幻的事情，作为一个新手，可以简单地把它看成是一个循环，做了诸如检查状态、更新 UI、为事件发送信号等事情。

一旦进入主循环，应用程序就不做任何事了（GTK+在做），当用户缩放窗口、最小化、单击、按键等时，GTK+检查每一个事件并发送相应的信号。不过，应用程序仅仅对 window 的 destroy 信号进行响应。

```
gtk_main();
```

19.3.2　GtkBuilder 代码连接实例

下面通用一个例子说明 GtkBuilder 的基本操作方法。

在 Palette 中单击 Toplevels 下的 window 组件，这时在中间的空白工作区会出现一个深色方框，这个就是程序的主窗口。

在 Inspector 中，用鼠标选中新建的窗口，在下面的 Properties 中进行如下编辑：

（1）在 General 标签下，将 Name 属性改为 window，将 Window Title 改为“glade 实例”。

（2）在 Signals 标签下，可以在 GtkWidget 类中找到 delete-event，为它的 Handler 选择 gtk_main_quit，同样在 GtkObject 类中为唯一的 destroy 选择 gtk_main_quit。

（3）在 Palette 中单击 Container 下的 Fixed，在步骤（2）新建的 window 中单击，这样就创建好一个容器，然后按照给 window 修改名字的方法将其改名为 fixed。在“公共”中指定“宽度请求”为 400，“高度请求”为 300。

（4）在 Palette 中单击 Control and Display 下的 Label，在 Fixed 容器上单击，这样就把 label 放到了 Fixed 容器中。在 Properties 的 General 标签下，将 Name 属性改为 label，将 Label 属性改为 Hi。最后单击工具栏中的 Drag Resize 按钮，然后选中 label 进行拖曳，摆放出一个合适的位置，位置不会影响程序的功能，但是会影响美观。

（5）在 Palette 中单击 Control and Display 下的 Button，在 Fixed 容器上单击，这样就在 Fixed 容器中又放置了一个按钮，将其 Name 属性改为 button，“标签”属性改为“点一下试试”，同样地可以通过拖曳来调节它的大小和位置，单击工具栏中的查看设计效果。

这样界面就设置完成了，保存为 ui.glade。最后的设计如图 19.43 所示。

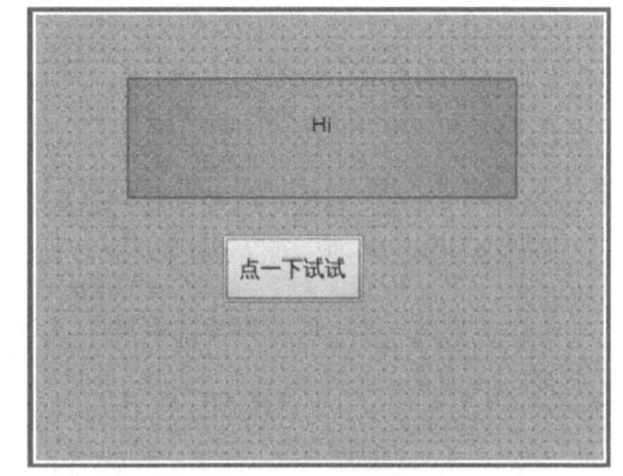

图 19.43　最终界面

编写一个 C 程序 19.1.c。代码如下：

```
#include<gtk/gtk.h>
void on_button_clicked(GtkWidget *widget, gpointer label)
{
/*这是 gtk 的一个函数，用来给 Label 设定文字*/
gtk_label_set_text(GTK_LABEL(label),"你看，标签变了！");
}

int main(int argc, char *argv[])
{
/*这些语句声明了一些组件变量，由于 GTK 是面向对象的，所以都可以声明为 GtkWidget，这也是习惯做法 */
GtkBuilder *builder;
GtkWidget *window;
GtkWidget *button;
GtkWidget *label;

/*每一个 gtk 程序都会用到这一句，用来初始化*/
gtk_init(&argc, &argv);

/*这个 builder 就是用来读取用 Glade 设计界面的一个东西*/
builder = gtk_builder_new();

/*用 gtk 函数把 abitno.glade 的内容给 builder*/
gtk_builder_add_from_file(builder, "ui.glade", NULL);

/*通过名字从 abitno.glade 中读取需要使用的组件*/
window = GTK_WIDGET(gtk_builder_get_object(builder, "MainWindow"));
button=GTK_WIDGET(gtk_builder_get_object(builder,"button"));
label=GTK_WIDGET(gtk_builder_get_object(builder,"label"));

/*这是 glib 中的一个函数，用来把一个组件与一个函数关联起来，下面
这句就是把 button 和上面的那个 on_button_clicked 给关联了*/
g_signal_connect( G_OBJECT(button), "clicked",
G_CALLBACK(on_button_clicked), (gpointer)label);

/*这条语句就是自动把所有的信号处理函数都关联好*/
gtk_builder_connect_signals(builder, NULL);

/*因为我们已经不需要 builder 了，所以需要释放 builder 的空间*/
g_object_unref(G_OBJECT(builder));

/*将 window 内所有的组件都显示出来，这样我们才能看见*/
gtk_widget_show_all(window);

/*这也是每一个 gtk 程序都要有的*/
gtk_main();

return 0;
}
```

当代码写完后，进行保存，然后用下面的命令进行编译：

```
gcc -o a 19.1.c `pkg-config --cflags --libs gtk+-2.0`
```

运行结果如图 19.44 所示，单击按钮，标签标题会发生改变。

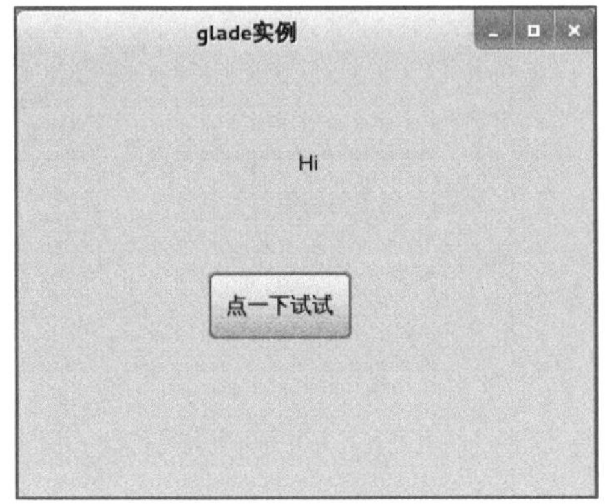

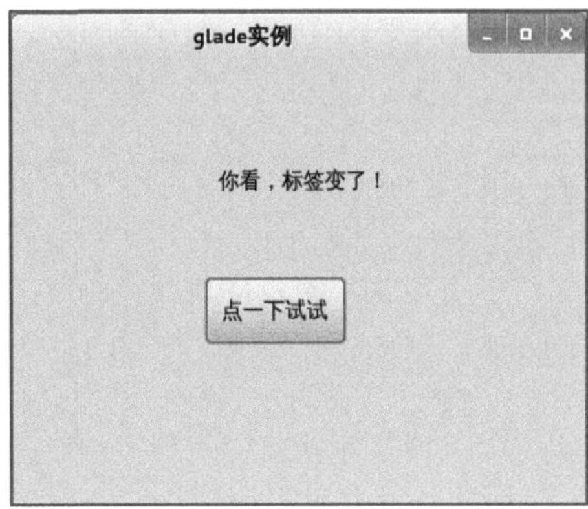

图 19.44　GtkBuilder 程序执行结果

19.4　小　　结

本章介绍了使用 Glade 设计程序界面的方法，以及使用 GtkBuilder 在 C 语言代码中进行代码联编的方法。Glade 是非常方便的界面开发工具，在项目中使用 Glade 可缩短界面代码的开发周期，但是，Glade 也有其不足之处，对于过于复杂的界面或有个性化要求的界面不能起到简化编码的作用。因此，在项目中使用 Glade 设计程序界面前应先进行评估，对于大多数管理类、数据库类程序可优先考虑使用 Glade 进行设计。

19.5　实践与练习

1．编写一个程序实现用户的登录界面。（**答案位置：资源包\TM\sl\19\1**）

2．为第 1 题的登录界面编写 C 语言代码，实现登录功能。（**答案位置：资源包\TM\sl\19\2**）

项目实战

本篇通过开发一个大型、完整的MP3音乐播放器，运用软件工程的设计思想，让读者学习如何进行软件项目的实践开发。书中按照编写背景→需求分析→主窗口设计→建立子构件→各功能函数的实现过程进行介绍，带领读者一步一步亲身体验开发项目的全过程。

第20章

MP3音乐播放器

（视频讲解：27分钟）

经过前面章节的学习，下面就通过实际项目来综合应用已学到的知识点，本章将开发一个简单的MP3音乐播放器。这里使用Glade设计界面，用GtkBuilder连接代码并使用Eclipse集成开发环境完成项目。本章的一个新内容是GStreamer的使用。

通过阅读本章，您可以：

- **理解如何使用** GStreamer
- **理解播放** MP3 **的原理**
- **了解** Eclipse **编译链接参数的设置方法**
- **了解如何使用** glade3，**及消除** glade3 **中** bug **的方法**
- **理解图形界面程序的开发过程**

20.1　GStreamer 简介

程序中播放音乐的功能由 GStreamer 多媒体框架提供。GStreamer 的操作需要应用程序的开发者创建管道。每个管道由一组元素组成，每个元素都执行一种特定功能。通常情况下，一个管道以某种类型的源元素开始，这可以是被称为 source 的元素，它从磁盘上读取文件并提供该文件的内容，也可以是通过一个网络连接提供缓冲数据的元素，甚至可以是从一个视频捕捉设备获取数据的元素。管道中还存在一些其他类型的元素，如解码器（可将声音文件转换为处理所需的标准格式）、分离器（可从一个声音文件中分解出多个声道）或其他类似的处理器。管道以一个输出元素结束，它可以是从一个文件写入器到一个高级 Linux 音频体系结构（ALSA）音频输出元素，也可以是一个基于 Open GL 的视频播放元素的任何元素。这些输出元素被称为 sink（接收器）。

gst_element_factory_make()用来创建不同的元件。该函数是一个可以构建任何 GStreamer 元素的通用构造函数。它的第一个参数是指定要构建的元素名。GStreamer 使用字符串名称来确定元素类型，从而方便添加新元素。根据需要，一个程序可以从配置文件或用户那里接受元素名称并使用新的元素而不需要重新编译程序来包括定义这些元素名的头文件。只要指定的元素是正确的（这可以在程序运行时进行检查），便可以完美地操作而不需要改变任何代码。函数的第二个参数用于给元素命名。元素名称在程序的其余部分不再使用，但它对识别一个复杂管道中的元素确实有其用处。本例中，source 是 filesr 工程创建的，功能是读取磁盘文件；decoder 是 mad 工程创建的，用作 MP3 解码器；sink 是 autoaudiosink 工程创建的，输出音频流到声卡。程序用 gst_bin_add_many()函数将这 3 个部件都加入管道 pipeline 中，然后用 gst_element_link_many()来连接它们，这样就可以配合工作了。

```
const gchar *filename;
GMainLoop *loop;
//定义组件
GstElement *source,*decoder,*sink;
GstBus *bus;

//创建主循环，在执行 g_main_loop_run 后正式开始循环
loop = g_main_loop_new(NULL,FALSE);
//创建管道和组件
pipeline = gst_pipeline_new("audio-player");
source = gst_element_factory_make("filesrc","file-source");
decoder = gst_element_factory_make("mad","mad-decoder");
sink = gst_element_factory_make("autoaudiosink","audio-output");
    if(!pipeline||!source||!decoder||!sink){
    g_printerr("One element could not be created.Exiting.\n");
    return;
}
//设置 source 的 location 参数，即文件地址
g_object_set(G_OBJECT(source),"location", filename,NULL);
//得到管道的消息总线
```

```
bus = gst_pipeline_get_bus(GST_PIPELINE(pipeline));
//添加消息监视器
gst_bus_add_watch(bus,bus_call,loop);
gst_object_unref(bus);
//把组件添加到管道中，管道是一个特殊的组件，可以更好地让数据流动
gst_bin_add_many(GST_BIN(pipeline),source,decoder,sink,NULL);
//依次连接组件
gst_element_link_many(source,decoder,sink,NULL);

gst_element_set_state(pipeline,GST_STATE_PLAYING);
//每隔 1000 毫秒，更新一次滚动条的位置
g_timeout_add (1000, (GSourceFunc) cb_set_position, NULL);
//开始循环
g_main_loop_run(loop);
gst_element_set_state(pipeline,GST_STATE_NULL);
gst_object_unref(GST_OBJECT(pipeline));
```

为了简化编写的代码，可以利用由 GStreamer 0.10 提供的一个被称为 playbin 的便利元素。这是一个高级元素，它实际上是一个预建立的管道。通过使用 GStreamer 的文件类型检测功能，它可以从任何指定的 URI 读取数据，并确定合适的解码器和输出接收器来正确地播放它。在本例中，意味着它可以识别和正确地解码在 GStreamer 中有相应插件的任何音频文件（可以通过在终端上运行命令 gst-inspect-0.10 来列出 GStreamer 0.10 中的所有插件）。

```
//建立 playbin 对象
GstElement *play=gst_element_factory_make("playbin", "play");
//设置打开文件
g_object_set(G_OBJECT(play), "uri",uri,NULL);
//增加回调函数
gst_bus_add_watch(gst_pipeline_get_bus(GST_PIPELINE(play)),bus_callback,NULL);
//设置播放、暂停和停止状态
gst_element_set_state(play, GST_STATE_PLAYING);
gst_element_set_state(play, GST_STATE_PAUSED);
gst_element_set_state(play, GST_STATE_NULL);
```

通过以上代码就可以控制 MP3 文件的播放。

我们在安装 fedora 时选择了软件开发模式，这时系统已经默认选择了 GStreamer 0.10。

但是要想运行本程序，还需要安装 MP3 插件。只要系统中有一个软件能够播放 MP3 音乐，就能保证本软件正常运行。请读者自己上网搜索安装 MP3 插件。

20.2 界面设计

打开安装 fedora 时选择安装的 glade3 软件，设计一个如图 20.1 所示的程序界面。

设计过程如下：

（1）加入一个 window，并命名为 MainWindow。设置它的 destroy 信号为 gtk_main_quit。

（2）在其中加入一个 4 行的垂直 GtkVBox。使用默认名称 box1。

（3）在 box1 的第 1 行加入一个标签，用于显示歌曲名称，将其命名为 title_label。

（4）在 box1 的第 2 行加入一个标签，用于显示演唱者的名字，将其命名为 artist_label。

（5）在 box1 的第 3 行加入一个标签，用于显示播放时间，将其命名为 time_label。

（6）在 box1 的第 4 行加入一个水平滑块，用于控制播放进度，将其命名为 seek_scale。

（7）在其中加入一个 4 列的垂直 GtkVBox。使用默认名称 box2。

（8）在 box2 中加入 4 个按钮，标题分别为“播放”“暂停”“停止”和“打开文件”，对应名称分别为 play_button、pause_button、stop_button 和 open_file。

以上各构件名称类型及关系如图 20.2 所示。

图 20.1　MP3 播放器的界面设计

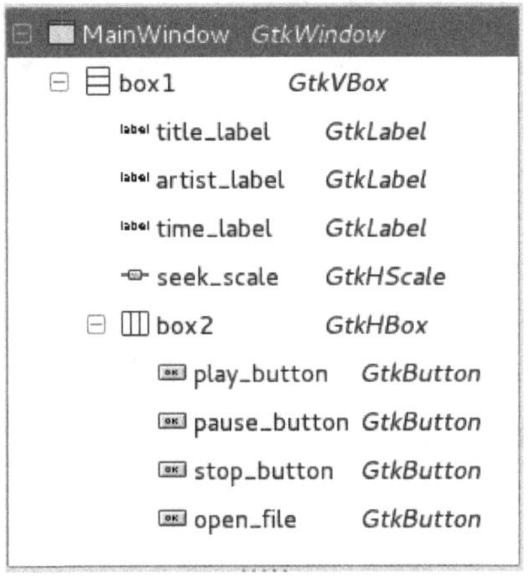

图 20.2　构件名称类型及关系

将以上文件命名为 mp3.glade 保存退出。

由于 glade3 本身的原因，以上的 GtkVBox、GtkHBox 和 GtkHScale 都无法直接创建，需要用 gedit 打开 mp3.glade，手工修改。以上组件不分水平垂直，GtkVBox、GtkHBox 类型名称都是 GtkBox，GtkVScale 和 GtkHScale 类型名称都是 GtkScale。在图 20.3 中，找到<object class="GtkBox" id="box1">，将 GtkBox 改为 GtkVBox，另外两处改法相同，分别是将 GtkBox 改为 GtkHBox，将 GtkScale 改为 GtkHScale。

```
<?xml version="1.0" encoding="UTF-8"?>
<interface>
  <!-- interface-requires gtk+ 3.0 -->
  <object class="GtkWindow" id="MainWindow">
    <property name="can_focus">False</property>
    <property name="title" translatable="yes">MP3播放器</property>
    <property name="window_position">center</property>
    <signal name="destroy" handler="gtk_main_quit" swapped="no"/>
    <child>
      <object class="GtkBox" id="box1">
        <property name="width_request">200</property>
        <property name="visible">True</property>
```

图 20.3　修改 glade3 的 bug

20.3 代码设计

20.3.1 建立工程文件

打开 Eclipse 集成开发环境，新建一个 linux GCC 项目，项目名称为 MP3。

设置项目的编译链接参数，使该项目能够运行 gtk 和 gst。

打开项目属性窗口 Project/Properties，如图 20.4 所示。

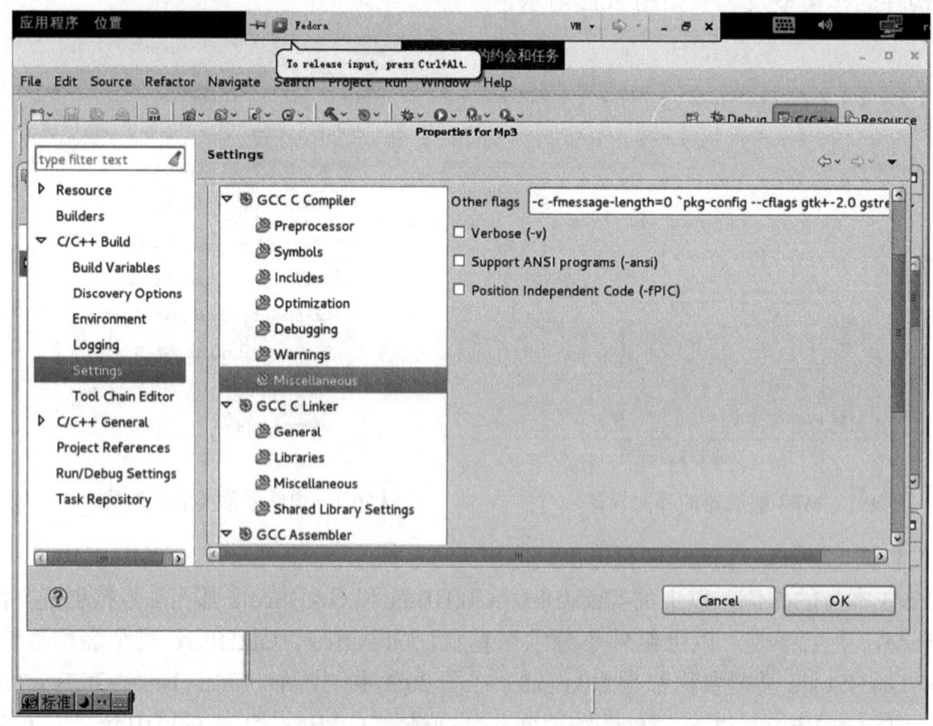

图 20.4　设置 Eclipse 的编译链接参数

在图 20.4 中选择 C/C++ Build 下的 Settings。

在 GCC C Compiler 中选择 Miscellaneous，在 Other flags 中加入 pkg-config --cflags gtk+−2.0 gstreamer-0.10。

在 GCC C Linker 中选择 Miscellaneous，在 Linker flags 中加入 pkg-config --libs gtk+−2.0 gstreamer-0.10。

在 GCC C Compiler 中选择 Include，在 Include Paths(-L)中加入 usr/include/gtk-2.0/gtk 和 usr/include/gstreamer-0.10。

20.3.2　主程序设计

首先建立一个 Mp3.h 文件，定义必要的全局变量和声明程序中的函数。下面为 Glade 界面中的每个构件都定义一个变量。

```
static GstElement *play = NULL;
static guint timeout_source = 0;
static GtkWidget *main_window;
static GtkWidget *play_button;
static GtkWidget *pause_button;
static GtkWidget *stop_button;
static GtkWidget *open_file;
static GtkWidget *status_label;
static GtkWidget *time_label;
static GtkWidget *seek_scale;
static GtkWidget *title_label;
static GtkWidget *artist_label;
```

再建立一个 Mp3.h 文件，作为程序的主文件。

先来定义一个主程序。主程序的主要功能是加载 Glade 界面，设置各信号响应函数。

```
#include "Mp3.h"
int main(int argc, char *argv[])
{
    GtkBuilder *builder;
    gtk_init(&argc, &argv);                                          //初始化 gtk 环境
    gst_init(&argc, &argv);                                          //初始化 gst 环境
    builder= gtk_builder_new();                                      //创建 GtkBuilder 对象
    gtk_builder_add_from_file(builder, "Mp3.glade", NULL);           //加载 glade 文件
    main_window = GTK_WIDGET(gtk_builder_get_object(builder, "MainWindow"));   //加载主窗口
    //加载各组件
    play_button = GTK_WIDGET(gtk_builder_get_object(builder, "play_button"));
    pause_button = GTK_WIDGET(gtk_builder_get_object(builder, "pause_button"));
    stop_button = GTK_WIDGET(gtk_builder_get_object(builder, "stop_button"));
    open_file = GTK_WIDGET(gtk_builder_get_object(builder, "open_file"));
    status_label = GTK_WIDGET(gtk_builder_get_object(builder, "status_label"));
    time_label = GTK_WIDGET(gtk_builder_get_object(builder, "time_label"));
    artist_label = GTK_WIDGET(gtk_builder_get_object(builder, "artist_label"));
    title_label = GTK_WIDGET(gtk_builder_get_object(builder, "title_label"));
    seek_scale = GTK_WIDGET(gtk_builder_get_object(builder, "seek_scale"));
    //设置滑块组件的起止范围
    gtk_range_set_adjustment(GTK_SCALE(seek_scale),
            GTK_ADJUSTMENT(gtk_adjustment_new(0,0,100,1,1,0.1)));

    //播放、暂停、停止初始状态不可用
   gtk_widget_set_sensitive(GTK_WIDGET(play_button), FALSE);
   gtk_widget_set_sensitive(GTK_WIDGET(pause_button), FALSE);
```

```
    gtk_widget_set_sensitive(GTK_WIDGET(stop_button), FALSE);

    //为各组件设置信号响应函数
     g_signal_connect(play_button, "clicked", G_CALLBACK(play_clicked), NULL);
     g_signal_connect(pause_button, "clicked", G_CALLBACK(pause_clicked), NULL);
     g_signal_connect(stop_button, "clicked", G_CALLBACK(stop_clicked), NULL);
     g_signal_connect(seek_scale, "value-changed", G_CALLBACK(seek_value_changed), NULL);
     g_signal_connect(open_file, "clicked", G_CALLBACK(open_file_clicked), NULL);

     gtk_builder_connect_signals(builder, NULL);                //自动关联所有信号处理函数
     g_object_unref(G_OBJECT(builder));                         //释放 builder 的空间
     gtk_widget_show_all(main_window);                          //显示窗口内所有的组件
     gtk_main();
     return 0;
}
```

20.3.3　生成 playbin 对象

首先在头文件中定义一个全局的 GstElement 对象 play，表示正在运行的 MP3 组件的引用，和一个 MP3 定时器的引用 timeout_source。

```
static GstElement*play NULL;
static guint timeout_source 0;
```

定义一个加载 MP3 文件的函数 load_file()。

```
gboolean load_file(const gchar *uri)
{
if(build_gstreamer_pipeline(uri))return TRUE;
return FALSE;
}
```

build_gstreamer_pipeline()函数以一个 URI 为参数，并构建 playbin 元素，指向该元素的指针被保存在变量 play 中，以备后用。

```
static gboolean build_gstreamer_pipeline(const gchar*uri)
{
 /*如果 playbin 已存在，先销毁它*/
if(play)
{
   gst_element_set_state(play,GST_STATE_NULL);
gst_object_unref(GST_OBJECT(play));
play=NULL;
}
/*创建一个 playbin 元素*/
play=gst_element_factory_make("playbin", "play");
if(!play)return FALSE;
g_object_set(G_OBJECT(play), "uri",uri,NULL);
```

```
/*添加回调函数*/
gst_bus_add_watch(gst_pipeline_get_bus(GST_PIPELINE(play)),bus_callback,NULL);
return TRUE;
  }
```

需要注意的是，以上代码现在还不能编译，因为还缺少一个 bus_callback()函数。

build_gstreamer_pipeline()函数的作用是首先检查 play 变量是否为 NULL，如果不是，则表明已有一个 playbin 元素。如果是 NULL 就调用 gst_object_unref ()以减少 playbin 的引用计数。因为在这个代码中 playbin 只有一个引用，所以减少它的引用计数将导致 playbin 被销毁。然后将 play 设置为 NULL 以表明现在没有可用的 playbin。

我们通过调用 gst_element_factory_make()函数来构建 playbin 元素，该函数是一个可以构建任何 GStreamer 元素的通用构造函数。它的第一个参数指定要构建的元素名。GStreamer 使用字符串名称来确定元素类型，从而方便添加新元素。如果需要，一个程序可以从配置文件或用户那里接受元素名称并使用新的元素而不需要重新编译程序来包括定义这些元素名的头文件。只要指定的元素是正确的（这可以在程序运行时进行检查），它们就可以完美地操作而不需要改变任何代码。在本例中，构建了一个 playbin 元素并将它命名为 play，后者就是 gst_element_factory_make()函数的第二个参数。元素名称在程序的其余部分不再使用，但它对识别一个复杂管道中的元素确实有其用处。

然后，代码将检查 gst_element_factory_make()函数返回的指针是否有效，以确定元素是否被正确构建。如果正确构建就调用 g_object_set()将 playbin 元素的标准 GObject 特性 uri 设置为要播放文件的 URI。GStreamer 元素广泛使用特性来配置它们的行为，不同元素可用的特性也有所不同。

最后，gst_bus_add_watch()连接一个用于侦听管道消息总线的回调函数。GStreamer 为管道和应用程序之间的通信使用了一个消息总线。通过提供这个机制，运行在不同线程中的管道（如 playbin）可以传递消息给应用程序而不需要该程序的作者担心跨线程的数据同步问题。消息和命令使用类似的封装通过另一个途径进行传递。

为了使用这个回调函数，当然需要定义它。当它被调用时，GStreamer 为它提供一个触发该回调函数的 GstBus 对象、一个包含被发送消息的 GstMessage 对象和一个用户提供的指针，本例中没有使用该指针。

```
static gboolean bus_callback (GstBus*bus,GstMessage*message,gpointer data)
{
  switch (GST_MESSAGE_TYPE (message))
{
      caseGST_MESSAGE_ERROR:{
GError *err;
gchar *debug;
gst_message_parse_error(message,&err,&debug);
g_print("Error:%s\n",err->message);
g_error_free(err);
g_free(debug);
gtk_main_quit();
break;
```

错误处理代码非常简单，它打印错误信息并终止程序。在一个更成熟的应用程序中，我们应采用

更智能的错误处理技术，即根据所遇错误的确切性质采取不同的处理方法。错误消息本身是 GError 对象的一个使用示例，该对象是由 Glib 提供的一个通用错误描述对象。

```
caseGST_MESSAGE_EOS:
stop_playback();
break;
```

EOS 消息表明管道已到达当前流的结尾。在本例中将调用 stop_playback()函数，该函数将在后面进行定义。

```
caseGST_MESSAGE_TAG:
{
/*到达流尾部*/
break;
    }
```

TAG 消息表明 GStreamer 在数据流中遇到了元数据，如标题或艺术家信息。这种情况的处理也将在后面实现，虽然对于实际播放文件这个任务来说它是微不足道的。

```
default:
/*其他消息*/
break;
```

默认情况下，将简单地忽略没有进行明确处理的任何消息。GStreamer 会生成大量的消息，但对于像本例这样简单的音频播放程序来说，只有极少数消息需要处理。

```
return TRUE;
    }
```

最后，这个函数返回 TRUE 以表明它已对消息进行了处理，不需要再采取进一步的行动。

为了完成该函数的功能，还需要定义 stop_playback()函数，它将设置 GStreamer 管道的状态并进行适当的清理。要理解该函数，首先需要定义 play_file()函数，它所做的事情可能会实现我们想要的功能。

```
gboolean play_file()
{
   if(play)
{ gst_element_set_state(play,GST_STATE_PLAYING);
```

元素状态 GST_STATE_PLAYING 表明一个正在播放数据流的管道。将元素的状态改变为该状态将启动管道的播放，如果播放已经开始，则它是一个空操作。元素的状态将控制管道对数据流的处理，所以还可能会遇到诸如 GST_STATE_PAUSED 这样的状态，它的功能应该是不言自明的。

```
timeout_source g_timeout_add(200, (GSourceFunc)update_time_callback,play);
```

g_timeout_add()是一个 Glib 函数，它在 Glib 主循环中添加一个超时处理函数。回调函数 update_time_callback 将每 200 毫秒被调用一次，其参数为指针 play。这个函数用于获取播放的进度并对 GUI 进行相应的更新。g_timeout_add()返回超时函数的一个数字 ID，它可以在今后被用于对该函数进行删除或修改。

```
return TRUE;
}
return FALSE;
 }
```

如果开始播放了，这个函数就返回 TRUE，否则返回 FALSE。

现在，除了缺少 update_time_callback()的定义以外，可以开始定义 stop_playback()函数，它给予程序启动和停止文件播放的能力——虽然 GUI 现在还不能提供文件 URI 给播放代码。

```
void stop_playback()
{   if(timeout_source)g_source_remove(timeout_source);
timeout_source 0;
```

这个函数的作用是：如果保存超时，对应的 ID 就会从主循环中删除超时函数，因为没有必要在不播放文件时每秒钟调用更新函数 5 次，因此也不需要使用这个超时函数。

```
if(play)
{
    gst_element_set_state(play,GST_STATE_NULL);
gst_object_unref(GST_OBJECT(play));
play =NULL; }
 }
```

管道被停用并销毁。GST_STATE_NULL 导致管道停止播放并自行重置，释放它可能持有的任何资源，如播放缓冲或音频设备上的文件句柄。

回调函数使用 gst_element_query_position()和 gst_element_query_duration()来更新 GUI 的时间。这两个方法以一种指定的格式获取一个元素的位置和数据流的持续时间。这里使用的是标准的 GStreamer 时间格式，它以高精度的整数显示数据流中的精确位置。

这两个方法在成功时将返回并把获取的值放入提供的地址中。为了将时间格式化为一个字符串以显示给用户，这里使用了 g_snprintf()。它是 Glib 版本的 snprintf()，提供它是为了确保即便在没有 snprintf()的系统中也具备可移植性。GST_TIME_ARGS()是一个宏，它将位置转换为适用于 printf()风格函数的参数。

```
static gboolean update_time_callback(GstElement*pipeline)
{      GstFormatfmt GST_FORMAT_TIME;
gint64position;
gint64 length;
gchar time_buffer[25];
if(gst_element_query_position(pipeline,&fmt,&position)&&
gst_element_query_duration(pipeline,&fmt,&length))
{
g_snprintf(time_buffer,24,"%u:%02u.%02u",GST_TIME_ARGS(position));
gui_update_time(time_buffer,position, length);
 }
return TRUE;
 }
```

这个函数还调用了一个新函数 gui_update_time()。这里将这个新函数添加到 main.c 的 GUI 代码中，并在 main.h 中放入合适的声明以允许 playback.c 中的代码调用它。

```
//gui_update_time()以格式化时间字符串、位置和长度作为参数，并更新 GUI 中的构件
void gui_update_time(const gchar*time,const gint64 position, const gint64 length)
{ gtk_label_set_text(GTK_LABEL(time_label), time);
if(length >0)
{
  gtk_range_set_value(GTK_RANGE(seek_scale),
((gdouble)position / (gdouble)length)*100.0);
}
}
```

20.3.4 打开文件

当单击“打开文件”按钮时，将调用 GtkFileChooseDialog 构件，它是一个用来打开和保存文件的完整对话框。它还有一个模式可以用来打开目录，但在本例中，将由它获取 Mp3 文件名，调用上面的 load_file(const gchar *uri)，实现创建 GStreamer 管道。

```
static void open_file_clicked(GtkWidget *widget, gpointer data)
{GtkWidget*file_chooser gtk_file_chooser_dialog_new("OpenFile",
GTK_WINDOW(main_window),GTK_FILE_CHOOSER_ACTION_OPEN,
GTK_STOCK_CANCEL,GTK_RESPONSE_CANCEL,GTK_STOCK_OPEN,
GTK_RESPONSE_ACCEPT,NULL);
```

需要对这个构造函数进行解释。它的第一个参数指定要显示给用户窗口的标题。第二个参数指定这个对话框的父窗口，这个参数有助于窗口管理器正确地布局和连接窗口。在本例中，其父窗口显然为 main_window—— 它是应用程序中唯一的一个其他窗口，而且显示 FileChooserDialog 的命令也是在该窗口中调用的。GTK_FILE_CHOOSER_ACTION_OPEN 表明 FileChooser 应该允许用户选择要打开的文件。如果在这里指定一个不同的动作将极大地改变对话框的外观和功能，如 GNOME 的保存对话框（GTK_FILE_CHOOSER_ACTION_SAVE）与其对应的打开文件对话框之间的差别是相当大的。

接下来的 4 个参数指定要在对话框中使用的按钮以及它们的响应 ID，如果这个程序运行在一个从左向右书写的语言（如英语）系统中，这些按钮将以从左向右的顺序排列（如果是在一个从右向左的本地环境中，GTK+将自动使一些窗口布局反转）。这种排序方法与 GNOME 人性化界面指南的要求是一致的，代码首先指定一个固化的 cancel 按钮，然后是一个固化的 open 按钮。最后一个参数 NULL 表明对话框中没有更多的按钮。

响应 ID 非常重要，因为它们都是按钮被按下时返回的值。由于使用 gtk_dialog_run()来调用该对话框，所以程序将阻塞直到该对话框返回，即直到用户选择一个按钮或按下一个执行相同功能的键盘快捷键以关闭对话框为止。

如果想实现非模态（nonmodel）对话框，请记住 GtkDialog 是熟悉的 GtkWindow 的一个子类，通过手工处理一些事件（特别是单击按钮）即可实现非模态对话框。gtk_dialog_run()的返回值是被单击按钮的响应 ID（GTK_RESPONSE_ACCEPT 被 GTK+看作为默认按钮的响应 ID，所以带有该响应 ID

的按钮就成为用户按下回车键时触发的按钮）。因此，打开文件的代码只需要在对话框返回 GTK_RESPONSE_ACCEPT 时运行：

```
 (gtk_dialog_run(GTK_DIALOG(file_chooser))   GTK_RESPONSE_ACCEPT)
{   char*filename;
filename =gtk_file_chooser_get_uri(GTK_FILE_CHOOSER(file_chooser));
```

我们知道用户将选择一个文件，该文件的 URI 可以通过包含在 FileChooserDialog 中的 FileChooser 构件获取。虽然可以只获取其 UNIX 文件路径，但由于 playbin 期望使用一个 URI，所以坚持使用同一种格式会使得文件的处理更加方便。请注意，这个 URI 的格式可能并不是 file://，当系统中运行着 GNOME 时，GTK+的 FileChooser 将使用 GNOME 的函数库来增强其能力，其中包括 gnome-vfs（虚拟文件系统层）。因此，在某些情况下 GtkFileChooser 可能会提供位于网络中或其他文件中文档的 URI。一个真正的 gnome-vfs 兼容应用程序可以处理这类 URI 而不会有任何问题，但在这个应用程序中使用 playbin 意味着一些网络 URI 可以被正确地处理，这取决于其系统配置。

```
g_signal_emit_by_name(G_OBJECT(stop_button), "clicked");
```

重新打开一个新的文件，代码需要确保所有正在播放的文件不再继续播放。完成这一工作的最简单方法就是模拟用户单击“停止”按钮，所以使用上面的代码让停止按钮发送其 clicked 信号。

然后，当前 URI 的本地拷贝将被更新，接着调用 load_file()以准备要播放的文件：

```
if(current_filename) g_free(current_filename);
current_filename filename;
if(load_file(filename))
gtk_widget_set_sensitive(GTK_WIDGET(play_button),TRUE);
}
gtk_widget_destroy(file_chooser);
 }
```

20.3.5　播放 MP3

```
static void play_clicked(GtkWidget *widget, gpointer data)
{
  if(current_filename)
  {
    if(play_file())
    {
      gtk_widget_set_sensitive(GTK_WIDGET(stop_button), TRUE);
      gtk_widget_set_sensitive(GTK_WIDGET(pause_button), TRUE);
    }
    else
    {
      g_print("Failed to play\n");
    }
  }
}
```

```
gboolean play_file() {
   if(play) {
      /*开始播放*/
      gst_element_set_state(play, GST_STATE_PLAYING);
      gtk_widget_set_sensitive(GTK_WIDGET(stop_button), TRUE);
      gtk_widget_set_sensitive(GTK_WIDGET(pause_button), TRUE);
      timeout_source = g_timeout_add(200, (GSourceFunc)update_time_callback, play);
      return TRUE;
   }

   return FALSE;
}
```

语句“gst_element_set_state(play,GST_STATE_PLAYING);”实现播放的功能，执行播放功能一定要在打开文件功能执行后，并已经取得了播放的文件名时才能执行。在播放操作完成后，要对按钮状态作相应的调整，使初使始状态下不可用的暂停和停止变成可用。

20.3.6 暂停播放

```
static void pause_clicked(GtkWidget *widget, gpointer data)
{
        if(play) {
                GstState state;
                gst_element_get_state(play, &state, NULL, -1);
                if(state == GST_STATE_PLAYING){
                      gst_element_set_state(play, GST_STATE_PAUSED);
                      gtk_button_set_label(GTK_BUTTON(pause_button), "继续");
                  gtk_widget_set_sensitive(GTK_WIDGET(stop_button), FALSE);
                  gtk_widget_set_sensitive(GTK_WIDGET(play_button), FALSE);
                }
                else if(state == GST_STATE_PAUSED){
                      gst_element_set_state(play, GST_STATE_PLAYING);
                   gtk_button_set_label(GTK_BUTTON(pause_button), "暂停");
                 gtk_widget_set_sensitive(GTK_WIDGET(stop_button), TRUE);
                 gtk_widget_set_sensitive(GTK_WIDGET(play_button), TRUE);
                }
                return ;
        }
}
```

暂停播放之后要用继续播放功能，因此，通过状态测试确认当前是播放状态还是暂停状态，以实现在两个状态之间进行切换。

20.3.7 停止播放

```
static void stop_clicked(GtkWidget *widget, gpointer data)
```

```
{
        /*移除计时器*/
        if(timeout_source) g_source_remove(timeout_source);
        timeout_source = 0;

        /*停止播放*/
        if(play) {
          gst_element_set_state(play, GST_STATE_NULL);
        }

        /*更新界面*/
        initgui();
}
```

语句“gst_element_set_state(play, GST_STATE_NULL);”实现停止播放的功能，为了避免出错，要保证已经分配了 MP3 构件，才能对其进行操作。停止播放的同时要停止计时器。

20.3.8　界面更新

界面更新很简单。首先，应该提供一个接口方法使播放代码可以改变 GUI 中的元数据标签。这需要在 main.h 中添加一个声明并在 main.c 中添加它的定义，代码如下：

```
void gui_update_metadata(const gchar*title,const gchar*artist)
{
      gtk_label_set_text(GTK_LABEL(title_label), title);
      gtk_label_set_text(GTK_LABEL(artist_label),artist);
}
```

这段代码显示，如果消息类型是 GST_MESSAGE_TAG，该消息应该从播放器的消息处理中被调用。在本例中，GstMessage 对象包含一个标签消息，可以使用该消息具备的几个方法来提取用户感兴趣的信息。代码如下：

```
case GST_MESSAGE_TAG:
{GstTagList*tags;
gchar *title    "";
gchar *artist    "";
gst_message_parse_tag(message,&tags);
if (gst_tag_list_get_string(tags,GST_TAG_TITLE,&title)&&
gst_tag_list_get_string(tags,GST_TAG_ARTIST,&artist))
gui_update_metadata(title,artist);
gst_tag_list_free(tags);
break;
 }
```

标签到达 GstMessage 并封装在一个 GstTagList 对象中，可以通过 gst_message_parse_tag()来提取该对象。这将生成 GstTagList 的一个新拷贝，所以千万不要忘记在不需要它时使用 gst_tag_list_free()释放它。如果不这样做，可能会导致相当严重的内存泄漏。

一旦从 message 中提取出来标签列表，使用 gst_tag_list_get_string()从 tags 中提取标题和艺术家标签就是一件相当简单的事情。GStreamer 提供了预定义的常量来提取标准的元数据域，当然也可以提供任意的字符串来提取媒体中可能包含的其他域。gst_tag_list_get_string()在成功找到请求的标签值时返回 true，否则返回 false。如果两个调用都成功了，gui_update_metadata 将使用新值来更新 GUI。

20.3.9 播放控制

要允许在文件中进行搜索，最理想的情况是允许用户单击 seek_scale 的滑块并将它拖动到一个新位置，从而让数据流立刻改变其播放位置。这正是 GStreamer 允许实现的功能。当用户改变 GtkScale 构件的值时，它将发送一个 value-changed 信号。将一个回调函数连接到这个信号：

```
g_signal_connect(G_OBJECT(seek_scale),
"value-changed",G_CALLBACK(seek_value_changed),NULL);
```

接着在 main.c 中定义这个回调函数：

```
static void seek_value_changed(GtkRange*range,gpointer data)
{
  gdouble val gtk_range_get_value(range);
seek_to(val);
 }
```

seek_to()使用一个百分比数字作为其参数，它表示用户想要搜索的位置离数据流的开始有多远。这个函数在 playback.h 中声明并在 playback.c 中定义，代码如下：

```
void seek_to(gdouble percentage) {
GstFormatfmt GST_FORMAT_TIME;
gint64 length;
if(play&&gst_element_query_duration(play,&fmt,&length))
        {
```

首先，该函数将检查是否有一个有效的管道。如果有而且可以成功获取当前数据流的持续时间，它将根据这个持续时间和用户提供的百分比来计算用户想要搜索位置的 GStreamer 时间值。

```
 gint64 target    ((gdouble)length* (percentage/100.0));
```

实际的搜索是通过 gst_element_seek()调用完成的。

```
if(!gst_element_seek(play,1.0,GST_FORMAT_TIME,
GST_SEEK_FLAG_FLUSH,GST_SEEK_TYPE_SET,
target,GST_SEEK_TYPE_NONE,GST_CLOCK_TIME_NONE))
g_warning("Failed to seek to desired position\n");
 }
 }
```

gst_element_seek()函数使用几个参数来定义搜索。对于默认行为来说，大多数参数可以使用预定义的函数库常量来设置。这些参数设置了元素的格式和类型，以及搜索的终止时间和类型。唯一需要提

供的参数是接收事件的元素（变量 play）和搜索的时间值（变量 target）。

因为 gst_element_seek()在成功时返回 true，所以上面的代码检查它是否返回一个 false 值。如果是，就打印一个消息表示搜索失败。

增加了搜索功能之后，这个音乐播放器声明的功能基本上就完成了。

这段代码在执行搜索时有个缺陷：如果当用户在拖动滑块时 seek_scale 的位置被播放引擎更新了，滑块的位置就将产生跳跃。为了避免这种情况的发生，需要阻止播放代码在用户进行拖动时更新滑动条。因为播放代码是通过调用 gui_update_time()来完成这一工作的，所以该限制可以完全放在 GUI 代码中。首先在 main.c 的顶部增加一个新的标记变量：

```
gboolean can_update_seek_scale TRUE;
```

修改 gui_update_time()函数，使得它只有在 can_update_seek_scale 为 TRUE 时才更新 seek_scale 的位置。而时间标签的更新应该保持不变，因为这不会引起任何问题，而且当用户在音轨中拖动滑块进行搜索时，通过一些显示以表明音乐正在继续播放也是有用的。

为了确保这个变量被正确设置，它需要在用户开始和停止拖动滑块时被更新。这可以通过使用由 GtkWidget 类所提供的事件来完成，该类是 seek_scale 构件所属类的祖先。当用户在鼠标指针经过构件时按下鼠标按钮将触发 button-press-event。当在 button-press-event 中按下的按钮被释放时就会触发 button-release-event，即使用户已移动鼠标指针从而离开该构件时也是如此。这样可以确保不会遗漏按钮释放事件。已遇到过的 clicked 信号是这两个事件的结合，它是在构件观察到鼠标主按钮的按下和释放后触发的。

针对 seek_scale 的按钮按下和释放事件编写一些信号处理函数。

```
gboolean seek_scale_button_pressed(GtkWidget*widget,GdkEventButton*event,gpointer user_data)
{
can_update_seek_scale =FALSE;
return FALSE;
   }
gbooleanseek_scale_button_released(GtkWidget*widget,GdkEventButton *event, gpointeruser_data)
{
can_update_seek_scale =TRUE;
return FALSE;
   }
```

每个函数都相应地更新标记变量，然后返回 FALSE。如果一个信号的回调函数原型返回 gboolean 值，那么该回调函数通常使用这个返回值来表明它是否已完全处理了这个信号。返回 TRUE 告诉 GTK+ 这个信号已完全处理了，而不需要针对该信号再执行更多的信号处理函数。返回 FALSE 则允许该信号被继续传播给其他信号处理函数。

在本例中，返回 FALSE 将允许构件的默认信号处理函数也处理这个信号，从而保留构件的行为。返回 TRUE 将阻止用户调整滑块的位置。

以这种方式工作的信号通常针对的都是与鼠标按钮和移动相关的事件，而不像 clicked 信号那样，后者是在构件已接收到鼠标事件并对它做出解释之后发送的。

至此，MP3 播放器就可以运行。图 20.5 是运行时的界面。

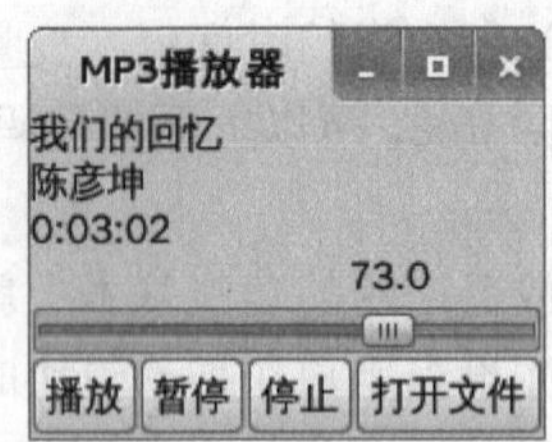

图 20.5　MP3 播放器运行效果

20.4　小　　结

本章编写的这个程序涵盖了前面多个章节的内容，虽然程序功能很简单，但它可以引导我们用 Glade 界面设计工具设计程序界面，用 Eclipse 集成开发环境编写大型工程项目，读者可以在此基础上进一步学习，以便提升自己的编程能力。